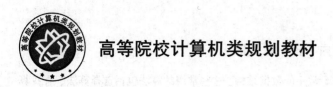

高等院校计算机类规划教材

算法与数据结构

漆 涛 编著

北京邮电大学出版社
www.buptpress.com

内 容 简 介

本书系统地介绍了一些常用算法及若干常用的数据结构，这些常用的算法包括选择算法、查找算法、排序算法；详细地介绍了字符串匹配和图论中的一些经典算法，数据结构的内容包括线性结构、树形结构、哈希结构等；还详细地分析了各种算法的时间复杂度，对一些经典算法给出了平摊复杂度分析．

本书可以作为高校计算机专业"算法与数据结构"课程的教材，亦可以作为计算机工作者的参考书．

图书在版编目(CIP) 数据

算法与数据结构/漆涛编著． -- 北京：北京邮电大学出版社，2020.12
ISBN 978-7-5635-6265-7

Ⅰ. ①算… Ⅱ. ①漆… Ⅲ. ①算法分析-高等学校-教材②数据结构-高等学校-教材 Ⅳ. ①TP301.6 ②TP311.12

中国版本图书馆 CIP 数据核字（2020）第 238274 号

策 划 编 辑：彭 楠　　　　　责 任 编 辑：孙宏颖　　　　　封 面 设 计：七星博纳

出 版 发 行：北京邮电大学出版社
社　　　　址：北京市海淀区西土城路 10 号
邮 政 编 码：100876
发 行　　部：电话：010-62282185　传真：010-62283578
E-mail: publish@bupt.edu.cn
经　　　　销：各地新华书店
印　　　　刷：北京玺诚印务有限公司
开　　　　本：787 mm×1 092 mm　1/16
印　　　　张：21.25
字　　　　数：446 千字
版　　　　次：2020 年 12 月第 1 版
印　　　　次：2020 年 12 月第 1 次印刷

ISBN 978-7-5635-6265-7　　　　　　　　　　　　　　　　定价：49.00 元

前　　言

　　算法是指为解决某个问题而设计的指令序列. 这里的指令是广义的, 它可以是具体计算工具的指令, 也可以是一个抽象的命令. 算法的概念早已有, 但只有当计算机出现之后, 算法的研究与应用才获得巨大的进展. 数据结构研究数据在计算机中的存储和组织问题, 它通过研究数据之间的关系 (也就是所谓的结构) 来解决数据的存储问题. 算法与数据结构是相互影响的. 某个算法可能偏好特定的数据结构. 而合适的数据存储方式可能会得到高效的算法.

　　"算法与数据结构"是计算机学科的一门基础课程. 应用软件、操作系统、编译原理、数据库等分支学科会应用到不同的数据结构和算法. "算法与数据结构"不仅是计算机专业学生的必修课, 也是许多非计算机专业学生了解和学习计算机的选修课. 在高等院校中, 不仅计算机专业, 许多其他非计算机专业也开设这门课程. "算法与数据结构"课程已经成为学生了解和学习计算机的重要基础课.

　　本书第 2 章介绍算法分析所需的数学知识, 特别介绍了算法平摊复杂度分析的内容. 第 3 章介绍线性结构及其各种不同的实现方式, 如向量、单链表、双向链表以及静态链表, 还介绍了线性结构的一些典型应用, 例如栈与队列的各种实现和应用、回溯法、递归以及基数排序等. 第 4 章首先介绍树形结构, 如二叉树, 森林等, 介绍其逻辑结构和不同的物理结构, 然后介绍并查集的实现以及其平摊复杂度分析, 最后介绍 Huffman 树以及 Huffman 压缩方面的内容. 第 5 章介绍选择算法, 集中介绍各种各样的堆结构, 例如极小堆、极大极小堆、左堆、Fibonacci 堆、配对堆等内容, 给出其操作的详细复杂度或者平摊复杂度分析. 第 6 章介绍查找算法, 内容包括顺序查找、哈希查找、二分查找、排序二叉树、多关键字查找以及索引结构. 第 7 章介绍排序算法, 内容包括插入排序、选择排序、Shell 排序、堆排序、快速排序、间接排序、归并排序、基数排序以及外部排序. 第 8 章介绍图以及相关算法, 介绍图的各种存储表示以及图中的许多经典算法, 如 Prim 算法、Kruskal 算法、Dijkstra 算法、Bellman-Ford 算法等, 最后还介绍了求最大流的广义路径法和最小费用流方面的内容. 第 9 章介绍模式串的匹配算法方面的内容, 包括单模式匹配、多模式匹配、带通配符匹配、正则表达式匹配以及近似匹配等内容.

　　本书以算法为主线, 并以此组织本书的内容. 在实现算法的过程中, 根据需要选择不同的数据结构. 本书充实了算法分析的内容, 给出了算法复杂度严格的定义, 对算法分析中所涉及的数学知识给出了全面的介绍, 对大部分算法给出了严格的复杂度分析. 本书尽量选择适当的分析方法, 以使得分析的结果更加准确. 例如, 分析快速排序与归并排序通常使用基本定理, 但是基本定理仅是一种快速分析复杂度的方法, 并不能够给出精确的结果. 为此本书将这两种排序算法对应于二叉树,将算法的性能对应于二叉树的某种指标,由此得出算法工作量的准确结果.本书引入次满二叉树的概念,算法的最佳情形对应的二叉树是次满的.算法的平均复杂度就是二叉树的平均路径长度.将算法的性能对应于二叉树,也为最佳归并排序给出了理论依据.又如,引入奇度的概念,借此给出堆排序建堆过程准确的键值比较次数.鉴于平摊复杂度分析已经是算法分析和设计的主要工具,本书详细地介绍了平摊复杂度的概念及其应用.本书对数据结构方面的内容作了精简处理,详细地介绍了线性结构、树形结构以及哈希结构,没有将图作为数据结构对待.本书在介绍树形结构的同时更加注重树在算法分析中的作用.本书每章都附有一定量的习题,它们是读者理解本书和扩展本书内容的必要组成部分,大部分习题都比较难,希望读者能够重视它们.

本书是作者在北京邮电大学多年讲授"算法与数据结构"的基础上,结合国内外的一些先进教材综合而成的.感谢北京邮电大学计算机学院和软件学院的领导和同事多年的支持和帮助,也要感谢使用过本书初稿的学生们,他们在使用过程中提出了许多宝贵意见.

本书还提供了用于教学的电子资料,这些资料可以在北京邮电大学出版社的网站上下载.

尽管编辑和作者尽了最大的努力,但是鉴于水平有限,书中不免有不妥之处,希望读者不吝赐教,读者可将意见和建议发送到 qitao@bupt.edu.cn 中,作者将非常感激.

漆 涛

北京邮电大学计算机学院

目 录

第1章
绪论

"算法与数据结构"不仅是计算机科学与技术学科的一门重要基础课程, 也是许多后继课程 (如操作系统、数据库、编译原理) 的先修课. 它不仅是计算机专业学生的必修课, 也是许多非计算机专业学生了解和学习计算机的选修课. 在高等院校中, 不仅计算机专业, 许多其他非计算机专业也开设这门课程. 事实上, "算法与数据结构"课程已经成为学生了解和学习计算机的重要基础课.

"算法与数据结构"是伴随着计算机应用的普及与深入而产生的一门课程. 早期的电子计算机是为数值计算而发明和设计的, 应用在诸如弹道计算、天气预报等领域. 现在计算机的应用已经渗透到社会的各个领域, 如信息处理、图像识别、人工智能、电子交易等, 这些领域大部分都是非数值计算领域. 例如图像, 其本质是人的感觉器官对客观事物的反应. 现在的计算机不仅可以表示图像, 而且可以存储、传输, 甚至识别图像.

算法与数据结构是研究现实世界中非数值计算问题的程序设计、非数值信息的计算机表示以及信息之间关系的学科. 现实世界是缤纷复杂的, 而计算机所能表示的只有 0 与 1, 其存储器也是线性的, 中央处理器本质上也只能做有限位的加法运算. 算法与数据结构就像横架在现实世界和计算机世界之间的一座桥梁, 它是利用计算机解决实际问题不可缺少的工具. 离散数学亦以非数值问题为研究对象. 与之相比, 算法与数据结构更加注重于算法的实现, 而离散数学则注重于算法的理论.

利用计算机解决问题可归纳为以下几个步骤: ① 分析实际的具体问题, 从中抽象出一个适当的数学模型; ② 设计一个求解此数学模型的算法; ③ 编制计算机程序实现此算法, 最终得到解答. 以人口预测作为一个例子.

例 1.1 (人口预测) 已知量: 每个人的净生殖率 r, 时间 t, 当 $t = 0$ 时的人口数 $N(0)$. 净生殖率等于出生率减去死亡率.

在本例中所求量是 $N(t)$, 它是 t 时刻人口的数量. 本例中的数学模型是 $N(t)$ 所满足的常微分方程 $\frac{1}{N}\frac{\mathrm{d}N}{\mathrm{d}t} = r$. 这个方程容易求解, 其解是 $N(t) = N(0)\mathrm{e}^{rt}$. 最后需要编写一个计算机程序, 具体给出解.

```
#include <cmath>   //for std::exp()
```

```
int population(int ini, double birth_rate, double time_at)
{
    return ini*std::exp(birth_rate*time_at);
}
```

给出初始人口数以及生殖率, 调用上面的函数可以预测出任何时刻的人口数量. 在本书中, 问题的最终解答体现为一个函数. 输入数据为函数参数, 有时也会使用全局数据存储输入数据. 问题的答案通常为函数的返回值, 在少部分情况下也可能是函数的输出参数.

现实世界中的非数值问题的例子有很多. 例如图书馆书目检索问题、人机对弈问题、多岔路口交通灯管理问题等. 解决非数值计算问题的步骤与解决数值问题的步骤是相同的. 唯一的区别是描述非数值问题的数学模型不同, 而这正是算法与数据结构所要研究的内容.

在本课程中, 数据是指对客观事物的数字化表示. 客观事物 (诸如图像、棋局、交通路口信号灯、图书馆图书编目等) 本身并不能存放在计算机中. 但是这些客观事物在经过数字化处理之后, 它们的数字化表示就可以在计算机中表示、存储、运算. 数据元素是数据的基本单位, 也是本门课程所考虑的基本单元, 在计算机程序设计中通常是被作为一个整体来对待的, 不同的问题有着不同的数据元素. 计算机硬件工作者眼中的数据几乎都是 0 与 1, 考虑用何种电路去实现 0 与 1 之间的运算. 对于他们来说, 0 与 1 就是数据元素. 而本课程不研究计算机硬件, 它需要更高级的抽象, 所考虑的数据元素可以是 0, 1, 也可以是别的. 例如, 在求解偏微分方程时, 实数被认为是数据的基本单元. 在计算机图书管理系统中, 数据元素可能包括书名、作者名、ISBN、分类号、索书号等内容. 而在对弈问题中数据元素为对弈过程中的棋局. 有些数据元素是计算机高级语言所固有的, 例如整数、实数等, 而有些数据元素需要一个结构体来描述. 算法与数据结构就是研究数据元素之间关系的学科. 数据对象是具有相同性质的数据元素的集合. 例如 $N = \{0, 1, 2, 3, \cdots\}$ 是自然数的集合; $\{a, b, c, \cdots, z\}$ 是英文字母表; 而 $\{q_1, \cdots, q_{319 \times 19}\}$ 是围棋的所有可能局面. 我们所说的数据结构由三部分组成, 一是数据元素的集合, 二是集合元素之间存在着的某种关系, 三是定义在这些元素上的一些运算. 数据结构可以表示为三元组 (D, S, O_p), 其中: D 是数据元素的有限集合; S 为 D 上的一个关系, 即 $S \subseteq D \times D$; O_p 是定义在 D 上的运算. 数据元素之间的关系可被分为四大类, 它们是:

集合结构: 在此结构中 $S = \varnothing$, 即元素与元素之间没有任何关系.

线性结构: 在此结构中元素之间存在全序关系, 即存在一种关系 $\preccurlyeq$, 使得 $d_1 \preccurlyeq d_2 \preccurlyeq \cdots \preccurlyeq d_n$, 其中 $D = \{d_1, d_2, \cdots, d_n\}$ 为数据元素集合.

树形结构: 在此结构中元素之间存在树形关系. 现实世界中有很多树形结构的例子, 国家行政机关、家族族谱等等级关系都是树形结构.

图结构: 在此结构中 S 可以是 $D \times D$ 的任意子集, 即元素之间的关系可以是任意的.

线性结构和树形结构构成本书的主要内容. 我们不将集合结构与图结构作为数据结构来

处理. 集合的关系集合为空集合. 而对于图结构, 其关系集合不受任何限制. 对于这种不受任何限制的关系, 要想得到高效的算法是困难的, 况且对于每一种数据结构, 都有一组标准的运算. 但是由于图结构中的关系任意性, 还没有一组大家公认的、满意的标准运算. 而图结构关系复杂, 定义在其上的运算集合过分庞大, 以至于没有一种物理结构能够使所有运算得以高效地实现.

不同的数据结构会有不同的操作集合, 这些操作可分为: ①构造函数, 析构函数; ②询问类操作; ③ 查找类操作; ④添加和删除类操作. 在不同的数据结构中, 这些操作的具体实现肯定是不同的. 但是维护操作界面的一致性是非常诱人的. 它可以减轻使用者的记忆负担, 方便用户使用. 下面是最为常用的数据结构栈的操作界面之一.

```cpp
template<typename T>          //T: 栈中数据元素的类型
struct Stack                  //类的实现细节略去
{
    Stack(void);              //构造函数
    ~Stack(void);             //析构函数
    bool empty(void) const    //查询栈是否为空
    int size(void) const ;    //查询栈中元素的个数
    T& top(void);             //返回对栈顶元素的引用
    void push(T const& );     //压栈
    void pop(void);           //出栈
};
```

本书不太关注操作界面, 而关注于数据. 数据有两个方面的属性, 即数据的逻辑结构与物理结构. 以上谈到的结构为数据的逻辑结构, 而物理结构是指数据在计算机中存储和表示的结构, 又称为存储结构. 计算机存储器的最小单元为字节, 它通常由 8 个二进制位组成. 而在实际问题中, 数据元素的大小是未知的, 通常都会用连续的若干字节来表示一个数据元素. 不同的高级程序语言会提供不同的方式来将若干个数据项聚合在一起, 例如在 C 语言中的结构体. 本书不考虑数据元素是怎样在计算机内部表示的, 仅考虑数据结构 (D, S) 在计算机内部的表示和存储问题, 即不仅能存储所有的数据元素 D, 而且还能表示数据元素之间的关系集合 S. 选择具体的物理结构需要考虑定义在数据结构上的操作集合 O_p, 甚至还要考虑操作的使用频率. 物理结构总体上被分成 4 类: ①顺序存储结构; ②链式存储结构; ③哈希存储结构; ④索引存储结构. 顺序存储结构是指将数据元素 $D = \{d_1, \cdots, d_n\}$ 连续地存放在计算机的存储器中, 用数据元素存放的位置来体现数据元素之间的关系. 链式存储结构不仅存储数据元素本身, 而且还存储了指向另外一个数据元素的指针, 通过这个指针来体现两个数据元素之间的关系. 数据结构课程的一个主要任务是研究不同逻辑结构用何种物理结构来存储, 使得定义在这个数据结构上的操作能够高效地完成. 哈希存储结构和索引存储结构是两种特别的存储结构, 在后续的章节中会详细讨论. 在不同的物理结构中, 希望读者能特别重视顺序存储结构, 它有利于计算机内存与外存之间的数据交换. 在许多时候, 需要将内存中的数据结构保存到外存 (也就是文件) 中. 而下次程序启动时, 只要从文件中将数据结构读入内存中即可. 而在外存中, 所有的数据都是顺序存放的. 链式存储结构需要存储数据元素在内存中的地址, 将这些地址保存到文件中是没有意义的. 所以顺序存储结构非常适合内存与外部存储器之间的数据传输. 如果确实需要链式存储结构, 为了方便数据的导入与导出, 也可以使用变通的方法, 即在内存中申请一块连续的内存, 而将内存地址修改为偏移量. 这种方法在本质上还是使用顺序结构来模拟链式结构.

所谓算法是对某类特定问题求解步骤的一种描述, 它是指令的有限序列, 每条指令都可以表示一个或多个操作. 算法需要具有以下几个方面的性质.

输入: 即算法所要操作的对象. 理论上, 任何算法都要有一定的输入. 但是有些算法要求非常明确, 将输入数据固化到算法中了, 这样的算法表面上好像没有输入.

输出: 即问题的答案. 它是必须要有的.

由穷性: 对于合法的输入, 算法所需执行的指令是有限的. 算法能在有限时间内结束.

确定性: 每条指令必须是有确切含义的、无二义的.

可行性: 指令必须是可以在现有的计算技术基础上实现的.

算法的设计和描述要遵循以下 5 个要素.

正确性: 设计出的算法必须对所有合法的输入都能给出正确的结果.

可读性: 算法的设计者通常不是算法的使用者, 写出的算法需要别人来阅读理解和使用, 所以算法一定要使用易于理解的方式来描述.

健壮性: 指对于非法的数据能够给出适当的处理.

时间效率: 指算法执行速度要快, 所需时间要短.

空间效率: 指执行算法所需的存储量要小.

在上面的 5 个要素中, 最为重要的是后面两个. 它们构成了算法分析的两个方面: 时间复杂度分析和空间复杂度分析. 算法的时间复杂度本质上是对算法执行时间的某种估计. 影响一个算法执行时间的因素至少包含 3 个: ①算法的设计本身; ② 问题的规模; ③计算工具的速度. 第一个因素就是算法分析所要考虑的问题. 第二个因素也是不得不考虑的, 两个数的排序算法与一万个数的排序算法所需的时间当然是不一样的. 第三个因素则是复杂度分析必须设法剔除的. 同样一个算法, 在算盘和计算机上执行的速度当然是不同的. 算法的时间复杂度应该和计算工具无关. 计算工具可以改变, 但是算法的时间复杂度不变. 算法的复杂度只和算法本身以及问题的规模相关. 通常用一个整数或者实数 n 来刻画问题的规模. 算法在一个具体计算工具上的执行时间可以表示为 $t(n)$. 算法的时间复杂度由 $t(n)$ 完全确定, 但是其准确的含义将在下一章给出. 算法的空间复杂度是指执行算法所需要的额外计算机的存储. 所谓 "额外" 是指存储算法执行过程中的中间结果所需的空间. 通常不统计存储算法输入输出数据所需的计算机存储空间.

任何算法都需要一种语言来描述. 它既可以是自然语言, 也可以是专门设计的一种伪代码, 还可以使用现成的计算机高级程序设计语言 (如 C, Java, C++) 来描述算法. 算法本质上是独立于描述语言的. 一方面, "算法与数据结构"这门课程是随着计算机的发展而出现的学科. 所有的算法几乎都是要在某种计算机上来实现的. 另一方面, "算法与数据结构"又是一门实践性很强的课程. 在计算机上实现和验证算法是学习这门课程的重要手段之一. 所以毫无例外地, 所有算法与数据结构方面的著作都会选用某种程序设计语言来描述算法. 早期的著作如高德纳的《计算机程序设计艺术》, 为了描述算法方便, 在书中作者自己设计了一种语言 MIX, 并且设计出一个虚拟的 MIX 计算机. 后来高级程序设计语言 Pascal 流行, 它独立于具体的计算机. 随着高级程序设计语言的发展, C、Java、C++ 等高级语言被选择用来描述算法. 计算机高级程序设计语言并不是专门为数据结构而发明的. 本书以易于理解为最高目标, 在此目标之下尽量使用 C/C++ 语言描述算法. 有时也会对 C/C++ 语言做一些扩充. 例如循环语句

```
for(e ∈ S) statement;
```
这个语句的含义是对集合 S 中的每一个元素 e 执行循环体一次. 集合 S 可以是常量, 偶尔亦可以是变化的. 这个循环不在乎集合 S 使用何种存储结构. 选取元素 e 的次序也是无关紧要的. 函数的说明可以是

函数名 (参数列表)⟶ 返回值说明

参数列表不必像 C/C++ 语言那样严格, 但是根据上下文不难确定其含义. 只要读者熟悉 C/C++ 或者 Java 语言, 就不难理解书中的算法.

本书第 2 章介绍算法分析所需的数学知识. 特别介绍算法平摊复杂度分析等内容. 第 3 章介绍线性结构及其各种不同的实现, 如向量、单链表、双向链表以及静态链表, 还介绍线性结构的一些典型应用, 例如栈与队列的各种实现及其应用、回溯法、递归以及基数排序等. 第 4 章介绍树形结构, 如二叉树、森林等, 介绍其逻辑结构和不同的物理结构, 还介绍并查集的实现以及其平摊复杂度分析, 最后还介绍 Huffman 树以及 Huffman 压缩方面的内容. 第 5 章介绍选择算法, 集中介绍各种各样的堆结构, 例如极小堆、极大极小堆、左堆、Fibonacci 堆、配对堆等, 给出其操作的详细复杂度或者平摊复杂度分析. 第 6 章介绍查找算法, 内容包括顺序查找、哈希查找、二分查找、排序二叉树、多关键字查找以及索引结构. 第 7 章介绍排序算法, 内容包括插入排序、选择排序、Shell 排序、堆排序、快速排序、间接排序、归并排序、基数排序以及外部排序. 第 8 章介绍图以及相关算法, 介绍图的各种存储表示以及图中的许多经典算法, 如 Prim 算法、Kruskal 算法、Dijkstra 算法、Bellman-Ford 算法等, 最后还介绍了求最大流的广义路径法以及最小费用流方面的内容. 第 9 章介绍模式串的匹配算法方面的内容, 包括单模式匹配、多模式匹配、带通配符匹配、正则表达式匹配以及近似匹配等内容.

第2章
算法分析

2.1　无穷大的阶以及若干序列的渐进分析

设 $f(n)$, $g(n)$, $h(n)$ 等为非负序列或函数, 其中 n 为非负整数或非负实数. 当 n 为非负整数时, 称之为序列: 当 n 为非负实数时, 称之为函数.

定义 2.1 (O, Ω)　如果存在正常数 C, 使得当 n 充分大时 (也就是存在 n_0 使得当 $n > n_0$ 时), 有

$$f(n) \leqslant Cg(n)$$

则称 $f(n)$ 在无穷远处的阶小于等于 $g(n)$ 在无穷远处的阶, 记为

$$f(n) = O(g(n))$$

或称 $g(n)$ 在无穷远处的阶大于等于 $f(n)$ 在无穷远处的阶, 记为

$$g(n) = \Omega(f(n))$$

例 2.2　函数 $f(n) = n, g(n) = n|\sin n|$. 由于 $|\sin n| \leqslant 1$, 所以 $f(n) = \Omega(g(n))$, 或者 $g(n) = O(f(n))$.

例 2.3　函数 $f(n) = 2^n, g(n) = n!$. 由于对于任意的非负整数 n, $f(n) \leqslant 2g(n)$, 所以 $2^n = O(n!)$, 或者 $n! = \Omega(2^n)$.

例 2.4　对于任意的 $\varepsilon > 0, a > 1$, 有 $\log_a n = O(n^\varepsilon), n^\varepsilon = O(a^n)$.

定义 2.5 (Θ)　如果 $g(n) = O(f(n))$ 并且 $g(n) = \Omega(f(n))$, 则称 $g(n)$ 趋于无穷大的阶等于 $f(n)$ 趋于无穷大的阶, 也称 $f(n)$ 与 $g(n)$ 趋于无穷大的阶相同, 记为

$$g(n) = \Theta(f(n))$$

定理 2.6　下面 3 个结论等价:

① $g(n) = \Theta(f(n))$;

② *存在常数 A, B, 使得当 n 充分大时, $Ag(n) \leqslant f(n) \leqslant Bg(n)$;*

③ *存在常数 C, D, 使得当 n 充分大时, $Cf(n) \leqslant g(n) \leqslant Df(n)$.*

上面结论的证明不难, 此处略.

例 2.7　$\log_a(n!)$ 和 $n \log_a n$ 在无穷远处的阶是相同的, 即

$$\log_a(n!) = \Theta(n \log_a n)$$

注意到

$$2 \log_a n! = \log_a n! + \log_a n! = \sum_{k=1}^{n} \log_a k + \sum_{k=1}^{n} \log_a(n + 1 - k) = \sum_{k=1}^{n} \log_a k(n + 1 - k)$$

而 $k(n + 1 - k) \geqslant n$, 所以有

$$\log_a(n!) \leqslant n \log_a n \leqslant 2 \log_a(n!)$$

根据上面的定理即得

$$\log_a(n!) = \Theta(n \log_a n)$$

定理 2.8　由 Θ 确定的关系为等价关系.

证明　等价关系的 3 个条件是自反、对称和传递. 关系 Θ 显然是自反的. 对称性可由定理 2.6 得到. 传递性也是容易得到的: 假设 $f(n) = \Theta(g(n))$, $g(n) = \Theta(h(n))$. 根据定理 2.6, 存在常数 A, B, C, D, 使得当 n 充分大时有

$$Ag(n) \leqslant f(n) \leqslant Bg(n), \quad Ch(n) \leqslant g(n) \leqslant Dh(n)$$

从而

$$ACh(n) \leqslant f(n) \leqslant BDh(n)$$

再根据定理 2.6 得 $f(n) = \Theta(h(n))$. 证毕.

由 Θ 所定义的等价关系可以将 $f(n)$ 和 $cf(n)$ 这样的函数糅合在一个等价类中. 它是定义算法时间复杂度的基础.

定义 2.9 (Θ 新含义)　*由于 Θ 是等价关系, 所以可以根据它定义出等价类. 定义*

$$\Theta(f(n)) = \{g(n) : g(n) \text{ 和 } f(n) \text{ 在无穷远处的阶相同}\}$$

即将 $\Theta(f(n))$ 看成集合. 两个同阶的无穷大量也可记为 $f(n) \in \Theta(g(n))$. 例如 $\log_a(n!) = \Theta(n \log_a n)$ 也可以记为 $\log_a(n!) \in \Theta(n \log_a n)$. 但是在习惯上, 还是常用 $f(n) = \Theta(g(n))$, 而不用 $f(n) \in \Theta(g(n))$. 或者说, $f(n) = \Theta(g(n))$ 有两个含义: 一是 $f(n)$ 与 $g(n)$ 为同阶无穷大; 二是 $f(n)$ 属于等价类 $\Theta(g(n))$. 这两个含义是相同的.

例 2.10 $\log_a f(n) = \Theta(\log_b f(n))$.

对于不同底的对数, 有

$$\log_a f(n) = \log_a b \ \log_b f(n)$$

也就是说, $\log_a f(n)$ 与 $\log_b f(n)$ 只相差一个常数, 从而 $\Theta(\log_a f(n)) = \Theta(\log_b f(n))$, 即这两个等价类是相同的. 所以在谈到关于 Θ 等价类时, 一般不指明具体的对数底, 而直接记为 $\Theta(\log f(n))$. 对于 O, Ω 也类似, 直接记为 $O(\log f(n))$ 或者 $\Omega(\log f(n))$.

下面的结论是判别两个函数或者序列同阶 (或者属于同一个等价类) 的充分条件.

定理 2.11 两个非负的函数或者序列如果满足 $\lim\limits_{n\to\infty} g(n) = \infty$ 并且 $\lim\limits_{n\to\infty} f(n)/g(n) = C \neq 0$, 则 $f(n) = \Theta(g(n))$.

例 2.12 函数 n, $10n$, $n + \sqrt{n}$, $3n + \log n$ 均属于 $\Theta(n)$, 并且 $\Theta(n) = \Theta(10n) = \Theta(n + \sqrt{n}) = \Theta(3n + \log n)$.

定义 2.13 ($\sim$) 如果 $\lim\limits_{n\to\infty} f(n) = \lim\limits_{n\to\infty} g(n) = \infty$ 并且 $\lim\limits_{n\to\infty} f(n)/g(n) = 1$, 则称 $f(n)$, $g(n)$ 为等价的无穷大量, 记为

$$f(n) \sim g(n)$$

例 2.14 $\log_a(n!) \sim n \log_a n$.

根据 Stirling 公式:

$$n^n \mathrm{e}^{-n} \sqrt{2\pi n} < n! < n^n \mathrm{e}^{-n} \sqrt{2\pi n} \left(1 + \frac{1}{4n}\right) \tag{2.1}$$

所以

$$\frac{-n \log_a \mathrm{e} + \log_a \sqrt{2\pi n}}{n \log_a n} < \frac{\log_a(n!)}{n \log_a n} - 1 < \frac{-n \log_a \mathrm{e} + \log_a \sqrt{2\pi n}}{n \log_a n} + \frac{\log_a \left(1 + \dfrac{1}{4n}\right)}{n \log_a n}$$

从而有

$$\lim_{n\to\infty} \frac{\log_a(n!)}{n \log_a n} = 1$$

Stirling 公式给出了近似公式: $\log_a n! \approx n \log_a n$.

下面给出若干在算法分析时所需要的序列和函数以及它们趋于无穷大的性态.

例 2.15 (调和级数) 称下面定义的数列 H_n 为调和级数:

$$H_n = 1 + 1/2 + \cdots + 1/n = \sum_{k=1}^{n} \frac{1}{k} \qquad (n \geqslant 1)$$

有如下结论:

$$H_n = \ln n + \gamma + \epsilon_n \approx 0.693 \log_2 n + \gamma$$

其中 $\gamma \approx 0.577\,215\,66$ 为欧拉常数, 而 $\lim\limits_{n\to\infty} \epsilon_n = 0$.

例 2.16 (Fibonacci 序列)　　称下面定义的数列 f_n 为 Fibonacci 序列:

$$\begin{cases} f_0 = 0 \\ f_1 = 1 \\ f_n = f_{n-1} + f_{n-2} \quad (n > 1) \end{cases}$$

为了给出它的一个显式表达式, 令 $\boldsymbol{F}_n = (f_{n+1}, f_n)^{\mathrm{T}}$, 得到

$$\boldsymbol{F}_n = \begin{pmatrix} 1 & 1 \\ 1 & 0 \end{pmatrix}, \quad \boldsymbol{F}_{n-1} = \begin{pmatrix} 1 & 1 \\ 1 & 0 \end{pmatrix}^n, \quad \boldsymbol{F}_0 = \begin{pmatrix} 1 & 1 \\ 1 & 0 \end{pmatrix}^n \begin{pmatrix} 1 \\ 0 \end{pmatrix}$$

上式中矩阵为实对称矩阵. 其两个特征值分别为

$$\phi = \frac{1 + \sqrt{5}}{2} \approx 1.618, \quad \tilde{\phi} = \frac{1 - \sqrt{5}}{2} \approx -0.618$$

容易证明 $f_n = A\phi^n + B\tilde{\phi}^n$. 再利用 $f_1 = 1$, $f_0 = 0$ 得到

$$f_n = \frac{\phi^n - \tilde{\phi}^n}{\sqrt{5}} \approx \frac{\phi^n}{\sqrt{5}} \approx \frac{1.618^n}{\sqrt{5}} \tag{2.2}$$

由于 $\tilde{\phi}$ 的绝对值小于 1, 所以有 $f_n \sim \phi^n/\sqrt{5}$. 事实上 f_n 等于最接近 $\phi^n/\sqrt{5}$ 的整数.

例 2.17 ($\log_2^*$ 函数)　　称下面定义的函数为 $\log^*$ 函数:

$$\log_2^* x = \min\left\{ i \geqslant 0 : \overbrace{\log_2 \log_2 \cdots \log_2}^{i \text{ 个}} x \leqslant 1 \right\}, \quad x \in (-\infty, +\infty) \tag{2.3}$$

这是一个增长极为缓慢的单调增函数. 其前面的几个值为

$x \in$	$(-\infty, 1]$	$(1, 2]$	$(2, 2^2]$	$(4, 2^4]$	$(16, 2^{16}]$	$(65\,536, 2^{65\,536}]$
$\log_2^* x$	0	1	2	3	4	5

理论上, $\lim\limits_{x \to \infty} \log_2^* x = \infty$. 但是天文学家估计宇宙中原子的个数为 $10^{80} \approx 2^{256}$. 现实中问题的规模远远小于它, 所以现实中 $\log_2^* x \leqslant 5$, 因此它常被看成常数. log 星号函数也可以递归地定义为

$$\log_2^* x = \begin{cases} 0, & \text{如果 } x \leqslant 1 \\ 1 + \log_2^*(\log_2 x), & \text{如果 } x > 1 \end{cases}$$

下面定义的数列被称为第四级增长数列:

$$\begin{cases} F_0 = 1 \\ F_n = 2^{F_{n-1}} \quad (n > 0) \end{cases}$$

它增长非常快. $F_4 = 2^{2^{2^2}} = 2^{[2^{(2^2)}]} = 2^{[2^4]} = 2^{16} = 65\ 536$. 其前面几个值为

n	0	1	2	3	4	5	6
F_n	1	2	4	16	65 536	$2^{65\ 536}$	$2^{2^{65\ 536}}$

许多文献中记 F_n 为 $^n2$, 有时也记为 $2 \uparrow\uparrow n$ 或者 $2^{\wedge\wedge}n$. 称其为第四级增长函数源于下面的类比. 函数 $2+n$ 为加法级增长; $2n$ 为乘法级增长; 2^n 为指数级增长. F_n 就被顺势称为第四级增长函数. 对于任意非负整数 n 有 $n = \log_2^*(F_n)$.

例 2.18 考虑级数

$$Q_n = \sum_{j=1}^{n} \lfloor \log_2 j \rfloor = 0 + 1 + 1 + 2 + 2 + 2 + 2 + 3 + \cdots + \lfloor \log_2 n \rfloor \tag{2.4}$$

如果和式中的项没有取整符号, 容易得到 $\sum_{j=1}^{n} \log_2 j = \log_2 n! = \Theta(n \log n)$. 为处理取整运算, 考虑级数

$$P_n = \sum_{j=0}^{n} j 2^j \tag{2.5}$$

可以给出其封闭表达式:

$$P_n + (n+1)2^{n+1} = \sum_{j=1}^{n+1} j 2^j = \sum_{j=0}^{n} (j+1)2^{j+1} = 2P_n + \sum_{j=0}^{n} 2^{j+1}$$

从而得到

$$P_n = (n-1)2^{n+1} + 2 \tag{2.6}$$

注意到当 $2^i \leqslant j < 2^{i+1}$ 时, $\lfloor \log_2 j \rfloor = i$, 所以 $\sum_{2^i \leqslant j < 2^{i+1}} \lfloor \log_2 j \rfloor = i 2^i$. 对于任意的 n, 可以将其分解为 $n = 2^k + l$, 其中 $0 \leqslant l < 2^k$, $k = \lfloor \log_2 n \rfloor$.

$$Q_n = \sum_{j=1}^{2^k+l} \lfloor \log_2 j \rfloor = \sum_{j=1}^{2^k-1} \lfloor \log_2 j \rfloor + k(l+1) = \sum_{i=0}^{k-1} \left(\sum_{2^i \leqslant j < 2^{i+1}} \lfloor \log_2 j \rfloor \right) + k(l+1)$$

从而得到

$$Q_n = P_{k-1} + k(l+1) = (k-2)2^k + k(l+1) + 2 = kn - 2^{k+1} + k + 2 = \Theta(n \log n) \tag{2.7}$$

2.2　基本定理

考虑定义在区间 $[1, +\infty)$ 上的函数 $f(x)$, 它在区间 $[1, b)$ 的值是已知的并且是非负有界的, 即存在正常数 $C > 0$ 使得当 $x \in [1, b)$ 时, $0 \leqslant f(x) \leqslant C$. 当 $x \geqslant b$ 时 $f(x)$ 满足

$$f(x) = af\left(\frac{x}{b}\right) + x^k$$

其中 $a > 0$, $b > 1$ 均为常数. 为了给出显式表达式, 令

$$x = b^y, \quad g(y) = \frac{f(b^y)}{a^y}$$

得到

$$\begin{cases} g(y) = \left(\dfrac{b^k}{a}\right)^y + g(y-1), & \text{当 } y \geqslant 1 \text{ 时} \\[3mm] g(y) = \dfrac{f(b^y)}{a^y}, & \text{当 } 0 \leqslant y < 1 \text{ 时} \end{cases}$$

令 $r = \dfrac{b^k}{a}$. 当 $y \geqslant 1$ 时有

$$g(y) = r^y + r^{y-1} + \cdots + r^{1+\epsilon} + g(\epsilon)$$
$$= r^\epsilon \left[r^{\lfloor y \rfloor} + \cdots + r \right] + g(\epsilon)$$
$$= \begin{cases} \dfrac{r^{\lfloor y \rfloor} - 1}{r - 1} r^{1+\epsilon} + g(\epsilon), & \text{当 } r \neq 1 \text{ 时} \\[3mm] \lfloor y \rfloor + g(\epsilon), & \text{当 } r = 1 \text{ 时} \end{cases}$$

其中 $0 \leqslant \epsilon = y - \lfloor y \rfloor < 1$ 为 y 的小数部分. 将上式还原回 $f(x)$, 得到当 $x \geqslant b$ 时,

$$f(x) = \begin{cases} x^{\log_b a} \left[r^{1+\epsilon}(r^{\lfloor \log_b x \rfloor} - 1)/(r-1) + f(b^\epsilon)/a^\epsilon \right], & \text{当 } r \neq 1 \text{ 时} \\[3mm] x^k(\lfloor \log_b x \rfloor + f(b^\epsilon)/a^\epsilon), & \text{当 } r = 1 \text{ 时} \end{cases}$$

其中 $\epsilon = \log_b x - \lfloor \log_b x \rfloor$. $r > 1, r = 1, r < 1$ 这 3 种情况分别对应于 $k > \log_b a, k = \log_b a,$ $k < \log_b a$. 当 $r \neq 1$ 而 $x \geqslant b$ 时, 注意到 $x^{\log_b a} = a^{\log_b x}$, 有

$$f(x) = x^{\log_b a} \left[\frac{r}{r-1}(r^{\log_b x} - r^\epsilon) + f(b^\epsilon)/a^\epsilon \right] = \frac{b^k}{b^k - a}(x^k - r^\epsilon x^{\log_b a}) + x^{\log_b a} f(b^\epsilon)/a^\epsilon$$

从而有

$$\begin{cases} f(x) \sim \left[\dfrac{b^k}{a - b^k}(\dfrac{b^k}{a})^\epsilon + f(b^\epsilon)/a^\epsilon \right] x^{\log_b^a} = \Theta(x^{\log_b^a}), & \text{当 } k < \log_b a \text{ 时} \\[4mm] f(x) = x^k \lfloor \log_b x \rfloor + x^k f(b^\epsilon)/a^\epsilon = \Theta(x^k \log_b x), & \text{当 } k = \log_b a \text{ 时} \\[4mm] f(x) \sim \dfrac{b^k}{b^k - a} x^k = \Theta(x^k), & \text{当 } k > \log_b a \text{ 时} \end{cases}$$

由此得到如下基本定理.

定理 2.19 (基本定理)　假设 $f(x)$ 在区间 $[1, b]$ 上有界, 当 $x \geqslant b$ 时 $f(x)$ 满足

$$f(x) \leqslant af\left(\frac{x}{b}\right) + cx^k$$

其中 $c \geqslant 0$ 为常数, 则

$$f(x) = \begin{cases} O(x^{\log_b a}), & \text{当 } k < \log_b a \text{ 时} \\ O(x^k \log x), & \text{当 } k = \log_b a \text{ 时} \\ O(x^k), & \text{当 } k > \log_b a \text{ 时} \end{cases} \tag{2.8}$$

对于数列也有类似的结论, 如下.

定理 2.20 假设数列 $f(n)$ 满足

$$f(n) \leqslant af\left(\left\lfloor \frac{n}{b} \right\rfloor\right) + cn^k$$

其中 a, c 为正实数而 $b > 1$ 为整数, 则存在常数 D 使得

$$f(n) \leqslant \begin{cases} Dn^{\log_b a}, & \text{当 } k \leqslant \log_b a \text{ 时} \\ Dn^k \log_b n, & \text{当 } k = \log_b a \text{ 时} \\ Dn^k, & \text{当 } k > \log_b a \text{ 时} \end{cases} \tag{2.9}$$

证明 由于 b 是整数, 所以 $\lfloor \lfloor n/b^j \rfloor / b \rfloor = \lfloor n/b^{j+1} \rfloor$. 连续运用条件可以得到

$$
\begin{aligned}
f(n) &\leqslant cn^k + af(\lfloor n/b \rfloor) \\
&\leqslant cn^k + a\lfloor n/b \rfloor^k + a^2 f(\lfloor n/b^2 \rfloor) \\
&\leqslant \cdots \\
&\leqslant cn^k + a\lfloor n/b^2 \rfloor^k + \cdots + a^{M-1}\lfloor n/b^{M-1} \rfloor^k + a^M f(\lfloor n/b^M \rfloor) \\
&\leqslant cn^k + a(n/b^2)^k + \cdots + a^{M-1}(n/b^{M-1})^k + a^M f(1) \\
&= cn^k \sum_{j=0}^{M-1} \left(\frac{a}{b^k}\right)^j + a^M f(1)
\end{aligned}
$$

其中 $M = \lfloor \log_b n \rfloor$. 令 $r = \dfrac{a}{b^k}$, 不妨假设 $k < \log_b a$ (即 $b^k < a$):

$$
\begin{aligned}
f(n) &\leqslant cn^k \left(\frac{r^M - 1}{r - 1}\right) + a^M f(1) \\
&< \frac{c}{r-1} n^k r^M + a^M f(1) \\
&\leqslant \frac{c}{r-1} n^k \left(\frac{a}{b^k}\right)^{\log_b n} + a^{\log_b n} f(1) \\
&= \left(\frac{c}{r-1} + f(1)\right) n^{\log_b a}
\end{aligned}
$$

取 $D = \dfrac{c}{r-1} + f(1)$ 即得到结论. 另外两种情况, 即 $k = \log_b a$ 以及 $k > \log_b a$ 时的证明类似. 证毕.

上面定理的另一种叙述是: 设数列 $f(n)$ 满足 $f(n) = af\left(\left\lfloor \dfrac{n}{b} \right\rfloor\right) + O(n^k)$, 则

$$f(n) = \begin{cases} O(n^{\log_b a}), & \text{当 } k \leqslant \log_b a \text{ 时} \\ O(n^k \log_b n), & \text{当 } k = \log_b a \text{ 时} \\ O(n^k), & \text{当 } k > \log_b a \text{ 时} \end{cases} \tag{2.10}$$

定理 2.21　假设非负函数 $f(x)$ 是可导的, $f(0) = 0$ 并且在区间 $[0,1]$ 上 $|f'(x)| \leqslant D$. 如果 $f(x)$ 在区间 $[0, \infty)$ 上还满足

$$f(x) \leqslant f(\alpha x) + f(\beta x) + \gamma x$$

其中, $C > 0$ 为常数, α, β 为非负实数并且 $\alpha + \beta < 1$, 则

$$f(x) \leqslant \frac{\gamma x}{1 - \alpha - \beta} \tag{2.11}$$

证明　对于固定的 x, 连续使用条件 $f(x) \leqslant f(\alpha x) + f(\beta x) + \gamma x$:

$$
\begin{aligned}
f(x) &\leqslant f(\alpha x) + f(\beta x) + \gamma x \\
&\leqslant f(\alpha^2 x) + f(\alpha\beta x) + C\alpha x + f(\beta\alpha x) + f(\beta^2 x) + C\beta x + \gamma x \\
&= f(\alpha^2 x) + 2f(\alpha\beta x) + f(\beta^2 x) + C(\alpha + \beta)x + \gamma x \\
&\cdots
\end{aligned}
$$

可以用归纳法证明, 对于任意的正整数 n 有

$$
\begin{aligned}
f(x) &\leqslant \sum_{j=0}^{n} \binom{n}{j} f(\alpha^j \beta^{n-j} x) + C(\alpha + \beta)^{n-1} x + \cdots + C(\alpha + \beta)x + \gamma x \\
&= \sum_{j=0}^{n} \binom{n}{j} f(\alpha^j \beta^{n-j} x) + \frac{1 - (\alpha + \beta)^n}{1 - \alpha - \beta} \gamma x
\end{aligned} \tag{2.12}
$$

当 n 充分大时, 数 $\alpha^j \beta^{n-j}$ 趋于 0. 由于 x 是固定的数, 不妨假设 $\alpha^j \beta^{n-j} x < 1$. 再根据假设条件 $|f'(x) \leqslant D|$ 得到

$$f(\alpha^j \beta^{n-j} x) = f(\alpha^j \beta^{n-j} x) - f(0) = f'(\xi)\alpha^j \beta^{n-j} x \leqslant D\alpha^j \beta^{n-j} x \tag{2.13}$$

综合公式 (2.12) 和公式 (2.13) 得到

$$
\begin{aligned}
f(x) &\leqslant \sum_{j=0}^{n} \binom{n}{j} f(\alpha^j \beta^{n-j} x) + \frac{1 - (\alpha + \beta)^n}{1 - \alpha - \beta} \gamma x \\
&\leqslant D \sum_{j=0}^{n} \binom{n}{j} \alpha^j \beta^{n-j} x + \frac{1 - (\alpha + \beta)^n}{1 - \alpha - \beta} \gamma x \\
&= D(\alpha + \beta)^n x + \frac{1 - (\alpha + \beta)^n}{1 - \alpha - \beta} \gamma x
\end{aligned}
$$

由于 $\alpha + \beta < 1$ 以及 n 的任意性, 所以令 n 趋于无穷大即得到结论〔式 (2.11)〕. 证毕.

上面定理的另一种表示是: 如果 $f(x) = f(\alpha x) + f(\beta x) + O(x)$, 则 $f(x) = O(x)$. 对应序列也有下面的结论.

定理 2.22 序列 $f(n)$ 满足当 n 充分大时:

$$f(n) \leqslant f(\lfloor \alpha n \rfloor + a) + f(\lfloor \beta n \rfloor + b) + \gamma n + \delta \tag{2.14}$$

其中, a, b 为整数, $\alpha, \beta, \gamma, \delta$ 是非负实数, 并且 $\alpha + \beta < 1$, 则存在常数 C 使得当 $n \geqslant 1$ 时:

$$f(n) \leqslant Cn \tag{2.15}$$

证明 假设当 $n \geqslant A$ 时, 公式 (2.14) 成立, 令 $\varepsilon = 1 - \alpha - \beta > 0$. 注意到序列

$$g(n) = \frac{\gamma n + \delta}{\varepsilon n - |a| - |b|}$$

当 n 趋于无穷大时序列是收敛的, 收敛序列是有界的. 所以存在常数 B, M, 使得当 $n \geqslant B$ 时:

$$\varepsilon n - |a| - |b| > 0$$

并且

$$g(n) < M$$

再令

$$D = \max\{|a|/(1 - \alpha), |a|/\alpha\}, \quad E = \max\{|b|/(1 - \beta), |b|/\beta\}$$

当 $n > \max\{D, E\}$ 时:

$$0 < \lfloor \alpha n \rfloor + a < n, \quad 0 < \lfloor \beta n \rfloor + b < n \tag{2.16}$$

令 $N = \max\{A, B, D, E\}$, 取

$$C = \max\{M, f(1), f(2), \cdots, f(N)\}$$

下面用归纳法证明结论 (2.15). 当 $1 \leqslant n \leqslant N$ 时显然有

$$f(n) \leqslant C \leqslant Cn$$

现令 $n > N$ 并且假设当 $m < n$ 时, $f(m) \leqslant Cm$. 根据公式 (2.14) 和公式 (2.16), 有

$$\begin{aligned}
f(n) &\leqslant C(\lfloor \alpha n \rfloor + a) + C(\lfloor \beta n \rfloor + b) + \gamma n + \delta \\
&\leqslant C(\alpha n + |a|) + C(\beta n + |b|) + \gamma n + \delta \\
&= Cn - C(\varepsilon n - |a| - |b|) + \gamma n + \delta \\
&= Cn - (\varepsilon n - |a| - |b|)(C - g(n)) \\
&\leqslant Cn - (\varepsilon n - |a| - |b|)(C - M) \\
&\leqslant Cn
\end{aligned}$$

根据完全归纳法得到结论. 证毕.

有一些算法将规模为 n 的问题转化为两个规模分别为 l, r $(l + r = n)$ 的类似问题. 分析这样的算法需要考虑由下式定义的序列 $f(n)$:

$$\begin{cases} f(1) = 0 \\ f(n) = f(l) + f(r) + cn & (n > 1, \ l, r \geqslant 1, \ l + r = n) \end{cases}$$

其中 cn 是将规模为 n 的问题转化为两个规模分别为 l, r 的类似问题所需要的代价. $f(n)$ 的值和分裂 $n = l + r$ 有关. 不同的分裂方式会得到不同的序列 $f(n)$. 当 l, r 的大小相差大时, $f(n)$ 的值会很大. 例如每次的分裂均为 $n = 1 + (n - 1)$ 时:

$$f(n) = f(1) + f(n-1) + n = n + f(n-1) = n + (n-1) + f(n-2) = \cdots$$

这时 $f(n) = \Theta(n^2)$. 如果对分裂 $n = l + r$ 做一些限制, 使得 l, r 的大小差距不要太大, 则可以使得函数 $f(n)$ 增长得慢一些. 有下面的结论.

定理 2.23　假设序列 $f(n)$ 满足

$$\begin{cases} f(1) = \delta \\ f(n) \leqslant f(l) + f(r) + \alpha n + \beta & (n > 1, \ l, r \geqslant 1, \ l + r = n) \end{cases} \tag{2.17}$$

其中 α, β, δ 均为常数并且 $\alpha \geqslant 0$. 如果存在常数 $0 < \varepsilon \leqslant \dfrac{1}{2}$ 使得每次的分裂 $n = l + r$ 均满足 $l, r \geqslant \varepsilon n$, 则

$$f(n) \leqslant Cn \log_2 n + \delta n + \beta(n - 1) \tag{2.18}$$

其中 $C = \dfrac{-\alpha}{\log_2(1 - \varepsilon)}$.

证明　用归纳法证明这个结论. 当 $n = 1, 2$ 时, 公式 (2.18) 显然是成立的. 先假设当 $n < k$ 时公式 (2.18) 成立. 令 k 的分裂是 $k = l + r$, 根据公式 (2.17) 以及归纳假设有

$$\begin{aligned} f(k) &\leqslant f(l) + f(r) + \alpha k + \beta \\ &\leqslant Cl \log_2 l + \delta l + \beta(l-1) + Cr \log_2 r + \delta r + \beta(r-1) + \alpha k + \beta \\ &= Cl \log_2 l + Cr \log_2 r + \alpha k + \delta k + \beta(k-1) \\ &= T + \delta k + \beta(k-1) \end{aligned}$$

其中 $T = Cl \log_2 l + Cr \log_2 r + \alpha k$. 整数 l, r 中总是一个大, 一个小. 不妨假设 $l \leqslant r$, 有

$$\begin{aligned} T &\leqslant Cl \log_2 r + Cr \log_2 r + \alpha k \\ &= Ck \log_2 r + \alpha k \\ &= Ck \log_2 k + Ck(\log_2 r - \log_2 k) + \alpha k \end{aligned}$$

由于 $l+r=k$ 并且 $l,r \geqslant \varepsilon k$，所以 $\varepsilon k \leqslant l,r \leqslant (1-\varepsilon)k$，有 $\log_2 r \leqslant \log_2(1-\varepsilon) + \log_2 k$，从而

$$
\begin{aligned}
T &= Ck\log_2 k + Ck(\log_2 r - \log_2 k) + \alpha k \\
&\leqslant Ck\log_2 k + Ck\log_2(1-\varepsilon) + \alpha k \\
&= Ck\log_2 k
\end{aligned}
$$

由此得到公式 (2.18). 证毕.

公式 (2.18) 的简洁表达是 $f(n) = O(n\log n)$.

例 2.24 考虑由下式定义的序列：

$$
\begin{cases}
f_0 = 0 \\
f_n = n + \dfrac{2}{n}\displaystyle\sum_{k=0}^{n-1} f_k \quad (n>0)
\end{cases}
\tag{2.19}
$$

对快速排序算法作平均复杂度分析时将用到这个序列. 为了得到它的显式表达式，令

$$
\delta = \sum_{k=0}^{n-1} f_k = \frac{n(f_n-n)}{2}
$$

由序列的定义得到

$$
f_{n+1} = n+1 + \frac{2}{n+1}f_n + \frac{2}{n+1}\delta = \frac{n+2}{n+1}f_n + \frac{2n+1}{n+1}
$$

令 $g_n = f_n/(n+1)$，得到如下的递推关系式：

$$
g_n = \frac{2}{n+1} - \frac{1}{n(n+1)} + g_{n-1}
$$

从而得到 $g_n = 2H_n - \dfrac{3n}{(n+1)}$，进而得到其显式表达式为

$$
f_n = 2(n+1)H_n - 3n \approx 1.386n\log_2 n - 1.846n
\tag{2.20}
$$

2.3 时间复杂度与空间复杂度

算法的时间复杂度是对算法执行所需的时间的某种度量. 影响算法执行时间的因素至少有以下几个方面：① 算法本身的设计；② 问题的规模；③ 计算工具的速度；④ 输入数据的次序；⑤ 输入数据的大小.

算法执行的时间当然和算法本身的设计有关. 问题的规模也是绕不开的因素. 两个数的排序和 1 000 个数的排序所需的时间当然是不一样的. 通常用整数 n 或者实数 x 表示问题的规模. 选取何种参数作为问题的规模，需要具体问题具体分析. 给定算法 A 以及问题的规

模 n, 算法的执行时间可以表示为 $T(n)$. 算法的执行时间还和计算工具的能力有关. 在算盘和现代计算机上执行同一个算法, 所需的时间肯定是不一样的. 早期的计算机和现代计算机的速度也是不一样的. 而计算工具的能力与算法的设计似乎是没有关系的. 为了准确反映算法的优劣, 算法的时间复杂度应该和具体的计算工具无关. 因此, 需要一种方法, 使得可以在时间复杂度中, 将计算工具的能力这个因素剔除.

给定一个算法 A 以及问题的规模 n. 假设有两个计算工具 C_1, C_2. 算法 A 在这两个计算工具上的执行时间分别为 $t_1(n)$ 和 $t_2(n)$. 考虑最为简单的情形, 如果这两个计算工具的唯一不同是执行算法中的指令的速度不同, 则显然有 $t_1(n) = Dt_2(n)$, 其中 D 为常数. 实际情况可能复杂一些. 但是, 在现代计算机的基本框架下, 计算机速度的提高应该是线性的. 这就提示我们可以用 Θ 所定义的等价类来表示算法的复杂度. 在这种定义下, $t(n)$ 和 $Ct(n)$ 同属于一个等价类.

定义 2.25 (算法的时间复杂度)　假设算法 A 对于规模为 n 的问题, 在某个计算工具上的执行时间为 $t(n)$, 则称等价类 $T(n) = \Theta(t(n))$ 为算法 A 的时间复杂度.

这样定义的复杂度就与具体计算工具的速度无关. 算法 A 的时间复杂度为 $\Theta(f(n))$ 的准确含义是, 当问题的规模 n 充分大时, 算法 A 的执行时间与 $f(n)$ 基本成正比. 几种常见的时间复杂度类型如下: $\Theta(1)$, $\Theta(\log n)$, $\Theta(n)$, $\Theta(n \log n)$, $\Theta(n^2)$, $\Theta(2^n)$. 算法中的其他因素按照下面方式处理:

- 当算法的执行时间和输入数据的次序有关时, 考虑最差的情况, 或者计算其平均复杂度.
- 当算法的执行时间和输入数据的大小有关时, 做特别考虑.

算法的复杂度只和算法本身以及输入数据的规模有关. 算法 A 的时间复杂度记为 $A(n)$, 其中 A 代表算法本身, n 为问题的规模, n 通常是正整数或正实数. 在实际分析复杂度时, 如果能得到结果 $T(n) = O(f(n))$, 就非常完美了. 欲得到结果 $T(n) = \Theta(f(n))$, 需要证明两个结论: $T(n) = \Omega(f(n))$ 和 $T(n) = O(f(n))$. 而这样的 $f(n)$ 有可能非常难以找到, 或者找到了但非常复杂, 只能放弃. 也有一些情况, $T(n)$ 趋于无穷大的下界一目了然, 不必明示. 就复杂度分析的目的而言, $T(n)$ 趋于无穷大的上界更为重要. 所以在实际分析算法的复杂度时, 通常只给出结果 $T(n) = O(f(n))$.

由于时间复杂度为等价类, 所以在分析算法时间复杂度时, 可以视在有限时间内能够完成的任意操作为基本操作来统计算法的工作量, 也可以舍去任何复杂度较低的操作.

例 2.26　矩阵乘法时间复杂度分析.

两个 $n \times n$ 矩阵相乘, $\boldsymbol{C} = \boldsymbol{A} \times \boldsymbol{B}$, 可以利用下面的公式进行计算:

$$c_{ij} = \sum_{k=0}^{n-1} a_{ik} b_{kj} \quad (0 \leqslant i, j < n)$$

其 C/C++ 语言实现如下:

```
void multiply(double* c, double const* a, double const* b, int n)
{
    for(int i = 0; i < n; ++i)
    for(int j = 0; j < n; ++j) {
        int const t = i*n + j;    c[t] = 0.0;        //语句1
        for(int k = 0; k < n; ++k)
            c[t] += a[i*n + k]*b[k*n + j];           //语句2
    }
}
```

函数 `multiply` 假定矩阵 $a_{n \times n}, b_{n \times n}$ 按行优先存储在数组 $a[0, n^2)$ 和 $b[0, n^2)$ 中. 函数计算矩阵乘积 $c = a \times b$, 并且将结果按行优先存放在数组 $c[0, n^2)$ 中.

取 n 来度量问题的规模. 以一个语句的执行时间作为单位来统计算法的工作量. 仔细分析上面程序的工作量, 有: 语句 1 被执行了 n^2 次; 语句 2 被执行了 n^3 次. 所以程序运行的时间为 $T(n) \approx C(n^3 + n^2)$(单位为秒), 因此其时间复杂度为 $T(n) = \Theta(n^3)$.

事实上, 没有必要统计语句 1 的执行次数, 因为其执行次数相对较少, 对复杂度没有影响. 可以做如下简单的分析, 计算矩阵 C 的一个元素需要 n 次加法 (或者 n 次乘法), 而一次加法可以在单位时间内完成, 即一次加法的工作量与问题的规模 n 无关. 计算矩阵 C 的一个元素的复杂度为 $\Theta(n)$, 总共需要计算 n^2 个元素, 所以矩阵乘法的时间复杂度为 $T(n) = \Theta(n^3)$.

德国数学家 Volker Strassen 在 1969 年给出了新的矩阵乘法. 假设 n 为偶数, $n \times n$ 矩阵可以分块为 4 个 $\frac{n}{2} \times \frac{n}{2}$ 矩阵:

$$A = \begin{pmatrix} S & T \\ U & V \end{pmatrix}, \quad B = \begin{pmatrix} W & X \\ Y & Z \end{pmatrix}$$

则 A, B 两个矩阵的乘积可以表示为

$$AB = \begin{pmatrix} S & T \\ U & V \end{pmatrix} \begin{pmatrix} W & X \\ Y & Z \end{pmatrix} = \begin{pmatrix} SW + TY & SX + TZ \\ UW + VY & UX + VZ \end{pmatrix}$$

用 $T(n)$ 表示两个 $n \times n$ 矩阵相乘的代价. 如果先计算 $SW, TY, SX, TZ, UW, VY, UX, VZ$ 8 个 $\frac{n}{2} \times \frac{n}{2}$ 矩阵的乘积, 再将结果相加, 则有

$$T(n) \leqslant 8T(n/2) + Cn^2$$

其中 Cn^2 代表将 8 个小矩阵相加的工作量. 根据基本定理得到矩阵乘法的复杂度为 $T(n) = O(n^3)$. 和上面讨论的结果相同, 没有任何改进. 但是 Strassen 给出如下算法:

$$AB = \begin{pmatrix} P_4 + P_5 - P_2 + P_6 & P_1 + P_2 \\ P_3 + P_4 & P_1 + P_5 - P_3 - P_7 \end{pmatrix}$$

其中

$$P_1 = S(X - Z), \qquad P_5 = (S + V)(W + Z)$$
$$P_2 = (S + T)Z, \qquad P_6 = (T - V)(Y + Z)$$
$$P_3 = (U + V)W, \qquad P_7 = (S - U)(W + X)$$
$$P_4 = V(Y - W)$$

由于只需用 7 个 $\frac{n}{2} \times \frac{n}{2}$ 矩阵乘法, 有

$$T(n) \leqslant 7T(n/2) + Cn^2$$

根据基本定理, Strassen 算法的时间复杂度为 $T(n) = O(n^{\log_2 7}) \approx O(n^{2.81})$.

例 2.27 二进制倒序变换的时间复杂度分析.

对于长度为 $n = 2^p$ 的数组, 其二进制倒序是指将下标的二进制表示中的 0,1 串倒置. 例如长度为 8 的数组 $(x_0, x_1, x_2, x_3, x_4, x_5, x_6, x_7)$ 的二进制倒序是

$$(x_0, x_4, x_2, x_6, x_1, x_5, x_3, x_7)$$

假如 $(x_0, x_1, x_2, x_3, x_4, x_5, x_6, x_7) = (0.0,\ 1.0,\ 2.0,\ 3.0,\ 4.0,\ 5.0,\ 6.0,\ 7.0)$, 则其二进制倒序为

$$(0.0,\ 4.0,\ 2.0,\ 6.0,\ 1.0,\ 5.0,\ 3.0,\ 7.0)$$

从表 2.1 中可以看得更清楚.

表 **2.1**　长度为 **8** 的数组的二进制倒序变换

数组分量	下　标	下标倒置	数组分量
x_0	000	000	x_0
x_1	001	100	x_4
x_2	010	010	x_2
x_3	011	110	x_6
x_4	100	001	x_1
x_5	101	101	x_5
x_6	110	011	x_3
x_7	111	111	x_7

令 B 表示 n 维空间中的二进制倒置变换. 二进制模式串倒置后再倒置就变回自身. 所以 $B^2 = I$. 当 $n = 8$ 时 B 相当于下面的排列:

$$\begin{pmatrix} 0 & 1 & 2 & 3 & 4 & 5 & 6 & 7 \\ 0 & 4 & 2 & 6 & 1 & 5 & 3 & 7 \end{pmatrix} = (0)(1,4)(2)(3,6)(5)(7)$$

令 $k \in [0, 2^p)$, k 的 p 位二进制表示为 $k = (b_{p-1} \cdots b_1 b_0)_2 = \sum\limits_{j=0}^{p-1} b_j 2^j$. 记 k 的二进制倒置数为

$\overleftarrow{k} = (b_0 b_1 \cdots b_{p-1})_2 = \sum\limits_{j=0}^{p-1} b_j 2^{p-j-1}$. 有下面的关系:

$$\frac{k = (xyz01\cdots1)_2 \quad \big| \quad \overleftarrow{k} = (1\cdots10zyx)_2}{k+1 = (xyz10\cdots0)_2 \quad \big| \quad \overleftarrow{k+1} = (0\cdots01zyx)_2} \tag{2.21}$$

由 k 到 $k+1$ 可以由计算机硬件作加法实现. 由 $\overleftarrow{k}$ 到 $\overleftarrow{k+1}$ 的变换需要程序实现.

```cpp
template<typename T> void biot(T* x, int p)        //二进制倒置变换
{
    if(p < 2)  return;
    int const n = (1 << p);                        //n = 2 的 p 次方
    int k = 1;
    int j = n/2;                                   //j 为 k 的倒置
    while(k < n - 1) {                             //外层循环
        if(k < j)  std::swap(x[k], x[j]);
        //求 k+1 的倒置
        p = n/2;
        while(j >= p) { j = j-p;   p = p/2; }       //内层循环
        j = j + p;                                 //j 为 k+1 的倒置
        k = k + 1;
    }
}
```

上面的函数 biot 将数组 $x[0, 2^p)$ 中内容进行二进制倒置变换. 现考虑其时间复杂度, 以 $n = 2^p$ 为问题大小的度量. 注意到函数 biot 中内层循环的执行次数不固定, 令 N_k 为求 $\overleftarrow{k+1}$ 时内层循环的执行次数. biot 的执行时间可以表示为 $T(n) = \sum\limits_{k=1}^{n-2} (A + N_k B)$. 其中: B 为内层循环的执行时间; A 为外层循环除去内层循环以外的语句执行时间之和. 由于 A, B 均为常数, 所以 $T(n) = \Theta\left(n + \sum\limits_{k=1}^{n-2} N_k\right)$. 一个粗略的估计是 $N_k \leqslant p = \log_2 n$, 从而得到函数 biot 的时间复杂度为 $T(n) = O(n \log n)$. 更为精细的分析可以改进这个结果. 从公式 (2.21) 可得 $N_k = \mathrm{od}(k)$, 其中 $\mathrm{od}(k)$ 为 k 的奇度. 关于奇度参见定义 2.37. 由公式 (2.37) 得: $\sum\limits_{k=1}^{n-2} N_k = \sum\limits_{k=1}^{n-2} \mathrm{od}(k) = n - 1 - p$. 因此函数 biot 的时间复杂度为 $T(n) = \Theta(n)$.

例 2.28 欧几里得算法的时间复杂度分析.

可通过欧几里得算法求两个整数的最大公因子. 其算法如下:

$$\gcd(a,b) = \begin{cases} a, & \text{如果 } b = 0 \\ \gcd(b, a\%b), & \text{如果 } b \neq 0 \end{cases} \tag{2.22}$$

其中 $0 \leqslant a\%b < b$ 为两数相除的余数. 欧几里得算法可以用迭代的方式实现:

```
int gcd(int a, int b)          //迭代欧几里得算法
{
    while(b != 0) {
        int const r = a % b;
        a = b;
        b = r;
    }
    return a;
}
```

现考虑欧几里得算法的时间复杂度. 该算法仅是一个简单的循环, 循环体也非常简单, 可以认为执行循环体的时间为常数. 分析欧几里得算法的时间复杂度转换为统计算法中循环执行的次数. G. Lame 在 1845 年给出了欧几里得算法作除法次数的上界为 $5 \lg b$. 下面给出略微精细的结果.

可以证明, 当 $\dfrac{a}{b} = \dfrac{c}{d}$ 时, 函数调用 $\gcd(a,b)$ 和 $\gcd(c,d)$ 的循环次数相同, 如果 $d = \gcd(a,b)$, 则函数调用 $\gcd(a,b)$ 和 $\gcd(a/d,b/d)$ 的循环次数相同, 而 $\gcd(a/d,b/d) = 1$. 所以不妨假设 $\gcd(a,b) = 1$, 再假设 $b \leqslant a$. 可以取 b 作为衡量问题规模大小的指标. 需要给出如下的估计, 即给定整数 b, 对满足 $a \geqslant b$ 并且 $\gcd(a,b) = 1$ 的 a, 欧几里得算法中的循环最多执行多少次?

考虑其对偶问题: 假定函数调用 $\gcd(a,b)$ 中循环执行次数为 k, 问 b 的最小值为多少? 欧几里得算法需要作整数带余除法: $a = qb + r$, 其中 q 为商, $0 \leqslant r < b$ 为余数. 而 $\gcd(a,b) = \gcd(b,r)$, 需要 k 次循环的欧几里得算法可以表示为

$$\begin{cases} r_{-1} = q_0 r_0 + r_1 \\ r_0 = q_1 r_1 + r_2 \\ r_1 = q_2 r_2 + r_3 \\ \quad\quad\vdots \\ r_{k-4} = q_{k-3} r_{k-3} + r_{k-2} \\ r_{k-3} = q_{k-2} r_{k-2} + r_{k-1} \\ r_{k-2} = q_{k-1} r_{k-1} + r_k \end{cases} \tag{2.23}$$

其中, $r_{-1} = a$, $r_0 = b$; $r_k = 0$, $r_{k-1} = \gcd(a,b) = 1$.

对于固定的 k, 欲使 $r_0 = b$ 达到最小, 只有当 $q_0, q_1, \cdots, q_{k-1}$ 全部为 1 时. 这时 $(r_k, r_{k-1}, \cdots, r_1, r_0, r_{-1})$ 就是 Fibonacci 序列 $(f_0, f_1, \cdots, f_{k-1}, f_k, f_{k+1})$, 有 $a = f_{k+1}, b = f_k$ (关于 Fibonacci 序列的定义及其性质参见例 2.16). 现假定函数调用 gcd(a,b) 中循环执行了 k 次, 根据上面的分析以及公式 (2.2):

$$b \geqslant f_k \approx \frac{1.618^k}{\sqrt{5}} \tag{2.24}$$

所以 $k \leqslant 1.67 + \log_{1.618} b \approx 5 \lg b$. 从而得到欧几里得算法的时间复杂度为 $T(b) = O(\log b)$.

例 2.29 排列生成算法的时间复杂度分析.

n 个互不相同元素的所有排列共有 $n!$ 种. 当 n 稍大时, $n!$ 通常是非常大的数字, 例如 $19! > 10^{17}$. 排列在理论和实际中都有着比较重要的应用. 在排序算法中, 排列对应于待排序的输入数据. 高效的非递归排列生成算法还是比较麻烦的, 但是递归的排列生成算法却是比较简单的.

令 $A = \{a_1, a_2, \cdots, a_n\}$, $A_i = A - \{a_i\}$, 再令 perm(X) 为集合 X 的所有排列, 则 A 的所有排列是

$$\text{perm}(A_1)a_1, \text{ perm}(A_2)a_2, \cdots, \text{perm}(A_n)a_n$$

当集合只有一个元素时, 其排列就是自身. 集合 $\{a, b\}$ 的所有排列是 ba, ab. 集合 $\{a, b, c\}$ 的所有排列是 $cba, bca; cab, acb; bac, abc$. 下面的递归程序实现了上面的算法. 准确地说, 下面的程序打印后缀为 $a_k \cdots a_{n-1}$ 的所有 $\{a_0, \cdots, a_{k-1}\}$ 的排列.

```
void perm(T* a, int k, int n)
{   //precondition: 0 < k <= n
    if(k == 1) {
        for(int j = 0; j < n; ++j) std::cout << a[j]<<", "; //a1: 输出排列
        std::cout << std::endl;
    } else {
        for(int j = 0; i < k; ++j)  {
            swap(a[j], a[k-1]);
            perm(a, k-1, n);
            swap(a[j], a[k-1]);
        }
    }
}
```

调用 perm(a, n, n) 将打印数组 $a[0, n)$ 的所有排列. 例如下面的程序将打印集合 $\{5, 6, 7, 8, 9\}$ 的所有排列.

```
int main(void)
{
```

```
int a[] = {5, 6, 7, 8, 9};
int const len = sizeof(a)/sizeof(int);
perm(a, len, len);
return 0;
}
```

下面考虑调用 perm(a, n, n) 的时间复杂度和空间复杂度. 先计算时间复杂度. n 个元素的排列共有 $n!$ 个. 每个排列都有 n 个元素, 打印这 n 个元素的复杂度为 $\Theta(n)$. 要打印所有的排列, 其复杂度至少是 $\Omega(n \times n!)$. 但是打印排列只是使用排列的一种方式, 不应该统计在排列生成算法的代价中. 下面假设函数 perm 中语句 a1 为空语句时调用 perm(a, n, n) 的时间复杂度. 只需统计函数的键值交换次数即可. 令 $s(n)$ 为函数 perm 生成 n 个元素全部排列所需的键值交换次数, $s(n)$ 满足

$$s(n) = 2n + ns(n-1), \quad s(1) = 0$$

令 $t(n) = s(n)/n!$, 得到 $t(n) = t(n-1) + \dfrac{2}{(n-1)!}$, 从而得到

$$s(n) = 2\left(\frac{1}{1!} + \frac{1}{2!} + \frac{1}{3!} + \cdots + \frac{1}{(n-1)!}\right)n! \approx 2(e-1)n! \approx 3.4n!$$

从而算法的时间复杂度为 $\Theta(n!)$.

　　算法在执行的过程中可能会需要一些空间来存放临时数据. 算法的空间复杂度是对这种空间的一种度量. 在现代计算机中, 这种空间可能是内存, 也可能是外存. 但是在空间复杂度分析中, 不区分内存与外存. 注意通常不将输入输出数据所占的空间统计在算法的空间复杂度之内. 当然算法可以利用存放输入输出数据的空间来存放临时数据.

　　同一个算法用不同的计算机程序设计语言实现所需要的空间可能是不一样的. 本书以 C/C++ 语言为例. 一个 C/C++ 语言程序所需要的内存空间可以被分成两类: 堆和栈. 在 C/C++ 语言程序中, 程序员可以调用 malloc 函数和 free 函数随时向堆中申请和释放内存. 注意用户使用堆中的内存是动态的, 申请和释放可能是交叉的, 在统计堆内存使用量时要统计最大值, 多次申请内存有两种基本形式:

```
char* p = (char*)::malloc(n);
char* q = (char*)::malloc(m);
//...
::free(p);
::free(q);
```

这时称堆内存 $p[0, n)$ 与 $q[0, m)$ 为并联的, 其总的堆内存使用量应该是两者之和, 即 $m + n$.

```
char* p = (char*)::malloc(n);
//...
```

```
::free(p);
char* q = (char*)::malloc(m);
//...
::free(q);
```

称堆内存 $p[0, n)$ 与 $q[0, m)$ 为串联的, 其总的堆内存使用量是两者的最大值, 即 $\max(m, n)$.

例 2.30 堆内存统计.

考虑下面 3 个函数, 其中函数 h 使用堆内存的最大值为 $m1 + m2 + \max(n1, n2)$ 字节.

```
void f(void)                          void g(void)
{                                     {
    char* p = (char*)::malloc(n1);        char* p = (char*)::malloc(n2);
    // ...                                //....
    ::free(p);                            ::free(p);
}                                     }
void h(void)
{
    char* q1 = (char*)::malloc(m1);
    // ...
    char* q2 = (char*)::mallco(m2);
    f();
    g();
    ::free(q2);
    ::free(q1);
}
```

在 C/C++ 程序中, 栈被用来处理函数调用和函数中使用的 auto 变量. 栈内存的使用量和函数调用的深度有关. 通常情况下, 函数调用的深度是固定的 (即与问题的规模无关). 只有在递归调用时, 递归调用的深度可能与问题的规模有关. 所以在出现递归调用时, 需要分析递归调用的深度.

空间复杂度也用 Θ 来表示. 也就是说, 可以不必计算算法中使用的每一个内存空间. 只有当其与问题的规模有关时才有必要统计. 当算法的空间复杂度为 $\Theta(1)$ 时, 称为原地算法. 下面是欧几里得算法的递归实现.

```
int gcd2(int a, int b)          //递归欧几里得算法
{
    int result = a;
    if(b != 0)  result = gcd2(b, a%b);
    return result;
}
```

从上面的算法中可以看出, gcd2(a,b) 的递归深度与欧几里得算法中作除法的次数相等. 根据公式 (2.24), gcd2(a,b) 的递归深度 k 满足 $k \leqslant 1.67 + \log_{1.618} b$. 所以, 递归欧几里得算法的空间复杂度为 $S(n) = O(\log n)$. 下面的递归程序求第 n 个 Fibonacci 数.

```
unsinged fib(int n)    //递归求第 n 个 Fibonacci 数
{
    if(n < 2)  return n;
    return fib(n-1) + fib(n-2);
}
```

在这个函数中有两个递归调用, 递归调用深度是需要以较大的来进行计算的. 假设函数调用 `fib(n)` 的递归深度为 h_n, 其满足

$$\begin{cases} h_0 = 1 \\ h_1 = 1 \\ h_n = 1 + \max(h_{n-1}, h_{n-2}), \quad n > 1 \end{cases}$$

上式的封闭解是 $h_n = n$, $n \geqslant 1$. 所以 `fib(n)` 的空间复杂度为 $\Theta(n)$. 考虑 2.3 节中调用 perm(a,n,n) 的空间复杂度, 令 h_k 为调用 perm(a,k,n) 的调用深度, 有

$$\begin{cases} h_1 = 1 \\ h_n = 1 + h_{n-1} \end{cases}$$

容易得到 $h_n = n$, 即排列生成算法 perm 的空间复杂度为 $\Theta(n)$.

2.4 平均复杂度与平摊复杂度

算法执行的时间有时还和输入数据的次序有关. 这时的算法时间复杂度应该考虑最为不利的情形. 但是当最为不利的情形出现的概率非常小时, 这样的估计可能过于保守, 不利于比较算法的好坏. 下面定义的平均复杂度更贴近实际.

定义 2.31 (平均复杂度) 假设算法 A 有 m 个输入数据 $d_1, \cdots, d_m$. 对于 $1, \cdots, m$ 的任意排列 τ, 当输入数据为 $d_{\tau(1)}, \cdots, d_{\tau(m)}$ 时, A 的执行时间为 $T_\tau(n)$, 其中 n 为问题的规模, 则称

$$T(n) = \Theta\left(\frac{\sum_\tau T_\tau(n)}{m!}\right) \tag{2.25}$$

为算法 A 的平均 (时间) 复杂度.

平均复杂度是当输入数据的 $m!$ 个排列等概率出现时的运行时间的数学期望的等价类. 考虑由 n 个键值组成的集合 $A = \{a_0, a_1, \cdots, a_{n-1}\}$. 对于给定的键值 key, 需要判断 key 是

否在集合 A 中. 所谓蛮力查找是指将键值 key 与集合 A 中元素逐个进行比较, 最终给出结果. 假定集合 A 中元素存放在数组 $a[0, n)$ 中, 用一个循环将要查找的键值 key 与数组元素逐个进行比较. 当键值不在集合中时, 返回 false, 否则返回 true. 下面是其简单实现.

```
template<typename T> bool find(T const& key, T* a, int n)
{
    int i = 0;
    for( ; i < n; ++i)
        if(key == a[i])  break;
    return i != n;
}
```

蛮力查找算法的时间复杂度与输入数据 $a[0, n)$ 的排列有关. 考虑函数调用 find(key, a, n), 如果 key 不在数组集合中 (称为不成功查找), 则键值的比较次数与输入数据的排列无关, 都需要 n 次键值比较, 其复杂度为 $O(n)$. 下面考虑成功查找. 如果 key $= a[0]$, 则仅需要一次键值比较函数就返回, 其复杂度为 $O(1)$. 如果 key $= a[n-1]$, 则需要多达 n 次键值比较, 其复杂度为 $O(n)$. 复杂度 $O(1)$ 与 $O(n)$ 相差还是蛮大的, 更为客观的标准还是其平均复杂度.

假设 $a[0, n)$ 中元素互不相同, 并且 key $\in a[0, n)$. 函数调用 find(key, a, n) 的键值比较次数与 key 在 $a[0, n)$ 中所处的位置有关. 假设 key $= a[i]$, 则调用 find(key, a, n) 的键值比较次数为 $i+1$. 在输入数据 $a[0, n)$ 的所有 $n!$ 个排列中, key $= a[i]$ 的排列有 $(n-1)!$ 个, $i = 0, 1, \cdots, n-1$. 根据定义 2.31, 调用 find(key, a, n) 的平均键值比较次数为

$$C_{\text{平均}} = \frac{\sum_{i=0}^{n-1}(i+1)(n-1)!}{n!} = \frac{1}{n}(1 + 2 + \cdots + n) = \frac{n+1}{2} \tag{2.26}$$

所以调用 find(key, a, n) 的平均复杂度为 $\Theta(n)$.

例 2.32 冒泡排序算法的平均复杂度分析.

所谓排序就是将若干个记录 $R_1, \cdots, R_n$ 适当交换位置, 使得当 $i < j$ 时, $R_i \leqslant R_j$. 冒泡排序也被称为简单交换排序. 其基本思想是依次比较相邻的两个元素的大小: 如果 $R_i > R_{i+1}$, 就将 R_i 与 R_{i+1} 交换, 这样最大的一个元素会像石头一样沉到最底下. 而其他元素就会像无数的小水泡一样向上漂浮. 每一次循环都会将最大元素交换到最底下. 其程序如下:

```
template<typename Fitr> void bubble_sort(Fitr first, Fitr last)
{
    for(Fitr prev, cur; first != last; last = prev) {
        prev = cur = first;
        for(++cur; cur != last; prev = cur, ++cur)
```

```
                if(*cur < *prev)  swap(*prev, *cur);
        }
}
```

下面分析冒泡排序的时间复杂度和空间复杂度, 先统计冒泡排序中键值的比较次数. 假设区间 [first, last) 的长度为 n, 内层循环中进行了 $n-1$ 次比较. 所以总的比较次数为

$$C = 1 + 2 + \cdots + (n-1) = n(n-1)/2$$

下面讨论键值的平均交换次数. 假设区间 [first, last) 的长度为 n, 其交换次数最佳时为 0, 最差时每比较一次就交换一次, 所以最差时为 $n-1$. 在讨论平均性能时, 一般假设待排序的记录中所有的键值都互不相等, 允许相等的键值出现会使平均性能分析非常困难. 在这样的简化下, 可以认为待排序的记录就是 $1, 2, \cdots, n$ 的一个排列, 所以总共有 $n!$ 种可能的待排序序列. 假设这 $n!$ 种可能是等概论出现的. 在这些假设下, 随机选取一个排列, 用冒泡排序算法将其排序, 其键值交换次数为多少? 假设待排序的记录为 $R_1, \cdots, R_n$. 如果 $i < j$ 而 $R_i > R_j$, 则称 (R_i, R_j) 为一个逆序对. 假设待排序序列中有 k 个逆序对, 在冒泡排序中每次交换都是相邻的两个元素交换, 所以每次交换只减少一个逆序对. 而排序后的序列中的逆序对为零. 所以待排序序列中有多少逆序对, 冒泡排序就进行了多少次键值的交换. 问题转化为求 $n!$ 个排列中平均逆序对的个数. 一个排列 $R_1, \cdots, R_n$ 共有 $n(n-1)/2$ 个序对. 同时考虑两个排列:

$$R_1, R_2, \cdots, R_n \quad \text{和} \quad R_n, \cdots, R_2, R_1$$

任何一个序对 (R_i, R_j), 如果在第一个排列中为正序对, 则在第二个排列中就是逆序对. 所以在这两个排列中总共有 $n(n-1)/2$ 个正序对、$n(n-1)/2$ 个逆序对. 这样平均一个排列就有 $n(n-1)/4$ 个正序对、$n(n-1)/4$ 个逆序对. 可以得到表 2.2.

表 **2.2**　冒泡排序工作量统计

键值比较与交换次数	最佳情形	最差情形	平　均
键值比较次数	$n(n-1)/2$	$n(n-1)/2$	$n(n-1)/2$
键值交换次数	0	$n(n-1)/2$	$n(n-1)/4$

可见冒泡排序的时间复杂度为 $\Theta(n^2)$, 其平均复杂度也是 $\Theta(n^2)$.

平均复杂度在不同的情况下会有不同的定义. 这些定义都会从某种形式上反映出算法的平均效率. 例如对于蛮力查找, 考虑其成功查找平均复杂度的另一种方法是假定输入数据 $a[0, n)$ 给定不变, 而让 key 在数组 $a[0, n)$ 中等概率随机选取. 这样 $\text{key} = a[i]$ 的概率 $P(\text{key} = a[i]) = 1/n$. 当 $\text{key} = a[i]$ 时, 调用 find(key, a, n) 的键值比较次数为 $i+1$, 所以键值比较次数的数学期望为

$$C'_{\text{平均}} = \sum_{i=0}^{n-1} (i+1)/n = (n+1)/2$$

这个结果碰巧与公式 (2.26) 中的 $C_{平均}$ 相等.

例 2.33　数组就地重排的平均复杂度分析.

如何将数组元素按照给定的次序重新排列? 问题可以归结为已知 $(0, 1, \cdots, n-1)$ 的一个排列 $(p_0, p_1, \cdots, p_{n-1})$, 如何将原数组 $a_0, \cdots, a_{n-1}$ 重新安排为 $a_{p_0}, \cdots, a_{p_{n-1}}$? 简单的方法就是将原数组按照 $(p_0, p_1, \cdots, p_{n-1})$ 的次序复制到另外的空间处, 然后再将数据原样复制回来, 这样需要 $2n$ 次元素的移动. 下面介绍的方法是在原地将元素重组, 并且最多只需用 $\frac{3n}{2}$ 次元素移动, 而平均只需大约 $n + \ln n - 1.423$ 次键值移动. 称特殊的排列

$$\begin{pmatrix} p_1 & p_2 & \cdots & p_{k-1} & p_k \\ p_2 & p_3 & \cdots & p_k & p_1 \end{pmatrix} \triangleq (p_1, \cdots, p_k)$$

为一个轮换, 称 k 为轮换的长度. 所有的排列均可以分解为若干轮换的乘积. 例如

$$\begin{pmatrix} 0 & 1 & 2 & 3 & 4 & 5 & 6 & 7 & 8 & 9 \\ 8 & 2 & 0 & 6 & 7 & 5 & 9 & 4 & 1 & 3 \end{pmatrix} = (0, 8, 1, 2)(3, 6, 9)(4, 7)(5)$$

对于一个轮换, 例如 $(3, 6, 9)$, 可以利用 4 次移动将其重新排列:

$$\text{temp} = a[3], \quad a[3] = a[6], \quad a[6] = a[9], \quad a[9] = \text{temp}$$

长度为 k 的轮换需要 $k+1$ 次移动, 长度为 1 的轮换不需要移动. 所以可在排列中侦测轮换, 从而将数组就地重排. 这个想法的实现如下:

```cpp
template<typename T> void rearrange(T* a, int* p, int n)
{   //a[0,n): 待重置的数组. p[0,n): 0 到 n-1 的一个排列
    //副作用: 改变 p[0,n)
    for (int first = 0; first < n; ++first) {
        if (p[first] == first)  continue;
        T temp = a[first];
        int j = first;
        do {
            a[j] = a[p[j]];
            std::swap(j, p[j]);
        } while (p[j] != first);
        a[j] = temp;
        p[j] = j;
    }
}
```

下面统计算法中键值赋值的次数 M. 假设排列 $p_0, \cdots, p_{n-1}$ 的分解中有 c_k 个长度为 k 的轮换, 则键值赋值的次数为 $M = 3c_2 + \cdots + (n+1)c_n$. 由于 $c_1 + 2c_2 + \cdots + nc_n = n$, 所以

$$M = n - c_1 + c_2 + \cdots + c_n$$

最佳情况是 $c_1 = n$, 这时 $M = 0$. 最差情况出现在 $c_2 = \dfrac{n}{2}$, 这时 $M = \dfrac{3n}{2}$. 合理的衡量标准还是求 M 的数学期望. 下面假设排列 $p_0, p_1, \cdots, p_{n-1}$ 是在 $n!$ 个排列中等概率选取的. 在此假设下求 M 的数学期望. 先求 c_k 的数学期望. 给定 k 个整数 $0 \leqslant j_1 < j_2 < \cdots < j_k < n$, 由其构成的长度为 k 的轮换总共有 $(k-1)!$ 个, 剩余的 $n-k$ 个数任意. 所以在 $n!$ 个排列中, 由 $j_1, \cdots, j_k$ 构成一个长度为 k 的轮换的排列数目是 $(k-1)!(n-k)!$. 而 $j_1, \cdots, j_k$ 的选取有 $\dbinom{n}{k}$ 种不同方式. 在 $n!$ 个排列中, 长度为 k 的轮换总数目为

$$\binom{n}{k}(k-1)!(n-k)! = \frac{n!}{k}$$

平均一个排列中的数目就是 $E(c_k) = \dfrac{1}{k}$. 由此得到 M 的数学期望为

$$E(M) = n - E(c_1) + E(c_2) + \cdots + E(c_n) = n - 2 + H_n \approx n + \ln n - 1.423 \tag{2.27}$$

从中可以看出, 在平均的情况下, 原地重排键值赋值次数平均只比 n 略多一点.

例 2.34　随机快速排序算法的平均复杂度分析.

有时算法本身就带有某种随机因素, 这时算法的平均复杂度通常是某种主要运算执行次数的数学期望. 下面介绍的随机函数, 它本身就带有随机因素.

```
int partition_rand(T* a, int n)    //随机划分
{
        在数组 a[0,n) 中, 等概率随机选取一个元素 p = a[j] 作为枢轴元素;
        将数组重组为: ┌────┬───┬────┐ ≤ p │ p │ ≥ p ;
        返回枢轴元素 p 在数组中的位置;
}
```

每个元素都需要与枢轴元素比较一次, 从而决定该元素放在枢轴元素的左边还是右边. 随机划分算法的工作量是 $n-1$ 次键值比较. 随机划分的一个具体实现是

```
int partition_rand(T* a, int n)
{
        static std::default_random_engine gen;
        std::uniform_int_distribution<> dis(0, n - 1);
        int j = dis(gen);         //以 a[j] 为枢轴元素, j是均匀分布的随机数
        std::swap(a[0], a[j]);
```

```
    for (j = 0; ; ) {
        while (a[0] < a[--n]);
        while ((++j < n) && (a[j] < a[0]));
        if (j < n)    std::swap(a[j], a[n]);
        else          break;
    }
    std::swap(a[0], a[n]);
    return n;
}
```

利用随机划分函数可以得到下面的随机快速排序算法:

```
quick_sort1(T* a, int n)
{   //随机快速排序算法, 将数组 a[0,n) 进行排序
    if(n <= 1) return;
    int m = partition_rand(a, n);
    quick_sort1(a, m)                //将 a[0,m)进行排序
    quick_sort1(a+m+1,n-m-1);        //将 a[m+1, n)进行排序
}
```

设 C_n 为上面算法执行需要的键值比较次数. 它显然是算法复杂度的理想指标, 但是它是随机的并且与输入数据的次序关系不大. 平均复杂度的原始定义 2.31 在这里不适用. 当每次划分中的枢轴总是数组的最小值或者最大值时, C_n 达到最大值. 这时的 C_n 满足

$$C_n = C_{n-1} + n - 1, \quad C_1 = 0$$

易知 $C_n = n(n-1)/2$, 从而算法复杂度为 $\Theta(n^2)$. 当每次划分都将数组分成两个长度相等的子段时, C_n 达到最小, C_n 的最小值约等于 $n\lfloor \log_2 n \rfloor$. C_n 的值在 $n(n-1)/2$ 与 $n\lfloor \log_2 n \rfloor$ 之间变化, 而 C_n 的数学期望 $E(C_n)$ 才是算法复杂度的合理度量.

在分析排序算法的复杂度时, 通常仅考虑待排序数据互不相等的情况. 不妨假设待排序数据是 $\{1, 2, \cdots, n\}$ 的一个排列. 令 ξ_{jk} 为随机快速排序过程中 j 与 k 的比较次数, 则

$$C_n = \sum_{1 \leqslant j < k \leqslant n} \xi_{jk}$$

令事件 A 为随机快速排序中键值 j, k 进行比较. 当 j 或者 k 被选中作为枢轴元素时, 事件 A 一定发生, $P(A) = 1$. 当枢轴元素 i 满足 $j < i < k$ 时, j 和 k 被划分在不同的子段中, 从此不再见面, $P(A) = 0$. 当枢轴元素 i 满足 $i < j$ 或者 $k < i$ 时, j, k 没有进行比较, 但是被划分到同一个子段中继续排序. 这里需要一个独立性假设, 即假设 j, k 以后是否比较与 i 被选中作为枢轴元素这两个事件是独立的. 令 H_i 为事件: i 被选中作为枢轴元素. 根据上面的分

析有

$$P(A|H_i) = \begin{cases} 1, & \text{当 } i=j \text{ 或 } i=k \text{时} \\ 0, & \text{当 } j<i<k \text{时} \\ P(A), & \text{当 } 1 \leqslant i<j \text{ 或 } k<i \leqslant n \text{时 (根据独立性假设)} \end{cases} \qquad (2.28)$$

$P(H_i) = \dfrac{1}{n}$. 根据全概率公式 $P(A) = P(A|H_1)P(H_1) + \cdots + P(A|H_n)P(H_n)$ 得到

$$P(A) = \frac{2}{k-j+1} \qquad (2.29)$$

ξ_{jk} 只能取 $0,1$. 所以 $E(\xi_{jk}) = P(A)$, 得到

$$E(C_n) = \sum_{1 \leqslant j<k \leqslant n} E(\xi_{jk}) = 2 \sum_{1 \leqslant j<k \leqslant n} \frac{1}{k-j+1}$$

为求上面的和式, 将 $\dfrac{1}{k-j+1}$ 作为 $n \times n$ 矩阵的 j 行 k 列元素, 有

$$\begin{pmatrix} 0 & \frac{1}{2} & \frac{1}{3} & \frac{1}{4} & \cdots & \frac{1}{n-1} & \frac{1}{n} \\ 0 & 0 & \frac{1}{2} & \frac{1}{3} & \cdots & \frac{1}{n-2} & \frac{1}{n-1} \\ 0 & 0 & 0 & \frac{1}{2} & \cdots & \frac{1}{n-3} & \frac{1}{n-2} \\ \vdots & \vdots & \vdots & \vdots & & \vdots & \vdots \\ 0 & 0 & 0 & 0 & \cdots & 0 & \frac{1}{2} \\ 0 & 0 & 0 & 0 & \cdots & 0 & 0 \end{pmatrix}$$

$E(C_n)$ 为上面矩阵元素之和. 按照对角线相加得到

$$E(C_n) = 2 \sum_{j=1}^{n-1} \frac{n-j}{j+1} = 2(n+1)H_n - 4n \qquad (2.30)$$

根据例 2.15, $E(C_n) \approx 2(n+1)(\ln n + \gamma) - 4n \approx 1.39 n \log_2 n - 2.85n$, 即平均性能只比最佳性能的 $n \log_2 n$ 退化了 39%.

例 2.35　求中位数算法的平均复杂度分析.

统计学中有所谓的中位数概念. 一组数据 $\{x_0, \cdots, x_{n-1}\}$ 的中位数 x_k 满足一半的数据小于等于 x_k, 另一半数据大于等于 x_k. 例如 $\{2, 7, 11, 5, 3\}$ 的中位数为 5. 假设集合 $\{x_0, \cdots, x_{n-1}\}$ 中的数据互不相同, 当 n 为奇数时有唯一的中位数; 当 n 为偶数时, 有两个中位数. 中位数的概念起源于统计. 假设有一个物理量 x, 在测量其值的过程中会受到多种随机因素的干扰. 为此可以作 n 次观测, 得到的值为 $\{x_0, \cdots, x_{n-1}\}$. 取何值作为 x 的近

似值? 一种方法是取平均值 $\alpha = (x_0 + \cdots + x_{n-1})/n$; 另一种方法是取 β 为 $\{x_0, \cdots, x_{n-1}\}$ 的中位数. 这两种取法都有理论依据. α 使得 $\sum\limits_{i=0}^{n-1}(x_i - \lambda)^2$ 达到最小; 而 β 使得 $\sum\limits_{i=0}^{n-1}|x_i - \lambda|$ 达到最小. 统计学家更喜欢 β, 因为它抗干扰能力好.

可以将求中位数的概念推广. 一组数据 $X = \{x_0, \cdots, x_{n-1}\}$ 的第 k $(0 \leqslant k < n)$ 位数 y 满足 $y \in X$, 并且 X 中有 k 个元素小于等于 y, 有 $n - k - 1$ 个元素大于等于 y. X 的第 k 位数就是将 X 自小到大排序后位于第 k 个位置上的那个元素. 中位数就是第 $\lfloor n/2 \rfloor$ 位数. 利用随机划分算法得到求数组第 k 位的算法.

```
template<typename T> void kth_element(int k, T* a, int n)
{   //precondition: 0 <= k < n
    if(n <= 1)  return;
    int m = partition_rand(a, n);
    if(k < m)
        kth_element(k, a, m);
    else if(k > m)
        kth_element(k-m-1, a+m+1, n-m-1);
    else ;     //k == m, 找到了
}
```

调用 kth_element(k, a, n) 将数组 $a[0, n)$ 中的元素位置重新排列, 使得 $a[0, k)$ 中的元素小于等于 $a[k], a[k+1, n)$ 中的元素大于等于 $a[k]$. 调用此函数后, 数组 $a[0, n)$ 的第 k 位数就是 $a[k]$. 上面的实现使用了递归调用, 容易将其转换为循环实现:

```
template<typename T> void kth_element1(int k, T* a, int n)
{   //precondition: 0 <= k < n
    while(n > 1) {
        int const m = partition_rand(a, n);
        if(k < m)      n = m;
        else if(m < k) { a += m + 1; k -= m + 1;  n -= m + 1; }
        else           return;
    }
}
```

令 $C(k, n)$ 为函数调用 kth_element(k, a, n) 中键值的比较次数, $C(k, n)$ 为随机变量并且与输入数组 $a[0, n)$ 的次序无关. 最佳情况为第一次调用 partition_rand 的返回值就是 k. 一次调用划分函数就找到数组的第 k 位数, 这时 $C(k, n) = n - 1$, 其复杂度为 $\Theta(n)$. 最差情况时每次 partition_rand 只将区间长度减 1, 而第 k 位数总是位于长区间中. 这时的键值比较次数为 $1 + \cdots + (n - 1)$, 所以其复杂度为 $\Theta(n^2)$. 这两种情形出现的概率非常小, 不足以来判断算法的好坏. 用 $C(k, n)$ 的数学期望来衡量算法效率更为合理.

假设区间 $a[0, n)$ 内的元素互不相同. 不妨假设输入数据 $a[0, n)$ 就是 $\{0, 1, \cdots, n-1\}$ 的一个排列. 令 ξ_{ij} 为求数组第 k 位数随机算法的某次执行中 i 与 j 的比较次数. 总的键值比较次数为

$$C(k, n) = \sum_{0 \leqslant i < j < n} \xi_{ij}$$

令 A 为 i, j 进行比较这一事件. 与公式 (2.28) 和公式 (2.29) 的推导类似, 可以得到

$$P(A) = \begin{cases} \dfrac{2}{k-i+1}, & \text{当 } 0 \leqslant i < j \leqslant k \text{ 时} \\[2mm] \dfrac{2}{j-i+1}, & \text{当 } 0 \leqslant i < k < j < n \text{ 时} \\[2mm] \dfrac{2}{j-k+1}, & \text{当 } k \leqslant i < j < n \text{ 时} \end{cases} \tag{2.31}$$

注意 ξ_{ij} 只能取 $0, 1$. $E(\xi_{ij}) = P(A)$. 由此得到平均键值比较次数:

$$E(C(k, n)) = \sum_{0 \leqslant i < j < n} E(\xi_{ij}) = 2(\alpha + \beta + \gamma)$$

其中

$$\alpha = \sum_{0 \leqslant i < j \leqslant k} \frac{1}{k-i+1}, \quad \beta = \sum_{0 \leqslant i < k < j < n} \frac{1}{j-i+1}, \quad \gamma = \sum_{k \leqslant i < j < n} \frac{1}{j-k+1}$$

α 容易求出:

$$\alpha = \sum_{0 \leqslant i < j \leqslant k} \frac{1}{k-i+1} = \sum_{i=0}^{k-1} \sum_{j=i+1}^{k} \frac{1}{k-i+1} = \sum_{i=0}^{k-1} \frac{k-i}{k-i+1} = k+1 - H_{k+1}$$

同理得出 $\gamma = n - k - H_{n-k}$. 而

$$\beta = \sum_{0 \leqslant i < k < j < n} \frac{1}{j-i+1} = \sum_{i=0}^{k-1} \sum_{j=k+1}^{n-1} \frac{1}{j-i+1}$$

它为下面 $k \times (n-k-1)$ 矩阵元素之和:

$$\begin{pmatrix} \dfrac{1}{3} & \dfrac{1}{4} & \dfrac{1}{5} & \cdots & \dfrac{1}{n-k+1} \\[2mm] \dfrac{1}{4} & \dfrac{1}{5} & \dfrac{1}{6} & \cdots & \dfrac{1}{n-k+2} \\[2mm] \dfrac{1}{5} & \dfrac{1}{6} & \dfrac{1}{7} & \cdots & \dfrac{1}{n-k+3} \\[2mm] \vdots & \vdots & \vdots & & \vdots \\[2mm] \dfrac{1}{k+1} & \dfrac{1}{k+2} & \dfrac{1}{k+3} & \cdots & \dfrac{1}{n-1} \\[2mm] \dfrac{1}{k+2} & \dfrac{1}{k+3} & \dfrac{1}{k+4} & \cdots & \dfrac{1}{n} \end{pmatrix}$$

注意它有 $n-2$ 条反对角线, 每条反对角线上元素之和小于 1, 所以 $\beta < n-2$. 这样有

$$E(C(k,n)) = 2(\alpha + \gamma + \beta) < 2(k+1-H_{k+1} + n-k-H_{n-k}+n-2) < 4n$$

由此得出结论: 上面求 k 位数算法的平均复杂度为 $O(n)$. 虽然随机算法的平均复杂度为 $O(n)$, 但是在最不利情况下其复杂度仍然是 $O(n^2)$. 下面介绍一个求第 k 位数的算法, 它是确定的线性复杂度算法.

除了第一次随机选取枢轴元素就恰好是第 k 位数这种可遇而不可求的幸运情况外, 还有何种情况会使得算法的复杂度保持为 $O(n)$? 假如每次的枢轴元素都能将数组分为等长的两个部分, 即每次的枢轴元素都是中位数, 则键值比较次数为

$$(n-1) + \lfloor (n-1)/2 \rfloor + \lfloor (n-1)/4 \rfloor + \cdots \approx 2n$$

枢轴元素选取是影响算法复杂度的关键因素. 只要枢轴元素不要太偏, 算法的复杂度将保持为线性的. 如何花费不大的代价而获得较好的枢轴元素? 下面的算法达到了这种平衡.

```
void kth_element2(int k, T* a, int n)
{
        if(n <= 5) { 将 a 进行排序; return; }
        将数组每 5 个元素分为一组, 总共有 m = ⌊n/5⌋ 组, 如下:
        a_0 ··· a_4, a_5 ··· a_9, a_10 ··· a_14, a_15 ···   (最后不足 5 个元素那一组可以不算)
        将每一小组进行排序, 从而求出每个小组的中位数: b_0, b_1, ···, b_{m-1}
        递归调用 kth_element2(⌊m/2⌋, b, m), 求出 b_0, b_1, ···, b_{m-1} 的中位数 p
        以 p 作为枢轴元素划分数组 a_0 a_1 ··· a_{n-1}, 设其返回值为 mid
        if(k < mid)        kth_element2(k, a, mid);
        else if(k > mid)   kth_element2(k-mid-1, a+mid+1, n-mid-1);
        else  return; // k = mid
}
```

下面分析算法的复杂度. 假设输入数组 $a_0, a_1, \cdots, a_{n-1}$ 元素互不相同. 不妨假设 a_0, $a_1, \cdots, a_{n-1}$ 就是 $0, 1, \cdots, n-1$ 的一个排列. 如果将每一组中的 5 个元素进行排序, 每个组的中位数将处在中间位置, 再将这 $m = \lfloor n/5 \rfloor$ 个组按照其中位数的大小进行排序:

a	a	a	a	a	b	b	b	b
a	a	a	a	a	b	b	b	b
ⓐ	ⓐ	ⓐ	ⓐ	ⓟ	ⓓ	ⓓ	ⓓ	ⓓ
c	c	c	c	d	d	d	d	
c	c	c	c	d	d	d	d	

其中加圈的元素为小组的中位数. 而 p 是小组中位数的中位数, 它被选中作为划分原来数组 $a_0, a_1, \cdots, a_{n-1}$ 的枢轴元素. 以 p 为枢轴元素进行划分, 左上角中的标记为 a 的元素均小于

p, 右下角中的标记为 d 的元素均大于 p. a 与 d 的个数可能因为 m 的奇偶而有所不同, 但是均大于等于 $3\lfloor (m+1)/2 \rfloor - 1$, 即用 p 作为枢轴元素将数组划分为两个部分, 这两个部分的长度 (元素个数) L 满足

$$3 \left\lfloor \frac{m+1}{2} \right\rfloor - 1 \leqslant L \leqslant n - 3 \left\lfloor \frac{m+1}{2} \right\rfloor = n - 3 \left\lfloor \frac{\lfloor n/5 \rfloor + 1}{2} \right\rfloor \leqslant \left\lfloor \frac{7n}{10} \right\rfloor + 1$$

算法对数组 $a_0, a_1, \cdots, a_{n-1}$ 的不同排列所需的键值比较次数可能不同. 令 $C(k, n)$ 为这些不同排列上调用 kth_element(k, a, n) 所需键值比较次数的最大值, 再令

$$C(n) = \max\{C(0, n), C(1, n), \cdots, C(n-1, n)\}$$

容易证明 $C(n)$ 为单调增序列. 当 $n > 5$ 时有

$$C(n) \leqslant C(\lfloor n/5 \rfloor) + C(\lfloor 7n/10 \rfloor + 1) + \lfloor n/5 \rfloor F + n - 1$$

其中 F 为对最多 5 个元素的数组使用简单插入排序所需的键值比较次数的最大值. 根据定理 2.22 有 $C(n) = O(n)$. 虽然从理论上新算法是线性的, 但是其速度相比随机算法还是要慢一些. 具体的实现留给读者.

在复杂度分析中总是统计最为不利的情形. 假设算法 A 包含 M 个操作. 在其最不利的情况下, 一个操作的复杂度为 $O(\beta)$, 则 M 个操作的总体复杂度应该为 $O(M\beta)$. 实际情况是, 在这 M 个操作中, 最为不利的情况出现的概率可能非常小. 为了能够更为准确地反映算法的优劣, 引入平摊复杂度的概念. 所谓平摊复杂度类似于平均复杂度, 它们都将若干个操作总的工作量平均 (或者平摊) 到每一个操作上.

定义 2.36 (平摊复杂度)　考虑由 M 个操作组成的运算序列 $O_1, O_2, \cdots, O_M$. 假设操作 O_i 的运行时间为 t_i, 则称其中一个运算的平摊复杂度为

$$\Theta\left(\frac{t_1 + t_2 + \cdots + t_M}{M}\right) \tag{2.32}$$

换句话说, 平摊复杂度是指将这 M 个操作总的工作量均摊到每一个操作上.

在计算平摊复杂度时, 代价的概念非常重要. 由于所求的是时间复杂度, 而不是算法的运行时间, 任何一个运算只要能在计算工具上可以用固定的时间完成, 都能作为单位时间来考虑. 为了区别于时间, 称其为代价单位. 在统计代价时, 任何常数都可以忽略不计. 比如操作 O_i 的实际代价为 $C_i + 250$, 其平摊复杂度为

$$\Theta\left(\frac{\sum_{i=1}^{M}(C_i + 250)}{M}\right) = \Theta\left(\frac{\sum_{i=1}^{M} C_i}{M} + 250\right) = \Theta\left(\frac{\sum_{i=1}^{M} C_i}{M}\right)$$

这是因为平摊复杂度至少为 $O(1)$. 尽管如此, 平摊复杂度还是要比分析单个运算的复杂度更为精确、复杂. 先举个例子.

定义 2.37 (奇度、偶度) 非负整数 k 的奇度是指 k 的二进制表示中从最低位算起连续 1 的个数, 记为 $od(k)$. 正整数 k 的偶度是指 k 的二进制表示中从最低位算起连续 0 的个数, 记为 $ed(k)$.

$$k = (\times \times \cdots \times 0\overbrace{11\cdots11}^{\delta\text{个}1})_2, \quad od(k) = \delta$$

例如 $od(1) = 1$, $od(3) = od(11_2) = 2$, $od(23) = od(10111_2) = 3$. 所有偶数的奇度为零. 奇度与偶度之间有非常简单的关系: $od(k) = ed(k + 1)$. 求 $od(k)$ 的程序如下:

```
int od(unsigned k)
{
    int result = 0;
    for(; (k & 1) != 0; k >>= 1)
        ++result;              //s1
    return result;
}
```

如果要计算区间 $[0, n)$ 中某个数 k 的奇度 $od(k)$, 其时间复杂度只能考虑最差的情况: $n = 2^m, k = n - 1$. 其时间复杂度为 $O(\log n)$. 但是当需要计算区间 $[0, n)$ 中的每一个数的奇度, 即计算所有的 $od(0), od(1), \cdots, od(n-1)$ 时, 如果说每一次运算的时间复杂度为 $O(\log n)$, 则太过保守. 因为有一半的情况 (k 为偶数) 下, 计算 $od(k)$ 的时间复杂度为 $\Theta(1)$, 而最差情况出现的次数极少. 这时平摊复杂度更能准确地反映实际情况. 以上面计算 $od(k)$ 的程序为例. 它的准确运行时间为

$$T = \text{循环体 s1 执行次数} \times \text{执行一次循环体 s1 的时间} + \delta$$
$$= od(k) \times \text{执行一次循环体 s1 的时间} + \delta$$

由于执行循环体 s1 的时间是一个固定的常数, 所以它可以作为代价单位. 假设操作 O_i 的代价为 C_i, 则平摊复杂度可以表示为

$$A(n) = \frac{C_0 + C_1 + \cdots + C_{n-1}}{n} \tag{2.33}$$

所以计算 $od(k)$ 的代价为 $od(k) + \delta$. 又由于 δ 为常数 (与问题的规模无关), 也是可以忽略的. 事实上, 任何操作中的与问题的规模无关的工作量均可以略去, 因为算法的复杂度至少是 $\Omega(1)$. 最后得出计算 $od(k)$ 的代价就是 $od(k)$. 从而计算 $od(0), od(1), \cdots, od(n-1)$, 其中一个操作的平摊复杂度为

$$A(n) = \frac{od(0) + od(1) + \cdots + od(n-1)}{n}$$

计算平摊复杂度主要有 3 种方法: 累计法、势函数法和捐款记账法.

所谓**累计法**就是将 M 个运算的时间代价相加再求平均. 以上面求奇度的 $\mathrm{od}(k)$ 函数为例. 首先考虑比较简单的情况: $n = 2^q$. 如果 $k \in [0..n)$, 则 $\mathrm{od}(k) = j$ 的充要条件是 k 可以表示为 $k = (b_{q-1} \cdots b_1 b_0)_2 = (\times \cdots \times 0 1 \cdots 1)_2$, 其中尾部共有 j 个 1. 所以在 $[0..n)$ 中, 有 $2^{q-j-1} (= n/2^{j+1})$ 个数的奇度为 j, 其中 $0 \leqslant j < q$. 最后还有一个数 $(k = 2^q - 1)$, 其奇度为 q.

$$C(n) = \sum_{k=0}^{n-1} \mathrm{od}(k) = \sum_{j=0}^{q-1} j 2^{q-j-1} + q = \frac{n}{2} \sum_{j=0}^{q-1} \frac{j}{2^j} + q$$

根据本章习题 5, $C(n) = n - 1$. 当 n 是一般的形式时, 假设 $2^q \leqslant n < 2^{q+1}$, 则有

$$\frac{n}{2} - 1 \leqslant 2^q - 1 = C(2^q) \leqslant C(n) \leqslant C(2^{q+1}) = 2^{q+1} - 1 < 2n - 1$$

从而有 $\frac{1}{2} - \frac{1}{n} \leqslant A(n) \leqslant 2 - \frac{1}{n}$. 所以计算一个 $\mathrm{od}(i)$ 的平摊复杂度为 $A(n) = \Theta(1)$.

在**势函数法**中, 将操作 O 看作将事物从某一个状态改变为另一个状态: $S_i O_i S_{i+1}$. 即操作 O_i 将 S_i 状态改变为 S_{i+1} 状态. M 个操作和 $M + 1$ 个状态可以看为一个序列:

$$S_0 O_0 S_1 O_1 \cdots S_{M-1} O_{M-1} S_M$$

对每一个状态 S_i, 定义一个值 $\varPhi_i$, 称其为状态 S_i 的势函数. 称

$$\Delta \varPhi_i = \varPhi_{i+1} - \varPhi_i \quad (i = 0, \cdots, M - 1)$$

为势函数的增量. 它是由于操作 O_i 而引起的势函数的变化. 对势函数的要求是

$$C_i + \Delta \varPhi_i \leqslant \beta \tag{2.34}$$

其中 β 与运算的次序 i 无关. 这时 M 个操作的代价总和为

$$C(n) = \sum_{i=0}^{M-1} C_i \leqslant \varPhi_0 - \varPhi_M + M\beta$$

平摊复杂度:

$$A(n) = \frac{C(n)}{M} \leqslant \frac{\varPhi_0 - \varPhi_M}{M} + \beta \tag{2.35}$$

上面的公式有一个通俗的比喻. 某慈善机构欲以统一的价格出售 M 个物品. 慈善机构的最初愿望是做到不赔不赚. 如果第 i 个物品的成本 (或者代价) 为 C_i, 则统一售价应该是 $\left(\sum_{i=0}^{M-1} C_i \right)/M$. 它就是一件物品的平均成本. 可能由于这些物品还没有制造出来, 或者由于进

货的时间不同, 其成本也在变化, 总之不能事先确定这些物品的准确成本. 慈善机构老板就预估个价格 β, 所有的物品均按照这一价格出售. 赚了赔了都由老板负责. 为此老板拿出个大口袋, 里面预装了 Φ_0 元作为周转. 赔了就从口袋中拿出 $C_i - \beta$ 元钱垫付亏损. 赚了就将赚的钱 $\beta - C_i$ 放在口袋里备用. 物品出售完以后, 老板摸摸口袋, 发现还剩 Φ_M 元. 慈善机构的会计马上计算出这些物品的真实平均成本为 $\beta + (\Phi_0 - \Phi_M)/M$. 老板们都非常擅长估计和预测. 所以在大多数情形中, β 非常接近真实成本, 也就是说, $(\Phi_0 - \Phi_M)/M$ 通常比较小. 老板们还经常玩空手道: $\Phi_0 = 0$, $\Phi_M \geqslant 0$. 在这些情况下, $A(n) = O(\beta)$. 一般文献中将公式 (2.34) 总结为

$$\text{操作实际代价} + \text{势函数的变化} = \text{平摊复杂度} \tag{2.36}$$

操作的实际代价是在不断变化的. 上面的公式表明, 通过势函数的努力, 它稳定在平摊复杂度附近.

还以求奇度的平摊复杂度为例. 区间 $[0, n]$ 中的每一个数都可以看为一个状态, 定义其势函数为

$$\Phi_i = \text{pop}(i) = (i \text{ 的二进制表示中 } 1 \text{ 的个数})$$

容易得到 $\Phi_{i+1} = \Phi_i - \text{od}(i) + 1$. 这样 $\text{od}(i) + \Delta\Phi_i = 1$, 有

$$\sum_{i=0}^{n-1} \text{od}(i) = \Phi_0 - \Phi_n + n = n - \text{pop}(n) \tag{2.37}$$

从而平摊复杂度

$$A(n) = \frac{\sum_{i=0}^{n-1} \text{od}(i)}{n} = 1 + \frac{\Phi_0 - \Phi_n}{n} = 1 - \frac{\text{pop}(n)}{n}$$

由于 $\text{pop}(n)/n$ 是个无穷小量, 所以 $A(n) = \Theta(1)$.

捐款记账法是指对每一个操作, 根据操作的代价捐一些款. 最后统计所捐的款额, 用它来估计操作的代价总和. 假设操作 O_i 的代价为 C_i, 所捐的款额为 D_i, 要求 $C_i \leqslant D_i$. 所以有 $\sum_{i=0}^{M-1} C_i \leqslant \sum_{i=0}^{M-1} D_i$. 为了使捐款记账法容易得到结果, 通常有两种做法.

- 捐款慷慨一些. 如果捐款额严格等于操作的代价, 则统计捐款总额的难度和计算所有代价总和的难度相同, 所以捐款额可以大于代价. 对于复杂的操作, 无法精确得出其代价, 可以给个上界估计, 从而使得捐款总额的统计较为容易.

- 将操作进行分类, 对不同类的操作捐不同币种的货币. 例如, 对甲类操作捐银币, 对乙类操作捐金币. 分别统计金币和银币的工作相对容易. 捐款额是金银币的总和.

先介绍树与森林的概念. $\{A, B, C, D, E, F, G\}$ 是由若干个节点组成的集合, 如果它们之间有如图 2.1 所示的关系, 则称为树. 与自然界的树不同, 数据结构中的树是从上向下生长的. 称 A 为树的根节点. 称上一层节点为下一层节点的父节点, 例如 A 为 B, C, D 的父节点,

C 为 F,G 的父节点, B 为 E 的父节点. 由若干棵树组成的集合称为森林. 图 2.2 是由 3 棵树组成的森林.

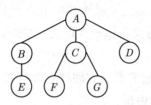

图 2.1　若干个节点的关系

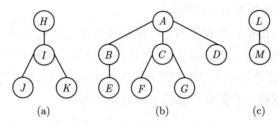

图 2.2　由 3 棵树组成的森林

约定每个节点仅知道自己的父节点, 即从一个节点出发仅可以行进到其父节点. 对森林中的节点, 定义查找操作为寻找节点所在树的根节点. 记这个操作为 find, 例如在图 2.2 中 $H = \text{find}(I) = \text{find}(J)$, $A = \text{find}(A) = \text{find}(B) = \text{find}(G)$, $L = \text{find}(L) = \text{find}(M)$. 显然一次查找操作的代价为节点所处的层数. 假设森林中总共有 n 个节点. 由于森林中的树可能长得很怪异, 例如它一直向下生长, 只有树干, 没有树叶. 森林中还可能只有一棵树, 所以查找操作的复杂度为 $O(n)$.

可以做些前人栽树后人乘凉的事情. 在查找某个节点时, 将其祖先节点直接嫁接到树的根节点上, 如图 2.3 所示, 称这样的查找操作为折叠查找. 折叠查找改变了树的形状, 但是不会改变查找操作的结果. 一次折叠查找比一次简单查找的代价增加一倍, 但是下一次折叠查找的代价降低了.

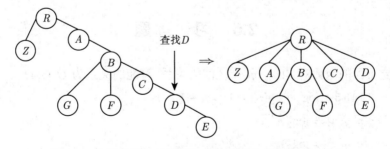

图 2.3　将某个节点的祖先节点直接嫁接到树的根节点上

定理 2.38　假设森林中共有 n 个节点, 总共进行了 M 次折叠查找. 如果存在正实数

α 使得 $M \geqslant \alpha n$, 即 $M = \Omega(n)$, 则不论森林中的初始状态如何, 一次折叠查找的平摊复杂度为 $O(1)$.

证明 每次折叠查找的代价显然是被查找的节点到其根节点的路径上节点的个数. 用捐款记账法求平摊复杂度. 捐款方案是每一次查找, 给被查找的节点到其根节点的路径上的每一个节点捐一枚钱币.

① 给根节点捐一枚金币; 如果节点 v 在路径上并且其父节点为根节点, 也捐一枚金币.

② 给路径上其他节点捐一枚银币.

例如在图 2.3 中查找 D, 则给节点 R, A 捐金币, 给 B, C, D 捐银币. 一次折叠查找所捐的金银币总枚数等于此次折叠查找的代价.

分别统计捐金币与银币的枚数. 因为一次查找最多捐两枚金币, 所捐金币枚数不超过 $2M$. 在同一个节点上只能捐一次银币. 因为一旦在一个节点上捐了银币, 这个节点的父节点就变成根节点, 以后在这个节点上只能捐金币. 所以捐银币的数量不超过 n. 总的捐款钱币枚数不超过 $2M + n$. 这样一次折叠查找的平摊复杂度为

$$A(n) = \frac{\displaystyle\sum_{i=0}^{M-1} C_i}{M} \leqslant \frac{2M + n}{M} \leqslant 2 + \frac{1}{\alpha} = O(1)$$

证毕.

当计算平摊复杂度时, 不同的情况下对操作次数 M 有不同的要求. 例如求奇度的例子中要求 $M = n$, 并且这 M 个操作就是求 $\mathrm{od}(0), \mathrm{od}(1), \cdots, \mathrm{od}(n-1)$. 在查找树的根的算法中要求 $M = \Omega(n)$. 在绝大部分情况下, 对操作次数 M 的大小都是有特别要求的. 通常 M 不能太小, 一般与问题规模 n 相关. 最弱的要求是没有要求, 即操作次数 M 可以是与问题规模无关的常数. 在本书的所有平摊复杂度分析中, 对 M 的最强要求是 $M = \Omega(n)$, 也就是说存在正常数 α, 使得 $M \geqslant \alpha n$, 当然 α 可以小于 1. 在分析算法的平摊复杂度时都会具体指出对操作次数 M 的要求.

2.5 习　　题

1. 试确定下面的函数对 $f(n)$, $g(n)$ 之间的关系, 可能的关系为 O, Θ, Ω.

① $f(n) = 3.141\,5 + \log_2 n^2, g(n) = \log_2 n + 7$.

② $f(n) = \sqrt{n}, g(n) = \log_2 n^2$.

③ $f(n) = \sqrt{n}, g(n) = \log_2^3 n$.

④ $f(n) = \sqrt{n}, g(n) = 5^{\log_2 n}$.

⑤ $f(n) = n^{1.01}, g(n) = n \log_2^8 n$.

⑥ $f(n) = \log_2^2 n, g(n) = \log_2 n$.

⑦ $f(n) = n, g(n) = \log_2^2 n$.

⑧ $f(n) = n2^n, g(n) = 3^n$.

⑨ $f(n) = (\log_2 n)^{\log_2 n}, g(n) = 2^{(\log_2 n)^2}$.

⑩ $f(n) = \sum\limits_{i=1}^{n} i^k, g(n) = n^{k+1}$.

2. 设 F_n 为 Fibonacci 数列. 证明: $F_{n+2} > \phi^n$. 其中 $\phi = (1 + \sqrt{5})/2 \approx 1.618$.

3. 给出由下式定义的序列的显式表达式.

$$\begin{cases} f_0 = a \\ f_1 = b \\ f_n = 2f_{n-1} + f_{n-2}, \quad n > 1 \end{cases}$$

4. 求和式 $R_n = \sum\limits_{j=1}^{n} \lceil \log_2 j \rceil = 0 + 1 + 2 + 2 + 3 + 3 + 3 + 3 + 4 + \cdots + \lceil \log_2 n \rceil$ 的值.

5. 求证: $\sum\limits_{j=0}^{n} j/2^j = 2 - (n+2)/2^n$.

6. 求证:

$$S_n = \left\lfloor \frac{n}{2^1} \right\rfloor + \left\lfloor \frac{n}{2^2} \right\rfloor + \cdots + \left\lfloor \frac{n}{2^k} \right\rfloor + \cdots = n - \mathrm{pop}(n)$$

$$T_n = \left\lfloor \frac{n}{2^1} + \frac{1}{2} \right\rfloor + \left\lfloor \frac{n}{2^2} + \frac{1}{2} \right\rfloor + \cdots + \left\lfloor \frac{n}{2^k} + \frac{1}{2} \right\rfloor + \cdots = n$$

其中 $n \geqslant 0$ 为整数, $\mathrm{pop}(n)$ 为 n 的二进制表示中 1 的个数.

7. 假设序列 $f(n)$ 满足

$$\begin{cases} f(1) = \delta \\ f(n) \leqslant f(l) + f(r) + \beta \quad (n > 1, \ l, r \geqslant 1, \ l + r = n) \end{cases}$$

其中 δ, β 均为常数. 求证:

$$f(n) = \delta n + \beta(n - 1)$$

8. 假设序列 $f(n)$ 满足

$$\begin{cases} f(1) = \alpha \\ f(n) \leqslant f(l) + f(r) + \beta n \log_2 n \quad (n > 1, \ l, r \geqslant 1, \ l + r = n) \end{cases}$$

其中 $\alpha, \beta \geqslant 0, \gamma$ 均为常数, 并且存在常数 $0 < \varepsilon \leqslant 1/2$ 使得每次的分裂 $n = l + r$ 满足 $l, r \geqslant \varepsilon n$. 求证:

$$f(n) \leqslant Cn(\log_2 n)^2 + \alpha n$$

其中 $C = \dfrac{-\beta}{\log_2(1-\varepsilon)}$.

9. 假设序列 $f(n)$ 满足

$$\begin{cases} f(1) = 0 \\ f(n) \leqslant f(l) + f(r) + \beta n (\log_2 n)^\alpha \quad (n > 1,\ l, r \geqslant 1,\ l + r = n) \end{cases}$$

其中 $\alpha, \beta \geqslant 0$ 均为常数, 并且存在常数 $0 < \varepsilon \leqslant 1/2$ 使得每次的分裂 $n = l + r$ 满足 $l, r \geqslant \varepsilon n$. 求证

$$f(n) \leqslant Cn(\log_2 n)^{\alpha+1}$$

其中 $C = \dfrac{-\beta}{\log_2(1-\varepsilon)}$.

10. 假设 $f(n)$ 满足

$$\begin{cases} f(0) = \delta \\ f(n) \leqslant f(l) + f(r) + \alpha n + \beta \quad (n > 0,\ l, r \geqslant 0,\ l + r = n - 1) \end{cases}$$

试研究 $f(n)$ 的渐近性质 $(g(n) = f(n-1))$.

11. 序列 f_n 由下式定义:

$$f_0 = c, \quad f_n = b + \frac{2}{n} \sum_{k=0}^{n-1} f_k, \quad n > 0$$

其中 b, c 为常数. 证明: $f_n = bn + c(n+1) = (b+c)n + c$.

12. 序列 f_n 由下式定义:

$$f_0 = c, \quad f_n = an + b + \frac{2}{n} \sum_{k=0}^{n-1} f_k, \quad n > 0$$

其中 a, b, c 为常数. 证明: $f_n = 2a(n+1)H_n + (b+c-3a)n + c$.

13. 序列 f_n 由下式定义:

$$f_0 = 0, \quad f_n = 1 + \frac{2}{n^2} \sum_{k=0}^{n-1} k f_k, \quad n > 0$$

求证当 $n > 0$ 时, $f_n = \dfrac{2(n+1)}{n} H_n - 3$.

14. 序列 f_n 由下式定义:

$$f_0 = 0, \quad f_n = 1 + \frac{1}{n} \sum_{k=0}^{n-1} f_k, \quad n > 0$$

试求 f_n 的显式表达式.

15. 序列 f_n 由下式定义:

$$f(0) = 0, \quad f_n = n + \frac{1}{n} \sum_{k=0}^{n-1} f_k, \quad n > 0$$

试求 f_n 的显式表达式.

16. 序列 f_n 由下式定义:

$$f_0 = c, \quad f_n = b + \frac{3}{n} \sum_{k=0}^{n-1} f_k, \quad n > 0$$

其中 b, c 为常数. 证明当 $n > 0$ 时, $f_n = (b/4 + c/2)(n+1)(n+2) - b/2$.

17. 序列 $f(n)$ 由下式定义:

$$f_0 = c, \quad f_n = p(n) + \frac{t}{n} \sum_{k=0}^{n-1} f_k, \quad n > 0$$

其中 $p(n)$ 为 n 的 s 次多项式, $t > 0$ 为正整数. 证明

$$f_n = \begin{cases} \Theta(n^{t-1}), & \text{当 } s < t-1 \text{ 时} \\ \Theta(n^{t-1} \log n), & \text{当 } s = t-1 \text{ 时} \\ \Theta(n^s), & \text{当 } s > t-1 \text{ 时} \end{cases}$$

18. 序列 $f(n)$ 满足

$$f(n) = af(\lceil n/b \rceil) + cn^k$$

其中 $a \geqslant 0$, $b > 1$, $c > 0$ 为常数. 求证存在常数 D 使得

$$f(n) \leqslant \begin{cases} Dn^{\log_b a}, & \text{当 } k \leqslant \log_b a \text{ 时} \\ Dn^k \log_b n, & \text{当 } k = \log_b a \text{ 时} \\ Dn^k, & \text{当 } k > \log_b a \text{ 时} \end{cases}$$

19. 假设 α_i 为非负实数并且 $\sum_{i=1}^{k} \alpha_i < 1$ $(k \geqslant 1)$. 当 n 充分大时序列 $T(n)$ 满足

$$T(n) \leqslant \sum_{i=1}^{k} T(\lfloor \alpha_i n \rfloor) + \beta n + \delta$$

证明存在常数 C 使得当 $n \geqslant 1$ 时

$$T(n) \leqslant Cn$$

20. 令 $f(x)$ 是定义在区间 $[0, \infty)$ 上的可导函数, 并且在小区间 $[0, \varepsilon]$ 上 $|f'(x)| < C$. 假设 $f(x)$ 满足

$$f(x) = f(\alpha x) + f(\beta x) + \gamma x + \delta$$

其中 α, β 非负并且 $\alpha + \beta < 1$. 求证

$$f(x) = \frac{\gamma x}{1 - \alpha - \beta} - \delta$$

21. 求证推广的基本定理. 如果 $f(x)$ 在区间 $[1, b]$ 上有界, 当 $x \geqslant b$ 时 $f(x)$ 满足

$$f(x) \leqslant af\left(\frac{x}{b}\right) + cx^k (\log_b x)^\beta$$

其中 $c \geqslant 0$ 为常数, 则

$$f(x) = \begin{cases} O(x^{\log_b a}), & \text{当} \quad k < \log_b a \text{时} \\ O(x^k (\log x)^{\beta+1}), & \text{当} \quad k = \log_b a \text{时} \\ O(x^k (\log x)^\beta), & \text{当} \quad k > \log_b a \text{时} \end{cases}$$

22. 求证推广的基本定理的离散形式. 假设 a, c 为正实数而 $b > 1$ 为整数. 如果 $f(n)$ 满足

$$f(n) \leqslant af\left(\left\lfloor \frac{n}{b} \right\rfloor\right) + cn^k (\log_b n)^\beta$$

则存在常数 D 满足

$$f(n) \leqslant \begin{cases} Dn^{\log_b a}, & \text{当} \quad k < \log_b a \text{时} \\ Dn^k (\log_b n)^{\beta+1}, & \text{当} \quad k = \log_b a \text{时} \\ Dn^k (\log_b n)^\beta, & \text{当} \quad k > \log_b a \text{时} \end{cases}$$

23. 可以将定理 2.21 推广如下: 假设非负函数 $f(x)$ 是可导的, $f(0) = 0$ 并且在区间 $[0, 1]$ 上 $|f'(x)| \leqslant D$. 如果 $f(x)$ 在区间 $[0, \infty)$ 上还满足

$$f(x) \leqslant \sum_{j=1}^k f(\alpha_j x) + Cx$$

其中 $C > 0$ 为常数, α_j 为非负实数并且 $T = \sum_{j=1}^k \alpha_j < 1$, 则 $f(x) \leqslant \dfrac{Cx}{1 - T}$. 试给出证明.

24. 排列生成算法 perm(见例 2.3) 中最后一次循环的交换是原地交换, 没有必要. 可以将其修改为

```cpp
template<typename T>
void perm2(T a[ ], int k, int n)
{
```

```
if(k == 1) {
    for(int j = 0; j < n; ++j) std::cout << a[j]; //a1:输出排列
    std::cout << std::endl;
} else {
    for(int j = 0; j < k-1; ++j) {  //j < k 变为 j < k-1
        swap(a[j], a[k-1]);
        perm(a, k-1, n);
        swap(a[j], a[k-1]);
    } //~for(...)
    perm(a, k-1, n);   //j = k-1 时的循环
} //~if_else
}
```

求调用 perm2(a,n,n) 的数据交换次数.

25. 在整数带余除法 $a = qb + r$ 中, 如果要求 $-b/2 \leqslant r < b/2$, 则称这样的余数为极小绝对值余数. 假设欧几里得算法式 (2.22) 中使用极小绝对值余数, 即令 $-b/2 \leqslant a\%b < b/2$. 试在这种情况下, 用欧几里得算法求 $\gcd(a,b)$ 中的循环次数上界.

26. 令 $p(d,j,k,n)$ 为随机快速排序算法对 $d+1, d+2, \cdots, d+n$ 的一个排列进行排序时键值 $d+j$ 与 $d+k$ 进行比较的概率, 其中 d 为任意整数, $1 \leqslant j < k \leqslant n$. 用归纳法 (不使用独立性假设) 直接证明:
$$p(d,j,k,n) = \frac{2}{k-j+1}$$

27. 令 $p(d,i,j,k,n)$ 为对 $d+0, d+1, \cdots, d+n-1$ 的一个排列求其第 k 位数的随机算法中键值 $d+i$ 与 $d+j$ 进行比较的概率, 其中 $0 \leqslant i < j < n, 0 \leqslant k < n$. 用数学归纳法证明
$$p(d,i,j,k,n) = \begin{cases} \dfrac{2}{k-i+1}, & \text{当 } i < j \leqslant k \text{ 时} \\[2mm] \dfrac{2}{j-i+1}, & \text{当 } i < k < j \text{ 时} \\[2mm] \dfrac{2}{j-k+1}, & \text{当 } k \leqslant i < j \text{ 时} \end{cases}$$

28. 假设数组 $a[0,n)$ 中包含相同的元素, 其中仅有 m 个互不相同. 假设这 m 个互不相同的元素为 $b_1, b_2, \cdots, b_m$, 并且假设数组 $a[0,n)$ 中等于 b_i 的元素个数为 k_i, $\sum_{i=1}^{m} k_i = n$. 在这个假定下求蛮力查找函数的平均复杂度.

29. 下面的函数计算 $\lfloor \log_2 k \rfloor$. 这个函数在 C 中被称为 ilog2, 它是一个常用的函数.

```
int ilog2(unsigned k)   // k > 0
{
    int result = 0 ;
```

```
        while(k > 1) { ++result;  k >>= 1; }
        return result;
    }
```

证明连续计算 n 个对数 $\lfloor \log_2 1 \rfloor, \cdots, \lfloor \log_2 n \rfloor$ 的平摊复杂度为 $O(\log n)$.

30. 下面的函数计算 k 的二进制表示中 1 的个数.

```
int pop(unsigned k)
{
    int result = 0;
    while(k != 0) { ++result; k &= k - 1; }
    return result;
}
```

分别给出 pop(n) 的复杂度以及计算 pop(0), pop(1), $\cdots$, pop($n-1$) 的平摊复杂度.

31. 给出下面的 6 个程序段. 试求每个程序段结束时 sum 的值, 并求以 n 为问题规模的度量, 求各程序段的时间复杂度与空间复杂度.

(a) int sum = 0; for(int i = 0; i < n; i++) sum++;

(b) int sum = 0;
  for(int i = 0; i < n; i++) for(int j = 0; j < n; j++)
    sum++;

(c) int sum = 0;
  for(int i = 0;i < n; i++) for(int j = 0; j < n*n; j++)
    sum++;

(d) int sum = 0;
  for(int i = 0;i < n; i++) for(int j = 0; j < i; j++)
    sum++;

(e) int sum = 0;
  for(int i = 0;i < n; i++)
   for(int j = 0; j < i*i; j++) for(int k = 0; k < j; k++)
     sum++;

(f) int sum = 0;
  for(int i = 0; i < n; i++) for(int j = 0; j < i*i; j++)
    if(j % i == 0) for(int k = 0; k < j; k++) sum++;

32. 下面的 4 个程序段均返回第 n 个 Fibonacci 数 f_n.

方法一:

```
unsigned long fib1(int n) {
    if(n < 2)  return  n;
    return  fib1(n-1) + fib1(n-2);
}
```

方法二:

```
unsigned long fib2(int n)
{
    unsigned long f1 = 1;
    unsigned long f0 = 0;
    while(--n >= 0) {
        unsigned long temp = f1;
        f1 += f0;
        f0 = temp;
    }
    return f0;
}
```

方法三:

```
#include <algorithm>
static void multiply(unsigned long a[4], unsigned long b[4])
{ //计算两个 2×2 矩阵的乘积
    unsigned long c[4];
    c[0] = a[0]*b[0]+a[1]*b[2];
    c[1] = a[0]*b[1]+a[1]*b[3];
    c[2] = a[2]*b[0]+a[3]*b[2];
    c[3] = a[2]*b[1]+a[3]*b[3];
    std::copy(c, c + 4, a);      //a[0,4) = c[0,4)
}
unsigned long fib3(int n)
{
    unsigned long result[4] = {1,0,0,1};
    unsigned long temp[4]   = {1,1,1,0};
    for(; n > 0; n /= 2) {
        if(n & 1 != 0)  multiply(result, temp);
        multiply(temp,temp);
    }
    return result[2];
}
```

方法四:

```
#include <math.h>
unsigned long fib4(int n)
{
    static double const root5 = ::sqrt(5.0);
    static double const phi = (1.0 + root5)/2.0;
    return ::floor(::pow(phi, double(n))/root5 + 0.5);
}
```

试分析它们的时间复杂度和空间复杂度, 并且在计算机上, 对 $[0, 2^{32})$ 中的 48 个 Fibonacci 数 $f_0, \cdots, f_{47}$, 分别用上面的 4 种方法进行计算, 统计它们所耗费的时间.

第3章
线性表

线性表是一种最为简单的数据结构. 线性表中数据元素之间有着非常简单的线性有序关系. 线性表数据结构的定义如下:

$$\text{List} = (D, S)$$

其中

$$D = \{d_1, d_2, \cdots, d_n\}, \quad n \geqslant 0$$
$$S = \{(d_1, d_2), (d_1, d_3), \cdots, (d_1, d_n)(d_2, d_3), \cdots, (d_2, d_n), \cdots, (d_{n-1}, d_n)\}$$

关系 S 可以被看成一个线性序关系:

$$d_1 \prec d_2 \prec \cdots \prec d_n$$

称 d_{i-1} 为 d_i 的前趋, d_{i+1} 为 d_i 的后继. d_1 无前趋, 而 d_n 无后继. D 中的元素类型可以是任意的. S 中有 $n(n-1)/2$ 个元素. 定义在线性表上的操作有创建、销毁、增、删、改、查. 线性表根据其实现时的物理结构不同可分为向量、单链表与双向链表以及静态链表等.

3.1 向　　量

计算机程序设计语言通常会提供数组. 它是一块连续的计算机内存. 它的长度通常是固定的, 不符合我们对线性表的操作要求. 但是对数组稍加改造, 其就可以实现线性表的所有功能, 通常称这种改造过的数组为向量. 向量是指用物理上一块连续的内存来依次存放数据元素 $a_0, \cdots, a_{n-1}$. 其示意图如图 3.1 所示.

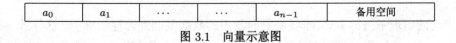

a_0	a_1	$\cdots$	$\cdots$	a_{n-1}	备用空间

图 3.1　向量示意图

称 a_0 的地址为向量的基地址. 在 C/C++ 语言中, 向量可以定义如下:

```
struct Vector {
    T* elem;       //向量基址, T 为数据类型
```

```
    int size;        //向量中实际元素个数
    int cpct;        //向量容量, 即最多可以容纳的元素个数
};
```

删除向量中给定位置上的元素, 需要将后面所有元素前移一个位置将其覆盖. 其实现可以描述如下:

```
void erase(Vector* p, int here)  //删除 (*p)[here]
{   //前提条件: 0 <= here < p->size
    for(int n = p->size - 1; here < n; ++here)
        p->elem_[here] = p->elem_[here+1];
    --p->size;
}
```

删除第一个元素, 需要移动后面所有的元素, 其复杂度为 $\Theta(n)$. 删除最后一个元素不需要移动任何元素, 其复杂度为 $\Theta(1)$. 对于这种极为高效的操作, 我们非常愿意为它提供单独的函数: pop_back.

```
void pop_back(Vector* p) {  --p->size_; }
```

当给向量添加元素时, 会遇到向量已经满了不能再添加的问题, 这时需要给向量重新分配内存. 可以为向量提供 3 个成员函数来处理内存管理: full, next_capacity 和 reserve. full 函数判别向量是否已满, 实现如下:

```
bool full(Vector* p) { return p->size_ == p->cpct; }
```

reserve(n) 保证向量的容量至少为 n. 当 n 大于向量的现有容量时, 在逻辑上需要重新申请一块内存, 并且将现有的数据复制过去.

```
void reserve(Vector* p, int n)
{
    if(p->cpct >=  n)       return;
    T* q = (T*)malloc(sizeof(T)*n); //假设申请内存成功. T: 向量中元素类型
    memcpy(q, p->elem, sizeof(T)*p->size);
    free(p->elem);
    p->elem = q;
    p->cpct = n;
}
```

在上面的实现中, reserve 需要将原向量中的数据复制到内存新址中. 这导致 reserve 的复杂度为 $\Theta(n)$, 其中 n 为向量中元素个数. next_capacity 控制内存管理的策略. 当向量已满而再向其中添加元素时, 需要申请更大的空间. 新空间的大小由 next_capacity 函数决定.

```
int next_capacity(Vector* p) { return ???  ;  }
```

为了得到正确的内存管理策略, 考虑 push_back 函数, 其在向量的尾部添加一个元素. 其参考实现如下:

```
void push_back(Vector* p, T const& v) //添加在尾部
{
    if(full(p))  reserve(p, next_capacity(p));
    p->elem_[p->size++] = v;
}
```

单个 push_back 操作的工作量变化很大. 如果向量未满, 它只需要一次键值复制, 其复杂度为 $\Theta(1)$. 否则, 需要调用 reserve 函数, 其复杂度为 $\Theta(n)$, 其中 n 为向量原有的容量. 单个 push_back 操作不能作为衡量 next_capacity 性能的标准. 现考虑从容量为零的空向量开始, 连续调用 n 次 push_back 函数, 考查其单次调用的平摊复杂度. 首先考虑简单的策略, 即每次将现有内存的长度增加一个固定的常数 δ. 这时的 next_capacity 可以实现如下:

```
int const DELTA = 10;
int next_capacity(Vector* p) { return p->cpct + DELTA; }
```

简记 n 次 push_back 操作为 $p_0, p_1, \cdots, p_{n-1}$. 向量的容量由 0 开始, 每次增加 δ, 最后达到 $\lceil n/\delta \rceil \delta$, 即向量的容量依次为 $0, \delta, 2\delta, \cdots, \lceil n/\delta \rceil \delta$. 用键值复制的次数作为代价. 假设操作 p_k 的代价为 c_k, 有

$$c_k = \begin{cases} j\delta + 1, & \text{如果 } k = j\delta \\ 1, & \text{其他} \end{cases}$$

n 次操作代价之和为

$$C(n) = \sum_{k=0}^{n-1} c_k = n + (1 + \cdots + \lceil n/\delta \rceil)\delta = n + \delta(1 + \lceil n/\delta \rceil)\lceil n/\delta \rceil/2 > n^2/(2\delta)$$

由于 δ 为常数, 所以一次 push_back 操作的分摊复杂度为 $A(n) = C(n)/n = \Theta(n)$. 下面考虑另一种内存管理策略: 将现有的容量加倍.

```
int next_capacity(Vector* p) { return p->cpct <= 0 ? 1 : 2*p->cpct; }
```

记 $m = \lceil \log_2 n \rceil$, n 次操作导致向量的容量依次为 $0, 1, 2, \cdots, 2^m$.

$$c_k = \begin{cases} 2^j + 1, & \text{如果 } k = 2^j \\ 1, & \text{其他} \end{cases}$$

n 次操作代价之和为

$$C(n) = \sum_{k=0}^{n-1} c_k = n + 1 + 2 + \cdots + 2^m = n + 2^{m+1} - 1 < 5n$$

所以一次 push_back 操作的分摊复杂度为 $A(n) = C(n)/n = \Theta(1)$. 显然第二种策略要明显优于第一种策略, 所以在 Vector 类模板中通常选用后一种实现. 可以将向量的内存管理策略总结为下面的定理.

定理 3.1 如果采用将现有容量加倍策略, 则从空向量开始连续做 n 次的 push_back 操作, 一次 push_back 操作的平摊复杂度为 $O(1)$.

确定了内存扩展策略, 向量的添加函数就容易实现了. 在向量的指定位置添加一个元素, 首先需要判别向量是否已满. 如果还有剩余空间, 则需要将指定位置后面的元素再向后移动一个位置, 腾出空间, 然后将新元素赋值到指定位置.

```
void insert(Vector* p int here, T const& v)
{   //在 (*p)[here] 处插入键值 v. 前提: 0 <= here <= p->size
    if(full(p)) reserve(p, next_capacity(p));
    T* ph = p->elem + here;
    memmove(ph + 1, ph, sizeof(T)*(p->size - here) );
    p->elem[here] = v;
    ++p->size;
}
```

交换两个变量 a, b 的值在逻辑上相当于 "$temp = a$; $a = b$; $b = temp$". 逻辑上需要 3 个赋值. 对于类似整数、实数等占用空间比较小的数据类型, 赋值与交换的工作量区别不大. 但是对于像向量这样的数据类型, 其本身可能占用巨大的空间, 赋值与交换的工作量之间的区别还是需要重视的. 就向量而言, 赋值的工作量巨大, 但是交换两个向量的值可以仅交换其 3 个分量的值, 而不用移动向量中的元素, 实现如下. 其复杂度是 $O(1)$, 与向量中包含的元素个数无关.

```
void swap_vect(Vector* pa, Vector* pb)
{   //交换向量 *pa 与 *pb的值
    std::swap(pa->elem, pb->elem);  //std::swap 是 STL 中的交换算法
    std::swap(pa->size, pb->size);
    std::swap(pa->cpct, pb->cpct);
}
```

例 3.2 Conway 生命演化模型.

1970 年英国数学家 Conway 提出了一个生命演化模型. 在这个模型中, 宇宙是无穷大的平面, 平面被矩形网格分割成无穷多的小矩形, 每个小矩形为一个细胞, 每个细胞有两种状态: 活与死. 细胞根据一定的规则或由活变死, 或由死变活, 一代一代地演化. 细胞生死变换的规则与相邻的细胞所处的状态有关. 每个细胞都有 8 个相邻的细胞. Conway 生命演化的规则是:

① 一个活细胞, 其相邻的细胞中仅有 0 个或者 1 个细胞是活的, 则这个细胞在下一代因为孤独而死; 如果其相邻细胞中有大于等于 4 个细胞是活的, 则这个细胞在下一代因为拥挤而死; 如果其恰有 2 个或者 3 个相邻细胞是活的, 则这个细胞在下一代仍然是活的.

② 一个死细胞, 其相邻的细胞中恰有 3 个细胞是活的, 则这个细胞在下一代变活, 否则

其在下一代仍然是死的.

③ 所有细胞的生死转换同时发生并且是瞬间发生的.

图 3.2 所示是一个将要绝灭的状态. 其中加黑点的细胞为活细胞. 细胞中的数字表示其相邻细胞中活细胞的个数. 图 3.3 所示的状态是稳定不变的.

0	0	0	0	0	0
0	1	2	2	1	0
0	1	·	·	1	0
0	1	1	1	1	0
0	1	2	2	1	0
0	0	0	0	0	0

图 3.2   将要灭绝的状态

图 3.3   稳定不变的状态

图 3.4 所示的两个状态交替出现.

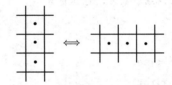

图 3.4   交替出现的两个状态

有些简单的状态经过若干代演化后可能得到相当复杂的结果. Conway 模型还有所谓的蝴蝶效应. 初始的微小变化经过若干代演化后, 可能得出差异很大的配置. 例如将图 3.4 的状态增加一个活细胞, 演化过程如下:

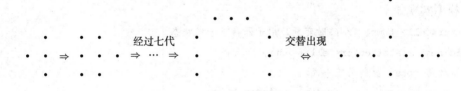

图 3.5   Conway 模型的蝴蝶效应

用数学方法研究 Conway 生命演化模型是比较困难的, 但它却非常适合用计算机来模拟. 如果 Conway 生命演化模型中的宇宙是有限的矩形, 可以用矩阵来表示每个细胞的状态. 现实是宇宙是无限的. 合适的方法是将活细胞的位置保存在容器中. 上节所述的向量是一个合适的容器. 先定义细胞类型.

```
struct Cell { int x;  int y; }; //记录细胞的坐标
```

一个状态用向量来表示, 向量中保存当前状态所有活的细胞.

```
Vector<Cell> state;    //元素类型为 Cell 的向量
```

Conway 生命演化模型最底层的操作是判别 (i,j) 处的细胞的生存状态. 为此只需要在配置中查找该细胞是否存在即可:

```
bool alive(Vector<Cell>* ps, int i, int j)
{
    Cell* first = ps->elem;
    Cell* last  = first + ps->size;
    for( ; first < last; ++first)
      if(first->x == i) && (first->y == j])  break;
    return first != last;
}
```

统计细胞 (i,j) 的邻居可以通过如下程序实现:

```
int count_neighbors(Vector<Cell>* ps, int i, int j)
{   //统计细胞(i,j)邻居中的活细胞数目, 包括自身
    int result = 0;
    Cell first = ps->elem;
    Cell last = first + ps->size;
    for( ; first < last; ++first)
        if((abs(first->x - i) <= 1) && (abs(first->y - j) <= 1)) ++result;
    return result;
}
```

Conway 问题的任务是从一个状态出发演化到其下一代状态. 演化模型容许程序只考虑活细胞及其邻居即可, 即只有活细胞及其邻居在下一代中可能为活的. 综上所述, Conway 生命演化模型实现如下:

```
Vector<Cell> temp;  //临时变量, 用于保存下一代状态
void next_state(Vector<Cell>* pcur)
{   //将 *pcur 更新为下一代
    temp.clear();      //将 temp 清空
    Cell* first = pcur->elem;
    Cell* last  = first + p->size;
    for(; first < last; ++first)
        for(int i = first->x-1; i <= first->x+1; ++i)
        for(int j = first->y-1; j <= first->y+1; ++j) { //枚举所有邻居及自身
            if((i==first->x)&&(j==first->y))
                if((count_neighbors(pcur, i,j) == 3) && (!alive(&temp, i,j)))
                    push_back(&temp, Cell(i,j));
            else if( !alive(pcur, i,j) ) {
```

```
            int const n = count_neighbors(*pcur, tmp);
            if( ((n==2) || (n == 3)) && !alive(&temp, i,j))
                    push_back(&temp, Cell(i,j));
            }//~else if
        }
    temp.swap(*pcur);
}
```

例 3.3　数组原地循环左移.

将数组 $a_0, a_1, \cdots, a_{m-1}, a_m, \cdots, a_{n-1}$ 循环左移 m 位, 即将其变换为

$$a_m, \cdots, a_{n-1}, a_0, a_1, \cdots, a_{m-1}$$

循环左移 m 位与循环右移 $n-m$ 位效果是相同的. 如果可以申请到临时空间, 循环左移可以简单地实现如下:

```
void shift_left1(T a[ ], int n, int m)    //将 a[0,n) 循环左移 m 位
{   //前提: 0 <= m < n
    T* b = (T*)malloc(sizeof(T)*n);        //申请临时空间
    int j = 0;
    int k = n-m;
    for(   ; j < m; ++j, ++k)    b[k] = a[j];   //将 a[0,m) 复制到 b 数组末端
    for(k=0; j < n; ++j, ++k)    b[k] = a[j];   //将 a[m,n) 复制到 b 数组前端
    for(   ; --j >= 0;        )    a[j] = b[j];   //将数据复制回原来空间
    delete[] b;
}
```

它的空间复杂度为 $O(n)$, 需要 $2n$ 次元素的赋值操作. 下面介绍一种更好的方法, 它不需要申请临时空间. 例如, 将长度为 10 的数组 $a_0, \cdots, a_9$ 循环左移 3 位, 需要做一次下面的所谓海豚变换, 如图 3.6 所示.

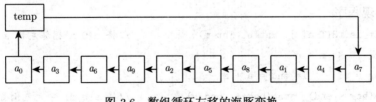

图 3.6　数组循环左移的海豚变换

它是一系列的 $a_k = a_{(k+3)\%10}$ 赋值. 将数组 $a_0, \cdots, a_9$ 循环左移 2 位, 由于 $\gcd(2, 10) = 2$, 所以需要两次海豚变换, 如图 3.7 所示.

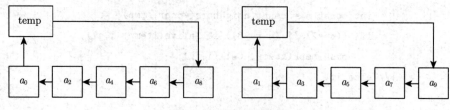

图 3.7　两次海豚变换

上面的算法可通过如下程序实现:

```
void shift_left2(T a[ ], int n, int m) //将 a[0,n) 循环左移 m 位
{
    int d = gcd(m, n);                // d 等于 m, n 的最大公约数
    while(--d >= 0) {
        T temp = a[d];
        int j = d;
        while(true) {
            int k = (j + m) % n;
            if(k == d)     break;
            a[j] = a[k];   j = k;
        }
        a[j] = temp;
    }
}
```

这个算法的空间复杂度为 $O(1)$, 需要 $n + \gcd(m, n)$ 次赋值操作.

数组的循环左移还可以基于交换操作. 欲将数组 $a_0, \cdots, a_{m-1}, a_m, \cdots, a_{n-1}$ 循环左移 m 位, 可以先将 $a_0, \cdots, a_{m-1}$ 倒置, 再将 $a_m, \cdots, a_{n-1}$ 倒置, 使数组变为

$$a_{m-1}, a_{m-2}, \cdots, a_0, a_{n-1}, \cdots, a_m$$

最后再将上面整个数组倒置, 即得到结果. 数组的倒置可以使用数据的交换. 基于上面的分析得到如下实现程序:

```
void shift_left3(T a[ ], int n, int m)              //将 a[0,n)循环左移 m 位
{   //前提: 0 <= m < n
    T* beg = a;      T* end = a + m - 1;
    while(beg < end)  swap(beg++, end--);            //将 a[0,m) 中元素倒置
    beg = a + m;     end = a + n - 1;
    while(beg < end)  swap(beg++, end--);            //将 a[m, n) 中元素倒置
    beg = a;         end = a + n -1;
```

```
        while(beg < end)  swap(beg++, end--);          //将 a[0,n) 中元素倒置
}
```

上面算法的空间复杂度为 $O(1)$, 当 n 和 m 均为偶数时, 它需要 n 次交换; 其他情形需要 $n-1$ 次交换. 下面介绍改进的基于交换的数组循环左移算法. 欲将数组

$$a[0,n) = \boxed{\alpha\ (\text{长度为 } m)\ \Big|\ \beta\ (\text{长度为 } m)\ \Big|\ \gamma\ (\text{长度为 } n-2m)}$$

循环左移 m 位 (假设 $m \leqslant \lfloor n/2 \rfloor$), 可以先将 α 与 β 段的元素进行交换, 数组变为 $\boxed{\beta\ |\ \alpha\ |\ \gamma}$. 然后再将数组 $\boxed{\alpha\ |\ \gamma}$ 循环左移 m 位. 对称地, 欲将数组

$$a[0,n) = \boxed{\alpha\ (\text{长度为 } n-2m)\ \Big|\ \beta\ (\text{长度为 } m)\ \Big|\ \gamma\ (\text{长度为 } m)}$$

循环右移 m 位 (假设 $m \leqslant \lfloor n/2 \rfloor$), 可以先将 γ 与 β 段的元素进行交换, 数组变为 $\boxed{\alpha\ |\ \gamma\ |\ \beta}$. 然后再将数组 $\boxed{\alpha\ |\ \gamma}$ 循环右移 m 位. 算法的完整描述如下:

```
shift_left4(T a[ ], int n, int m) //将 a[0,n) 循环左移 m 位
{
     m = m % n;
     if(m == 0) return;
     if(m ≤ ⌊n/2⌋) {
         将 a[0,m) 与 a[m, 2m) 对应的元素进行交换;
         shift_left4(a + m, n-m, m);   //递归调用
     } else   shift_right4(a, n, n-m);   //间接递归调用
}
shift_right4(T a[ ], int n, int m) //将 a[0,n) 循环右移 m 位
{
     m = m % n;
     if(m == 0) return;
     if(m ≤ ⌊n/2⌋) {
         将 a[n-2m, n-m) 与 a[n-m, n) 对应的元素进行交换;
         shift_right4(a, n-m, m);
     } else   shift_left4(a, n, n-m);
}
```

可以用归纳法证明, 上面算法需要的元素交换次数为 $n - \gcd(m,n)$. 将上面算法的递归消去可以得到下面的实现程序:

```
void shift_left5(T* a, int n, int m)  //将数组 a[0,n) 循环左移 m 位
{   //前提: 0 <= m < n
    T* b = a + n;     T* mid = a + m;
```

```
for (; m > 0;) {
    m = (b-a) % m;
    T* end = b - m;
    while (mid < end) std::swap(*a++, *mid++);
    if (m == 0)    break;
    m = (b-a) % m;
    end = a + m;
    do std::swap(*--mid, *--b); while (end < mid);
}
}
```

矩阵可以看成特殊的线性表, 其表中每一个元素都是一个一维数组. 一维数组和计算机的内存结构相当吻合, 所以各种语言对数组都有不同程度的支持. 而矩阵本身为二维结构, 必须将二维数组存放在一维的内存当中. 一个通常的方法是将矩阵的元素按行优先存放在一个大的一维数组中. 例如 $m \times n$ 矩阵

$$
\begin{pmatrix}
a_{0,0} & a_{0,1} & \cdots & a_{0,n-2} & a_{0,n-1} \\
a_{1,0} & a_{1,1} & \cdots & a_{1,n-2} & a_{1,n-1} \\
\vdots & \vdots & & \vdots & \vdots \\
a_{m-2,0} & a_{m-2,1} & \cdots & a_{m-2,n-2} & a_{m-2,n-1} \\
a_{m-1,0} & a_{m-1,1} & \cdots & a_{m-1,n-2} & a_{m-1,n-1}
\end{pmatrix}
$$

按行优先存放在一维数组中:

第 0 行	第 1 行	$\cdots$	第 $m-2$ 行	第 $m-1$ 行
$a_{0,0}\cdots a_{0,n-1}$	$a_{1,0}\cdots a_{1,n-1}$	$\cdots$	$a_{m-2,0}\cdots a_{m-2,n-1}$	$a_{m-1,0}\cdots a_{m-1,n-1}$

矩阵第 j 行第 k 列的元素 $a_{j,k}$ 被放置在一维数组的 $j*n+k$ 处. 在这种约定下, 矩阵的乘法用 C/C++ 语言实现如下:

```
void multiply(double* c, double const* a, double const* b, int n)
{   //a,b 为两个 n × n 矩阵. 输出 c = a × b
    for(int j = 0; j < n; ++j)
    for(int k = 0; k < n; ++k) {
        int const t = j*n + k;    c[t] = 0.0;
        for(int i = 0; i < n; ++i)
            c[t]+= a[j*n + i]*b[i*n + k];
    }
}
```

所谓对称矩阵是指 $a_{j,k} = a_{k,j}$ 的方阵. 为了节省空间, 只保存矩阵的下三角部分 (或者上三角部分) 即可. 而所谓的下三角矩阵是指上三角部分全为零的矩阵. 对于这样的矩阵, 也

只需要保存矩阵的下三角部分即可. $n \times n$ 的对称矩阵或者下三角矩阵在内存中被压缩存储在数组中:

第 0 行	第 1 行	第 2 行	$\cdots$	第 $n-1$ 行
$a_{0,0}$	$a_{1,0}\ a_{1,1}$	$a_{2,0}\ a_{2,1}\ a_{2,2}$	$\cdots$	$a_{n-1,0}\cdots a_{n-1,n-1}$

假设数组的第一个元素的地址为 b, 则下三角元素 $a_{j,k}$ $(n > j \geqslant k \geqslant 0)$ 被保存在 $b[j(j+1)/2+k]$ 处. 给定数组元素 $b[m]$, 令

$$\frac{j(j+1)}{2} \leqslant m < \frac{(j+1)(j+2)}{2}, \quad k = m - \frac{j(j+1)}{2} \tag{3.1}$$

则 $b[m]$ 代表数组元素 $a_{j,k}$. 为了加速 m 与 j,k 之间的映射速度, 可附设一个索引数组 index, $\text{index}[j] = \dfrac{j(j+1)}{2}$. 这样给定 j,k, 则 $m = \text{index}[j] + k$. 给定 m, 可先在 index 数组处查找满足公式 (3.1) 的 j, 再算出 $k = m - \text{index}[j]$.

在实际问题中常出现这样的情形, 矩阵维数 m,n 可能非常大, 而实际矩阵的非零元素相对较少且分布不规律, 称这样的矩阵为*稀疏矩阵*. 具体非零元素达到多少时才称为稀疏矩阵还没有统一的标准. 对于稀疏矩阵, 希望只存储其非零元素. 三元组表示法是指将矩阵非零元素以及元素所在的行和列所组成的三元组保存在数组中. 例如 3×4 稀疏矩阵

$$\begin{pmatrix} 10 & 20 & 0 & 0 \\ 30 & 0 & 40 & 0 \\ 0 & 0 & 50 & 60 \end{pmatrix} \tag{3.2}$$

被表示为下面的数组:

$$(0,0,10), (0,1,20), (1,0,30), (1,2,40), (2,2,50), (2,3,60)$$

为此定义节点类型如下:

```
struct Triple {
    int row;      //元素所在的行
    int col;      //元素所在的列
    T value;      //元素的值
};
```
而稀疏矩阵对应下面的结构体:
```
struct Spmatrix {
    int M;                    //矩阵行数
    int N;                    //矩阵列数
    Vector<Triple> mt;        //存放矩阵的非零元素
};
```

为了使得存取矩阵元素快速高效, 约定矩阵元素在向量中按照行优先的次序存放, 在同一行中按照元素所在的列数从小到大存放.

例 3.4 *稀疏矩阵的转置.*

假设稀疏矩阵以三元组数组的方式存储. 求其转置就是将三元组中的行数与列数的值进行交换, 再按照约定次序重排. 但是排序算法的复杂度一般而言是 $O(t \log t)$, 其中 t 是稀疏矩阵中包含的非零元素个数. 下面介绍一个算法, 其仅需要遍历两次数组, 其复杂度为 $\Theta(t)$. 这个算法首先遍历三元组, 统计原矩阵每一列的元素个数, 据此计算出矩阵每一列在转置矩阵中的开始位置. 然后第二次遍历三元组, 将三元组依次复制到转置矩阵中. 算法描述如下.

```
//矩阵 a 以三元组向量的形式存放, 求 a 的转置, 并将其存放到 b 中
void transpose(Vector<Triple>* pa, Vector<Triple>* pb)
{
    int const n = 矩阵 *pa 的列数
    int* cur = new int[n];   std::fill(cur, cur + n, 0); //临时变量
    Triple* first = pa->elem;  Triple* last = first + pa->size;
    for (; first !=last;++first)    ++cur[first->col]; //统计矩阵每一列的元素个数
    for (int k = 1; k < n; ++k)   cur[k] += cur[k - 1]; //计算每一列的开始位置
    b= pb->elem; //假设向量 *pb 空间足够
    for (first = pa->elem; first != last; ++first) {    //第二次遍历三元组向量
        int m = cur[first->col]++;
        b[m].row = first->col;
        b[m].col = first->row;
        b[m].value = first->value;
    }
    delete[] cur;
}
```

3.2 单 链 表

向量在删除或添加一个中间元素时要移动后面的元素. 例如删除第一个元素, 要移动所有的元素. 删除操作的平均时间复杂度也是 $\Theta(n)$. 对于频繁添加、删除的线性表, 用向量就不太适合. 用链表实现的线性表可以使添加和删除操作的时间复杂度为 $\Theta(1)$. 图 3.8 是一个具有 $n(> 0)$ 个元素的单链表的逻辑示意图.

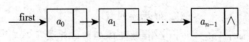

图 3.8 具有 n 个元素的单链表的逻辑示意图

空表用 first = ∧ 表示, 其中 ∧ 表示零指针, 在数值上零指针的值为零. 单链表节点可以
定义为

struct Snode
{
    T value;　　　　//T: 链表数据类型
    Snode* next;　　//指向下一个节点
};

单链表可以表示为指向第一个节点的指针. 在单链表中添加或删除节点需要指明位置.
在指定位置的后面添加和删除是容易的. 所以单链表类模板提供 insert_after 和 erase_
after 两个函数.

void insert_after(Snode* pos, T const& v)　//在 pos 后添加节点
{　//前提条件: pos 指向单链表中某个节点
    Snode* p = new Snode;
    p->value = v;
    p->next = pos->next;
    pos->next = p;
}

void erase_after(Snode* pos)　//删除 pos 的后继节点
{　//前提条件:欲删除的节点存在
    Node* q = pos->next_;　　　　　　　//q 指向被删除节点
    pos->next = q->next;
    delete q;
}

单链表有许多变体, 表现在是否带头节点, 是否有尾指针, 是否为循环链表. 链表可以附
加一个头节点, 称为带头节点的单链表. 图 3.9 是带头节点的单链表示意图.

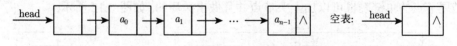

图 3.9　带头节点的单链表示意图

带头节点的好处是在单链表的生存周期中, 代表单链表的头指针永远不变. 如果不带头
节点, 当删除第一个元素时, 单链表的 first 指针需要改变. 带头节点的单链表通常被做成循
环的, 即链表最后一个节点的 next 域指向头节点. 其逻辑示意图如图 3.10 所示.

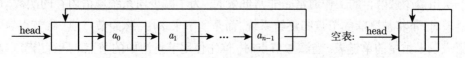

图 3.10　带头节点的循环单链表示意图

这也是最为常用的单链表. 带头节点的循环链表可以提高查找效率. 如果要在链表中查找给定键值的节点, 非循环链表的实现如下:

```cpp
bool search(Snode* head, T v) //在链表中查找键值 v, 成功时返回 true
{
    first = head->next;
    while( first !=0  && first->value != v)
        first = first->next;
    return first != 0;
}
```

如果是循环链表, 可以在头节点中设置监视哨, 这样导致循环控制中少做一个测试.

```cpp
bool search(Snode* head, T v) //在链表中查找键值 v, 成功时返回 true
{
    head->value = v;            //在头节点处设置监视哨
    first = head->next;
    while( first->value != v)
        first = first->next;
    return first != head;
}
```

在非循环链表的实现中循环体要执行 3 个语句, 而在循环链表的实现中一次循环只需要两个语句, 性能可以期望提高 1/3. 当需要经常在链表的尾部添加节点时, 可以在单链表中多加一个指针, 指向链表的最后一个元素, 称为带尾指针的单链表, 如图 3.11 所示.

图 3.11　带尾指针的单链表示意图

带尾节点的单链表也可以加上头节点并且做出循环的, 如图 3.12 所示.

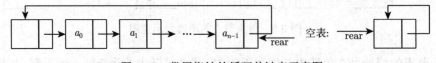

图 3.12　带尾指针的循环单链表示意图

单链表中的节点通常占据的空间比较小. 当向链表中添加元素时, 需要向系统申请内存. 这种一次申请少量内存的工作通常是非常低效的. 为了减少向系统申请内存的次数, 可以在删除链表时, 不将被删除的节点归还给系统, 而是留下来备用, 称为节点池. 将节点池中的节点也组成以零结尾的单链表. 当添加节点时, 首先使用节点池中的节点. 只有当节点池中没有节点可用时才向系统申请. 其示意图如图 3.13 所示.

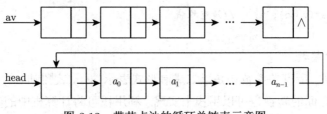

图 3.13　带节点池的循环单链表示意图

3.3　堆　　栈

堆栈简称为栈, 它是一种受限制的线性表, 其添加与删除操作只能发生在表尾. 栈中的元素满足后进先出 (Last In First Out, LIFO) 原则. 习惯上, 从栈中删除元素称为弹栈 (pop), 向栈中添加元素称为压栈 (push). 如图 3.14 所示, 称元素 a_0 为栈底, 元素 a_{n-1} 为栈顶. 从程序的角度来讲, 栈只是一个适配器, 即一个界面的转换. 而底层通常使用其他的容器 (例如向量或者链表) 来实现. 利用向量作为底层容器实现的栈的示意图与栈的逻辑示意图完全一致, 也可以利用单链表作为底层容器来实现栈. 这时需将单链表的第一个元素看作栈底, 最后一个元素看作栈顶, 如图 3.15 所示.

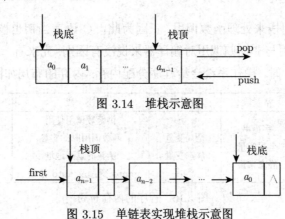

图 3.14　堆栈示意图

图 3.15　单链表实现堆栈示意图

堆栈的界面相对固定.

```
struct Stack
{
    bool empty(void);        //判空函数
    int  size(void);         //返回栈中元素个数
    T    top(void);          //返回栈顶元素
    void pop(void);          //弹栈, 删除栈顶元素
    void push(T v);          //压栈, 向栈中添加一个元素
```

```
    void clear(void);          //清空堆栈
};
```

例 3.5 输出整数.

在计算机内部, 所有的整数均是以二进制形式表示的. 二进制形式并不适合人类阅读. 整数在不同进制之间的转换也可以用栈来实现. 利用栈可将计算机中的二进制整数输出为任意进制的数. 设 base 为进制, 它可以是 $[2, 16]$ 中的任意数值. 具体实现如下:

```
string print(int value, int base)
{
    std::string digit_char = "0123456789ABCDEF";
    std::string result = "";
    if(value < 0) {  value = -value;   result += "-"; }
    Stack<char> stk;
    do {
        stk.push(digit_char[value % base]);   value /= base;
    } while(value > 0);
    while(!stk.empty())  { result += stk.top();   stk.pop(); }
    return result;
}
```

C/C++ 语言使用栈来处理函数调用. 正因为此, C 语言当初也被称为堆栈语言. 这样处理的好处是递归调用与非递归调用对编译器来说没有区别. 先来看一下程序执行时的计算机内存布局. 程序执行时, 操作系统会给程序分配内存. 内存的布局如图 3.16 所示.

	代码段	常量段	数据段	栈　段	堆　段	
0	程序 代码	字符串 全局常量 静态常量	全局变量 静态变量	供函数调用使用 函数调用时的实参 函数的返回地址 auto 变量及 auto 常量	供程序 申请	∞

图 3.16　程序的内存布局

程序的代码段、常量段、数据段的大小是固定的. 操作系统通常也给栈段分配固定的尺寸 (例如 2 MB), 所以在函数中应尽量避免定义 auto 类型的大型数组. 堆段的内存是所谓的 "自由" 区域, 可以在程序中通过调用 malloc 函数或 new 算子等方式动态申请使用这些内存.

在 C/C++ 程序的执行过程中, 每个函数都有自己的调用框架, 这些调用框架被存放在内存的栈段中. 在执行函数的第一个语句之前, 系统会将函数的调用框架压入栈中, 然后再执行函数的第一个语句. 函数的调用框架包括三方面的内容:

① 函数的返回地址, 即函数执行完毕后执行的下一个语句地址;

②函数的实参;

③函数的 auto 变量.

在函数执行完毕返回之前, 要将函数的调用框架弹出栈. 所有的函数调用框架都被放置在内存布局的栈段. 函数在返回之前, 需要从调用框架中取出函数的返回地址, 将调用框架弹出栈, 然后再执行返回地址处的语句. 由此可见函数中的实参和 auto 变量没有固定的地址. 系统用函数的调用栈以及相对于这个调用栈的偏移量来确定实参和 auto 变量地址. 图 3.17 是一个示例程序及其两次调用 f 时的函数调用框架示意图.

```
void f(int a)
{
    int x;
    x = 1000;
    std::cout<< a <<std::endl;
}
void g(int b, int c) {
    int e;
    e = 100;                    //g0
    std::cout<< b <<std::endl;  //g1
    f(200);                     //g2
    return;                     //g3
}
int main(void)
{
    int x;
    x = 10;         //m0
    f(20);          //m1
    x = 2000;       //m2
    g(30, 40);      //m3
    return 0;       //m4
}
//byebye /* main 的返回地址*/
```

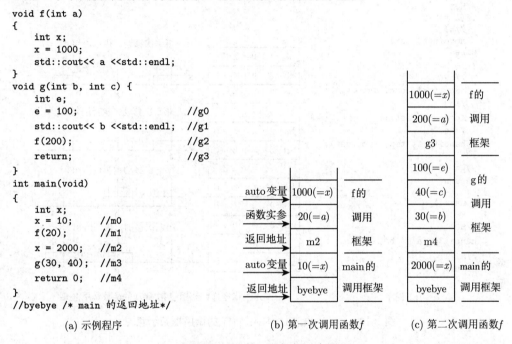

(a) 示例程序　　　　(b) 第一次调用函数 f　　　　(c) 第二次调用函数 f

图 3.17　函数调用框架示意图

汉诺塔问题最为简单的解法是使用递归. C/C++ 语言在处理递归函数调用时与处理普通的非递归函数调用完全一样. 其程序及其前 4 次移动的函数调用框架见图 3.18, 其中 main 函数的调用框架省略.

程序中还经常出现间接递归调用的情况. 如果函数 A 调用函数 B, 而函数 B 调用函数 $C, \cdots$, 函数 Y 调用函数 Z, 而函数 Z 最终又调用了函数 A, 称这样的函数调用为间接递归调用. 最为常见的是相互递归调用, 即函数 A 调用函数 B, 而函数 B 又调用函数 A. 偶尔也会出现三重递归调用的情况, 即函数 A 调用函数 B, 函数 B 调用函数 C, 而 C 又调用函数 A. 正弦和余弦函数的泰勒展开式的前两项为

$$\sin\theta \approx \theta(1-\theta^2)/6, \quad \cos\theta \approx 1-\theta^2/2$$

事实上当 $|\theta| < 0.005$ 时, 用上式近似计算正弦和余弦函数, 其精度可以达到十进制 10 位以

上有效数字. 而 IEEE 标准中的单精度浮点数只有 $6 \sim 7$ 位十进制有效数字. 而对于其他的 θ 值，利用下面的三角恒等式来计算.

$$\sin \theta = 2 \sin \frac{\theta}{2} \cos \frac{\theta}{2}, \quad \cos \theta = 1 - 2 \left(\sin \frac{\theta}{2}\right)^2$$

```
void
hanoi(int n, char src,
            char tmp,
            char dst)
{
  //h0
  if(n == 1)
    //h1
    move(src, dst);
  else
  {
    //h2
    hanoi(n-1, src, dst, tmp);
    //h3
    move(src, dst);
    //h4
    hanoi(n-1, tmp, src, dst);
  }
  //h5
  return;
}
int main()
{
  //m0
  hanoi(3, 'a', 'b', 'c');
  //m1
  return 0;
}
```

(a) 程序　　　　　(b) 汉诺塔递归调用前4次移动的函数调用框架

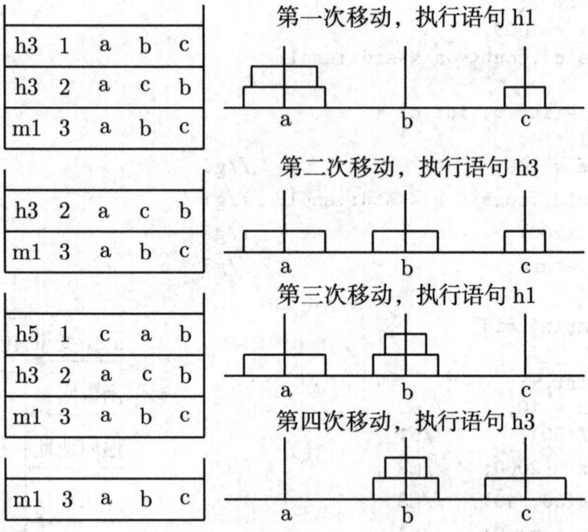

图 3.18　hanoi (3, 'a', 'b', 'c') 的调用框架示意图

利用上面的公式得出的间接递归程序如下:

```
double const epsilon = 0.005;
double cosine(double theta);
double sine(double theta)
{
    if(abs(theta) <= epsilon)
        return theta*(1.0 - theta*theta/6.0);
    return 2*sine(theta/2)*cosine(theta/2);
}
double cosine(double theta)
{
    if(abs(theta) <= epsilon)
        return 1.0 - theta*theta/2;
```

```
    theta = sine(theta/2);
    return 1 - 2*theta*theta;
}
```

这是一个相互递归调用的例子. 函数 sine 不仅递归调用自身, 而且还调用了 cosine, 而 cosine 函数又间接递归调用了 sine. 其递归深度是有限的, 因为只有当 abs(theta) > 0.005 时才进行递归调用. 递归调用时总要用 theta 除以 2, 这样最终它会变得小于 0.005.

递归函数的表达力极强. 但是有两个原因需要消除递归调用. 首先, 按 C/C++ 处理递归调用的方式, 所有的实参和 auto 变量均存储在栈段. 而在普通计算机中, 操作系统通常将栈的大小固定, 很有可能仅为 2 MB. 这样当问题的规模巨大, 而递归函数的调用深度为 $O(n)$ 时, 会导致系统栈段溢出. 其次, 有些递归调用的效率不高. 例如求第 n 个 Fibonacci 数的递归程序:

```
unsigned fib(int n)
{
    if(n < 2)
        return n;
    return fib(n-1) + fib(n-2);
}
```

其复杂度为 $\Theta(\phi^n)$, 其中 $\phi = (1+\sqrt{5})/2 \approx 1.618$. 可以利用堆栈以非常机械化的方法消除递归调用, 即程序自己用堆栈来模拟函数调用框架. 用这种方法消除递归可以将递归调用所使用的栈内存转移到堆内存中. 以返回值为 void 的直接递归调用为例. 首先对原递归函数做预处理: 在程序开始处设置标号 L0; 在第 j 个递归调用之后设置标号 L_j. 例如将下面左边的程序变换为右边的.

原程序	预处理后程序
`void func(int x)`	`void func(int x)`
`{`	`{`
	`L0:`
`    // A 语句`	`    // A 语句`
`    func(y);   //第一个递归调用`	`    func(y);`
	`L1:`
`    // B 语句`	`    // B 语句`
`    func(z);   //第二个递归调用`	`    func(z);`
	`L2:`
`    // C 语句`	`    // C 语句`
`}`	`}`

需要一个堆栈来保存函数调用框架. 函数调用框架的内容包括所有函数的形参、所有的

auto 变量以及返回标号. 以汉诺塔函数为例:

```
void hanoi(int n, char x, char y, char z)
{
L0:
    if(n > 0) {
        hanoi(n-1, x, y, z);
L1:
        move(x, z);
        hanoi(n-1, y, x, z);
L2:
        ;
    }//~if
}
```

它没有 auto 变量, 它的调用框架中只需要保存形参和返回语句的编号. 它可以声明为

```
struct Frame
{
    int lb;                          //返回语句编号
    int n; int x; int y; int z;      //形参和 auto 变量
};
```

可以使用下面的模拟函数调用方法将递归程序转换为非递归程序. 此方法可以描述为:

① 在函数的第一个可执行语句之前声明一个 Frame 栈, 将编号为 0 的标号 L0 以及函数调用实参和所有 auto 变量的值压栈.

② 将第 i 个递归调用语句替换为两个语句. 第一个语句将编号为 i 的标号 Li 以及递归调用实参和所有 auto 变量的值压栈. 第二个语句是 goto L0.

③ 将函数中所有对形参和 auto 变量的引用修改为对堆栈栈顶对应变量的引用.

④ 在函数的结尾处取出栈顶元素; 根据栈顶中的标号值做相应的转移.

模拟函数调用法将汉诺塔函数变换为

```
void hanoi(int n, char x, char y, char z)
{
    Stack<Frame> s;
    s.push(Fram(0, n, x, y, z));
L0:
    if(s.top().n > 0) {
        s.push(Frame(1, s.top().n - 1, s.top().x, s.top().z, s.top().y));
        goto L0;
L1:
```

```
        move(s.top().x, s.top().z);

        s.push(Frame(2, s.top().n - 1, s.top().y, s.top().x, s.top().z));
        goto L0;
L2: ;
    }
    int label = s.top().lb_;
    s.pop();
    switch(label) {
        case 0:     return;
        case 1:     goto L1;
        case 2:     goto L2;
    }
}
```

对于有返回值的函数, 需要先将其返回值转换为 void. 有两种处理方法. 第一种方法是给函数添加一个参数, 这个参数是保存返回值变量的地址; 第二种方法是引入一个全局变量来保存返回参数.

模拟函数调用法的缺点首先是不再使用递归函数原有的形参和 auto 变量, 似乎有浪费嫌疑, 其次是函数的改变较大, 例如, 递归程序的变量 x 修改为 s.top().x, 变量 y 修改为 s.top().y 等. 其优点是正确性容易理解. 当递归函数的形参没有指针和引用, 或者有指针或引用, 但是在函数体中并没有改变这些参数的值时, 可以使用所谓的现场照相法将其转换为非递归函数. 现场照相法利用递归函数原有的形参和 auto 变量. 当遇到递归调用时, 将函数实参和 auto 变量的值作为现场保存到堆栈中. 具体步骤描述如下.

① 在函数的第一个可执行语句之前声明一个 Frame 栈.

② 将第 i 个递归调用替换为 3 个语句. 第一个语句将编号为 i 的标号 Li 以及函数实参和所有 auto 变量的值作为现场压入堆栈. 第二个语句将现场设置为此次递归调用的值. 第三个语句为 goto L0.

③ 在程序结尾处取出栈顶元素, 恢复现场, 再根据栈顶中的标号做相应的转移.

用现场照相法, 汉诺塔函数被变换为

```
void hanoi(int n, char x, char y, char z)
{
    std::stack<Frame> s;            //s 为空栈
L0:
    if(n > 0) {
        s.push(Frame(1, n,x,y,z));      //保存第一次递归调用前的现场
```

```
            n = n - 1;     std::swap(y,z);    //将现场设置为第一次递归调用的现场
            goto L0;
    L1:
            move(x,z);

            s.push(Frame(2, n,x,y,z));         //保存第二次递归调用前的现场
            n = n - 1;     std::swap(x,y);     //将现场重置为第二次递归调用的现场
            goto L0;
    L2: ;
        }
    if(s.empty())         return;
    //恢复现场
    n = s.top().n;     x = s.top().x;
    y = s.top().y;     z = s.top().z;
    //转到现场的下一个执行语句
    int label = s.top().lb;
    s.pop();
    switch(label) {
        case 1:       goto L1;
        case 2:       goto L2;
    }
}
```

在直接递归函数中, 如果一个递归调用结束后, 在逻辑上紧接着就执行函数的返回语句 (return), 则称这个递归调用为尾递归调用. 可以非常容易地消除尾递归调用.

```
void func(int x)
{
    // A 语句
    func(y);
    // B 语句
    func(z);      //此递归调用为尾递归
}
```

尾递归调用后, 函数的形参和 auto 变量不需要保存. 可以将上面的尾递归调用消除:

```
void func(int x)
{
L0:
    // A 语句
    func(y);
```

```
    // B 语句
    x = z;    goto L0;    //原"func(z);"语句
}
```

上面的 goto 语句通常可以转换为循环语句. hanoi 函数中第二个递归调用为尾递归, 可以将其消除并转换为循环, 如下:

```
void hanoi(int n, char x, char y, char z)
{
    while(n > 0) {
        hanoi(n-1, x, z, y);
        move(x,z);
        --n;    std::swap(x,y);    //原递归调用 "hanoi(n-1, y, x, z);"
    }
}
```

间接递归调用需要将所有函数的形参和 auto 变量压栈保存, 其变换比较复杂, 有兴趣的读者可参阅相关资料, 本书不再涉及. 需要说明的是, 用上述的机械式方法消除递归, 并不改变算法的时间和空间复杂度, 仅是将原本递归程序使用栈段的内存修改为使用堆段的内存.

下面介绍堆栈的一个重要应用, 即回溯法. 问题是需要寻找满足一定条件的解 $(x_1, \cdots, x_n)$, 而每一阶段的解 x_j 的候选对象都是固定的, 比如 $x_j \in S_j$. 换句话说, 是在 $S_1 \times S_2 \times \cdots \times S_n$ 中寻找满足一定条件的解 $(x_1, \cdots, x_n)$, 当 S_j 是有限集合时, 可以使用回溯法来求解问题. 其描述如下:

```
假设 (x₁, x₂, ⋯, xⱼ₋₁) 是可行的;
令 xⱼ 的候选集合 Sⱼ = {c₁, c₂, ⋯, cₘ};
for(int k = 1; k <= m; ++k) {
    令 xⱼ = cₖ;
    if( (x₁, ⋯, xⱼ₋₁, xⱼ) 可行)    break;
}
if(k <= m)                          //找到可行的 xⱼ
    进入下一阶段寻找 xⱼ₊₁;
else {                              //xⱼ 的所有选择都不可行, 回溯
    退回到上一个阶段;
    if( xⱼ₋₁ 还有一个选择)    令 xⱼ₋₁ 等于其下一个选择, 进入下一个阶段;
    else 再次退回到上一个阶段;
}
```

用堆栈保存临时解 $(x_1, \cdots, x_j)$ 是非常合适的. 这时的控制结构可以细化如下:

```
    将栈置为空;
```

```
while(还没有搜索完) {
    进入下一个阶段;
    将此阶段的第一个选择压栈;
    while(栈顶的选择不可行) {
        while(栈顶的选择为最后一个选择) {
            弹栈;        //回溯
            if(栈为空)  return 无解;
        }
        将栈顶修改为其下一个选择;
    }
}
return 有解;
```

例 3.6 八皇后问题.

国际象棋的棋盘有 8×8 个方格, 在其中放置 8 个皇后, 要求它们两两互不攻击, 这就是所谓的八皇后问题. 图 3.19(a) 是用回溯法找到的第一个解. 图 3.19(b) 所示为检查一个新皇后是否被攻击.

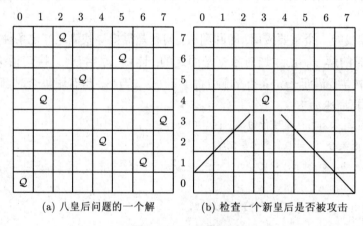

(a) 八皇后问题的一个解　　　(b) 检查一个新皇后是否被攻击

图 3.19　八皇后问题

八皇后问题是由数学家高斯提出的, 但是直到现在还没有一个求解它的有效数学方法. 可行的方法还是下面介绍的回溯法. 将八皇后问题的解表示为 $(x_0, \cdots, x_7)$, 其中 $x_j \in S_j = \{0, 1, 2, 3, 4, 5, 6, 7\}$, x_j 是第 j 行皇后所处的列数. 为了使用回溯法, 需要一个堆栈来存放可行解.

```
Stack<int> s;
```

还需要一个解决函数来检查栈顶元素是否可行, 称为 check 函数. 其具体实现留作习题.

```
bool check(Stack<int> s);   //栈顶元素可行则返回true
```

下面就是解决八皇后问题的回溯法的一个实现. 其控制流程完全遵照上文介绍的控制

结构, 仅需要将其中的文字部分用程序来实现即可.

```
bool eight_queen(void)
{
    Stack<int> s(8);
    while(s.size() < 8) {        //还没有搜索完
        s.push(0);               //将第一个选择压栈
        while(!check(s)) {                       //栈顶元素不可行
            while(s.top() == 7)                  //栈顶元素为最后一个选择
            {
                s.pop();
                if(s.empty())  return false;  //无解
            }
            int c = s.top();  s.pop();  s.push(c+1);  //更新栈顶元素
        }
    }
    write_board(s);              //输出解
    return true;                 //有解
}
```

　　回溯法需要遍历的可能解往往是排列组合数. 如果问题真的没有解, 则回溯法至少要遍历 $S_1 \times \cdots \times S_n$ 中的所有可能, 其复杂度通常非常高. 提高回溯法的效率一般有 3 种途径.

　　① 提高 check 函数的效率.

　　② 给 check 函数增加预测功能. check 函数不仅判别当前解是否可行, 还顺便预测当前解是否会导致后续阶段无可行解.

　　③ 动态改变候选解的次序, 使得最有可能成为最终解的候选解尽早出现.

　　在某些优化问题中, 需要枚举问题的所有解才能找到最优解. 在八皇后问题中也许我们还想知道总共有几个解, 这就需要枚举问题的所有解. 回溯法也可以找到问题的所有解. 其控制流程如下.

```
        将栈置为空;
        while(true) {
L1:     进入下一个阶段;
            将此阶段的第一个选择压栈;
            while(true) {
                if(栈顶元素可行)
                    if(找到解)     输出解;
                    else           break;       //等价于 goto L1
                while(栈顶元素为最后选择) {
```

```
        弹栈;                    //回溯
        if(栈为空)   return;    //遍历了所有可能，搜索结束
    }
    将栈顶元素更新为其下一个选择;
  }
}
```

例 3.7　稳定婚姻问题.

有 4 位男生: 甲、乙、丙、丁. 有 4 位女生: 子、丑、寅、卯. 他们都未婚. 欲将这 8 人婚配, 每个人心中都有对配偶选择的偏爱. 为简单起见, 排除非她不娶、非他不嫁以及独身主义者. 他们的择偶意愿可以用男生择偶矩阵 (记为 A) 和女生择偶矩阵 (记为 B) 两个矩阵表示:

$$A = \begin{pmatrix} 甲) & 子 & 寅 & 丑 & 卯 \\ 乙) & 丑 & 寅 & 卯 & 子 \\ 丙) & 寅 & 子 & 卯 & 丑 \\ 丁) & 卯 & 子 & 丑 & 寅 \end{pmatrix}, \quad B = \begin{pmatrix} 子) & 乙 & 丁 & 丙 & 甲 \\ 丑) & 丙 & 甲 & 丁 & 乙 \\ 寅) & 丁 & 乙 & 甲 & 丙 \\ 卯) & 甲 & 丙 & 乙 & 丁 \end{pmatrix} \tag{3.3}$$

矩阵 A 中的一行"甲) 子 寅 丑 卯"的含义是: 男生甲最喜欢子, 其次喜欢寅, 丑也凑合, 实在不行只好娶卯. 稳定婚姻问题是指给出他们的一个婚姻配对, 使得他们的婚姻是稳定的. 一个不稳定的婚姻配对是指存在一个男生 m 和一个女生 w, 他们不是夫妻, 但是他们喜欢对方都胜过喜欢自己的配偶, 称这样的 $<m,w>$ 为一个不稳定对. 例如下面的配对

$$(甲, 子), \quad (乙, 寅), \quad (丙, 卯), \quad (丁, 丑)$$

是不稳定的. 因为 $<丙, 子>$ 是一个不稳定对. 丙更喜欢子而不是现在的配偶卯; 子更喜欢丙而不是现在的配偶甲. 如果一个配对中不存在不稳定对, 则称这样的配对为稳定配对. 下面的配对是稳定的:

$$(甲, 寅), \quad (乙, 丑), \quad (丙, 卯), \quad (丁, 子)$$

可以用回溯法解决稳定婚姻问题. 但是如果只是找到一个解就万事大吉的话, 会出现很不公平的现象. 例如男生实现的回溯法会找到下面的解:

$$(甲, 子), \quad (乙, 丑), \quad (丙, 寅), \quad (丁, 卯) \tag{3.4}$$

它是稳定配对, 因为所有男生都和自己最心仪的女生结婚. 但是再看女生, 都和自己最不喜欢的男生结婚. 如果是女生实现的回溯法, 会找到下面的解:

$$(甲, 卯), \quad (乙, 子), \quad (丙, 丑), \quad (丁, 寅) \tag{3.5}$$

所有女生均和自己最喜欢的男生结婚, 而男生都和自己最不喜欢的女生结婚. 称公式 (3.4) 的解为男生最优解. 在男生最优解中, 所有男生都娶到了稳定婚姻中的最好结果. 称公式 (3.5)

的解为女生最优解, 在这个解中, 所有女生都嫁给了稳定婚姻中的最好结果. 可以证明男生最优解和女生最优解都是存在的. 要解决这种不公平现象, 可以定义某种优化标准, 用回溯法找出所有的稳定婚姻配对, 从中找到满足标准的最优解. 下面用回溯法枚举出所有的稳定婚姻.

还是用整数来表示 4 位男生和 4 位女生. 甲、乙、丙、丁与子、丑、寅、卯都用 $0, 1, 2, 3$ 表示. 男女我们还是分得清的. 公式 (3.3) 中的男生和女生择偶选择矩阵可表示为

$$A = \begin{pmatrix} 0 & 2 & 1 & 3 \\ 1 & 2 & 3 & 0 \\ 2 & 0 & 3 & 1 \\ 3 & 0 & 1 & 2 \end{pmatrix}, \qquad B = \begin{pmatrix} 1 & 3 & 2 & 0 \\ 2 & 0 & 3 & 1 \\ 3 & 1 & 0 & 2 \\ 0 & 2 & 1 & 3 \end{pmatrix} \tag{3.6}$$

$A_{m,j}$ 是位女生, 她是男生 m 的第 j 个选择. $B_{w,j}$ 是位男生, 他是女生 w 的第 j 个选择. 为了方便计算稳定性, 还需要男生心目中女生的位置 (C) 和女生心目中男生的位置 (D) 两个矩阵. 公式 (3.3) 中的男生和女生择偶选择矩阵对应的 C, D 分别为

$$C = \begin{pmatrix} & \overset{子}{} & \overset{丑}{} & \overset{寅}{} & \overset{卯}{} \\ 甲) & 0 & 2 & 1 & 3 \\ 乙) & 3 & 0 & 1 & 2 \\ 丙) & 1 & 3 & 0 & 2 \\ 丁) & 1 & 2 & 3 & 0 \end{pmatrix}, \quad D = \begin{pmatrix} & \overset{甲}{} & \overset{乙}{} & \overset{丙}{} & \overset{丁}{} \\ 子) & 3 & 0 & 2 & 1 \\ 丑) & 1 & 3 & 0 & 2 \\ 寅) & 2 & 1 & 3 & 0 \\ 卯) & 0 & 2 & 1 & 3 \end{pmatrix} \tag{3.7}$$

$C_{m,w}$ 表示男生 m 对女生 w 的喜欢程度, $C_{m,w} = 0$ 表示 m 最喜欢 w, $C_{m,w} = 3$ 表示 m 最不喜欢 w. $D_{w,m}$ 的含义类似. C 由 A 完全决定; D 由 B 完全决定.

将问题的解表示为 $(w_0, w_1, \cdots, w_{n-1})$. 其含义是男生 k 与 w_k 配对 $(k = 0, \cdots, n-1)$. 可以将稳定性计算问题抽象为已知 $(w_0, \cdots, w_{m-1})$ 是可行解, 即它们之间没有不稳定对, 现在欲将 (m, w) 配对添加进来, 检查 $(w_0, \cdots, w_{m-1}, w)$ 是否还是可行的.

$$\left(\begin{array}{cccc|c} 0 & 1 & \cdots & m-1 & m \\ w_0 & w_1 & \cdots & w_{m-1} & w \end{array} \right)$$

只需检查 m 和 $w_0, \cdots, w_{m-1}$ 之间是否有不稳定对, 还需检查 w 和男生 $0, 1, \cdots, m-1$ 之间是否出现不稳定. 在程序实现中, 男生 $w_0, w_1, \cdots, w_{m-1}, w$ 是放在堆栈中的. 判别函数 check 的签名是 bool check(Stack<int>* ps). 还需要一个函数判别栈顶元素是否为最后一个选择, 这个比较简单.

```
bool last_choice(Stack<int>* ps)   //如果栈顶元素为最后一个选择, 返回 true
{
    int m = ps->size() - 1;
```

```
        int w = ps->top();              //w 为栈顶元素
        return C[m][w] == 3;            //w 是 m 的最后选择
}
```

根据回溯法求问题所有解的流程. 求所有稳定配对的回溯法实现如下:

```
            //男生选择矩阵: A[m][j] = 男生 m 的第 j 个选择
int const A[4][4] = { {0, 2, 1, 3}, {1, 2, 3, 0}, {2, 0, 3, 1}, {3, 0, 1, 2} };
            //女生选择矩阵: B[w][j] = 女生 w 的第 j 个选择
int const B[4][4] = { {1, 3, 2, 0}, {2, 0, 3, 1}, {3, 1, 0, 2}, {0, 2, 1, 3} };
int C[4][4];
int D[4][4];
void match(void)
{           //计算矩阵 C 和 D
    for(int m = 0; m < 4; ++m) for(int w = 0; w < 4; ++w)
    {   C[m][A[m][w]] = w;   D[w][B[w][m]] = m;   }
    Stack<int> stack(4);                    //stack: 容量为 4 的空栈
    while(true) {
L1:     int const nm = stack.size();        //考虑下一位男生 nm
        stack.push(A[nm][0]);               //将 nm 的第一个选择入栈
        while(true) {
            if(check(&stack))               //栈顶元素可行
                if(stack.size() == 4)       //找到一个解
                    print(stack);           //输出解
                else  goto L1;
            while(last_choice(&stack)) {    //栈顶元素为最后选择
                stack.pop();
                if(stack.empty())  return;
            }
            //将栈顶元素更新为其下一个选择
            int m = stack.size() -1;
            int w = stack.top();  stack.pop();
            int rank = C[m][w];
            stack.push(A[m][rank+1]);
        }
    }
}
```

在稳定配对 (3.4) 中, (甲, 子) 是一对配偶. 甲和自己最喜欢的女生结婚, 子是甲的第 0 个选择, 定义甲的抱怨指数为 0; 子和自己最不喜欢的男生结婚, 甲是子的第 3 个选择, 定义

子的抱怨指数为 3. 对于一个稳定配对, 定义 cm 为所有男生抱怨指数之和; 定义 cw 为所有女生抱怨指数之和. 称一个稳定配对为公平解, 如果它使得 |cm − cw| 达到最小; 称一个稳定配对为和谐解, 如果它使得 cm + cw 达到最小. 如果男生和女生的择偶矩阵为公式 (3.3) 中的矩阵, 则稳定配对有 8 个, 如表 3.1 所示.

表 3.1　稳定婚姻问题的所有解及其抱怨指数

序　号	配　对				男生抱怨指数	女生抱怨指数
1	(甲, 子),	(乙, 丑),	(丙, 寅),	(丁, 卯)	0	12
2	(甲, 寅),	(乙, 丑),	(丙, 子),	(丁, 卯)	2	10
3	(甲, 寅),	(乙, 丑),	(丙, 卯),	(丁, 子)	4	7
4	(甲, 丑),	(乙, 寅),	(丙, 子),	(丁, 卯)	4	7
5	(甲, 丑),	(乙, 寅),	(丙, 卯),	(丁, 子)	6	4
6	(甲, 丑),	(乙, 子),	(丙, 卯),	(丁, 寅)	10	2
7	(甲, 卯),	(乙, 寅),	(丙, 丑),	(丁, 子)	8	2
8	(甲, 卯),	(乙, 子),	(丙, 丑),	(丁, 寅)	12	0

其中: 第 1 个解为男生最优解; 第 8 个解为女生最优解; 第 5 个解为公平解; 第 5 和 7 个解均为和谐解. 看来第 5 个最好, 它既是公平的, 又是和谐的.

3.4　队　　列

队列也是一种受限制的线性表. 向队列添加元素只能添加到尾部, 从队列中删除元素, 只能删除队列的第一个元素. 队列中的元素满足先进先出 (First In First Out, FIFO) 原则, 类似于日常生活中的排队.

图 3.20 为队列的示意图. 称 a_0 为队头, a_{n-1} 为队尾. 习惯上, 称添加操作为入队 (push), 删除操作为出队 (pop). 队列的基本界面是:

```
struct Queue
{
    bool empty(void);      //判空函数
    int size(void);        //返回队列中元素个数
    void push(T v);        //入队. T: 队列中元素类型
    void pop(void);        //出队
    T front(void);         //返回队头
    T back(void);          //返回队尾
};
```

可以使用带尾指针的循环单链表实现队列. 队列保存指向队尾的指针 (rear). 其逻辑示意图如图 3.21 所示. 入队、出队操作均可以高效地完成. 只有 size 函数需要遍历整个队列.

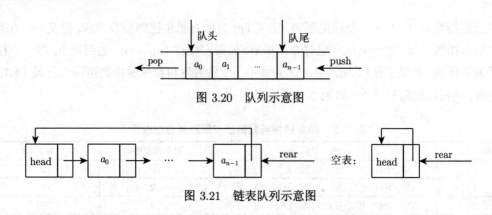

图 3.20　队列示意图

图 3.21　链表队列示意图

如果用顺序存储结构来实现队列, 需要有两个指针, 分别指向队头和队尾. 出队操作将使队头指针后移, 入队操作将使队尾指针后移. 会遇到如下问题, 虽然数组中还有空闲位置, 但是却不能再向队列中添加元素了. 为了解决这个问题, 可以想象将数组弯曲, 形成一个环, 称为循环数组, 如图 3.22 所示.

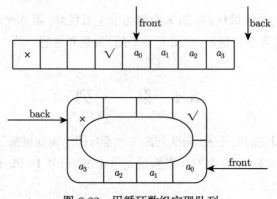

图 3.22　用循环数组实现队列

在循环数组中 front 与 back 指针顺时针旋转, 当这两个指针在向后移动时, 需要判别是否已经到达边界, 如果到达, 则返回数组的第一个位置, 再约定 back 指针指向的位置永远不放置数据元素. 图 3.22 中数组有 8 个位置, 但实际上最多只放置 7 个元素. 在这样的约定下, 队列为空的判别条件为 "back == front", 队列为满的判别条件为 "back + 1 == front". 循环数组中元素个数需要分两种情况计算, 见图 3.23. 和向量相同, 循环数组队列在逻辑上没有满的概念. 它自己管理内存, 采用的策略和向量管理内存的策略相同, 都是将现有容量加倍.

完整的队列类模板如下:

```
struct Queue {
    T* elem;  int ft; int bk; int len;
    int capacity(void) { return len - 1; }
    int size(void) {
```

```
        int  temp = bk - ft;
        return (temp < 0)?  temp + len : temp;
    }
    bool empty(void) { return ft == bk; }
    bool full(void)  { return (ft==0)? (bk+1 == len):(bk+1 == ft); }
    T front(void) { return elem[ft]; }
    T back(void)  { return elem[bk==0? len-1 : bk-1];  }
    void push(T v) {
        if(full()) reserve(next_capacity());
        elem[bk] = v;
        if(++bk == len) bk = 0;
    }
    void pop(void) { if(++ft == len) ft = 0; }
};
```

情形一

情形二

图 3.23　循环数组中元素个数

双端队列(deque) 是队列的推广. 它在队头和队尾都可以进行添加和删除操作. 其逻辑示意图如图 3.24 所示.

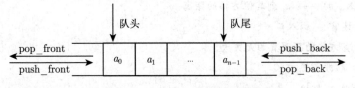

图 3.24　双端队列的逻辑示意图

用循环数组就可以实现双端队列. 双端队列的基本界面板如下:

```
struct Deque {
    Deque(void);                        virtual~Deque(void);
    void clear(void);                   bool empty(void) const;
    int size(void) const;
```

```
       T& front(void);                    T& back(void);
       void push_back(T const& v);        void push_front(T const& v);
       void pop_back(void);               void pop_front(void);
       void reserve(int nc);              int capacity(void) const;
    };
```

其具体的实现留给读者.

例 3.8 迷宫最短路径问题.

图 3.25 是一个简单的 5×7 迷宫, 其中 A 为入口, Z 为出口. 黑柱体为不可逾越的墙壁. 需要找出从入口到出口的路径, 并且是最短路径. 这类问题出现在电路板印刷等实际应用中. 可以使用前面所介绍的回溯法枚举出从入口到出口的所有路径, 从中得出一条最短路径. 可那将是非常耗时的. 利用队列可以非常容易地解决这个问题. 事实上从入口出发到达迷宫中的每一个方格都存在一个最短路径, 称这个最短路径的长度为入口到此方格的距离. 假设从入口到方格 Z 的距离为 k, Z 的 4 个邻居如果不是墙壁, 它们的距离要么比 k 小, 要么是 $k+1$. 由此可以得到下面的算法:

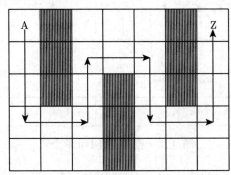

图 3.25 一个简单的 5×7 迷宫

```
distance(M, s) ——→ s 到其他方格的距离
{   //M: 迷宫.  s:入口.
    将所有方格的距离置为无穷大;
    将 s 的距离置为 0;
    集合 A = {s};
    while(A 非空) {
        求 A 中距离最小的方格 t; 设 t 的距离为 β;
        将 t 的 4 个邻居中距离仍为无穷大的方格的距离重置为 β+1, 并将它们
        添加到 A 中;
        将 t 从 A 中删除;
    }
}
```

需要一个容器来实现上面算法中的集合 A. 合适的选择应该是队列, 这样也省去了求最小值之苦. 用一个二维数组来记录每个位置达到入口的最短路径长度. 将墙壁的位置初始化为 -888, 将可以行走的位置初始化为 -1. 为了简化边界条件的判别, 可以将数组左右和上下各添加一行和一列. 新添加的位置均被初始化为 -888. 下面的函数 distance1 计算从入口 start 到达出口 dest 方格的距离. 当入口不可达时, 函数返回 -1.

```
struct Cell {int x; int y;}
int maze[7][9] = { {-888, -888, -888, -888, -888, -888, -888, -888, -888},
                   {-888,  -1,  -888,  -1,   -1,   -1,  -888,  -1,  -888},
                   {-888,  -1,  -888,  -1,   -1,   -1,  -888,  -1,  -888},
                   {-888,  -1,  -888,  -1,  -888,  -1,  -888,  -1,  -888},
                   {-888,  -1,   -1,   -1,  -888,  -1,   -1,   -1,  -888},
                   {-888,  -1,   -1,   -1,  -888,  -1,   -1,   -1,  -888},
                   {-888, -888, -888, -888, -888, -888, -888, -888, -888}, };
int distance1(Cell start, Cell dest)
{
    int len = 0;
    maze[start.x][start.y] = 0;
    Queue<Cell> q;   q.push(start);
    while(!q.empty()) {
        Cell temp = q.front();
        q.pop();
        int x = temp.x;   int y = temp.y;
        len = maze[x][y] + 1;
        if(maze[x+1][y] == -1 ) { maze[x+1][y] = len; q.push(Cell(x+1, y)); }
        if(maze[x-1][y] == -1 ) { maze[x-1][y] = len; q.push(Cell(x-1, y)); }
        if(maze[x][y+1] == -1 ) { maze[x][y+1] = len; q.push(Cell(x, y+1)); }
        if(maze[x][y-1] == -1 ) { maze[x][y-1] = len; q.push(Cell(x, y-1)); }
    }
    return maze[dest.x][dest.y];
}
```

每个方格仅入队一次, 所以上面算法的复杂度是 $O(m \times n)$, 其中 m, n 为迷宫的大小. 这个复杂度显然比回溯法的复杂度低. 关于 distance1 的正确性参见本章习题 18.

例 3.9　　**数组基数排序问题**.

有一种非常直观的非负整数的排序方法. 假设被排序的数组为 $\{a_0, a_1, \cdots, a_{n-1}\}$. 暂时假设 $0 \leqslant a_i < 10$. 可以设想有 10 个容器, 可称它们为桶. 将它们从 0 到 9 编号. 将 a_i 分配到相对应的桶中, 然后依次从 0 号桶到 9 号桶将这些容器中的整数收集起来, 这样就将

$\{a_0, a_1, \cdots, a_{n-1}\}$ 排序了. 例如将数组

$$\{9_a, 1_a, 3_a, 0, 3_b, 1_b, 9_b\}$$

进行排序, 其中下标 a 和 b 是为了区别两个相同的数. 先将它们分配到各自的桶中, 如图 3.26 所示.

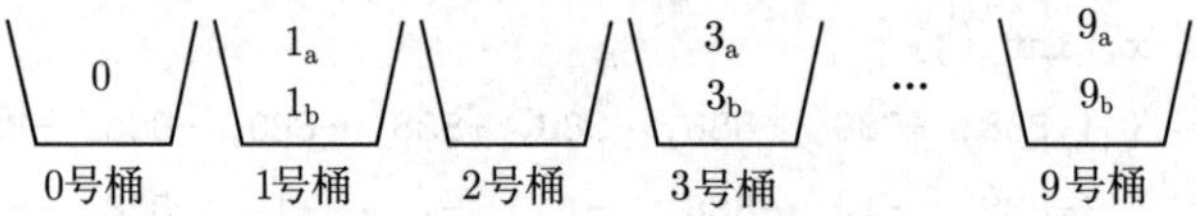

图 3.26 将数字分配到相应的桶中

然后再将分布在桶中的数字收集起来, 得到排序的数组:

$$\{0, 1_a, 1_b, 3_a, 3_b, 9_a, 9_b\}$$

限制 $0 \leqslant a_i < 10$ 当然太严格了. 现在放宽条件, 假设 $0 \leqslant a_i < 10^2$. 例如将数组

$$\{29, 31, 93, 10, 23, 21, 29\}$$

进行排序. 如果是人工排序的话, 通常会使用高位优先法 (MSD). 先按最高位将上面的数组大致分为 $(10, 29, 23, 21, 29, 31, 93)$, 然后在每个最高位相同的子段 (例如 29, 23, 21, 29) 中再按最低位排序. 遗憾的是在计算机上实现这种方法非常困难. 在计算机上却容易实现低位优先法 (LSD), 即从最低位数字开始排序. 若要使这种方法正确工作, 只需保证每次按单个数字排序是稳定的. 所谓一个排序方法稳定是指如果两个关键字 a_i, a_j 是等价的, 则在排序之后, a_i, a_j 之间的相对次序不改变. 如果原来 a_i 在 a_j 之前, 则在排序之后, a_i 仍然在 a_j 之前. 如果原来 a_i 在 a_j 之后, 则在排序之后, a_i 仍然在 a_j 之后. 有了稳定性, 早期按最低位排序的结果体现在按最高位排序的结果之中了.

为了能够达到按单个数字排序的稳定性, 可以在分配时按 $a_0, a_1, \cdots, a_{n-1}$ 的次序进行, 而在底层的容器使用队列, 还是以上面的例子为例. 欲排序的数组为

$$\{29, 31, 93, 10, 23, 21, 29\}$$

先按最低位数字将其分配:

10	31, 21		93, 23	$\cdots$	29, 29
0 队列	1 队列	2 队列	3 队列		9 队列

收集后得到经过按最低位数字排序的如下序列:

$$\{10, 31, 21, 93, 23, 29, 29\}$$

再按最高位的数字将其分配到 10 个队列中:

	10	21, 23, 29, 29	31	⋯	93
0 队列	1 队列	2 队列	3 队列		9 队列

收集后得到已经排序的数组:

$$\{10, 21, 23, 29, 29, 31, 93\}$$

上面的算法用 C++ 语言描述如下, 称其为基数排序.

```cpp
#include "Queue.h"
enum{ radix = 10 };
typedef Queue<unsigned> QT;
void distribute(QT queues[ ], unsigned* first, unsigned* last, int power)
{   //将 [first, last) 中数据分配到 radix 个队列中
    for(; first != last; ++first)
        queues[(*first / power) % radix].push(*first);
}
void collect(unsigned* first, QT queues[ ])
{   //将 radix 个队列中的数据收集到区间 [first, last) 中
    for(int digit = 0; digit < radix; ++digit)
        while(!queues[digit].empty()) {
            *first++ = queues[digit].front();
            queues[digit].pop();
        }
}
void radix_sort_10(unsigned* first, unsigned* last, int d = 11)
{   //将 [first, last) 数据进行排序. 前提: 0 <= 数据 < 10^d
    QT queues[radix];
    for(int pow = 1; --d >= 0; pow *= radix) {
        distribute(queues, first, last, pow);
        collect(first, queues);
    }
}
```

函数调用 radix_sort_10(first, last, d) 将区间 [first,last) 中的非负整数进行排序, 前提条件是区间中的每一个整数 a 都满足 $0 \leqslant a < 10^d$. 算法中的基数 radix 是可以任意选择的. 在计算机上通常会选择 2 的幂次方, 如 8, 16 等. 这样在分配时就没有必要做除法 (*first / power) % radix, 而只需位移即可. 计算机表示的非负整数 a 通常都满足 $0 \leqslant a < 2^{32}$. 如果取 radix = 16, 就有 $0 \leqslant a < 16^8$, 所以只需 8 次的分配和收集过程就可以将数组进行排序.

例 3.10 贸易全球化.

下面讨论一个简化的贸易问题. 有 n 位交易商, 每人带来一件商品用于交换, 每位交易商只能交易到一件商品 (可以是自己带来的商品), 这时一个排列对应一个交易方案. 排列

$$\rho = \begin{pmatrix} 1 & 2 & \cdots & n \\ j_1 & j_2 & \cdots & j_n \end{pmatrix}$$

表示第一位交易商交换到第 j_1 位交易商带来的商品, 第二位交易商交换到第 j_2 位交易商带来的商品, 依次类推. 也称排列 ρ 为一个交易方案. 交易是自愿的, 每位交易商都将这 n 件商品按照自己的喜欢程度进行排列, 这样得到一个 $n \times n$ 的选择矩阵. 称一个交易方案 ρ 为核心方案, 如果不存在交易商的严格子集 S, 使得在 S 中存在一个交易方案, 在这个小的交易方案中, 参与者均获得了比在 ρ 中更喜欢的商品. 首先关心的问题是给定选择矩阵, 核心交易方案存在否. 例如, 有 6 位交易商 $\{t_0, t_1, \cdots, t_5\}$, 他们的选择矩阵为

$$\begin{array}{c} t_0: \\ t_1: \\ t_2: \\ t_3: \\ t_4: \\ t_5: \end{array} \begin{pmatrix} 0 & 1 & 2 & 3 & 4 & 5 \\ 5 & 4 & 3 & 2 & 1 & 0 \\ 0 & 3 & 1 & 4 & 2 & 5 \\ 1 & 4 & 5 & 0 & 2 & 3 \\ 2 & 1 & 4 & 3 & 0 & 5 \\ 0 & 1 & 2 & 3 & 4 & 5 \end{pmatrix} \qquad (3.8)$$

则交易方案 $\begin{pmatrix} 0 & 1 & 2 & 3 & 4 & 5 \\ 2 & 5 & 4 & 0 & 3 & 1 \end{pmatrix}$ 不是核心交易方案. 在这个交易方案中, t_0 获得了 t_2 带来的商品. 事实上 t_0 最喜欢自己的商品. 取子集 $S = \{t_0\}$. t_0 保留自己的商品, 也就是说 t_0 退出交易保留自己的商品, 这样对自己更有利. 由此可以得到结论: 在任何核心方案中, 交易商交换到的商品一定不输过自己带来的商品. 对于公式 (3.8) 中的选择矩阵, 由于 t_0 最喜欢自己的商品, 可以预见, 在所有的核心交易方案中, t_0 保持自己的商品, 即如果存在核心交易方案的话, 它应该具有形式 $\begin{pmatrix} 0 & 1 & 2 & 3 & 4 & 5 \\ 0 & j_1 & j_2 & j_3 & j_4 & j_5 \end{pmatrix}$. 将矩阵 (3.8) 的第 0 行以及其他行中的 0 删除, 得到 5 个交易商 t_1, t_2, t_3, t_4, t_5 的选择矩阵:

$$\begin{array}{c} t_1: \\ t_2: \\ t_3: \\ t_4: \\ t_5: \end{array} \begin{pmatrix} 5 & 4 & 3 & 2 & 1 \\ 3 & 1 & 4 & 2 & 5 \\ 1 & 4 & 5 & 2 & 3 \\ 2 & 1 & 4 & 3 & 5 \\ 1 & 2 & 3 & 4 & 5 \end{pmatrix} \qquad (3.9)$$

考查交易方案 $\rho = \begin{pmatrix} 0 & 1 & 2 & 3 & 4 & 5 \\ 0 & 4 & 3 & 1 & 5 & 2 \end{pmatrix}$，它不是核心交易方案. t_1 与 t_5 两位商人相互最欣赏对方的商品. t_1 与 t_5 两位从交易方案 ρ 中退出而互换商品，两位得到的商品均比 ρ 中的好. 下面只需要考查形如 $\begin{pmatrix} 0 & 1 & 2 & 3 & 4 & 5 \\ 0 & 5 & j_2 & j_3 & j_4 & 1 \end{pmatrix}$ 的交易方案. 将矩阵 (3.9) 中 1 和 5 删除，得到仅剩 3 个交易商 t_2, t_3, t_4 的选择矩阵如下：

$$\begin{array}{c} t_2: \\ t_3: \\ t_4: \end{array} \begin{pmatrix} 3 & 4 & 2 \\ 4 & 2 & 3 \\ 2 & 4 & 3 \end{pmatrix}$$

t_2 最喜欢 t_3 带来的商品，t_3 最喜欢 t_4 带来的商品，而 t_4 最喜欢 t_2 带来的商品，由此形成了一个圈 $2 \to 3 \to 4 \to 2$. 似乎交易方案 $\rho = \begin{pmatrix} 0 & 1 & 2 & 3 & 4 & 5 \\ 0 & 5 & 3 & 4 & 2 & 1 \end{pmatrix}$ 满足所有人的要求. 事实上，ρ 的确是一个关于选择矩阵 (3.8) 的核心交易方案.

下面证明核心交易方案的存在性. 首先引入最佳交易圈的概念. 称 $\{j_1, \cdots, j_p\}$ 为最佳交易圈，如果 j_1 最喜欢 j_2 带来的商品，j_2 最喜欢 j_3 带来的商品，$\cdots$，j_{p-1} 最喜欢 j_p 带来的商品，而 j_p 最喜欢 j_1 带来的商品. 这时方案 $\begin{pmatrix} j_1 & j_2 & \cdots & j_{p-1} & j_p \\ j_2 & j_3 & \cdots & j_p & j_1 \end{pmatrix}$ 就是一个完美的方案了. 由此得到下面的寻找核心交易方案的算法：

```
core_allocation(T, C) ⟶ 核心交易方案 ρ
{   //T: 参与交易者集合. C: 选择矩阵
    while(T 非空) {
        在 T 中寻找最佳交易圈 {j₁, j₂, ···, jₚ};
        T = T-{j₁, j₂, ···, jₚ};
        在 C 中删除 {j₁, j₂, ···, jₚ} 的选择向量;
        在 C 的每一行中删除 {j₁, j₂, ···, jₚ} 的出现;
        令 ρ(j₁) = j₂, ρ(j₂) = j₃, ···, ρ(jₚ₋₁) = jₚ, ρ(jₚ) = j₁;
    }
    输出 ρ;
}
```

算法的正确性容易得到验证. 下面讨论算法的实现. 在集合 T 中寻找最佳交易圈是容易的. 随机在 T 中选择一元素 a，它的最佳选择是 b，而 b 的最佳选择是 c，等等. 这样可以一路走下去. 但 T 是有限集合，走过的路径上必然有元素重复出现. 一旦路径上出现重复元素就找到了最佳交易圈. 由于可以在 T 中随机选取元素作为开始元素，T 可以用堆栈实现，也可用队列实现，这里选用队列. 在选择矩阵中删除行列是不方便的. 在下面的实现中，先将选择矩阵复制到若干队列中. 一个交易商对应一个队列. 另外，在下面的代码中使用 C++ 标

准模板库中的队列与堆栈. 有了这些考虑后，core_allocation 可以实现如下:

```cpp
#include <queue>
#include <stack>
void core_allocation1(int* rho, int* choice, int size)
{   //rho: 输出参数, 用于存储核心交易方案. choice: 选择矩阵. size: 交易商数目
    int j, k;
    std::fill(rho, rho + size, -250);
    std::queue<int>* q = new std::queue <int> [size];
    for (j = 0; j < size; ++j)                      //将选择矩阵导入队列
        for (k = 0; k < size; ++k)   q[j].push(choice[j*size + k]);
    std::queue<int> t;                              //候选商人集合
    for (j = size; --j >= 0; )   t.push(j);         //将所有商人入队, 入队次序随意
    std::stack<int> stk;                            //堆栈 stk 保存路径
    while (!t.empty()) {
        j = t.front();
        if (rho[j] >= 0) { t.pop();  continue; }
        do {                                        // 从 j 开始寻找最佳交易圈
            stk.push(j);    rho[j] = -8;            //标识 j 为最佳交易圈候选人
            for (; rho[k = q[j].front()] >= 0; q[j].pop())
                ;                                   //找到 j 最喜欢的商品, 为 k
        } while (rho[j = k] == -250);               //等价于 while(k 没有重复出现)
        do {                                        //rho[k]==-8, k 重复出现, 设置 rho
            rho[stk.top()] = j;
            j = stk.top();    stk.pop();
        } while (j != k);
        while (!stk.empty())                        //清空栈
        { rho[stk.top()] = -250; stk.pop(); }
    }
    delete[ ] q;
}
```

关于选择矩阵 (3.8) 的核心交易方案可以通过如下程序实现:

```cpp
int choice[6][6]={ { 0, 1, 2, 3, 4, 5 }, { 5, 4, 3, 2, 1, 0 }, {0, 3, 1, 4, 2, 5 },
                   { 1, 4, 5, 0, 2, 3 }, { 2, 1, 4, 3, 0, 5 }, { 0, 1, 2, 3, 4, 5}};
int rho[6];
int main(int argc, char* argv[])
{

    core_allocation(rho, &choice[0][0], 6);
```

```
//rho 中存放核心交易方案
//rho[0,6) == (0,5,3,4,2,1)
return 0;
}
```

核心交易方案总是存在的, 这就意味着参与的交易方越多, 越容易得到好的结果. 这也许给贸易全球化提供了某些方面的理论支持!

3.5 其他形式的链表

链表还有其他的形式, 例如双向链表、静态链表、十字链表. 在单链表中添加和删除节点不太方便, 只能在一个节点的后面添加一个节点, 删除时也只能删除一个节点的后一个节点. 而最为常用的添加还是在一个节点的前面添加一个节点; 最为常用的删除是删除指针指向的那个节点. 遍历单链表也只能从前往后单向移动. 为了克服这些缺点, 可使用**双向链表**. 所谓双向链表是指链表节点中同时保存指向其前驱和后继的指针. 双向链表节点的定义为

```
struct Dnode {
    T value;          //节点的值
    Dnode* next;      //指向后继节点
    Dnode* prev;      //指向前驱节点
};
```

图 3.27 是一个非空双向链表.

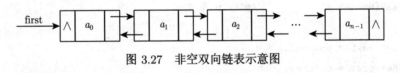

图 3.27 非空双向链表示意图

双向链表通常被设置为循环的. 最后元素的 next 域指向第一个元素; 第一个元素的 prev 域指向最后一个元素, 如图 3.28 所示.

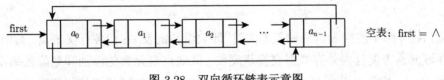

图 3.28 双向循环链表示意图

双向循环链表的优点是添加节点非常方便简洁. 假设 p 指向循环链表的一个节点, 在 p 之前添加节点只需以下几个语句:

```
void insert(Dnode* p, T v)        //在 p 节点之前添加
{
    Dnode* cur = new Dnode;
    cur->value = v;
    cur->next = p;
    cur->prev = p->prev;
    p->prev->next = cur;          //不必担心!  p->prev_ 不为零
    p->prev  = cur;
}
```

双向循环链表通常会带上头节点, 称为带头节点的双向循环链表. 它也是最为常用的链表. C++ 标准模板库中的容器 list 就是用这种链表实现的. 如果没有特别声明, 以后就用双向链表简记带头节点的双向循环链表. 其示意图如图 3.29 所示.

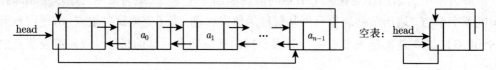

图 3.29   带头节点的双向循环链表示意图

这种双向链表的优点在于添加和删除节点都非常高效. 只要 p 指向链表中的某个节点 (p 甚至可以指向头节点), 在 p 之前添加节点与不带头节点的双向循环链表的添加相同. 删除节点也比较简单. 只要 p 指向链表中的某个节点 (p 不能指向头节点), 删除 p 可以通过以下程序实现:

```
void erase(Dnode* p)              //删除 p 节点
{
    Dnode* next = p->next;
    Dnode* prev = p->prev;
    next->prev = prev;
    prev->next = next;
    delete p;
}
```

前文已经介绍了线性表的两种基本实现, 即数组和链表. 它们各有优缺点. 数组实现的线性表存取元素方便且内外存数据交换速度快. 其缺点是元素的添加和删除效率不高, 其复杂度为 $O(n)$, 其中 n 为线性表中元素的个数. 链表实现的线性表恰好相反. 下面介绍的**静态链表** 集中了两种优点. 其性能优于链表并且还具有数组的内外存数据交换方便的优点. 静态链表逻辑上是带头节点的双向循环链表. 但是链表的节点不是从操作系统中申请的, 而是在一个链表节点池中. 图 3.30 是节点池中的一个静态链表. 其中 A, B, C, D 为空闲节点,

a_0, a_1, a_2 为链表节点. 头节点放置在节点池的前导区.

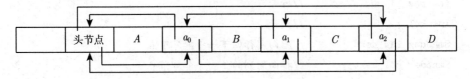

首部	前导区	节点区						
av	头节点	A	a_0	B	a_1	C	a_2	D

图 3.30　静态链表示意图 1

头节点和链表节点组成带头节点的双向链表, 如图 3.31 所示.

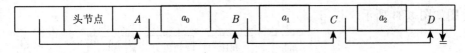

图 3.31　静态链表示意图 2

4 个空闲节点组成单链表, 如图 3.32 所示.

图 3.32　静态链表示意图 3

静态链表的节点可以定义为

```
template <typename T> struct Stnode              //静态链表节点类型
{
    int next_;
    int prev_;
    T value_;
    Stnode(T const& v=T(), int n=0, int p=0) : next_(n), prev_(p), value_(v){ }
};
```

单链表可以进一步推广为十字链表. 在十字链表中每一个节点同时处在两个链表之中, 如图 3.33 所示.

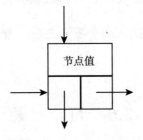

图 3.33　每个节点同时处在两个链表之中

十字链表可以表示非常复杂的数据结构, 例如无向图等均可以用十字链表表示. 本节介绍稀疏矩阵的十字链表表示. 3.1 节中给出了稀疏矩阵的三元组表示法. 其实也可以将稀疏矩阵同一行的非零元素作为一个单链表, 将同一列的非零元素也组成一个单链表. 这样每个元素都处在两个单链表中. 稀疏矩阵的节点可以定义为

```
template<typename T> struct Smnode
{
    T value_;
    int raw_;                //行号
    int col_;                //列号
    Smnode* raw_next_;       //指向同行的下一个非零节点
    Smnode* col_next_;       //指向同列的下一个非零节点
};
```

对于 $m \times n$ 稀疏矩阵, 可附设 $k = \max(m, n)$ 个头节点. 这些头节点可以存放在数组或向量中. 例如公式 (3.2) 中的 3×4 稀疏矩阵, 可定义数组 Smnode h[4], 整个矩阵表示的逻辑示意图如图 3.34 所示.

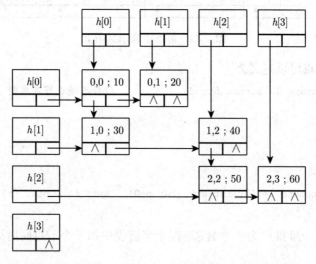

图 3.34 公式 (3.2) 中 3×4 稀疏矩阵的十字链表表示

十字链表的添加需要将节点插入两个链表之中. 删除节点也需要将其从两个链表中删除.

3.6 习   题

1. 试实现函数 int remove_all(Vector* p, T v), 它删除向量 *p 中所有值等于 v 的元素, 返回所删除的元素个数.

2. 分别为三对角矩阵和上三角矩阵设计压缩存储类.

3. 向量类模板中的容量是只增不降的. 重新设计其内存分配策略, 使得当向量中的元素个数太少时, 缩减其容量. 需要保证所有的添加和删除操作的分摊复杂度为 $O(1)$.

4. 实现函数 void print(Vector<Cell>* ps). 它用适当的方式将 Conway 生命演化模型的状态打印在屏幕上. 注意屏幕通常只有 80 列宽度. 有时只能打印配置的一部分. 再给 Conway 生命演化模型提供驱动函数 main. 选择一些初始配置, 打印它们演化若干代以后的配置.

5. 用单链表作为活细胞的容器, 实现 Conway 生命演化模型.

6. 实现函数 void reverse(Snode* first), 它将单链表中元素倒置.

7. McCarthy 91 函数的递归定义如下:

$$M(x) = \begin{cases} x - 10, & x > 100 \\ M(M(x+11)), & x \leqslant 100 \end{cases}$$

试编写一个递归的函数实现它, 并对 $90 \leqslant x \leqslant 101$ 的 x 计算 $M(x)$.

8. 下面是求一个非负实数平方根的递归算法:

$$\mathrm{Sqrt}(v, r, \epsilon) = \begin{cases} r, & \text{当} \quad |r^2 - v| \leqslant \epsilon \text{时} \\ \mathrm{Sqrt}\left(v, \dfrac{1}{2}\left(r + \dfrac{v}{r}\right), \epsilon\right), & \text{当} \quad |r^2 - v| > \epsilon \text{时} \end{cases}$$

试消除递归, 用非递归的迭代函数来实现上面的算法.

9. 两个整数的最大公约数的欧几里得如下:

$$\gcd(m, n) = \begin{cases} m, & n = 0 \\ \gcd(n,\ m\%n), & n \neq 0 \end{cases}$$

试给出欧几里得算法的递归实现, 并且使用本章介绍的各种方法将递归函数转换为非递归函数.

10. 试用本章介绍的方法将下面的 Fibonacci 函数转换为非递归函数.

```
unsigned fib(int n)
{
    if(n < 2)   return n;
    return fib(n-1) + fib(n-2);
}
```

11. 实现 check 函数, 它检查在栈顶新设置的皇后是否被攻击.

12. 在国际象棋棋盘上放置一个马. 马的移动符合国际象棋规则. 要求马走遍棋盘上的所有 64 个位置, 并且每个方格只经过一次. 这就是骑士游历问题. 马的合法移动图如图 3.35 所示.

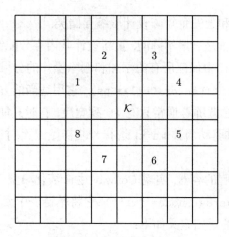

图 3.35　马的合法移动图

当然马不能跳出棋盘. 如果用简单的回溯法求马的跳跃路线可能是相当费时的. 马每次跳跃可能有 8 个候选位置, 总共需要跳跃 63 次. 由此估计出回溯法可能需要尝试 8^{63} 次, 这是非常大的数. 提高回溯法效率的方法是动态改变马跳跃的首选位置. 一个出乎意料的方法是所谓的 warnsdoff 规则: 马总是跳跃到具有最小自由度的方格. 方格的自由度是指马从这个位置还能跳跃到其他位置的数目. warnsdoff 规则可以加速找到骑士游历线路的解. 试按照 warnsdoff 规则, 用回溯法求解骑士游历问题.

13. 假设在堆栈中已经找到八皇后问题的解, 编写一个函数将解打印到计算机终端的屏幕上.

void print_board(Stack<int>* ps);

14. 修改八皇后问题的程序, 打印出所有的解.

15. 试实现稳定婚姻问题中的判别函数 bool check(Stack<int>*ps).

16. 试给出循环队列成员函数 int next_capacity 和 void reserve(int n) 的实现.

17. 修改求所有稳定婚姻配对的回溯法, 使得当男生人数与女生人数不同时也能得出所有解.

18. 考虑算法 distance1, 求证算法中队列 q 的方格距离要么都相同, 要么是相邻的两个整数并且在队列中是单调增排列的.

19. 在迷宫最短路径问题中, 距离为 $k+1$ 的方格 4 个邻居的位置必然至少有一个距离为 k. 这个性质使得程序可以从出口开始回溯, 找到到达入口的最短路径. 扩充算法 distance1, 使之打印从入口到出口的最短路径.

20. 假设迷宫中老鼠可以移动到相邻的 8 个方格, 如图 3.36 所示. 试修改 distance1 函数, 使之打印入口到出口之间的最短路径.

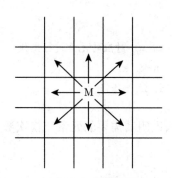

图 3.36　迷宫中老鼠行走的 8 个方向

21. 试利用循环数组来实现双端队列. 请给出双端队列 Deque 类模板的实现.

22. 试分析基数排序的时间复杂度与空间复杂度.

23. 在基数排序中, 用逆序分配也可以使按单个数字排序是稳定的, 即按次序 $a_{n-1}, \cdots,$ a_1, a_0 分配, 而底层的容器使用栈. 试用这个方法改写基数排序程序.

24. 分别给出基数 radix 为 8, 16 的基数排序程序.

25. 下面是另一个基于交换的数组循环左移算法描述. 欲将数组

$$a[0,n) = \boxed{\alpha\,(\text{长度为 } k)\ \ |\ \ \beta\,(\text{长度为 } n-2k)\ \ |\ \ \gamma\,(\text{长度为 } k)}$$

循环左移 $k(\leqslant \lfloor n/2 \rfloor)$ 位, 可以先将 α 与 γ 段的元素进行交换, 数组变为 $\boxed{\gamma\ |\ \beta\ |\ \alpha}$. 然后再将数组 $\boxed{\gamma\ |\ \beta}$ 循环左移 k 位. 欲将数组

$$a[0,n) = \boxed{\alpha\,(\text{长度为 } k)\ \ |\ \ \beta\,(\text{长度为 } n-2k)\ \ |\ \ \gamma\,(\text{长度为 } k)}$$

循环右移 $k(\leqslant \lfloor n/2 \rfloor)$ 位, 可以先将 α 与 γ 段的元素进行交换, 数组变为 $\boxed{\gamma\ |\ \beta\ |\ \alpha}$. 然后再将数组 $\boxed{\beta\ |\ \alpha}$ 循环右移 k 位. 算法的完整描述如下:

```
shift_left6(T a[ ], int n, int k) //将 a[0,n) 循环左移 k 位
{
    if(k == 0 || k == n) return;
    if(k ≤ ⌊n/2⌋) {
        将 a[0,k) 与 a[n-k, n) 对应的元素进行交换;
        shift_left6(a, n-k, k);
    } else   shift_right6(a, n, n-k);
}
shift_right6(T a[ ], int n, int k) //将 a[0,n) 循环右移 k 位
{
    if(k == 0 || k == n) return;
```

```
if(k ≤ ⌊n/2⌋) {
        将 a[0,k) 与 a[n-k, n) 对应的元素进行交换;
        shift_right6(a+k, n-k, k);
    } else   shift_left6(a, n, n-k);
}
```

实现这个算法并且用归纳法证明其需要的元素交换次数为 $n - \gcd(k, n)$.

第4章
二叉树、树与森林

树形结构是一类重要而且相对简单的非线性数据结构, 它是以分支关系定义的层次结构, 通常可以用递归的方式定义.

4.1 二 叉 树

定义 4.1 (二叉树) 设 T 是节点的有限集合, 称 T 为二叉树, 如果:

- $T = \varnothing$, 称为空树;
- $T \neq \varnothing$, 则 T 中存在一个特别的节点, 被称为二叉树的根, 记为 $r = \mathrm{Root}(T) \in T$, 集合 $T - \{r\} = T_左 \bigcup T_右$ 被划分成两个互不相交的子集, 而这两个子集 $T_左$ 和 $T_右$ 仍然为二叉树.

定义 4.2 (节点的度、叶节点、节点所处的层数、二叉树高度) 称二叉树中一个节点的非空子树的个数为此节点的度. 称度为零的节点为叶节点. 定义二叉树的根节点处在第 1 层, 如果某个节点处在第 k 层上, 则称此节点的子树的根节点为第 $k+1$ 层. 称二叉树中节点所处的层数的最大值为此二叉树的高度. 空树的高度约定为零.

在图 4.1 所示的二叉树中, "张三"节点为根节点, 根节点处在第 1 层. "张三父""张三母"处在第 2 层, 剩余的 3 个节点处在第 3 层. 这棵二叉树共有 7 个节点, 其高度是 3.

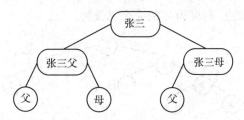

图 4.1 家谱构成的二叉树

二叉树中节点的度只可能是 $0, 1, 2$. 当节点的度为 1 时, 这个节点可能有一个左子, 也可能有一个右子. 任意非空二叉树必然有一个根节点, 也必然有叶节点. 下面是关于二叉树的

一些基本性质. 假设二叉树 T 中包含 n 个节点, 则:

① 如果 T 中有 n_0 个叶节点, 有 n_2 个度为 2 的节点, 则 $n_2 = n_0 - 1$;

② T 中空子树的个数等于 $n + 1$;

③ T 中第 k 层上最多只能有 2^{k-1} 个节点, 高度为 h 的二叉树最多只能有 $2^h - 1$ 个节点.

定义 4.3 (满二叉树、次满二叉树、完全二叉树) 高度为 h 的二叉树, 如果它含有 $2^h - 1$ 个节点, 则称为满二叉树. 高度为 h 的二叉树, 如果其上面 $h - 1$ 层为满二叉树, 则称为次满二叉树. 高度为 h 的次满二叉树, 如果第 h 层 (也就是最低一层) 的节点 (应该都是叶节点) 都集中在左侧, 则称为完全二叉树.

图 4.2 所示是高度为 3 的满二叉树.

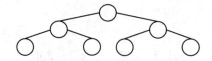

图 4.2　高度为 3 的满二叉树

图 4.3 所示是一棵高度为 4 的次满二叉树.

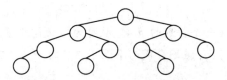

图 4.3　高度为 4 的次满二叉树

定理 4.4 (次满二叉树的高度) 设有 n 个节点的次满二叉树的高度为 h, 则

$$h = \lfloor \log_2 n \rfloor + 1, \quad 2^{h-1} \leqslant n < 2^h \tag{4.1}$$

证明不难, 留给读者.

对完全二叉树的节点从上到下、从左到右进行连续编号. 根节点的编号为 1. 图 4.4 就是带有编号的具有 9 个节点, 高度为 4 的完全二叉树.

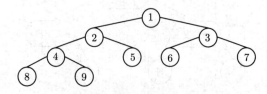

图 4.4　带编号的完全二叉树

在这样的编号下有:

① 编号为 1 的节点为无父节点, 编号为 k 的节点的父节点的编号为 $\lfloor k/2 \rfloor$;

② 如果 $2k \leqslant n$，则编号为 k 的节点有左子，其编号就是 $2k$;

③ 如果 $2k+1 \leqslant n$，则编号为 k 的节点有右子，其编号就是 $2k+1$.

例 4.5   **完全二叉树节点高度之和.**

二叉树中每一个节点都可以看成一棵子二叉树的根节点. 将这棵子二叉树的高度看作这个节点的高度, 这样二叉树的所有节点都有一个高度. 图 4.5 所示是具有 5 个节点的完全二叉树. 圆圈内的数字为节点的高度.

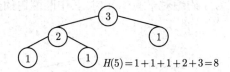

$$H(5) = 1 + 1 + 1 + 2 + 3 = 8$$

图 4.5   具有 5 个节点的完全二叉树的节点高度之和

令 $H(n)$ 为具有 n 个节点的完全二叉树的节点高度之和. 为给出 $H(n)$ 一个封闭表达式, 考虑 $H(2n)$, $H(2n+1)$ 与 $H(n)$ 的关系, 如图 4.6 所示.

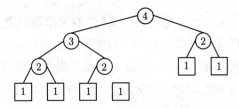

图 4.6 $H(5), H(10), H(11)$ 之间的关系

给 n 个节点的完全二叉树底部再添加 n 个节点. 新添加的节点都是叶节点, 它们的高度均为 1. 新添加的节点导致原来 n 个节点的高度都加 1, 所以有 $H(2n) = H(n) + 2n$. 向 $2n$ 个节点的完全二叉树底部再添加一个节点, 原有节点的高度不变, 有 $H(2n+1) = H(2n)+1$, 从而得到

$$\begin{cases} H(1) = 1 \\ H(2n) = H(n) + 2n \\ H(2n+1) = H(2n) + 1 = H(n) + 2n + 1 \end{cases}$$

将上式进行变换得

$$H(n) = H(\lfloor n/2 \rfloor) + n$$

从而

$$H(n) = n + \lfloor n/2 \rfloor + \lfloor n/4 \rfloor + \lfloor n/8 \rfloor + \cdots$$

根据第 2 章习题 6 得到

$$H(n) = 2n - \text{pop}(n)$$

其中 $\text{pop}(n)$ 为 n 的二进制表示中 1 的个数.

定义 4.6 (绝对平衡二叉树、平衡二叉树、平衡因子) 称一棵二叉树为绝对平衡二叉树, 如果二叉树中任意一个节点的左子树与右子树中所包含的节点个数相差不超过 1. 称一棵二叉树为平衡二叉树, 如果二叉树中任意节点的左子树和右子树的高度相差不超过 1. 对于平衡二叉树中的每一个节点, 定义

节点的平衡因子 = 节点左子树的高度 − 节点右子树的高度

图 4.7 所示是一棵高度为 4 的绝对平衡二叉树, 其中圆圈内的数字为子树中的节点个数 (包括自身).

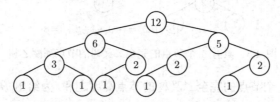

图 4.7 高度为 4 的绝对平衡二叉树

可以证明, 绝对平衡二叉树一定是次满二叉树, 参见本章习题 1. 平衡二叉树又被称为 AVL 树. 平衡二叉树中的任意节点的平衡因子只能取 $0, 1, -1$ 这 3 个值. 为了能够得到平衡二叉树节点个数与其高度的关系, 考虑高度为 h 且具有最少节点的平衡二叉树. 称非叶节点平衡因子全为 1 的平衡二叉树为瘦树. 高度为 $2, 3, 4$ 的瘦树如图 4.8 所示.

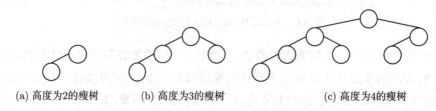

(a) 高度为2的瘦树　　(b) 高度为3的瘦树　　(c) 高度为4的瘦树

图 4.8 高度为 2, 3, 4 的瘦树

容易证明, 高度为 h 的瘦树是所有高度为 h 的平衡二叉树中包含节点个数最少的.

定理 4.7 假设 T 为平衡二叉树, 其节点个数和高度分别为 n, h, 则 $n \geqslant f_{h+2} - 1$. 这里 $\{f_k\}$ 为 Fibonacci 序列. 从而有

$$h < \log_\phi (n+1) \approx 1.44 \log_2(n+1) \tag{4.2}$$

其中 $\phi = (1 + \sqrt{5})/2 \approx 1.618$.

证明 令 n_h 为高度为 h 的瘦树中包含节点的个数, 显然有 $n_1 = 1, n_2 = 2, n_3 = 4$, $n_4 = 7$. 高度为 $h+1$ 的瘦树的唯一构造为, 其左子树为高度为 h 的瘦树, 其右子树为高度为 $h-1$ 的瘦树. 如下递推公式成立:

$$n_{h+1} = n_h + n_{h-1} + 1, \quad n_2 = 2, \, n_1 = 1$$

显然 $n_h + 1 = f_{h+2}$, 从而 $n \geqslant f_{h+2} - 1$. 又 $f_{h+2} > \phi^h$, 从而得到公式 (4.2) 中的结论.

定义 4.8 (红黑树、黑高)　称一棵二叉树为红黑树, 如果每棵二叉树的节点都被置为红色或者黑色, 并且满足:

① 根节点为黑色;

② 红节点的父节点一定是黑色的;

③ 从根节点到任意叶节点或度为 1 节点的路径上, 黑节点的个数相等, 并称这个黑节点的个数为树的黑高.

图 4.9 所示是一棵黑高为 2 的红黑树, 其中圆形为黑节点, 方块为红节点.

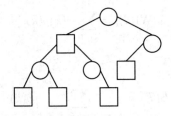

图 4.9　黑高为 2 的红黑树

从红黑树根节点到任意叶节点的路径上黑节点的个数一定大于等于红节点的个数, 所以红黑树的高度 h 和黑高 $h_\text{黑}$ 满足 $h_\text{黑} \leqslant h \leqslant 2h_\text{黑}$. 红黑树最上面 $h_\text{黑}$ 层一定是满二叉树, 所以它至少包含 $2^{h_\text{黑}} - 1$ 个节点, 即红黑树也是某种平衡的二叉树, 有如下定理.

定理 4.9　红黑树的节点个数 n 与高度 h 满足

$$h \leqslant 2\log_2(n+1) \tag{4.3}$$

与公式 (4.2) 相比较, 红黑树的平衡性比平衡二叉树的略差一些. 平衡性差不一定是坏处. 红黑树在查找时的性能可能差一些, 但是在构造红黑树时需要的调整的工作量相对会少一些.

定义 4.10 (扩充二叉树)　具有 n 个节点的二叉树一定具有 $n+1$ 棵空子树, 如果将这 $n+1$ 棵空子树的位置人为地加上特殊的节点, 称这样形成的树为原二叉树的扩充二叉树. 为区别起见, 称原二叉树的节点为内部节点, 称新加进来的节点为扩充节点或者外部节点.

图 4.10 是一个扩充二叉树的例子, 其中圆形节点为内部节点, 方形节点为外部节点.

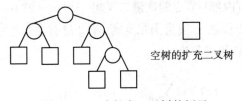

空树的扩充二叉树

图 4.10　一个扩充二叉树的例子

扩充二叉树的叶节点均为外部节点, 内部节点的度全部为 2, 没有度为 1 的节点. 为方便起见, 令空树的扩充二叉树仅有一个方形节点.

定义 4.11 (层和、内部路径长度、加权内部路径长度、外部路径长度、加权外部路径长度) 称二叉树 T 所有节点的层数之和为 T 的层和, 记为 $L(T)$, 即 $L(T) = \sum_{k \in T} l(k)$, 其中 $l(k)$ 为节点 k 所处的层数. 从二叉树的根节点出发, 到二叉树中的任意节点 k 都有一个唯一的路径, 记 $p(k) = l(k) - 1$. 称 $p(k)$ 为 k 的路径长度, 记

$$I(T) = \sum_{k \in T} p(k)$$

称 $I(T)$ 为 T 的内部路径长度. 如果二叉树的每个节点 k 均被赋予一个权值 $w(k)$, 则称

$$\mathrm{WI}(T) = \sum_{k \in T} w(k)p(k)$$

为 T 的加权内部路径长度. 记

$$E(T) = \sum_{k \text{ 为 } T \text{ 的扩充节点}} p(k)$$

称 $E(T)$ 为 T 的外部路径长度. 如果 T 的每个扩充节点 k 均被赋予权值 $w(k)$, 则称

$$\mathrm{WE}(T) = \sum_{i \text{ 为 } T \text{ 的扩充节点}} w(k)p(k)$$

为树 T 的加权外部路径长度.

有下面两个结论, 其证明留作习题.

① 设 L, I, E 分别为某二叉树的层和、内部路径长度与外部路径长度, 则

$$L = I + n, \quad E = I + 2n \tag{4.4}$$

其中 n 为二叉树的节点个数.

② 设 T 为具有 n 个节点的二叉树, 则使内部路径长度 $I(T)$ 达到最小的充要条件为 T 是次满的.

例 4.12 次满二叉树的层和、内部路径长度以及外部路径长度.

假设 T 为包含 n 个 (内部) 节点的次满二叉树. 令 $n = 2^k + r\ (0 \leqslant r < 2^k)$. 根据公式 (4.1), T 的高度为 $k+1$. 上面的 k 层为满二叉树, 第 j 层有 2^{j-1} 个节点, $1 \leqslant j \leqslant k$, 第 $k+1$ 层有 $r+1$ 个节点. 所以 T 的层和为

$$L(T) = \sum_{j=1}^{k} j 2^{j-1} + (k+1)(r+1)$$

根据公式 (2.6) 得

$$L(T) = (k+1)(n+1) + 1 - 2^{k+1} \leqslant kn + k + 1 \tag{4.5}$$

其中 $k = \lfloor \log_2 n \rfloor$. 又 $L(T) = I(T) + n$ 以及公式 (4.4):

$$I(T) = k(n+1) + 2(1-2^k), \quad E(T) = k(n+1) + 2(1+r) \tag{4.6}$$

例 4.13　*外部路径长度与序列求值*.

在第 2 章定理 2.23 中我们讨论过下面的序列求和. 本节给出其一个"封闭"表达式.

$$\begin{cases} f(1) = \alpha \\ f(n) = f(l) + f(r) + \beta n + \gamma \quad (l, r > 0,\ l + r = n > 1) \end{cases} \tag{4.7}$$

其中 α, β, γ 为常数. 先考虑简单的情况: $(\alpha, \beta, \gamma) = (\alpha, 0, \gamma)$. 即 $\beta = 0$, 这时可以令 $g(n) = f(n) + \gamma$. 由公式 (4.7) 得到

$$\begin{cases} g(1) = \alpha + \gamma \\ g(n) = f(l) + f(r) + \gamma + \gamma = g(l) + g(r) \end{cases}$$

由上式容易得出 $g(n) = ng(1) = \alpha n + \gamma n$. 从而

$$f(n) = \alpha n + \gamma(n-1) \tag{4.8}$$

下面考虑情形 $(\alpha, \beta, \gamma) = (0, 1, 0)$. 这时公式 (4.7) 简化为

$$\begin{cases} h(1) = 0 \\ h(n) = h(l) + h(r) + n \quad (l, r > 0,\ l + r = n > 1) \end{cases} \tag{4.9}$$

下面说明公式 (4.9) 中 $h(n)$ 的值等于某棵扩充二叉树的外部路径长度. 这棵扩充二叉树有 n 个扩充节点, 并且由分解 $n = l + r$ 决定. 可以用递归的方式严格定义如下:

- $h(1)$ 对应于空树的扩充二叉树. 这个扩充二叉树仅包含一个扩充节点.
- 如果 $h(n) = h(l) + h(r)$, $n = l + r > 1$, $l, r \geqslant 1$, 假设 $h(l), h(r)$ 对应的扩充二叉树分别为 T_l, T_r, 则 $h(n)$ 对应的扩充二叉树 T 的左子树为 T_l, 右子树为 T_r, 如图 4.11 所示. $h(1) = 0$; $h(2) = h(1) + h(1) + 2 = 2$; $h(3) = h(2) + h(1) + 3 = 5$. 它们对应的扩充二叉树分别如图 4.12(a)、图 4.12(b)、图 4.12(c) 所示.

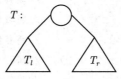

图 4.11　$n = l + r$ 对应的扩充二叉树

用归纳法容易证明 $h(n) = E(T)$, 其中 $E(T)$ 为扩充二叉树 T 的外部路径长度, 而 T 为公式 (4.9) 对应的二叉树. 情形 $(\alpha, \beta, \gamma) = (0, \beta, 0)$ 时的解为 $h(n) = \beta E(T)$. 从而一般情形

(α, β, γ) 下公式 (4.7) 的解的 "封闭" 表达式为

$$f(n) = \beta E_f + \alpha n + \gamma(n-1) = \beta E_f + (\alpha + \gamma)n - \gamma \tag{4.10}$$

其中 E_f 为公式 (4.7) 对应的二叉树的外部路径长度. 由于二叉树的外部路径长度在次满二叉树时达到最小, 所以根据公式 (4.6) 有 $f(n) = \Omega(n \log n)$.

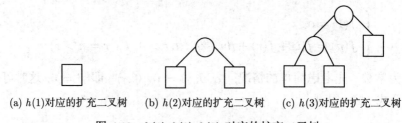

(a) $h(1)$对应的扩充二叉树   (b) $h(2)$对应的扩充二叉树   (c) $h(3)$对应的扩充二叉树

图 4.12 $h(1), h(2), h(3)$ 对应的扩充二叉树

例 4.14   *数组归并排序键值移动 (复制) 次数统计.*

将两个有序的数组归并为一个大的有序数组非常容易. 假设数组 $a[0, m)$, $b[0, n)$ 已经从小到大排序, 下面的归并程序将其归并到数组 $c[0, m+n)$ 中, 还是从小到大排序.

```
void merge(T *a, int m, T *b, int n, T *c)
{    //将a[0,m), b[0,n)归并到c[0,m+n)
    int i = 0;    int j = 0;    int k = 0;
    while(i < m && j < n)
        c[k++] = (a[i] < b[j] ? a[i++] : b[j++]);
    std::copy(a + i, a + m, c + k);
    std::copy(b + j, b + n, c + k);
}
```

归并排序将数组分成等长的两部分, 分别对它们进行归并排序, 然后再将两个已经排序的数组归并为一个大数组. 其程序如下:

```
T* g_b;                                  //临时空间，假设其长度至少为n
void merge_sort(T *a, int n)             //将a[0, n)进行排序
{
    if(n <= 1)    return;                //递归出口
    merge_sort(a, n/2);                  //将数组前半段进行排序
    merge_sort(a + n/2, n - n/2);        //将数组后半段进行排序
    merge(a, n/2, a + n/2, n - n/2, g_b);//将两个有序段归并到临时数组中
    std::copy(g_b, g_b + n, a);          //将已经排序的数组复制回去
}
```

下面计算归并排序的键值移动的次数. 记 $M(n)$ 为将长度为 n 的数组进行归并排序所需要的键值移动次数. 归并排序将长度为 n 的数组等分为长度分别为 $\lfloor n/2 \rfloor$ 和 $\lceil n/2 \rceil$ 的两

部分. 将长度分别为 m, n 的有序数组归并严格需要 $m + n$ 次键值移动. 所以有下面的关系式:

$$\begin{cases} M(1) = 0 \\ M(n) = M(\lfloor n/2 \rfloor) + M(\lceil n/2 \rceil) + 2n \quad (n > 1) \end{cases}$$

注意 $\lfloor n/2 \rfloor + \lceil n/2 \rceil = n$. 根据公式 (4.10), $M(n) = 2E(T)$, 其中 T 为具有 n 个外部节点的扩充二叉树. 注意每次都是将 n 几乎等分. 左、右子树的节点个数相差不超过 1, 所以其对应的扩充二叉树 T 为绝对平衡二叉树. 绝对平衡二叉树一定是次满二叉树. 令 $n = 2^k + r$ $(0 \leqslant r < 2^k)$, 根据公式 (4.6) 有 $E(T) = kn + 2(1 + r) \sim n\log_2 n$. 从而

$$M(n) = 2kn + 4(1 + r) \sim 2n\log_2 n \tag{4.11}$$

定义 4.15 (哈夫曼树)　设 T 为具有 n 个内部节点、$n + 1$ 个外部节点的扩充二叉树. $n + 1$ 个外部节点分别带有权值 $\{w_0, w_1, \cdots, w_n\}$. 所有的权值 w_i 均为正实数. 如果 T 的加权外部路径长度 WE(T) 达到最小, 则称 T 为哈夫曼树.

图 4.13 所示是一个具有 3 个内部节点的 Huffman 树, 其中矩形节点为外部节点, 圆形节点为内部节点. 矩形节点内的数字为节点的权值, 圆形节点中的数字等于左子的权值与右子的权值之和.

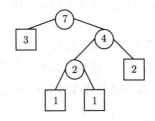

图 4.13　具有 3 个内部节点的 Huffman 树

如果所有外部节点的权值相等, 则 Huffman 树就是次满二叉树. 现考虑一般权值的 Huffman 树的构造. 假设 p 为 Huffman 树 T 中路径长度最大的内部节点 (即最底层的内部节点). 它的两个孩子 l, r 一定是扩充节点, 它们的权值分别记为 w_l, w_r. 容易证明 w_l, w_r 一定是最小的两个权值. 因为如果还有更小的权值 w_a 的话, 只要将 w_l (或者 w_r) 与 w_a 互换, 就可以使得 WE(T) 变得更小. 这与 T 为 Huffman 树矛盾. 由此得到下面的定理.

定理 4.16　T 为带权值 $\{0 < w_0 \leqslant w_1 \leqslant \cdots \leqslant w_n\}$ 的 Huffman 树的充分必要条件是 w_0, w_1 作为左、右子构成一个内部节点 p. 如果将 p 的左、右子剔除, 则 p 变成扩充节点, 令 p 的权值为 $w_1' = w_0 + w_1$. 这样形成的扩充二叉树 T' 为带有权值 $w_1', w_2, \cdots, w_n$ 的 Huffman 树.

根据这个定理, 可以得出由给定权值构造 Huffman 树的所谓 Huffman 算法:

```
Huffman_tree( {w_0, w_1, ⋯ , w_n})⟶  由权值 {w_0, w_1, ⋯ , w_n}决定的 Huffman 树
{
        W = 包含 n + 1 个节点的集合,每个节点分别带有权值 {w_0, w_1, ⋯ , w_n};
        while( W 中多于两个元素) {
                令 x_1, x_2 为 W 中权值最小的两个节点;
                构造新的二叉树内部节点 N,其权值为 w(N) = w(x_1) + w(x_2);
                令 N 的左子和右子分别为 x_1, x_2;
                W = W − {x_1, x_2};
                W = W ∪ {N};
        }
        输出 W;
}
```

注意权值集合 $\{w_0, \cdots, w_n\}$ 与权值集合 $\{kw_0, \cdots, kw_n\}$ 对应的 Huffman 树完全相同. 可以假定所有的权值均大于等于 1.

定理 4.17 假定权值 $\{w_0, \cdots, w_n\}$ 均大于等于 1. T 为与之对应的 Huffman 树. 假定 T 的高度 (删除所有扩充节点后的高度) 为 h. 再令 $W = \sum\limits_{i=0}^{n} w_i$ 为所有权值之和,则 $W \geqslant f_{h+2}$. 这里 $\{f_i\}$ 为 Fibonacci 序列. 从而有

$$h \leqslant \log_\phi W \approx 1.44 \log_2 W \tag{4.12}$$

定理 4.17 的证明类似定理 4.7,此处略去,留作习题.

定义 4.18 (通零路径、通零距离) 称从二叉树根节点到叶节点或者度为 1 节点的路径为通零路径. 称通零路径上的节点个数为通零路径的长度. 称最短通零路径的长度为二叉树的通零距离.

记 $\mathrm{nd}(T)$ 为二叉树 T 的通零距离,约定空树的通零距离为 0,如果 T 非空,则

$$\mathrm{nd}(T) = 1 + \min(\mathrm{nd}(T_{左}),\ \mathrm{nd}(T_{右}))$$

其中 $T_{左}, T_{右}$ 分别为 T 的左、右子树. 如果一棵二叉树的通零距离为 k,则其上面的 k 层为满二叉树,所以它至少包含 $2^k - 1$ 个节点.

定义 4.19 (左树、最右通零路径、右高) 称一棵二叉树为左树,如果树中任意节点的左子树的通零距离大于等于其右子树的通零距离. 设 $p_1, p_2, \cdots, p_k$ 为某二叉树中的节点序列. 如果 p_1 为根节点,p_2 是 p_1 的右子,$\cdots$,p_i 为 p_{i-1} 的右子,$\cdots$,p_k 是 p_{k-1} 的右子,而 p_k 的右子为空,称这样的路径为二叉树的最右通零路径,称 k 为二叉树的右高.

任何二叉树都可通过交换节点左右子的方式变换为左树. 图 4.14 所示是一棵左树及其节点的通零距离.

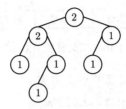

图 4.14　一棵左树及其节点的通零距离

直观地说, 左树的节点大多集中在左子树中. 容易证明, 左树的最右通零路径一定是最短通零路径. 从而左树的通零距离等于左树的右高. 所以有下面的结论.

定理 4.20　如果一棵左树的右高为 h, 则它至少包含 $2^h - 1$ 个节点, 即 $h \leqslant \log_2(n+1)$, 其中 n 为左树中节点个数.

定义 4.21　(二叉树的同构)　两棵二叉树同构的定义是:

① 两棵空二叉树同构;

② 对两棵非空的二叉树 S, T, 如果 $S_左$ 与 $T_左$ 同构, $S_右$ 与 $T_右$ 同构, 则 S 与 T 同构.

两棵二叉树同构是指它们形状相同, 不考虑节点的键值是否相同. 同构的二叉树一定具有相同的节点数目. 图 4.15 所示是包含 3 个节点的所有不同构的二叉树, 总共有 5 个不同构的二叉树.

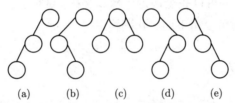

(a)　　(b)　　(c)　　(d)　　(e)

图 4.15　包含 3 个节点的所有不同构的 5 个二叉树

给定节点数目 n, 不同构的二叉树有多少呢? 为方便起见, 空二叉树也算一个二叉树. 令 b_n 为节点数为 n 的所有不同构的二叉树的数目, 显然有

$$b_0 = 1, \ b_1 = 1, \ b_2 = 2, \ b_3 = 5, \cdots$$

序列 $\{b_i\}$ 满足

$$\begin{cases} b_{n+1} = b_0 b_n + b_1 b_{n-1} + \cdots + b_n b_0, & \text{当 } n \geqslant 0 \text{ 时} \\ b_0 = 1 \end{cases}$$

它是 Catalan 数, $b_n = \dfrac{1}{n+1}\dbinom{2n}{n}$. 所以得出结论, 具有 n 个节点的相互异构二叉树的数目为 $b_n = \dfrac{1}{n+1}\dbinom{2n}{n}$.

4.2　二叉树的遍历

通常用二叉链表实现二叉树, 其逻辑图如图 4.16 所示.

左子指针	节点值	右子指针

图 4.16　二叉链表节点示意图

空子树以零指针表示. 首先定义其节点类型为

```
struct Bnode {                    //标准二叉树节点
    Bnode *lc_;                   //左子指针
    Bnode *rc_;                   //右子指针
    T value_;                     //T 为某种数据类型
    //构造函数
    Bnode(T const& v, Bnode* lc = 0, Bnode* rc = 0): lc_(lc), rc_(rc), value_(v){ }
    bool haslc(void) const{ return lc_ != 0;}   //判定是否存在左子
    bool hasrc(void) const{ return rc_ != 0;}   //判定是否存在右子
};
```

在这种表示下, 一棵二叉树就是指向其根节点的指针. 所以指向节点的指针有两重含义. 一是指向节点的指针, 二是以此节点为根的整棵二叉树. 本书至此只论述了二叉树的理论性质, 并没有实际构造一棵二叉树. 本章习题 19 的①和②为证明二叉树的中序序列和先序序列以及中序序列和后序序列可以完全决定一棵二叉树. 事实上也可以手工构造一棵二叉树. 图 4.17 显示了一棵二叉树可以用下面的代码构造:

```
typedef char T;
struct Bnode{ /*...*/ };
int main(void) {
  Bnode i('I');          Bnode h('H');          Bnode j('J', 0,0);
  Bnode f('F', &h, &i);  Bnode g('G');          Bnode e('E', &g, 0);
  Bnode d('D');          Bnode c('C', 0, &f);   Bnode b('B', &d, &e);
  Bnode a('A', &b, &c);
  d.rc_ = &j;
  Bnode* root = &a;              //root 为新建二叉树的根节点
  return 0;
}
```

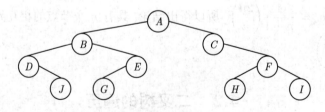

图 4.17　手工构造一棵二叉树

下面讨论二叉树的遍历问题. 所谓遍历是指访问二叉树的节点并且每个节点只访问一次. 和线性结构不同, 树形结构没有一个显然的遍历次序. 二叉树的遍历有多种方式. 一棵二叉树有 3 个元素: 根 (G)、左子树 (Z)、右子树 (Y). 对它们进行访问的次序有 6 种. ①先序遍历两种: GZY, GYZ. ②中序遍历两种: ZGY, YGZ. ③后序遍历两种: ZYG, YZG. 先序 GZY 遍历二叉树的递归定义如下.

- 若二叉树为空, 则为空操作.
- 否则: ① 访问根节点; ② 先序 GZY 遍历左子树; ③ 先序 GZY 遍历右子树.

例如图 4.17 中二叉树的先序序列为 $A, B, D, J, E, G, C, F, H, I$. 先序 GYZ 遍历二叉树的递归定义如下.

- 若二叉树为空, 则为空操作.
- 否则: ① 访问根节点; ② 先序 GYZ 遍历右子树; ③ 先序 GYZ 遍历左子树.

例如图 4.17 中二叉树的先序 GYZ 序列为 $A, C, F, I, H, B, E, G, D, J$. 由于对称性, 下面只考虑先序 GZY 遍历. 递归实现的先序遍历的程序框架如下:

```
void preorder(Bnode *root) //Bnode 为二叉树节点类型, root 为二叉树根节点
{
    if(root != 0) {
        visit(root);            //先序访问占位函数
        preorder(root->lc_);
        preorder(root->rc_);
    }
}
```

其中 visit 函数是访问二叉树节点所要做的工作, 称为占位函数, 它可以是具体的函数调用, 也可以是一段程序. 如果先序遍历打印二叉树节点内容, 将其中的 visit 函数换成打印函数即可. 实际应用中的遍历程序要比上面的复杂.

例 4.22 打印二叉树节点所处的层数.

根据节点层数的定义, 根节点处于第 1 层; 一个节点如果处于第 i 层, 则其左子树根节点和右子树根节点处于第 $i+1$ 层. 首先已知根节点所处的层数, 才能得到其两个孩子的层数, 所以需要先序遍历.

```
void print_level_aux(Bnode *root, int lvl)
{
    if(root != 0) {
        std::cout<<"("<<root->value_<<","<<lvl<<") ";
        print_level_aux(root->lc_, lvl + 1);
        print_level_aux(root->rc_, lvl + 1);
    }
```

```
}
void print_level(Bnode *root)
{
    print_level_aux(root, 1);    //根节点在第一层
}
```

例如将图 4.17 中二叉树作为输入, 程序 print_level 的输出为

$$(A,1)(B,2)(D,3)(J,4)(E,3)(G,4)(C,2)(F,3)(H,4)(I,4)$$

后序遍历 (postorder) 二叉树的递归定义如下.

- 若二叉树为空, 则为空操作.
- 否则: ① 后序遍历左子树; ② 后序遍历右子树; ③ 访问根节点.

例如图 4.17 中二叉树的后序序列为 $J, D, G, E, B, H, I, F, C, A$. 后序遍历递归实现的框架如下:

```
void postorder(Bnode* root)
{
    if(root != 0) {
        postorder(root->lc_);      //先访问左子
        postorder(root->rc_);      //再访问右子
        visit(root);               //最后访问根. visit 是后序访问占位函数
    }
}
```

例 4.23　求二叉树的高度.

二叉树高度的定义是: 空树的高度为 0, 非空树的高度等于左子树高度与右子树高度最大值加一. 要得到以某节点为根的二叉树的高度, 需要先求出其左子树与右子树的高度, 所以需要后序遍历二叉树:

```
int height(Bnode* root)
{
    if(root == 0)  return 0;
    int lh = height(root->lc_);
    int rh = height(root->rc_);
    return 1 + std::max(lh, rh);
}
```

类似地, 求二叉树节点个数以及释放二叉树都需要后续遍历二叉树:

```
int size(Bnode const* root)        |        void clear(Bnode* root)
{                                  |        {
    if(root == 0)                  |            if(root != 0) {
        return 0;                  |                clear(root->lc_);
```

```
return 1 + size(root->lc_)        |              clear(root->rc_);
        + size(root->rc_);        |              delete root;
}                                 |          }
                                  |      }
```

中序遍历二叉树的递归定义如下.

- 若二叉树为空, 则为空操作.

- 否则: ① 中序遍历左子树; ② 访问根节点; ③ 中序遍历右子树.

例如图 4.17 中二叉树的中序序列为 $D, J, B, G, E, A, C, H, F, I$. 中序遍历的程序实现框架如下:

```
void inorder(Bnode *root)
{
    if(root != 0) {
        inorder(root->lc_);     //先访问左子
        visit(root);            //中序访问占位函数
        inorder(root->rc_);     //再访问右子
    }
}
```

先序遍历、中序遍历、后序遍历统称为深度优先遍历. 二叉树还有一种宽度优先遍历方式, 即按层遍历的方式 (level order). 它是从上至下、从左到右访问二叉树的节点的方式. 例如图 4.17 中二叉树按层遍历得到的序列为 $A, B, C, D, E, F, J, G, H, I$. 实现时需要使用队列, 程序实现框架为

```
void levelorder(Bnode* root)
{
    if(root == 0)    return;
    std::queue<Bnode*> q;
    q.push(root);
    while(!q.empty()) {
        Bnode* t = q.front();    q.pop();
        if(t->haslc())    q.push(t->lc_);
        if(t->hasrc())    q.push(t->rc_);
        visit(t);                        //按层访问占位函数
    }
}
```

下面介绍如何在屏幕上打印一棵二叉树. 在调试程序时, 常常需要在屏幕上显示二叉树的内容, 以确认二叉树是否正确生成. 在屏幕上打印必须是自上而下、自左而右的. 为了简单起见, 假设二叉树节点键值为 char, 即节点内容只需一列就可打印. 可以将二叉树逆时针

旋转 90° 显示在屏幕上. 程序框架为

打印(root):

    1) 缩进若干列打印(root->rc)

    2) 打印 root->value;

    3) 换行

    4) 缩进若干列打印(root->lc)

这是用反中序方式遍历二叉树. 其中具体缩进多少列由 root 所在的层数决定. 程序的实现以及图 4.17 中二叉树在屏幕上的输出为

```
void display90(Bnode* root, int col = 0)          | | | |I
{                                                 | | |F
    if(root == 0)                                 | | | |H
        return;                                   | |C
    display90(root->rc_, col + 1);                |A
    for(int i = 0; i < col; ++i)                  | | |E
        std::cout<<"| ";                          | | | |G
    std::cout<<"|"<<root->value_<<std::endl;      | |B
    display90(root->lc_, col + 1);                | | | |J
}                                                 | | |D
```

下面考虑如何更加自然地在屏幕上显示二叉树, 并且对节点中键值的打印宽度不做要求. 希望将图 4.17 中二叉树以及由部分 C 语言关键字组成的相似二叉树分别显示为

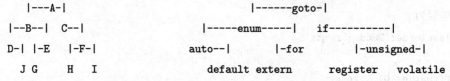

显然需要按层遍历二叉树才能自上而下、自左而右打印节点. 但是这还不够, 还需要搜集其他信息才能正确打印. 由于原二叉树节点不能更改, 可以考虑重新建立一棵与原二叉树相似的信息二叉树, 在信息二叉树中保存正确打印所需的各种信息, 最后按层遍历信息二叉树来打印原二叉树. 信息二叉树节点的定义是

```
struct Info_node {
    Info_node* lc_;
    Info_node* rc_;
    Bnode*     btnode_;        //指向原二叉树节点
    int level_;                //节点层数
    int width_;                //键值打印宽度
    int beg_;                  //二叉树第一列
```

```
        int mid_;                   //键值打印中点位置
        int end_;                   //二叉树最后一列边界
    };
```

键值打印的宽度只能在键值打印之后才能知道. 好在 C++ 中提供内存流, 可以先在内存流 (而不是屏幕) 上打印一次键值来检测键值打印的宽度. 信息节点中 beg, mid, end 的含义是: 将以此节点为根的二叉树打印在 [beg, end) 列中, 其中左子树打印在区间 [beg, min) 的左侧, 右子树打印在区间 [mid+1, end) 的右侧, 而 mid 正好是节点键值打印的中点. 节点的这些信息和左子树与右子树相关. 有两种情形:

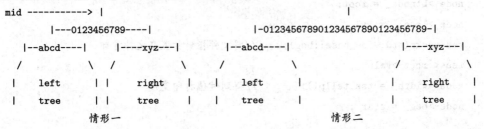

在第一种情形下:

$$\text{beg} = \text{beg}_{左}, \quad \text{mid} = \text{end}_{左}, \quad \text{beg}_{右} = \text{mid} + 1, \quad \text{end} = \text{end}_{右}$$

第二种情形出现在键值太宽的时候, 在这种情形下:

$$\text{beg} = \text{beg}_{左}, \quad \text{mid} = \text{mid}_{左} + \text{width}/2 + 2$$

$$\text{mid}_{右} = \text{mid} + (\text{width} + 1)/2, \quad \text{end} = \text{end}_{右}$$

在信息节点中, 键值的宽度、节点层数以及 beg 可以用先序遍历得到; mid 可以用中序遍历得到; 而 end 只能用后序遍历得到. 但是当出现第二种情形时, 右子的第一列无法确定. 为了方便, 可以先假定右子的起始列为 mid + 1, 然后再根据情况将右子整体向右移动. 下面是将二叉树打印整体向右移动的程序:

```cpp
void move_right(Infor_node* info, int delta)
{   //将二叉树向右整体移动 delta 列
    if(info != 0) {
        info->beg_ += delta;
        info->mid_ += delta;
        info->end_ += delta;
        move_right(info->lc_, delta);
        move_right(info->rc_, delta);
    }
}
```

下面是建立信息二叉树的程序:

```
std::ostringstream tss("01234567890123456789"); //临时内存文件，用于测试键值打印宽度

Info_node* build_info_tree(Bnode* root, int start = 0, int lvl = 1)  //建立信息树
{
    if(root == 0)
        return 0;
    Info_node* node = new Info_node;
    //先序遍历
    node->btnode_ = root;
    node->level_ = lvl;
    tss.seekp(std::ios_base::beg);      //将文件指针放置在文件首部
    tss<< root->value_;
    node->width_ = tss.tellp();         //得到键值打印宽度
    node->beg_ = start;

    node->lc_ = build_info_tree(root->lc_, start, lvl + 1);
    //中序遍历
    node->mid_ = start + node->width_ / 2;
    if(node->lc_ != 0)
        node->mid_=std::max(node->lc_->end_, node->lc_->mid_ + node->width_/2 + 2);
    node->end_ = node->mid_ + (node->width_ +1)/2;

    node->rc_ = build_info_tree(root->rc_, node->mid_ + 1, lvl + 1);
    //后序遍历
    if(node->rc_ != 0) {
        int delta = node->end_ + 1;
        node->end_ = node->rc_->end_;
        delta -= node->rc_->mid_ ;
        if(delta > 0) {                         //出现情形二
            move_right(node->rc_, delta);       //将右子树整体向右移动 delta 列
            node->end_ += delta;
        }
    }
    return node;
}
```

最后按层遍历信息二叉树, 在屏幕上打印原二叉树的内容:

```
void display(Bnode* root, int left_margin = 0)
{
    typedef Info_node Node;
    Node* info = build_info_tree(root, left_margin, 0);
    if(info == 0)      return;
    std::queue<Node*> q;
    q.push(info);
    int level = -250;                   //-250 等于负无穷大
    int cc = 0;                         //打印的当前列
    while(!q.empty()) {
        Node* t = q.front();
        q.pop();
        if(t->haslc())  q.push(t->lc_ );
        if(t->hasrc())  q.push(t->rc_ );
        //输出节点 t
        if(level < t->level_ )
        { level = t->level_;  std::cout<<std::endl;  cc = 0; }
        if(t->lc_ != 0)  {
            for(; cc < t->lc_->mid_; ++cc)  std::cout.put(' ');
            std::cout.put('|');
            for(++cc; cc < t->mid_ - t->width_ /2; ++cc) std::cout.put('-');
        } else
            for(; cc < t->mid_ - t->width_/2; ++cc)  std::cout.put(' ');
        std::cout<<t->btnode_->value_;
        cc += t->width_ ;
        if(t->rc_ != 0) {
            for(; cc < t->rc_->mid_; ++cc)  std::cout.put('-');
            std::cout.put('|');  ++cc;
        }
    }
    std::cout<<std::endl;
    clear(info);      //删除辅助的信息树
}
```

二叉树的递归遍历程序虽然简单, 但是略显乏味, 并且存在一定的危险性, 危险在于递归遍历程序的递归深度等于树的高度. 递归程序的调用框架被放置在内存的栈段, 而内存的栈段一般是固定大小的, 通常为几兆字节. 对于一个递归程序, 如果问题的规模为 n, 则递归深度为 $O(\log n)$ 是可以接受的, 而递归深度为 $O(n)$ 是不可以接受的. 如果二叉树中节点个

数为 n, 则其高度可以达到 n. 当 n 较大时, 可能会摧毁内存栈段. 非递归的遍历程序显然是必要的. 下面考虑使用堆栈遍历二叉树. 先考虑较为简单的先序遍历. 引入一个变量 root 和一个栈. 遍历时总是访问 root, 而将 root 的右子压入栈中. 当 root 没有左子时, 取出栈顶元素给 root. 具体实现如下.

```
void preorder2(Bnode* root)
{
    if(root == 0)  return;
    std::stack<Bnode*> s;
    while(true) {
        visit(root);
        if(root->hasrc())  s.push(root->rc_);
        if(root->haslc())  root = root->lc_;
        else if(s.empty()) return;
        else {  root = s.top();  s.pop();  }
    }
}
```

此实现与先序遍历的定义非常吻合.

① 先访问根节点: visit(root).

② 如果有右子, 就将其压栈: "if(root->hasrc()) s.push(root->rc_);". 访问完左子树后再来访问它.

③ 访问左子树: "if(root->haslc()) root = root->lc_;".

后序遍历的非递归程序略微复杂一些, 仍然需要一个栈, 在栈中存放从根节点到被访问节点路径上的所有节点. 栈中相邻两个节点一定是父子关系. 先沿着最左路径将其节点压入栈中. 这时不能访问栈顶元素, 还要检查其是否还有右子. 只有当栈顶元素没有左子也没有右子时, 才能访问它. 访问栈顶元素意味着以栈顶元素为根的子树已经被访问完了. 访问完栈顶元素后马上将其弹出栈. 这时需要检查刚被弹出的节点是新栈顶元素的左子还是右子. 如果是左子, 这说明新栈顶元素的右子还没有被访问过, 还需要将其右子压栈. 如果是右子, 可以继续访问新的栈顶元素. 具体实现如下:

```
void postorder2(Bnode* root)
{
    if (root == 0)  return;
    std::stack<Bnode*> s;
    s.push(root);
    while (true) {
```

```
        root = s.top();
        if(root->haslc())        s.push(root->lc_);
        else if (root->hasrc())  s.push(root->rc_);
        else {                                    //root 为叶节点
            do {
                root = s.top();  s.pop();
                visit(root);
                if (s.empty())   return;
            } while(!(s.top()->hasrc()) || (root == s.top()->rc_));
            s.push(s.top()->rc_);
        }
    }//~while(true)
}
```

中序遍历的非递归程序与后序的相似, 只是控制略有不同. 程序中将节点压栈的含义是将要遍历以此节点为根的子树. 刚被压栈的节点马上被第一次读取, 表示访问开始. 这时需要沿着以此节点为根的二叉树的最左分支一路下行, 到达一个没有左子的节点. 此节点就是中序的第一个节点. 第二次读取栈顶元素时表示此节点的左子树已经被访问完. 这时马上访问栈顶节点, 然后将这个节点出栈. 接下来继续访问这个节点的右子树. 具体实现如下:

```
void inorder2(Bnode* root)
{
    if (root == 0)      return;
    std::stack<Bnode*> s;
    s.push(root);
    while (true) {
        root = s.top();                          //第一次读取栈顶元素
        if (root->haslc()) s.push(root->lc_);
        else {
            do {
                root = s.top();  s.pop();        //第二次读取栈顶元素
                visit(root);
            } while (!root->hasrc() && !s.empty());
            if (root->hasrc())    s.push(root->rc_);
            else    return;
        }
    }//~while(true)
}//~inorder2()
```

就像 build_info_tree 那样, 有时需要在程序中同时以先序、中序、后序多种方式访问二叉树. 借助 goto 语句的帮助, 同时以 3 种方式访问二叉树的非递归程序框架的实现非常简单, 具体如下:

```
void multi_visit(Bnode* root)
{
    if(root == 0)   return;
    std::stack<Bnode*> s;
    s.push(root);
    while(true) {
        preorder_visit(s.top());              //先序访问 s.top()
        if(s.top()->haslc()) { s.push(s.top()->lc_); continue; }
label_inorder_visit:
        inorder_visit(s.top());               //中序访问 s.top()
        if(s.top()->hasrc()) { s.push(s.top()->rc_);  continue; }
label_postorder_visit:
        postorder_visit(s.top());             //后序访问 s.top()
        root = s.top();  s.pop();
        if(s.empty())  return;
        if(s.top()->lc_ == root) goto label_inorder_visit;
        else                     goto label_postorder_visit;
    }//~while
}
```

其中 preorder_visit, inorder_visit, postorder_visit 分别为先序、中序以及后序访问的占位函数.

非递归的二叉树遍历通常需要堆栈的帮助, 其空间复杂度和递归遍历的相同, 都是 $O(h)$, 其中 h 是二叉树的高度. 下面介绍两种不需要堆栈的中序遍历方法. 首先介绍 Joseph Morris 发明的方法. Morris 算法仅使用一个当前指针 cur 在二叉树中航行. 如果 cur 节点没有左子, 则访问 cur 节点后, 马上转向 cur 节点的右子进行访问. 但是当 cur 节点有左子时, 中序遍历还不能马上访问 cur, 而是要先访问 cur 的左子. 需要解决的问题是, 当访问完 cur 的左子以后, cur 指针如何正确返回. 如果 cur 有左子, 则 cur 的前驱节点 (记为 pre) 一定是其左子中最右边的那个节点, 并且 pre 的右子一定为零. Morris 算法临时将 pre 的右子修改为指向 cur, 这样在二叉树中临时形成一个环, 然后 cur 再航行到其左子进行访问. 这样临时形成的环有两个用途. 一是当访问完 pre 节点后, cur 指针可以通过 pre 的右子正确返回. 巧的是, 不论 pre 节点的右子是否被 Morris 算法修改过, 当访问完 pre 后, cur 节点都要航行到 pre 的右子. 二是可以判别 cur 节点的左子是否已经被访问过, 如果 cur 的左子没有被访问过, 则环不存在. 如果已经被访问过, 则一定存在环. 根据上面的讨论, Morris 算法可以描述为

```
inorder_morris(cur):
    while(cur != 0) {
        if(cur->lc == 0) {  visit(cur);  cur = cur->rc; }
        else if(不存在环) {
            令 pre 为 cur 的中序前驱节点;
            pre->rc = cur;             //建立环
            cur = cur->lc;
        } else {                       //存在环, 左子树已经访问完
            visit(cur);
            恢复树的形状;
            cur = cur->rc;
        }
    }
```

假如欲访问的二叉树如图 4.18 所示.

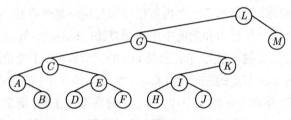

图 4.18　欲访问的二叉树

图 4.19 是当 cur 指针航行到 A 节点时 Morris 算法所形成的带环二叉树, 其中带箭头的指针是 Morris 算法临时设置的.

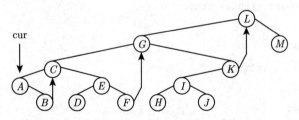

图 4.19　当 cur 指针航行到 A 节点时 Morris 算法所形成的带环二叉树

Morris 算法的具体实现如下:
```
void inorder_morris(Bnode* cur)
{
    while(cur != 0)
        if(cur->lc_ == 0) {  visit(cur);  cur = cur->rc_; }
        else {
```

```
        Bnode* pre = cur->lc_;            //内层循环，查找 cur 的前驱节点并且判断是否
                                            存在环
        while(pre->rc_ != 0 && pre->rc_ != cur)
        pre = pre->rc_;
        if(pre->rc_ == 0) {               //不存在环
            pre->rc_ = cur;               //建立环
            cur = cur->lc_;
        } else {                          //存在环，cur 的左子已经访问完
            pre->rc_ = 0;                 //拆环，恢复二叉树
            visit(cur);
            cur = cur->rc_;
        }
    }
}
```

　　Morris 算法简单精致, 但是需要一个内层循环来判别环是否存在. 在某些情况下会导致它的效率不高. 下面介绍一种较为高效的中序遍历算法: Horowitz 算法. Horowitz 算法使用两个指针 par 和 cur 在二叉树中航行. par 总是 cur 的父节点. 为了能使这两个指针返回向上移动, Horowitz 算法将 par 节点的左子 (如果 cur 为 par 的左子) 或者右子 (如果 cur 为 par 的右子) 指针临时改变, 指向 par 的父节点. 当 par 有两个孩子时, 需要判别 cur 是其左子还是右子. 如果 cur 是 par 的右子, Horowitz 算法临时征用 par 左子树中最早访问到的叶节点, 将这个叶节点的一个指针域指向 par 并作为标记. 将这些叶节点组成堆栈. Horowitz 算法的主要控制结构是访问完 cur 节点后 par 与 cur 节点如何移动的问题. 先将具体实现给出:

```
void inorder_horowitz(Bnode* root)
{
    typedef  Bnode  NT;
    if(root == 0)        return;
    NT* cur = root;
    NT* par = root;
    NT* top = 0;
    NT* last_rc = 0;
    while(true) {
        for(;;) {            //向下访问，直到访问到第一个叶节点
            if(cur->lc_ != 0)
            { NT* temp = cur->lc_; cur->lc_ = par; par = cur; cur = temp; }   //下移
            else {
```

```
        visit(cur);
        if(cur->rc_ != 0)
        { NT* temp = cur->rc_; cur->rc_ = par; par = cur; cur = temp; } //下移
        else  break;                    //cur 为第一个访问到的叶节点
      }
    }//~for(;;)
    NT* first_leaf = cur;
    for(;;) {
      if(cur == root)                   return;
      if(par->lc_ == 0)                 //par 仅有一个孩子, cur 为 par 的右子
      { NT* temp = par->rc_; par->rc_ = cur; cur = par; par = temp; } //上移
      else if(par->rc_ == 0) {          //par 仅有一个孩子, cur 为 par 的左子
        visit(par);
        NT* temp = par->lc_; par->lc_ = cur; cur = par; par = temp;   //上移
      } else if(par == last_rc) {       //par 有两个孩子, cur 为 par 的右子
        last_rc = top->lc_;             //取栈顶元素
        NT* temp = top;
        top = top->rc_;                 //出栈
        temp->lc_ = temp->rc_ = 0;      //恢复叶子节点
        temp = par->rc_; par->rc_ = cur; cur = par; par = temp;       //上移
      } else {                          //par 有两个孩子, cur 为 par 的左子
        visit(par);
        first_leaf->lc_ = last_rc;      //压栈
        first_leaf->rc_ = top;
        top = first_leaf;
        last_rc = par;                  //转向 par 的右子进行访问, 将 cur 设置为 par
                                        //  的右子
        NT* grandpa = par->lc_;
        par->lc_ = cur;
        NT* brother = par->rc_;
        par->rc_ = grandpa;
        cur = brother;
        break;                          //跳出 for 循环
      }
    }//~for
  }
}
```

Horowitz 算法的实现主要使用了 4 个指针变量: par, cur, top 以及 last_rc. 假如欲访问的二叉树如图 4.20 所示.

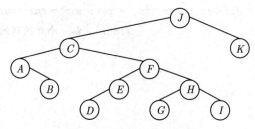

图 4.20 欲访问的二叉树

图 4.21 是当 par 和 cur 航行到 H, I 节点时二叉树的内部状态以及这 4 个变量的值. 其中圆形节点为已经访问过的节点. 方形节点为未访问过的节点. 带箭头的指针是 Horowitz 算法临时设置的.

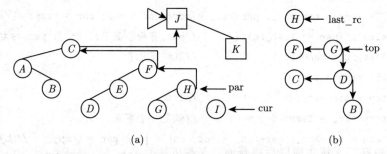

图 4.21 当 par 和 cur 航行到 H, I 节点时二叉树的内部状态以及这 4 个变量的值

上面介绍了二叉树的多种遍历方法. 递归和使用堆栈遍历需要使用辅助的空间. Morris 算法与 Horowitz 算法程序复杂. 下面介绍中序线索化二叉树方法. 这个方法使得中序遍历二叉树变得非常容易. 一棵二叉树中空子树的个数等于节点数加 1. 这些空子树一般用 0 来表示. 这么多的 0 有浪费嫌疑. 有一种方法可以利用这些空间, 它被称为中序线索化二叉树. 其做法是:

- 如果某节点的左子为空, 就让这个原本为零的指针改为指向该节点的中序前驱节点;
- 如果某节点的右子为空, 就让这个原本为零的指针改为指向该节点的中序后继节点.

称被这样修改过的指针为线索. 图 4.22 是一个线索化二叉树的例子, 其中带箭头的指针为线索.

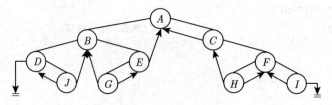

图 4.22 线索化二叉树

中序序列的第一个节点没有前驱, 最后一个节点没有后继, 可以将第一个节点的左子和最后一个节点的右子线索化为零. 有时为了程序控制方便, 也可以生成一个额外的节点, 让第一个节点的左子和最后一个节点的右子指向这个额外节点. 在线索化二叉树中, 需要判别一个指针到底是线索还是原来二叉树的指针, 为此需要额外引入两个布尔变量. 线索化二叉树节点类型的定义如下:

```
struct Tbtnode {
    T value_;
    Tbtnode *lc_;
    Tbtnode *rc_;
    bool haslc_;            //是否有左子?
    bool hasrc_;            //是否有右子?
    Tbtnode(T const& v = T(), Tbtnode* lc = 0, Tbtnode* rc = 0)
        : Bnode_base<T, Tbtnode>(v, lc, rc),haslc_(true), hasrc_(true) {  }
    bool haslc(void) const { return haslc_; }
    bool hasrc(void) const { return hasrc_; }
};
```

约定当 `haslc_` 为 `true` 时, `lc_` 指向节点的左子, 否则指向前驱; 当 `hasrc_` 为 `true` 时, `rc_` 指向节点的右子, 否则指向后继.

可以在二叉树构造时就将其线索化. 每添加一个节点, 根据新添节点是否有孩子, 将其线索化. 也可以在二叉树生成以后将普通二叉树的所有节点一次性线索化. 下面是将普通二叉树线索中序线索化的实现:

```
static void* prev;
void inorder_thread_aux(Tbtnode* root)     //NT 为线索化二叉树节点
{
    typedef Tbtnode NT;
    if(root == 0)  return;
    inorder_thread_aux(root->lc_);
    if(root->lc_ == 0) {                        //线索化 root->lc_
        root->lc_ = prev;
        root->haslc_ = false;
    } else    haslc_ = true;
    if(prev != 0) {                             //线索化 prev->rc_
        NT* temp = (NT*)prev;
        if(temp->rc_ == 0)  {
            temp->rc_ = root;
            temp->isrc_ = false;
```

```
        } else  temp->hasrc_ = true;
    }
    prev = root;                              //更新 prev
    inorder_thread_aux(root->rc_);
}


void inorder_thread(Tbtnode* root)
{
    prev = 0;
    inorder_thread_aux(root);
    if(prev != 0) {                           //线索化最后一个节点 prev
        root = (NT*)prev;
        root->hasrc_ = false;
    }
}
```

将普通二叉树线索化, 需要中序遍历二叉树中节点. 在上面的中序遍历中, root 总是中序遍历的当前节点; prev 总是 root 的中序前驱节点. 中序遍历时, 线索化 prev 的右子和 root 的左子.

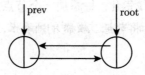

中序第一个节点的左子域和中序最后一个节点的右子域被线索化为零. 在上面的实现中使用递归. 一般二叉树的高度可能达到 $\Omega(n)$, 其中 n 为二叉树包含的节点个数. 当 n 较大时, 深度递归可能会超过系统栈段的容量. 所以理想的方法还是用非递归的方式来中序线索化二叉树, 见本章习题 17.

中序遍历线索化二叉树是非常容易的. first(root) 函数返回以 root 为根节点的子二叉树的中序第一个节点.

```
Tbtnode* first(Tbtnode* root)
{
    if(!root)  return root;
    for(; root->haslc(); root = root->lc_) { }
    return root;
}
```

next(node) 返回 node 的中序后继节点. 它只需要判别 node 节点是否有右子. 如果有

右子, 右子的第一个节点就是 node 的后继. 如果没有右子, 则 node->rc_ 存放的就是 node 的后继.

```
Tbtnode* next(Tbtnode* node)
{
    if(node->hasrc())  return first(node->rc_);
    return node->rc_;
}
```

利用这两个辅助函数, 中序线索化二叉树的实现显得非常容易.

```
void inorder(Tbtnode* root)
{
    for(root = first(root); root != 0; root = next(root))
        visit(root);
}
```

4.3　树 与 森 林

定义 4.24 (树)　设 T 为节点的有限集合. 称 T 为树, 如果:

- $T = \varnothing$, 这时称为空树;
- $T \neq \varnothing$, 则存在一个特别的节点, 被称为树的根, 记为 $\mathrm{root} = \mathrm{Root}(T) \in T$, 如果 $T - \{\mathrm{root}\}$ 非空, 则集合 $T - \{\mathrm{root}\} = T_1 \bigcup T_2 \bigcup \cdots \bigcup T_m$ 被划分为若干个互不相交的非空子集, 而这些子集仍然为树, 称为 T 的子树.

如果 $\{T_1, \cdots, T_m\}$ 的次序无关紧要, 则称这样的树为无序树. 反之, 如果将 $\{T_1, \cdots, T_m\}$ 看成序列, 则称这样的树为有序树. 如果不特别声明, 本书都假定树是有序的.

若 A 为树中的一个节点, 称 A 的子树的个数为 A 的度. 称度为零的节点为叶节点.

家谱是一个树的例子. 例如张老三有 4 个儿子: 张伯三, 张仲三, 张叔三, 张季三. 而张仲三又有儿子张小三. 这样的关系可由图 4.23 所示的树来表示.

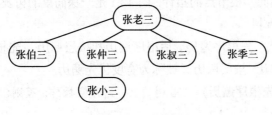

图 4.23　家谱树

树可以被看成分支结构, 每一个分支均为线性结构. 树也是一个分层结构. 可以给树的每一个节点定义它所处的层数. 根节点 $\text{Root}(T)$ 被定义为第 1 层. 如果一个节点 A 为第 n 层, 则 A 的子树的根就被定义为第 $n+1$ 层. 如果树 T 有 m 棵子树, 即 $T_1, \cdots, T_m$, 则称节点 $\text{Root}(T)$ 的度为 m. 称节点 $\text{Root}(T)$ 为节点 $\text{Root}(T_i)$ 的父节点或双亲节点. 称节点 $\text{Root}(T_i)$ 为节点 $\text{Root}(T)$ 的子节点. 称节点集合

$$\{\text{Root}(T_1), \cdots, \text{Root}(T_m)\}$$

互为兄弟. 称度为 0 的节点为叶节点, 或终端节点. 称其他节点为分支节点, 或非终端节点. 从节点 d_1 到 d_k 的路径被定义为节点的序列: $d_1, d_2, \cdots, d_k$. 其中 d_i 为 d_{i+1} 的双亲节点. 称 k 为路径长度. 从树的根节点到任意一个非根节点, 都存在唯一的一条路径, 并且其长度就为这个非根节点的层数. 如果存在一条从 d_1 到 d_2 的路径, 则称 d_1 为 d_2 的祖先, 称 d_2 为 d_1 的后代. 节点 d 的高度被定义为从 d 到叶子节点最长路径的长度. 树的高度为 $\text{Root}(T)$ 的高度. 树的度为树中节点度的最大值.

下面介绍树的标准存储方法. 一个树节点上有自己的数据, 还要用某种存储结构表示自己的孩子. 一个简单的方法是用一个容器来存储指向孩子节点的指针. 可以选用向量作为存储孩子指针的容器. 下面是树节点类模板的定义:

```
typedef char T;
struct Tnode
{
  typedef std::vector<Tnode*> CT;    //定义用于存储孩子节点指针的容器
  CT children_;
  T value_;

  Tnode(T const& v = T()) : children_(), value_(v)  { }
  void add_child(Tnode* ch) {   children_.push_back(ch);  }
  int degree(void) const {   return children_.size();  }
  bool leafnode(void) const {   return children_.empty();  }
};
```

一棵树就表示为指向其根节点的指针. 图 4.24 是一棵简单的树及其生成程序. 指向根节点 A 的指针就代表这棵树.

遍历树有 3 种方式: 先根序遍历、后根序遍历和按层遍历. 先根序遍历和后根序遍历又被统称为深度优先遍历; 按层遍历又被称为宽度优先遍历.

定义 4.25 (树的先根序遍历)　若树为空, 则为空操作, 否则:

① 访问树的根;

② 依次先根序遍历树的子树.

图 4.24 中树的先根序遍历访问的序列为 $A,\ B,\ E,\ F,\ C,\ G,\ D$.

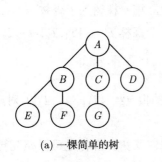

```
int main(void)
{
    typedef Tnode  NT;
    NT e('E');  NT f('F');  NT b('B');
    b.add_child(&e);  b.add_child(&f);
    NT g('G');  NT c('C');
    c.add_child(&g);
    NT d('D');  NT a('A');
    a.add_child(&b);  a.add_child(&c);
    a.add_child(&d);
    NT* root = &a;
    return 0;
}
```

(a) 一棵简单的树　　　　　　　　　(b) 生成程序

图 4.24　一棵简单的树及其生成程序

定义 4.26 (树的后根序遍历)　若树为空，则为空操作，否则:

① 依次后根序遍历树的子树;

② 访问树的根.

图 4.24 中树的后根序遍历访问的序列为 E, F, B, G, C, D, A.

定义 4.27 (树的宽度优先遍历)　先访问树的第一层，再访问树的第二层，等等.

图 4.24 中树的按层访问序列为 A, B, C, D, E, F, G.

定义 4.28(森林)　由 $m(\geqslant 0)$ 棵非空无序的树组成的集合被称为无序的森林. 由 $m(\geqslant 0)$ 棵非空有序的树组成的序列被称为有序的森林.

如果不特别声明，本书都假定森林是有序的. 图 4.25 是一个由 3 棵树组成的森林.

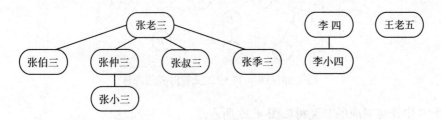

图 4.25　由 3 棵树组成的森林

图 4.26 为另一个示例森林.

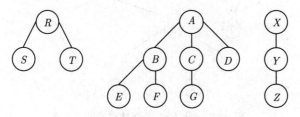

图 4.26　另一个森林的例子

森林与二叉树之间可以建立一个一一对应的关系. 一个 (有序) 森林 $F = \{T_1, T_2, \cdots, T_m\}$ 可以被看成 3 个部分: ①第一棵树的根 $\mathrm{Root}(T_1)$; ② 第一棵树的子森林 $\{T_{11}, \cdots, T_{1k}\}$; ③ 除去第一棵树后剩余的森林 $\{T_2, \cdots, T_m\}$. 由此将一个森林 $F = \{T_1, T_2, \cdots, T_m\}$ 对应到一棵二叉树 B. 规则如下.

- 如果森林 F 为空, 则它与 $B = \varnothing$ (空二叉树) 对应.
- 如果森林 F 非空, 则: ① $\mathrm{Root}(T_1)$ 对应为 B 的根; ② $\{T_{11}, \cdots, T_{1k}\}$ 对应为 B 的左子树; ③ $\{T_2, \cdots, T_m\}$ 对应为 B 的右子树.

二叉树也可以用类似的规则对应到一个森林, 所以二叉树和森林是可以相互转换的. 在此对应下, 二叉树中的一个节点的左子节点为这个节点的第一个孩子（长子/长女）. 一个节点的右子节点为该节点的弟弟/妹妹. 图 4.25 中森林对应的二叉树如图 4.27 所示.

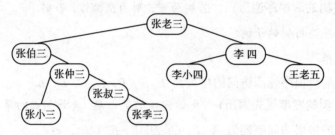

图 4.27　图 4.25 中森林对应的二叉树

图 4.17 中二叉树对应的森林如图 4.28 所示.

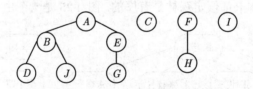

图 4.28　图 4.17 中二叉树对应的森林

图 4.26 中森林对应的二叉树如图 4.29 所示.

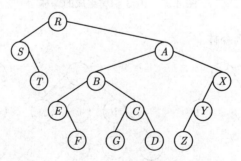

图 4.29　图 4.26 中森林对应的二叉树

定义 4.29（**森林的先根序遍历**）　若森林为空，则为空操作，否则：

① 访问森林中第一棵树的根；

② 先根序遍历第一棵树根节点的子森林；

③ 先根序遍历除去第一棵树之后剩余的森林.

相当于依次先根序遍历森林中的每一棵树. 例如图 4.26 中森林的先根序序列为 $R, S, T,$ $A, B, E, F, C, G, D, A, X, Y, Z$.

定义 4.30（**森林的后根序遍历**）　若森林为空，则为空操作，否则：

① 后根序遍历第一棵树根节点的子森林；

② 访问第一棵树的根；

③ 后根序遍历除去第一棵树以后剩余的子森林.

相当于后根序依次遍历森林中的每一棵树. 例如图 4.26 的后根序序列为 $S, T, R, E, F, B,$ G, C, D, A, Z, Y, X.

定义 4.31（**森林的宽度优先遍历**）　依次访问森林中树的第 i 层节点，$i = 1, 2, \cdots$.

例如图 4.26 中森林的宽度优先遍历序列为 $R, A, X, S, T, B, C, D, Y, E, F, G, Z$.

4.4　二叉树、树、森林等的存储表示法

注意以下 3 个事实：① 森林与二叉树一一对应；② 树可以看成只有一棵树的森林；③ 给森林添加一个虚拟的根节点，其就变成树. 所以二叉树、树、森林三者之间的表示法是可以任意转换的. 首先介绍二叉树的三叉链表表示法. 这个方法是指在二叉树节点中再加上一个指针域指向其父节点. 二叉树的节点应该是下面的结构体.

```
struct Bnode {
    Bnode *lc_;        //指向左子
    Bnode *rc_;        //指向右子
    Bnode *pt_;        //指向父节点
    T     value_;      //节点的值
};
```

图 4.30 所示是一个用三叉链表表示的二叉树的示意图. 其中带箭头的指针为指向父节点的指针. 根节点的父指针通常被设置为零. 这样表示的二叉树遍历比较方便. 中序、先序和后序变历均不需要堆栈. 但是对于二叉树的构造，添加和删除节点的工作量增大.

我们已经知道完全二叉树可以用数组表示. 一般的二叉树可以被扩充为完全二叉树，然后用数组存储. 这就是二叉树的完全二叉树表示法. 例如图 4.17 所示的二叉树可以表示为图 4.31 所示的形式. 其中空着的位置可以放置一个特殊的值来表示此处没有元素. 二叉树的结构完全由元素所处的位置决定.

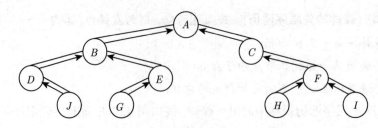

图 4.30　用三叉链表表示的二叉树

数组下标	1	2	3	4	5	6	7	8	9	10	11	12	13	14	15
值	A	B	C	D	E		F		J	G				H	I

图 4.31　图 4.17 所示的二叉树的完全二叉树表示

　　二叉树的另一种较好的存储方法是**三元组表示法**. 将二叉树节点合并为三元组 (值, 左子, 右子), 将它存放在数组或者向量中. 例如图 4.17 所示的二叉树可以表示为图 4.32 所示的数组, 其中 −1 表示没有左子或者右子. 在这种表示法中对节点存储的次序没有要求.

数组下标	0	1	2	3	4	5	6	7	8	9
值	A	B	C	D	E	F	G	H	I	J
左子	1	3	−1	−1	6	7	−1	−1	−1	−1
右子	2	4	5	9	−1	8	−1	−1	−1	−1

图 4.32　图 4.17 所示的二叉树的三元组表示

　　二叉树还有所谓的**双亲表示法**. 怎样才算完全决定一棵二叉树? 如果一个存储结构, 可以满足如下两个条件, 就可以算是完全决定一棵二叉树了:

　　① 知道二叉树的根节点;

　　② 对任意一个节点, 可以找到其左子节点和右子节点.

　　二叉树的双亲表示法是将二元组（值，双亲）存放在数组或者向量中. 这里的双亲指父节点. 例如图 4.17 所示的二叉树可以表示存储为图 4.33 所示的形式.

数组下标	1	2	3	4	5	6	7	8	9	10
值	A	B	C	D	E	F	G	H	I	J
双亲 (父节点)	0	1	−1	2	−2	−3	5	6	−6	−4

图 4.33　图 4.17 所示的二叉树的双亲表示

　　双亲域为正数表示该节点为左子, 双亲域为负数表示该节点为右子. 这样的表示也能完全决定一棵二叉树. 这里对节点存储的次序也没有要求.

在二叉树带右链的先序表示法中, 将节点按先序序列连续存放在数组中. 每个节点除了包含数据外, 还带有一个布尔域和一个整数域.

```
struct Bnode {              //带右链的先序表示法节点
    T value_;
    int rc_;                //指向右子
    bool haslc_;            //如果有左子则为true, 否则为 false
};
```

例如图 4.17 所示的二叉树可以表示为图 4.34 所示的形式. 在这种表示下, 根节点就放置在数组的开始位置. 任意一个节点 X, 如果有左子 (haslc 域为 true), 则左子节点一定在 X 之后. X 的右子可以通过 rc 域来确定.

数组下标	0	1	2	3	4	5	6	7	8	9
value	A	B	D	J	E	G	C	F	H	I
haslc	T	T	F	F	T	F	F	T	F	F
rc	6	4	3	-1	-1	-1	7	9	-1	-1

图 4.34　图 4.17 所示的二叉树带右链的先序表示

在二叉树的双标志先序表示法中, 节点以其先序顺序存放在数组中. 节点中有两个标志位用来指明本节点是否有左子和右子.

```
struct Bnode {              //带双标志的先序表示法节点
    T value_;               //节点的值
    bool haslc_;            //如果有左子则为 true, 否则为 false
    bool hasrc_;            //如果有右子则为 true, 否则为 false
};
```

例如图 4.17 所示的二叉树可以表示为图 4.35 所示的形式.

数组下标	0	1	2	3	4	5	6	7	8	9
value	A	B	D	J	E	G	C	F	H	I
haslc	T	T	F	F	T	F	F	T	F	F
hasrc	T	T	T	F	F	F	T	T	F	F

图 4.35　图 4.17 所示的二叉树的双标志先序表示

在这种表示法下, 找一个节点 X 的左子非常容易. 如果 X 有左子, 则左子就应该紧邻 X 之后存放. 找度为 2 的节点的右子比较困难. 例如图 4.35 中节点 A 的右子为 C. 需要跳过 A 左子树的所有节点才能到达右子树的根节点.

引理 4.32　设数组 $a_1, \cdots, a_n$ 为某棵二叉树的先序序列. 令 N_k, L_k 分别为节点

$\{a_1, \cdots, a_k\}$ 中度为 2 和 0 的节点数目, 则

$$N_k + 1 > L_k \ (1 \leqslant k < n), \quad N_n + 1 = L_n$$

此引理容易用归纳法证明. 利用它可以准确定位二叉树先根序列的最后一个节点. 下面是双标志先序表示法中求节点 me 的左子和右子的函数:

```
Bnode* lc(Bnode* me)                                    //返回 me 的左子
{  return me->haslc_ ? me + 1 : -1;  }                  //-1: 没有左子


Bnode* rc(Bnode* me)                                    //返回 me 的右子
{
    if(!me->hasrc_)          return -1;                 //me 无右子
    int count = 0;
    do {
        if(me->haslc_) {  if(me->hasrc_)  ++count;  }   //me 的度为 2
        else if(!me->hasrc_)                --count;    //me 的度为 0
        ++me;
    } while(count > 0);
    return me;
}
```

在这种表示法中找节点 me 的父节点需要从 me 开始向前航行. 具体实现留作习题. 双标志先序表示法的优点是节点的标志只与自身有关, 与其他节点位置无关. 所以在进行二叉树节点的添加和删除时比较方便. 在这种表示法中也可以用链表来替代数组.

也可以将二叉树节点按后序表示法存储在数组中, 这种表示法被称为二叉树的**双标志后序表示法**. 例如图 4.17 所示的二叉树可以表示为图 4.36 所示的形式.

数组下标	0	1	2	3	4	5	6	7	8	9
value	J	D	G	E	B	H	I	F	C	A
haslc	F	F	F	T	T	F	F	T	F	T
hasrc	F	T	F	F	T	F	F	T	T	T

图 4.36 图 4.17 所示的二叉树的双标志后序表示

在这种表示法中, 找节点 me 的左子和右子需要从 me 开始向前航行; 找节点 me 的父节点需要从 me 开始向后航行. 具体实现留作习题.

还可以将带双标志的中序序列存储在数组中, 称为二叉树的**双标志中序表示法**. 例如图 4.17 所示的二叉树可以表示为图 4.37 所示的形式.

数组下标	0	1	2	3	4	5	6	7	8	9
value	D	J	B	G	E	A	C	H	F	I
haslc	F	F	T	F	T	T	F	T	T	F
hasrc	T	F	T	F	F	T	T	F	T	F

图 4.37　图 4.17 所示的二叉树的双标志中序表示

可以证明这种表示法完全决定一棵二叉树, 但寻找节点的左子、右子以及父节点都非常费时, 所以在实际中很少用这种表示法.

树和森林最常用的表示法是用二叉树来表示. 可以用二叉树的左子表示该节点的第一个孩子 (长子), 用二叉树的右子表示该节点的兄弟节点. 其对应的结构体如下, 相当于存储树或者森林对应的二叉树, 称这样的树与森林表示法为孩子兄弟表示法. 二叉树的任何存储结构都可以用来表示一棵树或者森林.

```
struct Tnode {
    Tnode* fc_;          //指向第一个孩子
    Tnode* ns_;          //指向下一个兄弟
    T    value_;         //节点的值
};
```

森林的带度数先序表示法将森林节点的值以及节点的度数 (节点孩子的数目) 按先根序存放在线性表中, 这样也可以完全决定森林的结构. 如果线性表使用数组, 图 4.26 中森林可以表示为图 4.38 所示的形式. 在这种表示法中航行需要下面的引理.

数组下标	0	1	2	3	4	5	6	7	8	9	10	11	12
value	R	S	T	A	B	E	F	C	G	D	X	Y	Z
degree	2	0	0	3	2	0	0	1	0	0	1	1	0

图 4.38　图 4.26 中森林的带度数先序表示

引理 4.33　假设 $a_1, \cdots, a_n$ 为某棵树的先根序序列. 记 D_k 为 $\{a_1, \cdots, a_k\}$ 中节点孩子数目之和, 即 $D_k = \sum_{j=1}^{k} \deg(a_j)$, 则

$$D_k + 1 > k \ (1 \leqslant k < n), \quad D_n + 1 = n$$

利用这个引理可以从一棵子树的根节点向后航行到其最后一个节点, 这样可以根据节点的度数找到其所有孩子的根节点, 这种表示法中的数组也可以用链表替代.

也可以将森林节点的值以及节点的度数按后根序存放在线性表中, 这样也可以完全决定森林的结构. 如果线性表使用数组, 图 4.26 中森林可以表示为图 4.39 所示的形式, 称这样的表示法为带度数后根序表示法.

对于无序的树或者森林, 可以用所谓的父节点表示法. 在这种表示法中将二元组 (值, 父节点索引) 存放在一个线性表中. 如果线性表使用数组, 图 4.26 中所示的森林可以表示为

图 4.40 所示的形式, 其中 −1 代表一棵树的根节点. 在这种表示法中, 找父节点容易, 而找孩子节点需要遍历整个线性表.

数组下标	0	1	2	3	4	5	6	7	8	9	10	11	12
value	S	T	R	E	F	B	G	C	D	A	Z	Y	X
degree	0	0	2	0	0	2	0	1	0	3	0	1	1

图 4.39 图 4.26 中森林的带度数后根序表示

数组下标	0	1	2	3	4	5	6	7	8	9	10	11	12
值	A	B	C	D	E	F	G	T	S	R	Y	X	Z
双亲	−1	0	0	0	1	1	2	9	9	−1	11	−1	11

图 4.40 图 4.26 中森林的父节点表示

4.5 并查集及其应用

假设 S 为一集合, S 的一个划分是指将集合 S 表示为若干个互不相交的集合的并.

$$S = S_1 \bigcup \cdots \bigcup S_n$$

称划分中的集合 S_k ($k = 1, \cdots, n$) 为等价类. 如果 x, y 同属于一个等价类, 比如 $x, y \in S_j$, 则称这两个元素 x, y 等价. 对于一个划分, 下面两个操作最为常用. 一是给出两个集合中的元素 $x, y \in S$, 检查它们是否等价, 即它们是否属于同一个 S_k. 二是将两个划分集合 S_j, S_k 合并为一个等价类. 为了高效地实现这两个运算, 需要选择适当的数据结构来表示集合. 树是一个不错的选择. 用树来表示一个集合. 两个元素等价的充要条件是它们同属于一棵树. 这只需判断一下两个节点所处的树的根节点是否相同即可. 一个等价类或者说一个集合的划分就可以表示为树的集合, 即森林.

为了能快速地找到一个节点所处的树的根, 可以用父节点表示法存储森林. 另外假设 $S = \{0, 1, \cdots, n − 1\}$, 在这个假设下, 树的父节点表示法可以进一步简化. 例如图 4.26 中的森林, 如果 $A, B, C, D, E, F, G, T, S, R, Y, X, Z$ 用 $0, 1, 2, 3, 4, 5, 6, 7, 8, 9, 10, 11, 12$ 代表, 则森林可以用一个整数数组表示.

数组下标	0	1	2	3	4	5	6	7	8	9	10	11	12
父节点	−1	0	0	0	1	1	2	9	9	−1	11	−1	11

图 4.41 图 4.26 中森林的父节点表示法简化

并查集的界面如下.

```
struct Fmsets
{
    int n_;                    //并查集中节点个数
    int *parent_;              //父节点指针
    Fmsets(int n);             //构造函数
    ~Fmsets(void);             //析构函数
    int find(int j);           //返回j所在树的根
    int merge(int j, int k);   //将j,k合并为一棵树, j,k 是两棵不同的树的根节点
    bool find_merge(int j, int k);//若j,k不在同一棵树中,则将这两棵树合并并且返回true
                               //否则返回 false
protected:
    int simple_find(int);      //简单查找
    int simple_merge(int, int);    //简单合并
    int weighted_merge(int, int); //加权合并
    int ranked_merge(int, int);   //按秩合并
    int colapsing_find(int);   //折叠查找
};
```

并查集的构造函数申请内存, 并且将所有元素初始化为 -1, 也就是说, 每棵树中只有一个元素. 析构函数释放内存.

```
Fmsets::Fmsets(int n ) : n_(n)
{
    parent_ = (int*)::malloc(n * sizeof(int));
    std::fill(parent_, parent_ + n, -1);
}
Fmsets::~Fmsets(void){ ::free(parent_); }
```

find_merge 函数的实现固定的.

```
bool Fmset::find_merge(int j, int k)
{
    j = find(j);     k = find(k);
    if(j == k)       return false;
    merge(j, k);     return true;
}
```

并查集的性能依赖 find 函数与 merge 函数的实现策略. 这里对 find 函数给出两个候选实现 simple_find 与 colapsing_find. 对 merge 函数给出 3 个候选实现 simple_merge, weighted_merge 和 rankded_merge. 先来看看简单的实现. 并查集的简单查找函数 simple_find 从 k 开始沿着父节点向上查找, 直到根节点. 由于使用父节点表示法, 这个操作的实现

是非常容易的.

```
int Fmsets::simple_find(int k)
{
    while(parent_[k] >= 0)   k = parent_[k];
    return k;
}
```

简单合并函数 simple_merge 将第一棵树嫁接到第二棵树的根节点上, 使其作为第二棵树的根节点的子树.

```
int Fmsets::simple_merge(int j, int k)
{                           //前提: j, k 是两棵不同的树的根节点
    parent_[j] = k;         //将 j 嫁接为 k 的孩子
    return k;               //返回新树的根
}
```

下面对并查集的操作给出复杂度分析, 考虑典型的情况. 假如并查集包含 n 个节点, 初始时每个节点都是一棵独立的单节点树, 整个并查集就是由这 n 棵树组成的森林. 然后经过一系列的 find_merge 运算, 将森林变为一棵包含所有 n 个节点的树. 我们考虑一个 find_merge 的平摊复杂度. 将 find_merge 操作记为 Op, 考虑操作序列 $Op_1, Op_2, \cdots, Op_m$, 它们将并查集中的森林归并为一棵大树. 我们计算此操作序列的平摊复杂度, 记这个平摊复杂度为 $A(n)$. 如果在 find_merge 函数中的 find 使用 simple_find, 而 merge 使用 simple_merge, 考虑下面的并查操作序列.

find_merge(0,1), find_merge(0,2), $\cdots$, find_merge(0, n-1)

当操作 find_merge$(0, k)$ 结束时, 并查集中共有 $n-k$ 棵树. 第一棵树包含节点 $0, 1, \cdots, k$. 这棵树为一条直线, 没有分支, 叶节点是 0, 根节点是 k. 剩余的树均为单节点树. 接下来操作 find_merge$(0, k+1)$ 的代价与第一棵树的高度 k 成正比. 由此得出上述操作序列的平摊复杂度为

$$A(n) = \frac{0 + 1 + \cdots + n - 2}{n - 1} = \Theta(n)$$

当然也存在一些操作序列, 它的工作量非常小, 例如

find_merge(1,0), find_merge(2,0), $\cdots$, find_merge(n-1,0)

在此操作序列形成的树中, 0 为根节点, 其他节点均是 0 的直接孩子. 树的高度是 2. 上述操作中每个操作的代价均是常数, 所以其平摊复杂度还是常数.

注意 find_merge 操作的代价是 $O(h)$, 其中 h 为并查集中树的高度. 可以通过改变合并策略来控制树的高度, 例如可以将较小的树嫁接到较大的树的根下, "较小" 指树中的节点数目较少, 称这样的合并策略为加权合并. 可以在 parent_ 数组的根节点处记录树的节点数

目的相反数. 例如图 4.26 中森林的 parent_ 数组如图 4.42 所示.

数组下标	0	1	2	3	4	5	6	7	8	9	10	11	12
父节点	-7	0	0	0	1	1	2	9	9	-3	11	-3	11

图 4.42　图 4.26 中森林的 parent_ 数组

加权合并实现如下:

```
int Fmsets::weighted_merge(int j, int k)
{
    if(parent_[j] < parent_[k])    std::swap(j,k);
    parent_[k] += parent_[j];                    //更新 k 树权值
    parent_[j] = k;                              //嫁接
    return k;
}
```

定义 4.34 (节点的秩)　在加权合并中, 定义树的根节点的秩为 $R = \lfloor \log_2 W \rfloor + 1$, 其中 W 为树中的节点数目, 也称为节点的权值.

引理 4.35　从每棵树都只有一个节点的森林开始, 通过任意次的简单查找操作, 这些查找操作之间可以插入任意的加权合并操作, 则:

① 节点的权值等于以此节点为根的子树包含的节点数目;

② 若某节点的秩为 r, 则以此节点为根的子树至少包含 2^{r-1} 个节点;

③ 在整个并查集中, 秩为 r 的节点数目不超过 $n/2^{r-1}$, 其中 n 为并查集中总的节点数目;

④ 并查集中任意子树的高度不超过此树根节点的秩, 简记为 $h \leqslant R$;

⑤ 父节点的秩严格大于其孩子节点的秩.

证明　前面 3 个结论都容易证明. 下面用归纳法证明第④个结论. 并查集的初始状态满足结论 4. 由于 simple_find 操作不改变树的形状, 所以只需证明下面的结论, 即如果并查集满足结论④, 则经过此加权合并操作之后并查集还满足结论④.

节点 k 的高度、秩、权值分别用 h_k, R_k, W_k 表示. 假设某次加权合并将节点 j 嫁接到节点 k 上, 作为其直接孩子, 必然有 $W_j \leqslant W_k$. 只有 k 节点子树改变了, 其他子树没有变化. 只要证明合并后的 k 节点子树仍然满足结论 4 即可. 分别用 h'_k, R'_k, W'_k 表示合并后的 k 节点的高度、秩和权值.

如果 $h_j < h_k$, 则合并后的 k 节点子树高度不变, 但是节点数目增加了. 结论自然成立. 反之假设 $h_j \geqslant h_k$, 则合并后 k 节点子树的节、度为 $h'_k = h_j + 1$, 其中包含 $W_j + W_k$ 个节点. 由于 $2W_j \leqslant W_j + W_k = W'_k$, 两边取对数并且取下整, 得到 $1 + R_j \leqslant R'_k$.

$$h'_k = 1 + h_j \leqslant 1 + R_j + 1 \leqslant 1 + R'_k$$

下面介绍结论⑤的证明. 假设同上, 即 $W_j \leqslant W_k$, 节点 j 被嫁接到节点 k 中作为 k 的直接孩子, 则

$$R'_k = \lfloor \log_2(W_j + W_k) \rfloor \geqslant \lfloor \log_2(W_j + W_j) \rfloor = 1 + \lfloor \log_2 W_j \rfloor = 1 + R_j$$

从而得到结论. 由此可以得出推论, 即使用加权合并与简单查找, 一次查找的复杂度为 $O(\log n)$. 证毕.

为了进一步提高性能, 需要修改查找算法. 一个有效的方法是所谓的折叠查找, 即每次查找时, 将被查找的节点到其根的路径上的所有节点都直接嫁接到根节点上, 如图 4.43 所示.

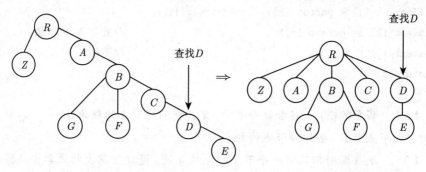

图 4.43　将被查找的节点到其根的路径上的所有节点都直接嫁接到根节点上

其实现如下:

```
int Mfsets::colapsing_find(int k)
{
    int root = k;
    while(parent_[root] >= 0) root = parent_[root];
    for(int temp; root != k; k = temp) {
        temp = parent_[k];
        parent_[k] = root;
    }
    return root;
}
```

引理 4.36　从 n 棵树 (每棵树只有一个节点) 的森林开始, 通过任意次的折叠查找操作, 在这些折叠查找操作中可以插入任意次的按秩合并操作, 则:

① 设节点 j 是并查集中某棵子树的根, 若节点 j 的秩为 r, 则这棵子树至少包含 2^{r-1} 个节点;

② 秩为 r 的节点数目不超过 $n/2^{r-1}$, 其中 n 为并查集中总的节点数目;

③ 并查集中任意子树的高度不超过此树根节点的秩, 简记为 $h \leqslant R$;

④ 父节点的秩严格大于其孩子节点的秩.

证明　　如果将操作序列中的折叠查找换为简单查找, 根据引理 4.35, 上面的 4 个结论均成立. 折叠查找与简单查找均不改变节点的秩和节点总数目, 所以结论 2 与结论 4 成立. 又折叠查找只会降低树的高度, 所以结论 3 成立. 至于结论 1, 虽然折叠查找可能改变树的形状, 但是并不改变森林中子树的节点数目. 证毕.

在并查集的操作序列 $\mathrm{Op}_1, \cdots, \mathrm{Op}_m$ 中, 查找操作与合并操作交替出现, 通常是两次查找操作紧跟一个合并操作. 注意合并操作的工作量是常数. 统计合并的工作量只会是平摊复杂度变小. 所以下面只考虑查找操作的工作量.

定理 4.37　　从 n 棵树 (每棵树只有一个节点) 的森林开始, 通过任意次的折叠查找操作, 在这些折叠查找操作中可以插入任意次的按秩合并操作. 只要折叠查找操作的次数 M 满足 $M = \Omega(n)$, 则一次折叠查找的平摊复杂度为 $O(\log_2^* n)$.

证明　　在 2.4 节定理 2.38 中已经证明, 如果折叠查找操作中没有插入合并操作, 不管森林的初始状态如何, 一次折叠查找操作的平摊复杂度均是 $O(1)$. 合并操作可能会增加树的高度, 从而导致折叠查找的复杂度增大, 这是正常的. 好在函数 $\log_2^* n$ 增长的速度非常缓慢, 几乎可以将其看成常数.

令 $\{f(k)\}$ 为任意一个严格单调增序列, 并且 $f(1) = 1$, 记其逆函数为 f^{-1}. 根据序列 $\{f(k)\}$ 将森林中节点按秩分组如下:

$$G_k = \{j : j \text{ 为森林中节点并且 } R_j \in [f(k), f(k+1))\}$$

由于节点得到的秩满足 $R \leqslant \lfloor \log_2 n \rfloor + 1$, 森林中所有节点都被分到

$$G_1, \cdots, G_\delta \quad (\delta = f^{-1}(\lfloor \log_2 n \rfloor + 1))$$

中. 假设 colapse_find(j) 走过的路径为 $v_m, v_{m-1}, \cdots, v_2, v_1$, 其中 $v_m = j$, 而 v_1 为森林中某棵子树的根节点. 此次查找的代价为 $C = m$. 对此次查找路径上的每个节点都捐一枚硬币. 方案如下:

① 给 v_1, v_2 捐金币;

② 令 $q > 2$, 如果 v_q 与其父节点 v_{q-1} 属于不同的组, 则给 v_q 捐金币;

③ 其他情况下捐银币.

先统计一次折叠查找所捐的金币数. 节点序列 $v_m, \cdots, v_1$ 的秩是严格单调增的. 如果按照上面第二条规则给某个节点 v_j 捐金币, 若 $v \in G_k$, 则 v_{j-1} 属于 $G_{k+1}, \cdots, G_\delta$ 中的某一个组. 即如果在某个节点上按照第二条规则捐金币, 则其父节点至少跳一个组. 由于总共有 $f^{-1}(\lfloor \log_2 n \rfloor) + 1$ 组, 所以一次折叠查找适用第二条规则, 而捐的金币数不超过 $f^{-1}(\lfloor \log_2 n \rfloor) + 1$. 因此一次折叠查找所捐的金币总数不超过

$$2 + f^{-1}(\lfloor \log_2 n \rfloor + 1) \tag{4.13}$$

下面统计捐出的银币数目. 先考虑在同一个节点上所捐银币的数目. 由于在折叠查找中间夹杂有合并操作, 所以在同一个节点上可能捐出多枚银币. 但是一旦在节点 v_j 上捐了银币, 无论以后如何合并, 节点的权和秩都不再改变, 并且 v_j 的新父节点的秩比其原来父节点的秩大, 即对节点 v_j 每捐一次银币, 都会使其父节点的秩增加. 只有当 v_j 的父节点与 v_j 保持在同一组时才捐银币, 一旦其父节点跳出此组, 则以后在 v_j 上只能捐金币. 所以在组 G_k 的节点上最多捐 $f_{k+1} - f_k - 1$ 枚银币.

下面考虑组 G_k 中节点的个数. 根据引理 4.36 的结论 2, 有

$$|G_k| \leqslant \sum_{r=f_k}^{f_{k+1}-1} \frac{n}{2^{r-1}} < \sum_{r=f_k}^{\infty} \frac{n}{2^{r-1}} = \frac{4n}{2^{f_k}}$$

所以在第 k 组中节点上捐的银币总数不超过 $(f_{k+1} - f_k - 1)|G_k| \leqslant \frac{4nf_{k+1}}{2^{f_k}}$. 最多只有 $f^{-1}(\lfloor \log_2 n \rfloor + 1)$ 个组, 从而所捐银币总数不超过

$$4n \sum_{k=1}^{f^{-1}(\lfloor \log_2 n \rfloor + 1)} \frac{f_{k+1}}{2^{f_k}}$$

假设做了 M 次折叠查找, 则所捐的金银币总数不超过

$$\Gamma = M(2 + f^{-1}(\lfloor \log_2 n \rfloor + 1)) + 4n \sum_{k=1}^{f^{-1}(\lfloor \log_2 n \rfloor + 1)} \frac{f_{k+1}}{2^{f_k}}$$

选取不同的严格单调增序列 f_k 会得出不同的捐款方案, 从而得到不同的平摊复杂度. 如果选择增长最慢的严格单调增函数 $f_k = k$, 上式变为

$$\Gamma \leqslant M(2 + \lfloor \log_2 n \rfloor) + 4n$$

由此得出一次折叠查找的平摊复杂度为 $O(\log n)$. 这个结果就是折叠查找的 (最差情况) 复杂度, 平摊复杂度没有任何改进. 一个较好的选择是选取 f_k 为由下式定义的序列:

$$F_0 = 0; \quad F_{k+1} = 2^{F_k}, \ k \geqslant 0$$

这样捐款总数不超过

$$\Gamma \leqslant M(2 + F^{-1}(\lfloor \log_2 n \rfloor) + 4nF^{-1}(\lfloor \log_2 n \rfloor)) = M(1 + \log_2^* n) + 4n(\log_2^* n - 1)$$

从而一次折叠查找的平摊复杂度为

$$A(n) \leqslant \Gamma/M = O(\log_2^* n) \tag{4.14}$$

证毕.

例 4.38 迷宫设计.

作为并查集的应用, 考虑迷宫设计问题. 5×8 的迷宫原料如图 4.44 所示.

0	1	2	3	4	5	6	7
8	9	10	11	12	13	14	15
16	17	18	19	20	21	22	23
24	25	26	27	28	29	30	31
32	33	34	35	36	37	38	39

图 4.44　5×8 的迷宫原料

图 4.44 所示是一个 5×8 的长方形, 其中共有 $n = 40$ 个小方块、67 块内部隔板. $j \times k$ 的长方形有 $j(k-1) + k(j-1)$ 个内部隔板. 将每一个小方块如图 4.44 所示进行编号. 然后随机选取一个内部隔板, 如果隔板两边的小方块不连通, 则将这个隔板除去; 否则重新选取另一个隔板, 直到所有的小方块都连通. 可以使用并查集来判别两个小方块是否连通. 它需要除去 $n-1$ 个隔板才能使得所有的小方块都连通. 对于并查集来说, 它需要 $n-1$ 次合并操作, 而查找操作的次数是随机的. 这样得到的迷宫从任意两个小方块之间都是可达的. 也可以要求只要某两个小方块 (例如 0, 39) 连通, 就不再移除隔板, 这时并查集的合并与查找操作次数均是随机的.

例 4.39 简化任务调度问题.

某小工厂租赁了一台机器, 现有 n 项任务, 机器完成每项任务都需要 1 个单位时间, 就假设需要 1 分钟. 每项任务都有最早开始时刻和最后期限. 租赁的机器只能运行 m 分钟. 任务调度问题就是将这 n 项任务安排给机器的 m 个时间段, 使得每项任务在机器上的执行时间都在其最早开始时刻之后, 最后期限之前. 正确的调度算法分为两个步骤.

① 将任务按照最早开始时刻单调降排序. 不妨假设排序后是 $(s_0, t_0), (s_1, t_1), \cdots, (s_{n-1}, t_{n-1})$, 其中 s_j 为任务 j 的最早开始时间, t_j 是任务 j 的最晚开始时间, 而 $s_0 \geqslant s_1 \geqslant \cdots \geqslant s_{n-1}$.

② 按照 $j = 0, 1, 2, \cdots, n-1$ 的次序安排任务 j. 对于任务 j, 从其最晚开始时间 t_j 开始向前查找, 找到第一个机器空闲时刻 v, 如果 $s_j \leqslant v$, 则将任务 j 安排在 v 时刻上机; 否则返回 "无法安排".

在此略去算法的正确性证明, 仅考虑算法的实现. 关于排序本书后面的章节会涉及. 下面仅考虑第二个步骤的实现. 图 4.45 是已经按照最早开始时段单调降排序的 10 项任务.

任务编号	0	1	2	3	4	5	6	7	8	9
任务名称	A	B	C	D	E	F	G	H	I	J
最早开始时段	8	7	5	3	3	2	0	0	0	0
最晚执行时段	8	8	9	5	3	4	0	9	1	8

图 4.45　已经按照最早开始时段单调降排序的 10 项任务

假设机器可以运行 10 分钟. 按照上面的调度算法依次安排任务 $A, B, C, D, E, F, G, H, I, J$, 得到的结果如图 4.46 所示.

机器时段	0	1	2	3	4	5	6	7	8	9
任务名称	G	I	J	E	F	D	H	B	A	C

图 4.46　安排任务 $A, B, C, D, E, F, G, H, I, J$ 后得到的结果

如果死板地按照算法描述的那样从 t_j 向前查找机器空闲时段, 则安排一个任务的时间复杂度为 $O(m)$, 安排完所有任务的时间复杂度为 $O(mn)$. 想象如果有一个数组 $\mathrm{av}[0, m)$, $\mathrm{av}[k]$ 记录机器在 k 时刻前空闲段的最大值, 即

$$\mathrm{av}[k] = \max\ \{j : j \leqslant k : 机器第\ j\ 个时间段为空闲\}$$

有了 av 数组的帮助, 安排任务 j 的工作就容易了. 假设任务 j 的最晚执行时段为 t_j, 按照上面的算法, 任务 j 应该安排在机器的第 $\mathrm{av}[t_j]$ 时段. 数组 av 的初始值为 $\mathrm{av}[k] = k$. 安排完任务 A, B, C, D, E, F, G 后, 想象中数组 av 的状态如图 4.47 所示.

机器时段	0	1	2	3	4	5	6	7	8	9
任务名称	G			E	F	D		B	A	C
av	$-\infty$	1	2	2	2	2	6	6	6	6

图 4.47　安排完任务 A, B, C, D, E, F, G 后, 数组 av 的状态

接下来安排任务 $H(0, 9)$. $\mathrm{av}[9] = 6$, 所以 H 应该安排在机器的第 6 时段. 任务 H 占用了第 6 时段后再更新 av 数组. 需要将 $\mathrm{av}[6, 9]$ 的值全部设置为 $\mathrm{av}[5]$. 如果机器相邻的时间段被占用, 则它们的 av 值是相同的. 可以将相邻的占用时间段看作一个等价类. 例如图 4.47 中的状态将集合 $\{0, 1, \cdots, 9\}$ 划分为 4 个等价类:

$$\{0\}, \quad \{1\}, \quad \{2, 3, 4, 5\}, \quad \{6, 7, 8, 9\}$$

可以用 Fmsets 来实现 av 数组的更新. 用一棵树来表示一个等价类, 可以在等价类的根处存放它的 av 值. 将 H 安排在机器的第 6 个时间段, 只需将 6 所在的等价类和 $5(= 6 - 1)$ 所在的等价类合并, 然后更新新生成的等价类根处的 av 值即可. 如果使用 Fmsets 类模板, 安排一个任务的平摊复杂度为 $O(\log_2^* m)$, 安排所有任务的复杂度为 $O(n \log_2^* m)$. 任务调度算法描述如下, 其中: n 为任务数目, 任务编号为 $\{0, 1, \cdots, n-1\}$; m 是机器时间槽数目, 时间槽编号为 $\{0, 1, \cdots, m-1\}$; $s_0 \geqslant s_1 \geqslant \cdots \geqslant s_{n-1}$ 为任务的最早开始时间; $t_0, \cdots, t_{n-1}$ 为任务的最晚开始时间.

```
int result[m] //长度为 m 的数组, 输出参数为任务安排的结果
            //result[k] 存放机器 k 时段运行的任务编号
```

```
schedule() ⟶ 任务安排是否成功
{
    int av[m];   // av 数组
    for(int j = 0; j < m; ++j)  av[j] = j;  //给 av 赋初值
    Fmsets fm(m);                    //定义并查集
    for(int j = 0; j < n; ++j) {         //安排任务 j
        int p = std::min(m-1, tⱼ);
        p = fm.find(p);
        if(av[p] < sⱼ )   break;       //失败
        result[av[p]] = j;          //记录安排结果
        if(av[p] == 0) av[p] = -250; //-250 等于负无穷大，表示 p 之前无空闲
        else {
            int q = fm.find(av[p]-1);        //q != p
            p = fm.merge(p,q);
            av[p] = av[q];
        }
    }
    return j == n;
}
```

4.6　习　　题

1. 证明绝对平衡二叉树一定是次满二叉树.

2. 假设 T 为包含 n 个 (内部) 节点的二叉树. $L(T)$, $I(T)$, $E(T)$ 分别为 T 的层和、内部路径长度和外部路径长度. 证明下面的结论:

$$L(T) = I(T) + n, \quad E(T) = I(T) + 2n$$

3. 说明红黑树中度为 1 的节点一定是黑色的, 红节点的子节点一定都是黑色的.

4. 令 T' 为内部路径达到最小的二叉树, 即

$$I(T') = \min \{I(T) : \text{size}(T) = \text{size}(T')\}$$

其中 $\text{size}(T)$ 为二叉树 T 的节点个数. 证明使得内部路径达到最小的充分必要条件为 T' 为次满二叉树.

5. 考虑如下序列的求和问题:

$$\begin{cases} f(0) = \alpha \\ f(n) = f(l) + f(r) + \beta n + \gamma \quad (l, r \geqslant 0, \; l + r = n - 1, \; n > 0) \end{cases} \tag{4.15}$$

给出其类似于公式 (4.10) 的 "封闭" 表达式.

6. 设函数 $f(n)$ 满足 $f(1) = 0$, 当 $n > 1$ 时存在 l, r 满足 $l + r = n$, 且

$$f(1)f(n) \leqslant f(l) + f(r) + n \log_2 n$$

其中 l, r 均为正整数. 求证存在一棵包含 $n - 1$ 个内部节点、n 个外部节点的二叉树 T. 使得

$$f(n) \leqslant E(T) \log_2 n$$

其中 $E(T)$ 为 T 的外部路径长度.

7. 证明定理 4.16 以及引理 4.17.

8. 给定权值序列 $\{0 < w_0 \leqslant w_1 \leqslant \cdots \leqslant w_n\}$ 以及 $n+1$ 个系数 $\{l_0, l_1, \cdots, l_n\}$. 在这 $n+1$ 个系数的所有排列中, 使得 $\sum_{i=0}^{n} w_i l_{k_i}$ 达到最小的充要条件是 $l_{k_0} \geqslant l_{k_1} \geqslant \cdots \geqslant l_{k_n}$. 由 Huffman 算法生成的二叉树也有此性质, 证明下面的结论: 假设 T 是根据权值 $\{w_0, w_1, \cdots, w_n\}$ 由 Huffman 算法生成的扩充二叉树, p, q 为 T 中两个节点 (可以是内部节点, 也可以是外部节点), w_p, w_q, l_p, l_q 分别为它们的权值和路径长度, 如果 $w_p \leqslant w_q$, 则 $l_p \geqslant l_q$.

9. 给定 8 个叶节点 $\{A, B, C, D, E, F, G, H\}$, 它们对应的权值分别为 $\{3, 5, 7, 8, 11, 14, 23, 29\}$, 画出它们所对应的哈夫曼树.

10. 证明左树的最右通零路径一定是最短通零路径.

11. 实现函数 int leaves(NT * root), 它求一棵二叉树的叶节点的个数.

12. 实现函数 NT* copy(NT* root), 它复制一棵二叉树, 返回新二叉树的根.

13. 实现函数 bool similar(NT1* root1, NT2* root2), 它判断两棵二叉树是否相似.

14. 实现函数 void leften(NT* root), 它将二叉树变换为左树.

15. 假定二叉树所有键值的打印宽度均为 δ, 修改 display90, 将二叉树逆时针旋转 $90°$ 并输出在屏幕上.

16. 修改 display90, 将字符二叉树顺时针旋转 $90°$ 并打印在屏幕上.

17. 编写函数, 用非递归的中序遍历来实现二叉树的中序线索化.

18. 已知一棵二叉树的中序序列为 $G, D, J, H, K, B, E, A, C, F, M, I$, 它的先序序列为 $A, B, D, G, H, J, K, E, C, F, I, M$, 试画出此树以及它对应的森林.

19. ① 证明二叉树的中序序列和先序序列可以完全决定一棵二叉树. 编写一个函数, 由二叉树的中序序列和先序序列生成二叉树.

② 证明二叉树的中序序列和后序序列可以完全决定一棵二叉树. 编写一个函数, 由二叉树的中序序列和后序序列生成二叉树.

③ 说明由二叉树的先序序列和后序序列不能完全决定一棵二叉树.

20. 证明引理 4.32 的扩充形式. 设数组 $a_1, \cdots, a_n$ 为某棵二叉树的先序序列. 令 N_k, L_k 分别为节点 $\{a_1, \cdots, a_k\}$ 中度为 2 和 0 的节点数目, N'_k, L'_k 分别为节点 $\{a_k, \cdots, a_n\}$ 中度为 2 和 0 的节点数目, 则:

① $N_k + 1 > L_k \ (1 \leqslant k < n)$;　$N_n + 1 = L_n$.

② $L'_k > N'_k \ (1 < k \leqslant n)$;　$L'_1 = N'_1$.

21. 证明引理 4.33 的扩充形式. 假设 $a_0, a_1, \cdots, a_n$ 为某棵树的先根序序列. 记 $D_k = \sum\limits_{i=0}^{k} \deg(a_i)$, $D'_k = \sum\limits_{i=k}^{n} \deg(a_i)$, 其中 $\deg(a_i)$ 为节点 a_i 的度数, 则:

① $D_k > k \ (0 \leqslant i < n)$,　$D_n = n$.

② $D'_k < n - k + 1 \ (0 < k \leqslant n)$,　$D'_0 = n + 1$.

22. 编写一个函数, 在二叉树的双标志先序表示法中求节点 me 的父节点.

Bnode* parent(Bnode* me);

23. ① 在二叉树的双标志后序表示法中实现查找节点 me 的左子、右子以及父节点函数 "NT* lc(NT* me); NT* rc(NT* me); NT* parent(NT* me);".

② 在二叉树的双标志中序表示法中实现上述 3 个函数.

24. 求证: ①森林的先根序遍历与森林的先序遍历相同; ② 森林的后根序遍历与森林的中序遍历相同.

25. 称 T 为度为 k 的正规树, 如果 T 中非叶节点的度均为 k. 求证:

① n 为一棵度为 k 的正规树的叶节点的个数, 则 $k - 1$ 整除 $n - 1$;

② 假设 n_k, n_0 分别为一棵度为 k 的正规树的内节点和叶节点的个数, 则 $(k-1)n_k = n_0 - 1$.

26. 并查集的另一种合并策略是所谓的按秩合并. 每棵树都有一个秩, 将秩想象为树的高度. 当两棵树合并时, 将较低的树嫁接到较高的树的根节点下. 而树的秩的负数被存放在根节点的 parent_ 数组中. 按秩合并实现如下.

```
int Mfsets::ranked_merge(int j, int k) {
    if(parent_[j] < parent_[k])      std::swap(j,k);   //k 树的秩大
    if(parent_[j] == parent_[k])     --parent_[k];      //更新 k 树的秩
    parent_[j] = k;                                      //嫁接
    return k;
}
```

求证若按秩合并与折叠查找配合使用, 则定理 4.37 的结论也成立.

27. 从 n 棵树 (每棵树都只有一个节点) 的森林开始, 进行 u 次归并操作. 证明:

① 没有一个集合的元素个数超过 $u + 1$;

② 集合个数变为 1 的充要条件是 $u = n - 1$;

③ 至少有 $\max\{n - 2u, 0\}$ 个单点元素集.

第5章
选择

选择是指在集合中选出满足一定条件的元素. 不同的选择条件可以有完全不同的算法. 在本章中假设被选择的元素可以按小于 ($<$) 排序. 选择的目标是最小元素 (或者最大元素). 通常称适应选择运算的数据结构为堆. 堆的常用操作是: top, 取堆中最小 (或者最大) 元素的值; push, 向堆中添加一个值; pop, 将最小 (或者最大) 元素删除.

如果 top 函数返回堆中的最小元素, 称这样的堆为小顶堆. 如果 top 函数返回堆中的最大元素, 称这样的堆为大顶堆. 由于对称性, 本书只讨论小顶堆, 以下如果没有特别声明, 所提到的堆均指小顶堆. 在某些类型的应用中, 需要将小顶堆中的元素的值减小, 称这类运算为减码 (decrease_key) 运算. 还有一些应用, 需要将两个堆归并为一个堆, 称这类运算为归并 (merge) 运算. 堆的实现分为两大类. 数组实现的堆是指将元素存放在连续的内存中, 根据元素的位置来选择出最小元素. 它可以非常高效地实现 top, pop, push 运算. 但是减码操作以及两个堆的合并等运算的实现是非常困难的或者复杂度是较高的. 数组实现的堆包括小顶堆、大顶堆、双端堆以及置换选择堆. 有些时候需要将两个堆中的元素合并. 例如, 某个服务器维护着两个下属计算机的任务优先队列, 当其中的一个计算机因故停机时, 服务器就需要将这两个优先队列合并. 如果用数组实现堆, 合并时需要移动其中一个堆的元素, 其复杂度一定是 $O(n)$. 又如, 图论的一些算法中需要将堆中元素的键值减小, 然后再将其调整为小顶堆, 这样的运算通常被称为减码运算 (decrease_key). 要支持这种类型的运算, 对于用数组实现的堆是困难的. 因为在数组堆中, 元素在数组中的位置是变化的. 需要一些特殊的方法来跟踪一个特定元素的位置. 用树形结构实现堆的主要目的是实现两堆的合并以及减码操作. 要实现减码操作, 需要知道减码操作的对象, 也就是树中需要对其进行减码操作的节点的位置. 如果树的节点的管理也由堆来负责, 则很难知道树中这个节点的位置. 因此在通常情况下, 树形结构的堆不负责堆中树节点的生成和销毁, 这时的堆本质上是一个索引结构.

堆结构是相对简单的数据结构. 本章将详细分析每个运算的复杂度, 特别是将利用平摊复杂度分析的方法分析各种堆的性能.

5.1　小顶堆、大顶堆、双顶堆与 d 叉堆

定义 5.1 (小顶堆、大顶堆)

称数组 $a[1,n]$ 为小顶堆, 如果 $\forall\, k \in [2,n]$: $a_{\lfloor k/2 \rfloor} \leqslant a_k$.

称数组 $a[1,n]$ 为大顶堆, 如果 $\forall\, k \in [2,n]$: $a_{\lfloor k/2 \rfloor} \geqslant a_k$.

如果将数组 $a[1,n]$ 看成完全二叉树, 小顶堆就是从根节点到叶节点的任意路径上的键值, 是单调增的. 大顶堆就是从根节点到叶节点的任意路径上的键值, 是单调降的. 由于对称性, 下面只讨论小顶堆. 图 5.1 是一个数组小顶堆以及其逻辑上对应的完全二叉树.

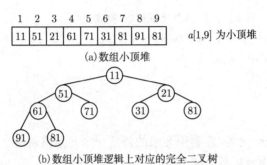

(a) 数组小顶堆

(b) 数组小顶堆逻辑上对应的完全二叉树

图 5.1　小顶堆及其逻辑上对应的完全二叉树

向数组堆中添加元素需要所谓的上移 (shiftup) 操作. 假设数组 $a[1,n-1]$ 已经是堆, shiftup 将 $a[n]$ 上移到适当的位置, 使得 $a[1,n]$ 变成堆. shiftup 只需将当前节点和其父节点进行比较, 如果父节点大就将当前节点的值与父节点的值进行交换, 并且继续上移, 否则上移过程就结束. 例如给图 5.1 所示的堆尾部添加节点 44, 如图 5.2 所示.

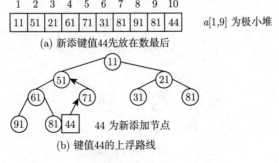

(a) 新添键值44先放在数最后

(b) 键值44的上浮路线

图 5.2　给图 5.1 所示的堆尾部添加节点 44

经过 shiftup 操作将数组变为图 5.3 所示的形式.

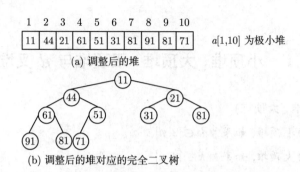

(a) 调整后的堆

(b) 调整后的堆对应的完全二叉树

图 5.3　添加 44 后生成的新堆

shiftup 的实现非常简单. 其代价不超过完全二叉树的高度, 所以其复杂度为 $O(\log n)$.

```
void shiftup(T* a, int n)
{   //a[1,n-1]为堆, 将 a[1,n] 调整为堆. T: 数据类型
    for(int p = n/2; (p > 0) && (a[n] < a[p]); p /= 2) {
        std::swap(a[p], a[n]);
        n = p;
    }
}
```

从数组堆中删除最小元素, 需要用数组的最后一个元素覆盖最小元素, 然后将数组重新调整为堆, 这个调整操作被称为下移 (shiftdown) 操作. 假设 $a[1,n]$ 为堆, 现将最小值 $a[1]$ 的值改变, 下移操作将 $a[1,n]$ 重新调整为堆. shiftdown 操作有两种实现: Williams 下移算法与 Floyd 下移算法. 将当前节点设置为根节点 $a[1]$. Williams 下移算法首先比较当前节点的两个孩子, 找到其中键值较小的节点 S. 然后比较当前节点与 S 的大小, 如果当前节点的键值较小, 则算法结束; 否则将当前节点的值和 S 节点的值进行交换, 再将当前节点更新为 S 节点, 继续下移. 例如将图 5.1 中堆的根节点 $a[1]$ 的值更改为 77. Williams 下移算法的执行过程见图 5.4. 图中箭头的方向为键值 77 下移的轨迹. 首先 77 和 21 交换, 然后和 31 交换.

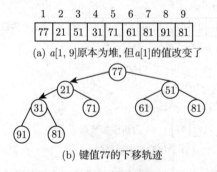

(a) $a[1,9]$原本为堆, 但$a[1]$的值改变了

(b) 键值77的下移轨迹

图 5.4　Williams 下移算法的执行过程

Williams 下移算法的程序实现如下.

```
void williams_shiftdown(T* a, int n)
{   //a[1,n]原本为堆，a[1]被修改. 将a[1,n] 重新调整为堆
    int const half = n/2;
    int cur = 1;
    while(cur <= half)  {
        int sc = 2*cur;
        if(sc < n && a[sc+1] < a[sc])    ++sc;      //sc 为 cur 的较小孩子
        if(a[sc] < a[cur])  {
            std::swap(a[cur], a[sc]);
            cur = sc;
        } else    break;
    }
}
```

Floyd 下移算法从根节点开始, 沿着节点中较小的孩子下降, 一直下降到叶节点 L. 然后从 L 上行, 直到 $a[1]$ 应该被放置的正确位置 R; 再将 R 的祖先节点集体上移一个位置; 最后将原 $a[1]$ 放置在 R 处, 如图 5.5 所示.

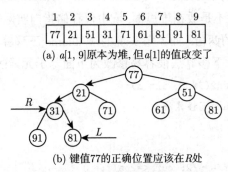

1	2	3	4	5	6	7	8	9
77	21	51	31	71	61	81	91	81

(a) $a[1,9]$原本为堆, 但$a[1]$的值改变了

(b) 键值77的正确位置应该在R处

图 5.5　Floyd 下移算法执行过程

Floyd 下移算法的程序实现如下:

```
void floyd_shiftdown(T* a, int n)
{   //a[1,n]原本为堆，a[1]被修改. 将a[1,n]重新调整为堆
    int cur = 1;
    for(int half = n/2; cur <= half; ) {                 //下移直到叶节点
        cur *= 2;
        if(cur < n && a[cur+1] < a[cur])    ++cur;
    }
    while(!(a[cur] < a[1]))  cur /= 2;                    //上移到正确位置
    for(; cur > 1; cur /= 2)std::swap(a[1], a[cur]); //将祖先节点值集体上移一个位置
}
```

下面比较 Williams 下移算法与 Floyd 下移算法的效率. 设完全二叉树有 n 个节点, 根节点为第一层, 如果根节点最终下移到第 k 层, 令 $\delta = \log_2 n - k$. Williams 下移算法与 Floyd 下移算法的工作量如图 5.6 所示.

	键值比较次数	键值交换次数
Williams 下移算法	$2k$	$k-1$
Floyd 下移算法	$k+2\delta$	$k-1$

图 5.6　Williams 下移算法与 Floyd 下移算法的工作量比较

根节点 $a[1]$ 的值越大, 下移的层数 k 就越大. $a[1]$ 的值不定, 如果 $a[1]$ 的最终位置在数组中均匀分布, 由于完全二叉树底层的元素远多于上层元素, 所以 k 的数学期望应该比较大, 而 δ 的数学期望比较小. 在某些特殊情况下, δ 的数学期望 $E(\delta)$ 小于 1. 更有甚者, 小顶堆的 pop 运算总是将数组最后一个元素拿上来作为新根下移. 虽然小顶堆还没有排序, 最后一个元素不一定是最大元素, 但是也应该是比较大的元素, 所以 k 应该非常接近最大值 $\log_2 n$, 而 δ 非常接近零. 从这个角度讲, Floyd 下移算法优于 Williams 下移算法. 但是 Williams 下移算法只需遍历数组一次, 而 Floyd 下移算法需要遍历数组两次. 一次遍历数组、遍历过程中做多项工作通常要比多次遍历数组、一次遍历只做一项工作要好.

在实际应用中, 数据并不是放在堆里面, 堆中仅存储指向实际数据的指针. 对于指针, 交换操作的代价至少是赋值的两倍. 而本节实现的 Williams 下移算法和 Floyd 下移算法都是基于交换操作的. Williams 下移算法很容易修改为下面基于元素赋值操作的版本.

```
void williams_shiftdown2(T* a, int n)
{    //基于赋值的Williams下移算法
    T tmp = a[1];
    int cur = 1;
    for(int const half = n/2; cur <= half;  ) {
        int sc = 2*cur;          //sc: 较小的孩子
        if(sc < n && a[sc+1] < a[sc])  ++sc;
        if(a[sc] < a[cur]) {
            a[cur] = a[sc];
            cur = sc;
        } else    break;
    }
    a[cur] = tmp;
}
```

基于赋值的 Floyd 下移算法实现起来需要付出额外代价, 具体实现留给读者. 两个算法的工作量比较如图 5.7 所示.

给定一个数组 $a[1,n]$, 如何将其建成堆? 首先, 单个元素的数组 $a[1]$ 是堆, 然后调用上移

函数 (shiftup) 依次将 $a[2], a[3], \cdots, a[n]$ 加入堆中, 如此可以将数组 $a[1, n]$ 建成堆. 用这种方法建堆的键值比较次数不超过

$$\log_2 1 + \log_2 2 + \cdots + \log_2 n = \log_2(n!) = O(n \log n)$$

从而其复杂度是 $O(n \log n)$. 有一种更好的方式建堆, 其复杂度是 $O(n)$. 需要扩展堆的定义.

	键值比较次数	键值赋值次数
Williams 下移算法	$2k$	$k+1$
Floyd 下移算法	$k + 2\delta$	$2k$

图 5.7　基于赋值的 Floyd 下移算法与 Williams 下移算法的工作量比较

定义 5.2　称数组 $a[1, n]$ 中的子段 $a[l, r]$ 为小顶堆, 如果对满足 $l \leqslant \lfloor k/2 \rfloor < k \leqslant r$ 的 k 都有 $a_{\lfloor k/2 \rfloor} \leqslant a_k$.

由于满足 $\lfloor n/2 \rfloor + 1 \leqslant \lfloor k/2 \rfloor < k \leqslant n$ 的 k 不存在, 所以数组的后半段 $a[\lfloor n/2 \rfloor + 1, n]$ 总是堆. 这样可以调用 shiftdown 函数依次将 $a[\lfloor n/2 \rfloor], a[\lfloor n/2 \rfloor - 1], \cdots, a[1]$ 添加到堆中, 从而将数组建成堆. 只需要扩展 Williams 下移算法:

```
void shiftdown(T* a, int j, int n)
{   //a[j+1, n]是堆, 将a[j,n]调整为堆. Williams下移
    for(int sc = 2*j; sc <= n; sc = 2*j)  {
        if(sc < n && a[sc+1] < a[sc])     sc = sc + 1;
        if(a[sc] < a[j]){ std::swap(a[j], a[sc]);  j = sc; }
        else         break;
    }
}
```

建堆函数实现如下.

```
void build_heap(T* a, int n)
{   //将a[0,n)建成堆
    a = a - 1;
    for(int j = n/2; j > 0; --j)  shiftdown(a, j, n);
}
```

由图 5.4 知, 在最佳情况下, Williams 下移算法只需 2 次比较, 不需键值移动. 在最差的情况下, 需要 $2(h-1)$ 次键值比较, 需要 "$h-1$" 次键值交换, 其中 h 为树的高度. 根据例 4.5 知, 建堆过程的键值比较次数不超过 $2[n - \text{pop}(n)]$, 键值的交换次数不超过 $n - \text{pop}(n)$, 其中 $\text{pop}(n)$ 为 n 的二进制表示中 1 的个数, 即建堆过程的复杂度为 $O(n)$.

有时不仅需要从集合中找出最小值, 还需要找出最大值. 双顶堆(deap)就是为此目的而设计的. 将数组 $a[1, n]$ 看成完全二叉树. 如果不考虑第一个元素 $a[1]$, 则剩余的元素 $a[2, n]$ 是由两棵完全二叉树组成的, 即原完全二叉树的左子树和右子树. 左子树的根节点为 $a[2]$, 右

子树的根节点为 $a[3]$. 元素 $a[k]$ 属于左子树的充要条件为 $2^{\lfloor \log_2 k \rfloor} \leqslant k < 2^{\lfloor \log_2 k \rfloor} + 2^{\lfloor \log_2 k \rfloor - 1}$. 在双顶堆中, 左子树为小顶堆, 右子树为大顶堆. 图 5.8 为一个双顶堆, 其中小顶堆中节点用圆形表示, 大顶堆中节点用正方形表示.

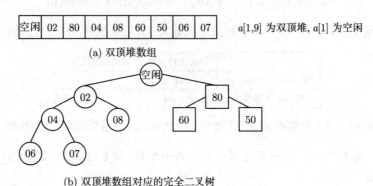

(a) 双顶堆数组

(b) 双顶堆数组对应的完全二叉树

图 5.8 双顶堆例, 左子为小顶堆, 右子为大顶堆

判别 $a[k]$ 是否属于小顶堆的函数可以实现为

```cpp
bool in_min_heap(int k)
{
  int const x = 1 << (ilog2(k));
  return k < x + x/2;
}
```

数组中的任一元素 $a[k]$ 在另一个堆中都有一个对称的元素, 称为 $a[k]$ 的对偶元素. 如果 k 属于右子树, 则它在左子树中的对偶元素为 $k - 2^{\lfloor \log_2 k \rfloor - 1}$. 如果 k 属于左子树, 则它在右子树中的对偶元素为 $k + 2^{\lfloor \log_2 k \rfloor - 1}$. 下面的两个函数就是返回实参的对偶元素.

```cpp
int buddy_in_min_heap(int k)    //前提: k 在大顶堆中
{
    return k - (1 << (ilog2(k)-1));
}

int buddy_in_max_heap(int k)    //前提: k 在小顶堆中
{
    return  (k + (1<< (ilog2(k)-1)));
}
```

给定数组 $a[2,n]$ 左子树中的元素 k, 如果其对偶元素 d 已经大于 n, 则重新定义 k 的对偶元素为 d 的父节点 $d/2$. 例如在图 5.8 中 04, 06 与 07 的对偶元素均是 60.

定义 5.3 (双顶堆) 称数组 $a[1,n]$ 为双顶堆, 如果其左子树中的元素形成小顶堆, 右子树中的元素形成大顶堆, 并且左子树中的叶节点小于等于其在右子树中的对偶节点.

换句话说, $a[1,n]$ 为双顶堆的充要条件为从 $a[2]$ 出发, 沿着任一路径下降到左子树的叶

节点 y, 然后转到 y 在右子树的对偶节点 d, 再从 d 出发上升至 $a[3]$, 沿途所经过的节点为单调增序列. 在图 5.8 中从 $a[2]$ 出发到达 $a[3]$ 的全部 3 条路径为: ① 2, 4, 6, 60, 80; ② 2, 4, 7, 60, 80; ③ 2, 8, 50, 80. 它们都是单调增序列. 双端堆的最小元素一定是 $a[2]$, 最大元素一定是 $a[3]$.

向双顶堆中添加元素, 首先需要判断到底是添加到小顶堆, 还是添加到大顶堆. 参见图 5.9, 假设 $a[1, n-1]$ 为双顶堆, $a[n]$ 为新添加的元素.

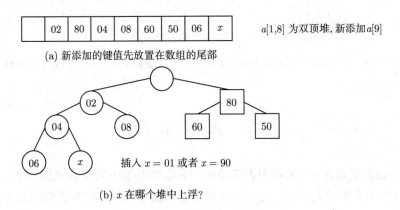

(a) 新添加的键值先放置在数组的尾部

(b) x 在哪个堆中上浮?

图 5.9 双项堆的添加

当添加 $x = 01$ 时, 只需将 01 在小顶堆中上移. 当添加 $x = 90$ 时, 需要将 90 与其对偶 60 交换, 然后将 90 在大顶堆中上移.

从双顶堆中删除元素 (删除最小元素或者最大元素), 通常是用数组最后一个元素覆盖被删除元素, 然后将其重新调整为双顶堆. 以删除最小元素为例. 假设 $a[1, n]$ 原本为双端堆, 只是最小元素 $a[2]$ 的值被修改了, 这时需要将其重新调整为堆. 过程如下: 首先将 $a[2]$ 在小顶堆中下移, 如果下移结束时没有到达叶节点, 则 $a[1, n]$ 已经是双顶堆了; 否则, 下移到达小顶堆的叶节点 p, 则需要考虑 $a[p]$ 在大顶堆中的对偶 $a[d]$, 如果 $a[p] > a[d]$, 则需要将它们两个的值进行交换, 然后将 $a[d]$ 在大顶堆中上移. 删除极小元素的运算包含在小顶堆中下移和在大顶堆中上移两个操作. 删除最大元素的运算大同小异, 先在大顶堆中下移, 然后可能需要在小顶堆中上移. 只是在处理大顶堆到小顶堆对偶元素的边界条件时略微复杂一些. 具体的实现留给读者.

可以将数组看成完全 d 叉树. 称满足堆性质的完全 d 叉树为 d **叉堆**. 图 5.10 是具有 15 个元素的极小三叉堆数组以及逻辑上与之对应的完全三叉树.

下移运算需要在 $d+1$ 个元素中选择最小值, 它需要 d 次比较. 所以 pop 操作的工作量为 $d \log_d n$, push 操作的工作量为 $\log_d n$, 其中 n 为 d 叉堆中元素个数. 和二叉堆比较, push 操作的工作量减少了, 而 pop 操作的工作量增加了. 所以只有当 push 操作的次数明显多于 pop 操作时, d 叉堆才有优势, 否则还是二叉堆的性能要好一些.

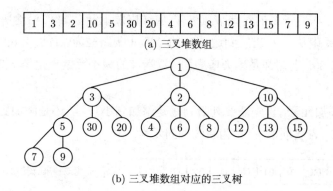

(a) 三叉堆数组

(b) 三叉堆数组对应的三叉树

图 5.10　具有 15 个元素的极小三叉堆树组以及逻辑上与之对应的完全三叉树

5.2　置 换 选 择

在前面介绍的数组堆中, 从堆中删除最小元素意味着堆中的元素减少一个. 在某些特别的情况下, 堆中元素个数是固定不变的. 从堆中删除最小元素, 需要用堆外面的另外一个元素将最小元素置换出来. 在磁盘文件排序问题中会出现这种情况, 称这样的选择问题为置换选择. 由于置换选择问题是数组堆的特例, 所以完全可以用上面的数组堆的下移 (shiftdown) 操作实现. 但是一次 Williams 下移操作的键值比较次数的上界是树的高度的二倍. 下面介绍的败者树方法使得一次 shiftdown 操作的键值比较次数等于树的高度.

考虑由 n 个运动员参加的淘汰赛. 它需要 $n-1$ 场比赛决出冠军. $n-1$ 场比赛结束后冠军扬长而去, 这时又来了一位新运动员, 如果再要决出新的冠军, 不必再来 $n-1$ 场比赛, 而只需要将原冠军的比赛过程让新来的运动员重新来一遍就可以了.

如何记录比赛过程实现上面的想法? 首先想到用数组记录每场比赛的赢者编号, 称这个数组为赢者树, 记为 wn. 将赢者树数组看作完全二叉树. 考虑由 10 位运动员 $w_0, w_1, \cdots, w_9$ (其中 $w_0 = 1.0, w_1 = 4.0, w_2 = 7.0, w_3 = 2.0, w_4 = 5.0, w_5 = 8.0, w_6 = 0.0, w_7 = 3.0, w_8 = 6.0, w_9 = 9.0$) 参加的淘汰赛以及对应的赢者树. 由于 w_6 的值最小, 它是这场比赛的冠军, wn[1] 总是存放冠军的编号. 图 5.11 为这场比赛的赢者树.

更好的方法是记录比赛过程中的败者. 毕竟冠军离开后, 新来的运动员需要和原来的败者重新比赛. 图 5.12 是同一场比赛的败者树. ls[0] 存放最后的败者 (也就是冠军) 的编号. w_6 节点到根节点 ls[1] 路径上的运动员 7,8,0,3 就是原来冠军的比赛对手. 冠军离去后新来者 x 依次和 7,8,0,3 号运动员进行比赛. 如果 x 全部获胜, 则 x 就是新来的冠军. 如果 x 战胜 7 号而输给 8 号, 则将 8 号运动员当作新来者继续比赛. 有了败者树, 置换选择的基本操作 replacement 的实现就容易了.

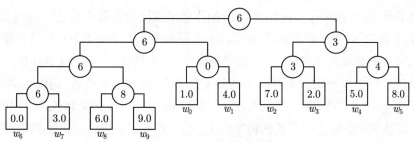

(a) 赢者树的逻辑示意图

数组下标	0	1	2	3	4	5	6	7	8	9
赢者树数组(wn)		6	6	3	6	0	3	4	6	8
工作区数组(w)	1.0	4.0	7.0	2.0	5.0	8.0	0.0	3.0	6.0	9.0

(b) 赢者树与工作区数组

图 5.11　一场 10 人比赛的赢者树

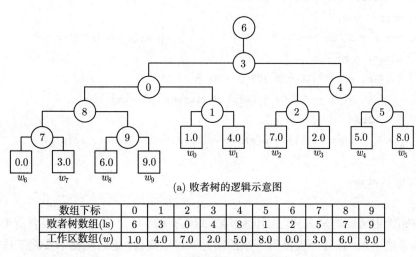

(a) 败者树的逻辑示意图

数组下标	0	1	2	3	4	5	6	7	8	9
败者树数组(ls)	6	3	0	4	8	1	2	5	7	9
工作区数组(w)	1.0	4.0	7.0	2.0	5.0	8.0	0.0	3.0	6.0	9.0

(b) 败者树与工作区数组

图 5.12　一场 10 人比赛的败者树

```
int const SIZE = 10;              //工作区大小
T    wa[SIZE];                    //工作区，T为数据类型
int ls[SIZE];                     //败者树
void replacement(T const v)       //用v覆盖工作区中的最小值，更新败者树
{
    wa[ls[0]] = v;
    for(int p = (SIZE + ls[0])/2; p > 0; p /= 2)
        if(wa[ls[p]] < wa[ls[0]])    std::swap(ls[0], ls[p]);
}
```

假设工作区的大小为 n. replacement 操作的键值比较次数不超过 $\lceil \log_2 n \rceil$. 数据在工作区中从不移动. 所以败者树方法比 Williams 下移算法或者 Floyd 下移算法都要高效.

败者树需要初始化后才能使用, 需要事先进行 $n-1$ 场比赛, 记录比赛结果. 一个变通的方法是先将工作区中变量均赋值类型 T 的负无穷大值 (绝对的最小值, 超级运动员), 败者树赋值为 $0, 1, \cdots, n-1$ 的任意一个排列. 然后调用 replacement 函数将工作区中的负无穷大置换出来. 这些调用顺便也将败者树初始化了. 另一种方法是先给工作区填充正常的值, 而给败者树赋一个特别的初值, 比如说 -250. 想象在工作区中有一位超级运动员 $w[-250]$, 他可以击败所有其他人. 然后将工作区的值添加进败者树. 由于新添加的值与 $w[-250]$ 相比都会是败者, 所以败者树中的 -250 将被全部替代. 由此得出构建败者树的函数.

```
void build_loser_tree(void)                    //工作区已经赋值，仅构建败者树
{
    std::fill(ls, ls + SIZE, -250);
    int winner = 0;
    for(int n = SIZE; --n >= 0;   ) {          //将 wa[n] 添加到败者树中
        winner = n;
        for(int p = (SIZE + n)/2; p > 0; p /= 2)
            if(ls[p] == -250) { ls[p] = winner;   break; }
            else
                if(w[ls[p]] < w[winner])  std::swap(winner, ls[p]);
    }
    ls[0] = winner;
}
```

败者树销毁也需要特别关注. 工作区和败者树总保持有 n 个元素, 需要有新来的元素将其最小元素置换出来, 总有一天没有外来的新元素可以提供, 这时仍然需要将工作区中的元素按照其大小输出. 一种方法是将工作区的元素排序即可, 还有一种方法是用类型 T 的正无穷大 (绝对的最大值, 最弱的运动员) 值将工作区元素置换出来.

5.3   左堆与斜堆

上节讨论了数组实现的堆, 其优点是堆操作的复杂度控制在 $O(\log n)$ 之内, 但是将两个数组堆合并为一个堆的代价是非常高的, 数组堆也不容易实现减码操作. 用树或者二叉树实现的堆是专门为解决这两个问题而提出的. 首先介绍用二叉树实现的堆.

定义 5.4 (二叉树堆)   称一棵二叉树为 (二叉树) 堆, 如果其任意一个节点的键值都大于等于其父节点的键值 (如果其父节点存在).

二叉树为堆的充分必要条件是从根节点到所有叶节点路径上的节点的键值是单调增的,

所以二叉树堆的根一定具有最小的键值.

二叉树堆的基本操作为将两个堆合并. 事实上二叉树堆的几乎所有操作都是用堆合并实现的. 一个简单的算法是将根节点较大的堆合并到较小堆的右子树中. 其递归描述为

```
Bnode* merge(Bnode* a, Bnode* b)
{    //二叉树堆简单合并算法. a, b 为两个二叉树堆的根节点指针
                            //返回合并后的二叉树根节点
    if(b->value_ < a->value_) std::swap(a,b);    //a节点的键值较小
    if(a->rc_ == 0)           a->rc_ = b;
    else                      a->rc_ = merge(a->rc_, b);
    return a;
}
```

合并操作在概念上是非常简单的, 图 5.13(a) 与图 5.13(b) 的合并结果如图 5.13(c) 所示.

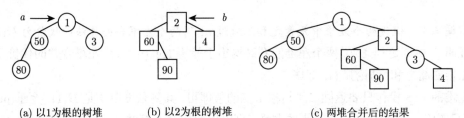

(a) 以1为根的树堆   (b) 以2为根的树堆   (c) 两堆合并后的结果

图 5.13　二叉树堆合并操作

定理 5.5　　假设两个二叉树堆 S, T 的右高分别为 h_S, h_T, 则两堆合并算法的代价为 $O(h_S + h_T)$.

定理的证明不难, 留给读者. 简单归并算法的代价与两棵二叉树的最右通零距离相关. 如果不对二叉树的形状作某种限制, 在极端的情况下两棵二叉树的所有元素都集中在最右通零路径上, 这时一次归并的时间复杂度为 $O(n)$, 其中 n 为两棵二叉树中元素之和. 为了使合并操作的复杂度降低, 希望二叉树的最右通零路径的长度是最短的, 而左树正好满足这个要求.

定义 5.6 (左堆)　称二叉树堆 T 为左堆, 如果 T 本身为左树. (关于左树见定义 4.19.) 为了保持二叉树节点的左树性质, 需要在二叉树节点中添加通零距离域.

```
struct Lnode {       //左树节点
    T value_;
    Lnode* lc_;
    Lnode* rc_;
    int nd_;         //节点的通零距离
};
```

将两个左堆合并为一个左堆, 其概念也是比较简单的. 先将根节点较大的左堆合并到根节点较小的左堆的右子树中, 然后根据通零距离将左、右子进行交换即可. 其递归描述为

```
Lnode* merge(Lnode* a, Lnode* b)
{
    if(a == 0) return b;
    if(b == 0) return a;
    if(b->value_ < a->value_)  std::swap(a,b);    //a节点键值较小
    if(a->lc_ == 0)    a->lc_ = b ;
    else {
        a->rc_ = merge(a->rc_, b);
        if(a->lc_->nd_ < a->rc_->nd_)  std::swap(a->lc_, a->rc_);  //左、右子交换
        a->nd_ = a->rc_->nd_ + 1;              //设置合并后二叉树根节点的通零距离
    }
    return a;
}
```

定理 5.7 假设两个左堆中元素之和不超过 n, 则两个左堆合并算法的代价为 $O(\log n)$.

证明 根据定理 4.20, 两个左堆的右高均小于等于 $\log_2(n+1)$. 左堆合并的代价正比于两个左堆右高之和. 结论显然. 证毕.

左堆的 top 操作只要返回二叉树根节点的值即可, 其复杂度应该是 $O(1)$. 至于 push(v) 操作, 只需将 v 看成只有一个节点的左堆. 可以用两堆合并算法实现, 其复杂度为 $O(\log n)$. 下面讨论减码操作. 根节点的值被减小后不必做任何调整. 在图 5.14 中当节点 9 的值被减小到 1 后, 直观的做法是将 1 向根节点方向移动到适当的位置, 直到重新满足堆性质. 在图 5.14 中上移的结果是路径 ③-④-⑨ 变成 ①-③-④. 但当事节点可能处在最左路径上, 而最左路径的长度可能很长, 这导致减码运算的复杂度可达到 $O(n)$.

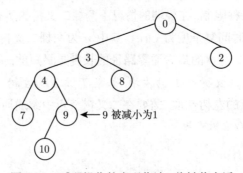

图 5.14 减码操作的直观作法: 将键值上浮

另一种方法是将当事节点从二叉树中剔除, 然后再将两个左堆合并. 问题是, 当从左堆中剔除一棵子树后, 可能会破坏左树的性质, 也会使得当事节点的祖先节点的通零距离发生变化. 下面是在左树中某个节点被删除后, 将其重新调整为左树的算法:

```
void rebuild(Lnode* root, Lnode* a)
{    //左树root中的一个节点 a 被删除了, 调整树形使得root仍然为左树
    int cd = 0;                  //当前节点的通零距离
    while(a != root) {
        p = a的父节点;
        if(p->nd_ <= cd)   break;
        p->nd_ = cd++;
        if(a是p的左子)   std::swap(p->lc_, p->rc_);
        a = p;
    }
}
```

算法的正确性证明留给读者. 注意上面算法中循环的不变量 cd 为子树 p 的通零距离. 算法代价正比于 while 循环的执行次数.

定理 5.8　假设左树 H 中包含 n 个节点, 上面算法中循环执行次数 $k \leqslant \log_2 n$.

证明　假设上面算法中循环执行了 k 次. 假设依次调整的节点为 $p_1, \cdots, p_k$, 其中 p_1 为 a 的父节点, p_{i+1} 为 p_i 的父节点. p_1 的通零距离为 1, p_k 的通零距离为 k. 则以 p_k 为根的子树至少包含 $2^k - 1$ 个节点. H 中有 n 个节点, 删除一棵子树后最多包含 $n - 1$ 个节点. 所以 p_k 最多有 $n - 1$ 个节点, 即 $2^k - 1 \leqslant n - 1$. 证毕.

总结一下, 左堆的添加、删除以及减码运算都是用合并操作实现的, 其复杂度是 $O(\log n)$. 在具体左堆的实现中, 每个节点都记录其通零距离的 nd 域. 为了保持左堆性质需要付出一定的代价. 研究表明随机生成的二叉树高度的数学期望是 $O(\log n)$. 这就启发我们可以去掉节点中的 nd 域. 当两个堆 a, b (a 的键值较小) 合并时, 可以等概率地随机生成 $\{0,1\}$. 当随机数为 0 时将 b 与 a 的左子树合并; 当随机数为 1 时, 将 b 与 a 的右子树合并. 这种方法的效果可能是非常好的, 但是在理论上合并的复杂度仍为 $O(n)$. 因为虽然概率很小, 但是连续出现 n 个 1 的概率还是存在的. 这时堆的右路径会很长, 最好能有一种确定性的策略, 它既有类似随机的效果, 又可以从理论上得到满意的结论, 这样的策略是有的, 它就是下面要介绍的斜堆 (skew heap). 斜堆是在左树的基础上利用平摊复杂度的理论发展而来的.

a, b 两左堆合并, 将 b 合并到 a 的右子后, 还要根据左、右子的通零距离大小决定是否要交换 a 的左、右子. 斜堆合并策略是指无条件地交换 a 的左、右子.

定义 5.9 (斜堆合并策略)　欲将两个二叉树堆 a, b (a 的键值较小) 合并, 先将 b 与 a 的右子树合并, 然后将 a 的左、右子树进行交换.

按照次策略合并的堆称为斜堆. 斜堆合并算法的递归描述是

```
Bnode* skew_merge(Bnode* a, Bnode* b)          //斜堆合并算法, 返回合并后堆的根节点
{
    if(a == 0)        return b;
```

```
if(b == 0)          return a;
if(b->value_ < a->value_)  std::swap(a ,b);      //a节点的键值较小
a->rc = skew_merge(a->rc, b);
std::swap(a->rc_, a->lc_);                         //交换左、右子
return a;
}
```

图 5.15 所示为斜堆合并.

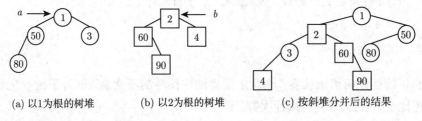

(a) 以1为根的树堆   (b) 以2为根的树堆   (c) 按斜堆分并后的结果

图 5.15 斜堆合并

减码操作也是用合并实现的, 只需要将当事节点的子树从二叉树中删除, 然后将两棵二叉树按照斜堆合并算法合并即可. 斜堆对二叉树的形状没有限制. 一次操作的复杂度应该为 $O(n)$. 下面分析斜堆操作的平摊复杂度.

定义 5.10 (右派节点、中左派节点)   称二叉树中节点 p 为右派节点, 如果 p 的右子树中的节点个数 (严格) 大于 p 的左子树中节点个数. 否则称 p 为中左派节点.

引理 5.11   设 T 为一棵包含 n 个节点的二叉树, 则:

① T 的最右通零路径上的中左派节点个数不超过 $\log_2(n+1)$;

② 将 T 中的某棵子树剔除, 将导致一些节点的派系变化, 剔除一棵子树后, 右派节点的增加数目不超过 $\log_2(n+1) - 1$.

证明   先证明第二个结论. 将某个节点 a 删除后只会导致 a 的祖先节点的派系变化. 设删除 a 后依次导致 $p_1, p_2, \cdots, p_k$ 由中左派节点变为右派节点. 只有在其左子树中删除节点才能导致节点由中左派变为右派, 所以节点 a 包含在 p_1 的左子树中, p_i 包含在 p_{i+1} 的左子树中. 令 C_i 为删除节点 a 后以 p_i 为根节点的子树中包含的节点数目. p_1 为右派节点, 其右子树中至少包含一个节点, 所以 $C_1 \geqslant 2$. p_1 包含在 p_2 的左子树中并且 p_2 为右派节点, 所以 $C_2 \geqslant 6$. 一般有

$$C_{i+1} \geqslant 2C_i + 2$$

容易得到 $C_i \geqslant 2^{i+1} - 2$. 这样以 p_k 为根的子树至少包含 $2^{k+1} - 2$ 个节点. 原树 T 中包含 n 个节点, 至少删除了一个节点, 所以 $2^{k+1} - 2 \leqslant n - 1$, 从而得到 $k \leqslant \log_2(n+1) - 1$.

用同样的方法容易证明: 如果二叉树 T 最右通零路径上有 k 个中左派节点, 则 T 至少包含 $2^k - 1$ 个节点, 从而得到第一个结论. 证毕.

对于二叉树的集合, 引入势函数

$$\Phi = 集合中所有二叉树的右派节点的数目之和$$

有下面的结论.

引理 5.12　假设 H_1, H_2 为两棵非空二叉树, H 为 H_1, H_2 按照斜堆合并策略合并后的二叉树, 则

$$C + \Delta\Phi \leqslant 4\log_2 n$$

其中 n 为 H 中节点个数, C 为两堆合并的代价. 而 $\Delta\Phi$ 是 H 对应的势函数与 $\{H_1, H_2\}$ 对应的势函数之差.

证明　令 h_i 为 H_i 的右高, 显然 $C = h_1 + h_2$. 令 r_i 为 H_i 最右通零路径上右派节点个数, l_i 为 H_i 最右通零路径上中左派节点个数, 有 $h_1 = l_1 + r_1$, $h_2 = l_2 + r_2$. 两个堆合并后, 只有 H_1, H_2 最右通零路径上的节点的派系可能改变, 其他节点的派系不变.

设 R 是 H_1 或者 H_2 中最右通零路径上的一个右派节点. H_1, H_2 合并是先在 R 的右子树中添加了一些节点, 这使得 R 更加偏右. 然后 R 的左右子交换, 从而合并后 R 一定变成中左派节点. 合并前 H_1, H_2 的最右通零路径上共有 $r_1 + r_2$ 个右派节点. 合并后这些右派节点全部变成了中左派节点. 右派节点减少了 $r_1 + r_2$ 个.

考虑 H_1 和 H_2 中最右通零路径上的一个中左派节点. 与上面的推理相同, 易知合并后最多增加了 $l_1 + l_2$ 个右派节点. 所以有 $\Delta\Phi \leqslant l_1 + l_2 - r_1 - r_2$. 从而

$$C + \Delta\Phi \leqslant 2(l_1 + l_2)$$

H_i 中节点数目不超过 $n-1$. 根据上面的引理 5.11 得到 $l_i \leqslant \log_2 n$, 从而得到结论. 证毕.

引理 5.13　斜堆 H 经过 decrease_key 操作后变为 H', 则

$$C + \Delta\Phi \leqslant 5\log_2 n$$

其中 C 为 decrease_key 的代价.

证明　decrease_key 操作先将节点 a 从 H 中剔除, 然后再将 H 与 a 合并. 节点剔除操作可以在 $O(1)$ 时间内完成. 而在分析平摊复杂度时常数的工作量可以忽略. 可以用 H 与 a 合并的代价作为 decrease_key 的代价. 根据引理 5.11, 将 a 从 H 中剔除, 导致势函数的变化不超过 $\log_2(n+1) - 1$. 再利用引理 5.12, 有

$$C + \Delta\Phi \leqslant \log_2(n+1) - 1 + 4\log_2 n \leqslant 5\log_2 n$$

证毕.

根据引理 5.12 与引理 5.13 不难得出下面的两个结论.

定理 5.14　假设 $\mathbb{H}$ 为二叉树堆的集合, n 为 $\mathbb{H}$ 中二叉树堆所有节点数目总和. $O_0, \cdots, O_{M-1}$ 为由合并和减码操作组成的任意序列. 当这串序列施加在 $\mathbb{H}$ 中的二叉树堆上时, 只要 $M = \Omega(n/\log n)$, 则一次操作的平摊复杂度为 $O(\log n)$.

定理 5.15 由空的斜堆开始, 对其做了 n 次 push 操作、p 次 pop 操作、d 次减码操作, 则一次操作的平摊复杂度为 $O(\log n)$.

5.4 二项式堆与 Fibonacci 堆

一般的树亦可以用来实现堆. 如果树中任一节点的值都大于等于其父节点 (如果父节点存在) 的值, 我们就称为树堆.

定义 5.16 (二项树) 零阶二项树 B_0 仅有一个节点. k 阶二项树的根节点有 k 个孩子, 它们分别是 $B_0, B_1, \cdots, B_{k-1}$.

图 5.16 是 B_0, B_1, B_2, B_3 的示意图. B_k 包含 2^k 个节点, 其高度为 $k+1$.

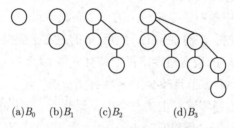

(a)B_0 (b)B_1 (c)B_2 (d)B_3

图 5.16 B_0, B_1, B_2, B_3 的示意图

定义 5.17 (二项堆) 称一个二项树的集合为二项堆, 如果集合中的每一棵二项树均是树堆, 并且这些二项树的阶互不相同.

图 5.17 是一个包含 $13(= 1101_2)$ 个节点的二项堆.

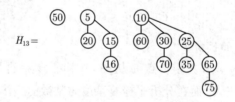

图 5.17 包含 13 个节点的二项堆

二项堆的合并基础是将两棵同阶二项树进行合并, 合并的结果为高一阶的二项树, 例如两棵 1 阶二项树可以合并为一棵 2 阶二项树, 如图 5.18 所示.

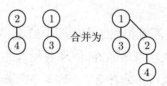

图 5.18 两棵 1 阶二项树可以合并为一棵 2 阶二项树

两个二项堆合并是指将各自堆中相同阶的二项树进行合并. 将包含 $6(= 110_2)$ 个元素和 $7(= 111_2)$ 个元素的两个二项堆进行合并, 生成包含 $13(= 1101_2)$ 个元素的二项堆, 如图 5.19 所示.

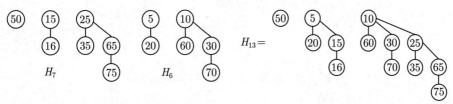

(a) 包含 6 个元素的二项堆　　(b) 包含 7 个元素的二项堆　　(c) 生成的包含 13 个元素的二项堆

图 5.19　将包含 6 个元素和 7 个元素的两个二项堆进行合并, 生成包含 13 个元素的二项堆

在 n 个元素的二项堆中找最小元素, 只需在其中二项树的根中找最小元素, 其复杂度为 $O(\log n)$. 向二项堆中添加一个元素相当于一个特殊的合并. 删除最小元素操作也相当于一次合并, 合并的复杂度为 $O(\log n)$. 所以二项堆的所有操作其复杂度均为 $O(\log n)$. 在二项堆中也可以实现减码操作, 但是不能将当事节点从二项树中直接删除, 只能将节点上移.

有一些方法可以提高二项堆的性能, 例如延迟归并技术. 当向二项堆中添加元素时, 并不是将它马上归并, 而是仅将这个元素放置在二项堆中, 这样就使得 push 运算的复杂度为 $O(1)$. 只有在 pop 运算时才将堆中的树归并, 使其成为二项堆, 这样 pop 运算的复杂度就是 $O(n)$. 但是可以证明, 其平摊复杂度仍然为 $O(\log n)$.

定义 5.18 (Fibonacci 堆、严格 Fibonacci 堆) 称一个森林为 Fibonacci 堆, 如果森林中的所有树均是树堆. 称一个 Fibonacci 堆为严格的, 如果森林中树的根节点的度互不相同. 为方便起见, 称 Fibonacci 堆中树的根节点的度为树的阶. 将一个 Fibonacci 堆整合成严格的 Fibonacci 堆的操作, 称为 Fibonacci 堆的归并.

Fibonacci 堆对森林中的树不像二项堆那样要求严格. 图 5.20 是一个由 4 棵树组成的 Fibonacci 堆.

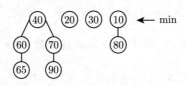

图 5.20　一个由 4 棵树组成的 Fibonacci 堆

为了使得 top 运算的复杂度为 $O(1)$, 需要设置一个变量 min 指向最小的节点. push 操作向 Fibonacci 堆中添加一个节点, 仅需要将这个节点添加到集合中即可. 例如向上面的堆中添加键值为 9 的节点, 如图 5.21 所示, push 运算的复杂度也是 $O(1)$.

Fibonacci 堆的 pop 操作是指将最小值节点删除, 然后将其归并为严格的 Fibonacci 堆. 实现归并操作的基本运算是将两棵同为 r 阶的树合并为 $r+1$ 阶的树. 合并运算只需将根节点较大的树嫁接到根节点较小的树下面, 使根节点较大的树作为其孩子即可. 图 5.22 是将两个 1 阶树合并为一个 2 阶树的例子.

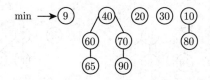

图 5.21 添加了键值 9 的 Fibonacci 堆

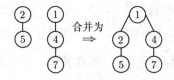

图 5.22 Fibonacci 堆中两个同阶树的合并

设待归并的堆为 H, 归并后的严格 Fibonacci 堆为 H'. Fibonacci 堆归并操作的实现如下.

① 将 H' 设置为空堆.

② 依次将 H 中的树添加到 H' 中. 假设将要添加的树 T 为 r 阶.

    a. 如果 H' 中不包含 r 阶子树, 只需要将 T 放置到 H' 中即可.

    b. 假设 H' 已经包含阶为 $r, r+1, \cdots, r+p-1$ 的子树, 不包含阶为 $r+p$ 的子树, 则先将 T 放置到 H' 中, 然后将 T 与 H' 中的 r 阶树合并为 $r+1$ 阶树, 再将其与原 H' 中 $r+1$ 阶树合并为 $r+2$ 阶树, $\cdots$, 最后将两棵 $r+p-1$ 阶树合并为 $r+p$ 阶树. 经过这样的 p 次合并后, H' 中原来的 $r, r+1, \cdots, r+p-1$ 阶子树全部消失, 新增加了一棵 $r+p$ 阶树.

实现归并操作的基本原语是放置和合并. 有如下结论.

定理 5.19   假设某个 Fibonacci 堆 H 中包含 t 棵树, 这些树的阶分别记为 r_j $(j = 1, \cdots, t)$. 令 $N = \sum_{j=1}^{t} 2^{r_j}$, 则将 H 按上面的方法归并为严格 Fibonacci 堆需要 t 次放置操作、$t - \mathrm{pop}(N)$ 次合并操作. 令 N 的二进制表示是 $N = \sum_{k=0}^{\infty} n_k 2^k$. 如果 n_k 为 1, 则 H' 中就存在一棵阶为 k 的子树. 归并后的严格堆 H' 中有 $\mathrm{pop}(N)$ 棵树, 其中 $\mathrm{pop}(N)$ 为 N 的二进制表示中 1 的个数.

证明   将阶为 r 的子树看作数 2^r, 将其合并到 H' 中完全类似于二进制数的加法. 可以对 t 作数学归纳法严格证明. 具体证明留给读者. 证毕.

将图 5.21 中的堆归并为严格的 Fibonacci 堆的可能结果见图 5.23, 其中加下划线的节点叫作被标记节点, 它与归并操作无关, 是在下面的减码运算中需要用到的.

减码操作将某个节点的值减小. 当被减小的节点为树的根节点时, 减码运算是非常简单的, 只需判别是否需要修改 min 变量的值. 当被减小的节点不是某棵树的根节点时, 不能将其沿着其父节点的路径上移, 因为 Fibonacci 堆中的树的高度可能很大. 一个简单的实现是将节点从树中剔除, 然后将其作为一棵子树加入 Fibonacci 堆中. 但是在分析运算的平摊复杂度时, 这样简单的策略得不到所期望的结果. 问题的关键是这样会使 k 阶树中的节点个数变得太少. 在二项堆中, k 阶二项树的节点个数一定是 2^k 个. 类似的性质在 Fibonacci 堆中仍然需要保持. 即需要一种剔除方法, 使得 Fibonacci 堆中的 k 阶树的节点个数仍然能够达到 c^k $(c > 1)$ 数量级. 正确的剔除方法是所谓的上溯联动剔除法: 将减码节点从其父节点中剔除, 将其作为独立的树添加到森林中. 但是每个节点最多只能被剔除一棵直接子树. 当需要剔除其第二棵子树时, 将这个节点本身也从其父节点中剔除, 并且将其作为独立的树添加到森林中.

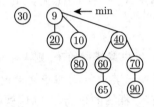

图 5.23 图 5.21 中堆合并后的严格 Fibonacci 堆

为实现上溯联动剔除法, 需要给每个节点加上标记, 表示这个节点是否有直接子树被剔除. 约定森林中树的根节点都不加标记. 例如在图 5.23 中, 带下划线的节点是被标记的节点, 表示已经有一棵子树被剔除. 如果在图 5.21 中 90 节点的值被修改为 5, 上溯联动剔除法得到的结果如图 5.24 所示.

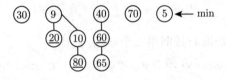

图 5.24 上溯联动剔除法得到的结果

总结一下 Fibonacci 堆的运算. push 操作首先需要将新节点放在森林中, 然后更新 min 索引即可, 其复杂度为 $O(1)$. pop 操作需要将最小节点删除, 然后将堆合并为严格的 Fibonacci 堆. 如果连续进行 n 个 push 操作后紧跟一个 pop 操作, 则这个操作的复杂度是 $O(n)$. decrease_key 操作需要做上溯联动剔除. 上溯联动剔除法的复杂度与树的高度有关. 可以设计一组操作序列, 使得 Fibonacci 堆中树的高度为 $n - 1$. 所以 Fibonacci 堆的 decrease_key 运算的复杂度为 $O(n)$, 其中 n 为堆中节点个数. 下面分析 Fibonacci 堆 3 个操作的平摊复杂度.

引理 5.20 假设 Fibonacci 堆中节点 X 的度为 k. X 的 k 棵子树按照嫁接到 X 上的次序记为 $C_1, \cdots, C_k$, 则 C_1 的阶至少为 0 阶, C_i $(2 \leqslant i \leqslant k)$ 的度大于等于 $i-2$.

证明 所有节点的度至少为 0, 只需证明 C_k 的度至少为 $k-2$. 当 C_k 被嫁接到 X 上时, 因为只有同阶的树才能合并, 所以 X 和 C_k 的度均为 β. 由于当时 X 至少包含 $C_1, \cdots, C_{k-1}$ 个孩子, 所以 $\beta \geqslant k-1$. 但是以后 C_k 可能失去一棵子树 (如果失去更多的子树, C_k 就被从 X 中剔除). 所以 C_k 的度至少为 $k-2$. 证毕.

定理 5.21 Fibonacci 堆中度为 k 的节点的子树中至少包含 f_{k+2} 个节点, 其中 f_{k+2} 为第 $k+2$ 个 Fibonacci 数.

证明 令度为 k 的节点的子树至少包含 N_k 个节点. 显然 $N_0 = 1, N_1 = 2, N_2 = 3$. 而当 $k > 2$ 时, 有

$$N_k = 1 + N_0 + N_0 + N_1 + \cdots + N_{k-3} + N_{k-2} = N_{k-1} + N_{k-2}$$

显然有 $N_k = f_{k+2}$. 证毕.

推论 5.22 设 k 为 Fibonacci 堆中某棵树的阶, 则 $k \leqslant \log_\phi n$. 设 t 为某个严格 Fibonacci 堆中树的个数, 则 $t \leqslant \log_\phi(n+2) - 1$, 其中 n 为堆中元素的个数, $\phi = (1 + \sqrt{5})/2 \approx 1.618$.

证明 如果 Fibonacci 堆中有一棵树的阶为 k, 则这棵树中至少包含 f_{k+2} 个节点, 而堆中只有 n 个节点, 所以 $\phi^k \leqslant f_{k+2} \leqslant n$. 两边取对数就得到第一个结论. 假设严格 Fibonacci 堆中 t 棵树的阶为 $0 \leqslant r_1 < r_2 < \cdots < r_t$, 则

$$n \geqslant f_{r_1+2} + \cdots + f_{r_t+2} \geqslant f_2 + f_3 + \cdots + f_{t+1} = f_{t+3} - 2$$

这里用到了 Fibonacci 数列下面的性质:

$$f_0 + f_1 + \cdots + f_k = f_{k+2} - 1$$

有 $\phi^{t+1} \leqslant f_{t+3} \leqslant n+2$, 两边取对数即第二个结论. 证毕.

定理 5.23 从空的 Fibonacci 堆开始, 对其做了 n 次 push 操作、p 次 pop 操作、d 次减码操作, 则一次减码操作的平摊复杂度为 $O(1)$; 如果 $p = \Omega(n/\log n)$, 并且 $p = \Omega(d/\log n)$, 则一次 pop 操作的平摊复杂度为 $O(\log n)$.

证明 记连续的 M 次操作为 $O_0, \cdots, O_{M-1}$, 其中有 n 次 push 操作、p 次 pop 操作、d 次 decrease_key 操作, $n + p + d = M$. 不妨假设 $O_{j_1}, O_{j_2}, \cdots, O_{j_d}$ 为减码操作. 令势函数

$$\Phi = \text{堆中加标记节点的个数}$$

下面考虑减码操作的代价以及它导致的势函数的变化. 假如对节点 a 的减码操作是依次将 $a, a_1, a_2, \cdots, a_k$ (a_j 是 a_{j+1} 的子树) 从子树中剔除, 并将其作为一棵独立子树放置在堆中. 每一个操作都可以在 $O(1)$ 时间内完成. 可以用 k 作为此次减码操作的代价, 即 $C = k$.

$a_1, a_2, \cdots, a_k$ 必然为加标记节点. 减码操作后这些节点的标记被取消. 减码操作还要将 a_k 的父节点 (如果父节点不是树的根节点) 加上标记, 有 $\Delta\Phi \leqslant -k + 1$, 也就是

$$C + \Delta\Phi \leqslant 1$$

push 操作不改变势函数, 即 $\Delta\Phi = 0$. pop 操作只会减少加标记节点, 即 $\Delta\Phi \leqslant 0$. 所以

$$\sum_{s=1}^{d} C_{j_s} + \Phi_M - \Phi_0 = \sum_{s=1}^{d} C_{j_s} + \sum_{j=0}^{M-1} \Delta\Phi_j \leqslant \sum_{s=1}^{d} C_{j_s} + \sum_{s=1}^{d} \Delta\Phi_{j_s} = \sum_{s=1}^{d} (C_{j_s} + \Delta\Phi_{j_s}) \leqslant d$$

由于 $\Phi_0 = 0, \Phi_M \geqslant 0$, 所以减码操作的平摊复杂度为

$$\frac{\sum_{k=1}^{d} C_{i_k}}{d} = O(1)$$

减码操作的平摊复杂度与减码操作的次数无关, 这是少有的情形. 下面讨论 pop 操作的平摊复杂度. 如果连续 n 次 push 操作后做一次 pop, 则这次 pop 操作的复杂度必然是 $\Theta(n)$, 减码次数太多也会导致 pop 操作的复杂度为 $\Theta(n)$, 参见本章习题 12. 要使得 pop 操作的平摊复杂度为 $O(\log n)$, 必须对 pop 和减码操作的次数有一定要求. 取势函数为

$$\Phi = \text{堆中树的个数 } T + \text{堆中加标记节点个数 } L$$

下面讨论 pop 操作的代价以及它导致的势函数的变化. pop 操作就是将堆合并为严格的堆的操作. 假设堆中有 T 棵树, 其中树 X 的根节点最小. 假设 X 有 k 个孩子. pop 操作将 $T - 1 + k$ 棵树归并为严格 Fibonacci 堆. 根据定理 5.19, 此次 pop 操作的代价为 $C = T - 1 + k$. 假设 pop 操作后严格 Fibonacci 堆中有 T' 棵树, 其中有 L' 个加标记节点, 即 $\Delta\Phi = T' + L' - T - L$. 由于 $L' \leqslant L$, 有

$$C + \Delta\Phi \leqslant T' + k$$

由于只做了 n 次 push 操作, 所以堆中节点个数不超过 n. 根据推论 5.22, 有

$$C + \Delta\Phi \leqslant T' + k \leqslant \log_\phi(n+2) - 1 + \log_\phi n \leqslant 2\log_\phi n \quad (n > 3)$$

对于 push 操作 $\Delta\Phi = 1$. 对于减码操作 $\Delta\Phi \leqslant 2$. 设在操作 $O_1, \cdots, O_M$ 中 $O_{i_1}, \cdots, O_{i_p}$ 为 pop 操作, 有

$$\sum_{s=1}^{p} C_{i_s} + \Phi_M - \Phi_0 = \sum_{s=1}^{p} C_{i_s} + \sum_{i=0}^{M-1} \Delta\Phi_i \leqslant n + 2d + \sum_{s=1}^{p} (C_{i_s} + \Delta\Phi_{i_k}) \leqslant n + 2d + 2p\log_\phi n$$

其中 $\Phi_0 = 0, \Phi_M - \Phi_0 \geqslant 0$. 得到 pop 操作的平摊复杂度为

$$\frac{\sum_{k=1}^{p} C_{i_k}}{p} \leqslant n/p + 2d/p + 2\log_{\phi} n$$

由于 pop 操作的次数 p 满足 $p = \Omega(n/\log n)$, 并且 $p = \Omega(d/\log n)$, 所以其平摊复杂度是 $O(\log n)$. 证毕.

实际应用中常见的情形是从空堆开始, 到空堆结束. 下面的推论最为常用.

推论 5.24 从空的 Fibonacci 堆开始, 对其做了 n 次 push 操作、n 次 pop 操作、d 次减码操作, 则一次减码操作的平摊复杂度是 $O(1)$. 如果 $d = O(n \log n)$, 则一次 pop 操作的平摊复杂度为 $O(\log n)$. 如果对减码操作的次数不做限制, 则一次 pop 操作的平摊复杂度为 $O(d/n + \log n)$.

5.5 配 对 堆

最后本章介绍配对堆. 从理论结果看, Fibonacci 堆几乎完美. 但是从具体实现上看, 它的节点类型巨大, 实现比较繁杂. 如果将 Fibonacci 堆看成森林, 用孩子兄弟法表示之. 为了能够在 $O(1)$ 时间内完成节点的添加、删除操作, 还需要将兄弟链表设置为双向链表. 上溯联动剔除法还需要知道节点的父节点. 此外还需要记录节点的阶, 是否被标记等. 所有这些使得 Fibonacci 堆中的节点比较庞大.

```
struct Fib_node {
    Fib_node* pt_; //指向父节点
    Fib_node* ns_; //指向下一个兄弟节点
    Fib_node* ps_; //指向上一个兄弟节点
    Fib_node* fc_; //指向第一个孩子节点
    int rank_;      //节点的阶, 即节点孩子的个数
    bool marked_;  //为 true 的充要条件是本节点有一个孩子被删除
    T value_;      //节点的值或者指向数据的指针
};
```

在 Fibonacci 堆中除 pop 运算外所有运算的复杂度都为 $O(1)$, 但是每一次运算的工作量都很大. 配对堆用一棵简单的树来表示堆, 不需要给每一个节点附加上其他信息. 其基本运算是将两个树堆合并为一个树堆. 这个合并操作是非常方便的, 只需要将较大的堆嫁接到较小的堆作为它的一个子树即可, 所以其复杂度为 $O(1)$. 减码运算只需要将当事节点从原树中剔除, 然后与原树合并即可. push 运算是指将只有一个元素的树与另一棵树合并. 所以减码运算与 push 运算的复杂度均为 $O(1)$. 而 pop 运算将树的根节点删除以后, 需要将根节点

的所有孩子节点合并为一棵树. pop 运算的工作量与待合并的树的个数成正比. 配对堆的关键是设计一个合并策略, 使得 pop 运算中待合并的子树个数不会太大, 从而降低 pop 运算的平摊复杂度. 较好的归并策略有两个.

多趟配对归并: 假定待归并的树为偶数棵 (如果是奇数棵, 可以在最后添加一棵虚拟的空树). 每一趟都是自左向右配对合并. 设待合并的树为 $c_1, \cdots, c_8$. 第一趟将 C_1, C_2 合并为 d_1, C_3, C_4 合并为 d_2, C_5, C_6 合并为 d_3, C_7, C_8 合并为 d_4. 第二趟将 d_1, d_2 合并为 e_1; 将 d_3, d_4 合并为 e_2. 第三趟将 e_1, e_2 合并为 e. e 为合并结果. 如图 5.25 所示.

两趟反向配对归并: 假定待归并的树为偶数棵 (如是奇数棵, 可以在最后添加一棵虚拟的空树). 首先自左到右将相邻的树配对归并, 然后将它们自右向左依次归并. 例如待归并的树为 $c_1, \cdots, c_8$. 第一趟将 c_1, c_2 归并为 d_1; 将 c_3, c_4 归并为 d_2; 将 c_5, c_6 归并为 d_3; 将 c_7, c_8 归并为 d_4. 第二趟将 d_4, d_3 归并为 e_1; 将 e_1, d_2 归并为 e_2; 将 e_2, d_1 归并为 e. e 为归并结果. 见图 5.26.

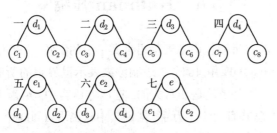

图 5.25　多趟配对归并

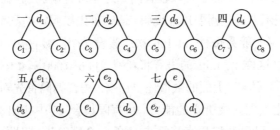

图 5.26　两趟反向配对归并

在以上的两个策略中都约定当两棵树归并时, 将较大的树嫁接为较小的树的第一个孩子. 关于配对堆的理论结果如下.

定理 5.25　在配对堆中, 如果使用两趟反向配对归并策略, 则 push, pop, decrease_key 操作的平摊复杂度为 $O(\log n)$. 如果使用多趟配对归并策略, 则一个操作的平摊复杂度为
$$O\left(\log n \frac{\log \log n}{\log \log \log n}\right).$$

这个结果显然没有 Fibonacci 堆的好. 注意 push, decrease_key 的实际复杂度为 $O(1)$, 但是平摊复杂度却增高了. 这表明在平摊时, pop 操作的一些工作量被转嫁到这两个操作上了.

上面定理的证明需要使用较为复杂的势函数, 此处略去. 虽然理论结果差一些, 但是实际上其速度要快还是要一些, 在多趟配对归并与两趟反向配对归并中, 似乎多趟配对归并形成的树的阶要小一些, 树的高度要大一些, 所以效果要好一些.

关于堆结构最后需要说明, 堆可以作为容器使用, 也可以作为索引使用. 上面介绍堆时总是认为将键值添加到堆中. 可以将堆想象为容器. 实际中 "选择" 操作只是总体任务的一小部分. 而数据在进行 "选择" 之前就保存在内存或外存中. 如果单个数据的体积庞大, 将数据复制到堆中将是费时的. 一个数据有两个拷贝也不利于数据的完整性. 在大部分情况下堆结构只是索引 (对最小值的索引), 通过这个索引可以找到最小值. 作为索引时, 堆中的元素通常指向键值的指针或者偏移量. 堆中的指针比较大小要被重定向为指针指向的键值的比较.

5.6 Huffman 压缩

在计算机中用定长的二进制位串来表示语言文字中的字符. ASCII 码用 8 个二进制位来表示英文中的字符. UNICODE 用 16 个二进制位来表示世界上的所有文字. 但是语言中字符的使用频率是不同的, 甚至相差是非常大的. 在西方语言中, 元音字符的使用频率相对较高. 经典名著《红楼梦》总共有七十多万字, 据说其中只出现 4 000 个左右不同的汉字. 其中宝玉、黛玉的 "玉" 字肯定是出现频率较高的. 在一篇文章中, 对出现频率高的字符以较短的二进制进行编码, 对出现频率低的字符以较长的二进制进行编码, 整篇文章的编码将会缩短.

在语音的计算机表示方面也需要压缩编码. 语音首先以固定的频率被采样, 得到 $s_1, \cdots, s_T$ 个实数. 采样的频率一般为每秒 44 100 次. 假设一个实数占用 4 字节, 如果直接存储采样得到的 T 个实数, 这样 20 min 的语音将耗费 $211\,680\,000 = 4 \times 20 \times 60 \times 44100$ 字节的计算机存储. 如果是立体声, 上面的数值还要加倍. 语音编码首先对每个实数进行量化处理. 所谓量化处理是指根据人类听觉的能力, 从有限集合 Γ 中找出对采样值 s_i 的近似表示. 经过量化处理后, 一段语音将是字符集 Γ 上的一个字符串. 问题可以归结为, 给定字符串 $s = s_1 s_2 \cdots s_n$, 记 $\Gamma = \{c_1, \cdots, c_m\}$ 为字符串 s 中出现过的所有字符的集合. 给字符集 Γ 中的每一个字符一个二进制编码, 使得字符串 s 的二进制编码的长度最短. 设字符 c_i 的二进制编码长度为二进制 l_i 位. 令 w_i 为字符 c_i 在字符串 s 中出现的次数, 则 s 的二进制编码总长度为

$$L = l_1 w_1 + \cdots + l_m w_m \tag{5.1}$$

显而易见的编码方式为给 Γ 中的字符一个等长的二进制编码. ASCII 编码、UNICODE 编码都是等长编码. 等长编码的好处是标准简单, 容易解码. 缺点是当字符集 Γ 中的元素个数不是 2 的幂时会产生浪费. 对于给定的字符串 s, 等长编码也不能保证公式 (5.1) 中的 L 达

到最小.

在考虑对字符进行不等长编码时, 需要编码具有无前缀性质. 所谓无前缀性质是指任何一个字符的编码都不是另外一个字符编码的前缀. 一个不正确的编码如 $a = 0, b = 01, c = 001$, 则二进制串 0001 可以翻译为 aab 或者 ac, 从而引起异义.

事实上任何一个无前缀编码都可以由一棵扩充的二叉树来表示. 在这种表示下, 二叉树的扩充节点对应一个字符. 字符的编码由二叉树根节点到扩充节点的路径表示. 不仅如此, 如果将字符在字符串中的出现次数作为扩充节点的权值, 则这棵二叉树的加权外部路径长度 (WPL) 就是字符串的二进制表示的长度. 举一个人为的例子. 假设 $\Gamma = \{a, b, c, d\}$, $s = abaabcd$. 如果用等长的编码, 则每个字符需要 2 个二进制位. 这时 s 的编码长度为 $2 \times 7 = 14$ 个二进制位. 如果使用图 5.27 中扩充二叉树所决定的无前缀编码, 则 $s = 0110011100101$. s 的编码长度为 13.

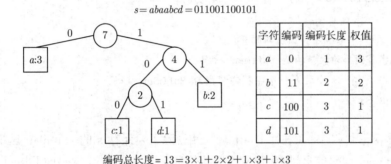

$$s = abaabcd = 0110011100101$$

字符	编码	编码长度	权值
a	0	1	3
b	11	2	2
c	100	3	1
d	101	3	1

编码总长度 $= 13 = 3 \times 1 + 2 \times 2 + 1 \times 3 + 1 \times 3$

图 5.27   一棵 Huffman 树

压缩编码问题可以归结为给定 $m + 1$ 个节点 $N_0, \cdots, N_m$, 以及每个节点对应的权值 $w_0, \cdots, w_m$, 构造一棵以这 $m + 1$ 个节点为扩充节点的扩充二叉树 T, 使得 T 的加权外部路径长度 WPL(T) 达到最小.

早在 20 世纪 40 年代人们就开始了信息的二进制压缩编码的研究, 当时计算机的使用还没有普及. 最早出现的算法是香农–法诺算法. 它根据字符出现的概率, 自顶而下 (即先决定字符编码的最高位) 来得出字符的二进制编码. Huffman 提出了一种自下而上的算法, 彻底解决了这个问题. 现在将加权外部路径长度达到最小的二叉树称为 Huffman 树, 称这个算法为 Huffman 算法. 具体参见 4.1 节中的算法描述. 图 5.28 是以节点 $\{a, b, c, d\}$ 为扩充节点, 节点对应的权值为 $\{3, 2, 1, 1\}$, 以此为输入, 根据 Huffman 算法得到的 Huffman 树.

在现代计算机中, 所有信息都可以看成以字节为单位的字符串. 每一个字节占用 8 个二进制位. 这可以看成对字符集 $\Gamma = \{0, 1, \cdots, 255\}$ 进行等长二进制编码. 对于给定的信息 $s = s_1 s_2 \cdots s_n : s_i \in \Gamma$, 例如 s 可以是字符串, 或者文件内容. 这样的等长二进制编码并不是

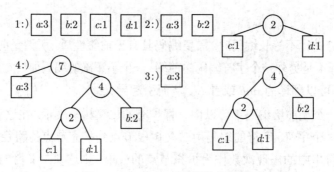

图 5.28　Huffman 算法执行过程

最佳的编码方式. 可以利用 Huffman 算法得到关于具体信息 s 的最佳二进制编码, 也就是 Huffman 编码. 对特定信息需求其最佳二进制编码, 从而达到压缩信息二进制表示的方法称为 Huffman 压缩. 算法可以描述如下.

Huffman_compress$(S = s_1s_2\cdots s_n)$ $\longrightarrow$ S 的压缩编码

{

　　　　统计 S 中每个字符出现的频率;

　　　　以字符频率为权值构造 Huffman 树 T;

　　　　根据 T 将 S 中的每一个字符都替换为 Huffman 编码;

　　　　输出 S;

}

对字符串 $s = s_1s_2\cdots s_n$ 进行 Huffman 压缩, 除了要保存 s 的 Huffman 压缩编码外, 还需要保存 Huffman 编码信息. 因为对应不同的信息 s, 其 Huffman 编码均不相同. 必须保存 s 的 Huffman 编码信息, 才能正确解压恢复原文. s 的压缩编码布局如图 5.29 所示. 其中原文长度和压缩后编码长度是可选的. 保存这两个信息是为了解压方便. 如果没有原文长度信息, 就需要有一个特殊的标识来表示原文的结束, 也就是说需要将字符集扩大为 257 个. 新加的字符 256 专门用来表示原文的结束, 并且默认这个特殊字符只在原文中出现一次. 由于压缩后编码长度可能不是字节长度的整数倍 (8 的整数倍), 而计算机存储的基本单位为字节, 所以压缩编码的最后一个字节可能需要填充. 保存编码信息是为了正确恢复原文. 有两种方法存储编码信息:

① 存储原文中出现的所有字符以及其 Huffman 编码;

② 存储原文中出现的字符以及其频率.

| 原文长度 | 压缩后编码长度 | 编码信息 | 压缩编码 |

图 5.29　压缩编码布局

通常采用第二种方法保存编码信息, 这就需要解压时根据频率信息重新构造 Huffman 树. 需要精心设计字符频率的存储格式, 使得编码信息的长度尽可能短. 在大多数情况下, 在原文中不会出现所有的字符. 一个可阅读的 ASCII 码文件只会出现 52 个英文大小写字

母、10 个数字以及一些标点符号, 加起来总共不到 256 的一半, 所以一般不将出现频率为 0
的字符保存在编码信息之中. 字符的频率通常用 32 位整数表示, 但是 Huffman 树的形状对
频率的变化并不敏感, 可以将频率调制为 16 位整数. 根据调制后频率构造的 Huffman 树虽
然不是最优的, 但是也非常接近最优. 保存调制后的频率会使得编码信息缩短.

可以用一个数组来表示 Huffman 树. 假设字符集 $\Gamma = \{0, 1, \cdots, 255, 256\}$, 其中 256 专
门用来表示原文的结束. 这样 Huffman 树的扩充节点最多只有 257 个, 从而内部节点最多只
有 256 个, 所以数组最多只需 513 个元素. 事实上可以申请 514 个元素的数组 huff_tree, 最
后一个元素 huff_tree [513] 用于指明 Huffman 树的根. Huffman 树可以定义为

```
struct Huffman_node {
    int pt_;      //指向父节点
    int lc_;      //节点的左子
    int rc_;      //节点的右子
    int fq_;      //字符的出现频率
};
Huffman_node  huff_tree[514];   //Huffman树
```

huff_tree[0..256] 用于存放字符的出现频率, 也是 Huffman 树的扩充节点 (叶节点);
huff_tree[257..512] 存放 Huffman 树的内部节点; huff_tree[513] 指明 Huffman 树的根
节点. 建立 Huffman 树需要找出频率域最小的节点. 堆是首选的结构. 这里的堆是索引堆,
堆中保存节点的偏移量. 为此要将偏移量的比较重定向为节点频率域的比较. 需要定义下面
的泛函数:

```
struct Huffman_less
{
    bool operator()(int a, int b) const
    {
        return huff_tree[a].fq_ < huff_tree[b].fq_;
    }
};
```

构建 Huffman 树由下面的函数完成. Huffman 树建成后就可以进行压缩或解压了. 具体
实现留给读者.

```
void  build_tree(char const* first, char const* last)
{                                      //区间 [first, last) 为原文
  for(int i = 0; i < 514; ++i)         //初始化 Huffman 树
  {
    huff_tree[i].lc_ = huff_tree[i].rc_ = huff_tree[i].pt_ = -8;
    huff_tree[i].fq_ = 0;
```

```
}
    for(; first != last; ++first)                //统计区间 [first, last) 中字符出现的频率
        ++huff_tree[(unsigned char)(*first)].fq_;
    huff_tree[256].fq_ = 1;                       //特殊字符, 表示原文结束
    Min_heap<int, Huffman_less> heap;             //数组堆, 作为索引的堆
    for(int i = 0; i <= 256; ++i)                 //将频率非零的字符添加到堆中
        if(huff_tree[i].fq_ > 0)
            heap.push(i);
    int const root = 513;                         //huff_tree[513].lc_ 为 Huffman 树的根
    int cur = 257;
    do {                                          //建立 Huffman 树, 内部节点放在大于256处
        int const one = heap.top();               //第一个频率最小的节点
        heap.pop();
        if(heap.empty())
        {
            huff_tree[root].lc_ = one;
            huff_tree[one].pt_ = root;
            break;                                //工作完成
        }
        else
        {
            int const two = heap.top();           //第二个频率最小的节点
            heap.pop();
            huff_tree[cur].fq_ = huff_tree[one].fq_ + huff_tree[two].fq_;
            huff_tree[cur].lc_ = one;
            huff_tree[cur].rc_ = two;
            huff_tree[one].pt_ = huff_tree[two].pt_ = cur;
            heap.push(cur);
            ++cur;
        }
    } while(true);
}
```

5.7 习　　题

1. 实现小顶堆模板.

```
template<typename T, class OD = std::less<T> >
```

```
struct Min_heap {
    Min_heap(void);              //默认构造函数
    ~Min_heap(void);             //析构函数
    bool empty(void) const;      //判空函数
    int size(void) const;        //返回堆中元素个数
    T& top(void);                //返回对最小元素的引用
    void push(T const&v);        //添加一个元素
    void pop(void);              //删除最小元素
};
```

2. 假设数组 $a[1, n]$ 为小顶堆, 但是元素 $a[i]$ 的值被修改为新的值 nv, 并且新值小于等于原先的值. 完成下面的函数, 它将数组 $a[1, n]$ 重新调整为小顶堆.

```
template<typename T, class OD>
void decrease_key(T* a, int n, int i, T const& nv, OD less){ }
```

3. 给出双顶堆模板的实现.

```
template<typename T, class OD = std::less<T> >
struct Deap : private vector<T> {
    Deap(void);                  //默认构造函数
    ~Deap(void);                 //析构函数
    bool empty(void) const ;     //判空函数
    int size(void) const;        //返回堆中元素个数
    T& top_min(void);            //返回对最小元素的引用
    T& top_max(void);            //返回对最大元素的引用
    void push(T const& v);       //添加一个元素
    void pop_min(void)           //删除最小元素
    void pop_max(void)           //删除最大元素
};
```

4. 在双顶堆中经常要计算 $2^{\lfloor \log_2 x \rfloor}$, 在 C 中称为 flp2. 方法之一是先调用 $ilog2(x)(= \lfloor \log_2 x \rfloor)$, 然后左移 $1 << ilog(x)$. 在 32 位计算机上, 下面的函数直接计算 $2^{\lfloor \log_2 x \rfloor}$:

```
unsigned flp2(unsigned x)
{
    x = x | (x>>1);   x = x | (x>>2);   x = x | (x>>4);
    x = x | (x>>8);   x = x | (x>>16);
    return x - (x>>1);
}
```

这个函数没有循环和分支, 运算速度应该是比较快的. 试说明上面的函数是正确的, 并且比较两种方法的速度.

5. 实现极小 d 叉堆模板.

```
template<typename T, int D, class OD = std::less<T> >
struct Min_dheap : std:vector<T> {
    Min_dheap(void);
    bool empty(void) const;
    int  size(void) const;
    T& top(void);
    void push(T const& v);
    void pop(void);
};
```

6. 实现极小斜堆类模板.

```
template<class Node, class OD = std::less<T> >
struct Min_skew_heap {
    typedef /*实现相关*/ Node;
    bool empty(void) const;
    Node* top(void);
    void push(Node* me);
    void pop(void);
    void decrease_key(Node* me);
};
```

7. 求证将两个二项堆合并的复杂度为 $O(\log n)$, 其中 n 为两个二项堆中元素的个数之和.

8. 求证从空的二项堆开始, 连续向其中添加 n 个元素, 其一个添加运算的平摊复杂度为 $O(1)$.

9. 选择适当的数据结构, 实现二项堆以及 top, pop, push, decrease_key 4 种运算, 并且证明这 4 种运算的复杂度均为 $O(\log n)$.

10. 说明在 Fibonacci 堆中, 树的高度可以达到 n, 其中 n 为堆中元素的个数.

11. 证明定理 5.19.

12. 给 Fibonacci 堆设计由 push, pop 和减码操作组成的序列, 使得每一次 pop 操作的复杂度均为 $\Theta(n)$.

第6章
查找

实际中的许多问题可以归结为查找问题. 例如在高级语言编译器中, 当词法分析器遇到一个标识符时, 首先需要判别这个标识符是否为关键字. 可以将所有的关键字组成一个查找表, 当遇到标识符时, 可以在这个查找表中查找, 如果查找成功, 则说明它是关键字, 否则它就是一个普通的标识符.

查找结构可以分为动态查找表和静态查找表两种. 所谓动态查找表是指其添加和删除操作相对高效的查找结构. 当添加和删除操作的工作量明显高于查找操作的工作量时, 就称为静态查找表.

根据元素之间是否能够比较大小, 查找结构还可以分为排序查找表和无序查找表两种. 排序查找表需要元素与元素之间可以比较大小. 无序查找表需要元素与元素之间可以判别是否相等. 在本章中介绍两种无序查找表, 即顺序查找表和哈希查找表. 其余的查找结构均为排序查找表, 包括二分查找、排序二叉树、AVL 树、B 树、红黑树、排序二叉堆、自适应排序二叉树等内容. 最后还介绍了索引结构和多关键字查找. 不同的查找结构各有其优缺点, 分别适合于不同的场合. 本章对许多查找结构的不同操作都给出了详细的复杂度分析, 以便读者在选择不同查找结构时参考. 我们给出本章中所有查找结构的一个统一界面.

```
struct Search
{
    bool find(T const& key);          //成功返回 true, 否则返回 false
    bool remove(T const& key);        //删除, 成功返回 true
    bool insert_unique(T const& key); //排他性添加, 成功返回 true
    void insert_equal(T const& key);  //无条件添加
};
```

这个界面只是一个极小的界面, 并不实用, 但是它足以演示算法的主要操作. 如果查找表中存在键值 key, remove 操作删除其中的一个并且返回 true, 否则返回 false. 如果查找表中不存在键值 key, insert_unique 操作将 key 添加到表中并且返回 true, 否则返回 false. 而 insert_equal(key) 不论 key 是否已经出现在查找表中, 都将其添加到表中, 这样的查找表中可能会出现键值相同的元素.

6.1 顺序查找

顺序查找是一种最为直接和简单的查找. 它将待查找的元素存放在一个线性的容器之中, 这个线性的容器通常是数组、向量或者链表. 查找操作按照元素在容器中的存放位置顺序遍历所有元素, 从而找到所要查找的元素.

C++ 标准模板库中的 vector 模板就很好地实现了顺序查找的所有功能. 顺序查找表的类如下.

```
struct Sequential_list
{
    std::vector<T> data;
    bool find(T const& key);          //成功返回 true, 否则返回 false
    bool remove(T const& key);        //删除, 成功返回 true
    bool insert_unique(T const& key); //排他性添加, 成功返回 true
    void insert_equal(T const& key);  //无条件添加
};
```

其中的 find 函数可以实现如下.

```
bool Sequential_list::find(T const& key)
{
    T* first = &data[0];
    T* const last  = first + data.size();
    for(; first != last; ++first)
        if(key == *first) break;
    return  first != last;
}
```

下面分析上面查找算法的工作量, 统计查找过程中键值的比较次数. 假设查找表中包含 n 个元素. 一次不成功查找的比较次数为 $C_n = n$. 成功查找的最佳情形为 $C_n = 1$, 最坏情形为 $C_n = n$, 假设每个键值被查找的次数是均匀分布的, 即查找任意一个键值的概率为 $1/n$, 则平均键值比较次数为

$$C_n = \sum_{k=1}^{n} \frac{k}{n} = \frac{n+1}{2} = O(n)$$

顺序查找表是动态查找结构, 删除操作的复杂度是 $O(n)$, 添加操作的复杂度应该是 $O(1)$. 如果使用 list 作为底层的容器, 则添加元素时可以将新元素放置在表的头部. 如果使用 vector 作为底层容器, 则新元素可以放置在向量的尾部. 顺序表查找算法有一个小小的改进, 可以将欲查找的键值放在顺序表的尾部, 这样在循环的判别条件中可以简化.

```
bool Sequential_list::find(T const& key)
```

```
{
    data.push_back(key);
    T* first = &data[0];
    T* const last  = first + data.size() - 1;
    for( ; key != *first; ++first)
    ;
    data.pop_back();
    return  first != last;
}
```

这样做相当于在循环中减少了一个判别操作. 实验表明, 在某些情况下, 这样的改进可以使得总体性能提高 30%.

实际中键值的查找概率几乎不可能是均匀的, 通常是非常不均匀的. 假设查找表中的元素按存储顺序排列为 $a_1, \cdots, a_n$, 查找 a_k 的键值比较次数为 k 次. 再假设查找 a_k 的概率为 p_k, 则一次查找键值比较次数的数学期望值为 $E(C) = 1 \cdot p_1 + 2 \cdot p_2 + \cdots + n \cdot p_n$. 显然当 $p_1 \geqslant p_2 \geqslant \cdots \geqslant p_n$ 时, $E(C)$ 达到最小, 记这个最小的数学期望值为 $E_{\min}(C)$. 例如当 $(p_1, \cdots, p_n) = \left(\dfrac{1}{2}, \dfrac{1}{4}, \cdots, \dfrac{1}{2^{n-2}}, \dfrac{1}{2^{n-1}}, \dfrac{1}{2^{n-1}} \right)$ 时, $E_{\min}(C) < 2$. 一般不可能预先知道键值的查找概率. 可以有如下 3 种改进方案.

① 每次成功查找都将被查元素移动到查找表的表头.

② 每次成功查找都将被查元素向前移动一个位置.

③ 给每个元素都增加一个频率域, 每次成功查找时, 更新该元素的频率并且移动元素的位置, 以保持查找表中的元素按频率从大到小存储.

这样的查找算法通常被称为自适应顺序查找. 由于频率逼近概率, 所以当查找次数趋于无穷大时, 第三种方案一次查找的键值比较次数的数学期望 $E_3(C)$ 趋于 $E_{\min}(C)$. 假设每次查找都是独立的, 即某次查找与以前的查找无关. 在此假设下, 对第一种方案, 当查找次数趋于无穷大时, $E_1(C)$ 趋于

$$\frac{1}{2} + \sum_{i,j=1}^{n} \frac{p_i p_j}{p_i + p_j} \leqslant \frac{\pi}{2} E_{\min}(C) \tag{6.1}$$

对于第二种方案, 可以证明当查找次数趋于无穷大时, $E_2(C) \leqslant E_1(C)$. 但是收敛的速度非常慢.

6.2　哈　希　表

哈希查找是非常实用且快速的查找结构. 其基本思想是将键值 key 映射为 $[0, M)$ 中的一个整数 $h(\text{key})$, 而 key 存放的位置与 $h(\text{key})$ 有关. 称映射 h 为哈希函数, 称 $h(\text{key})$ 为键值

key 的哈希值, 称 M 为哈希表长. 如果需要查找某个键值 key, 首先计算 key 的哈希值, 然后再根据其哈希值 $h(\text{key})$ 来查找 key 的具体位置. 哈希查找需要解决 3 个问题: 冲突处理、哈希函数的设计以及哈希表长 M 的选择.

定义 6.1 称 $h: \Omega \mapsto [0, M)$ 为从 Ω 到 $[0, M)$ 的哈希函数. 令 $K \subset \Omega$, 称 h 为在 K 上好的哈希函数, 如果 $h(K)$ 在 $[0, M)$ 上近似均匀分布. 称 h 为在 K 上的完美哈希函数, 如果对于任意的 $x, y \in K, h(x) \neq h(y)$.

上面定义中的 Ω 为所需查找的所有可能的键值集合, $K \subset \Omega$ 为成功查找的键值集合. 一个完美的哈希函数应该使得当 $k \in K$ 时, $h(k)$ 没有冲突. 早期的哈希函数都是通过杂凑的方式得到的, 所以哈希函数又被称为杂凑函数. 随着哈希查找应用的普及, 许多程序库均给出了通用的哈希函数. 所谓通用的哈希函数是不考虑具体的查找集合 K 和哈希表长 M 的, 而考虑函数 $h: \Omega \mapsto [0, 2^w)$, 其中 w 为计算机的字长. 一个好的通用哈希函数应该使得对于许多常见的关键字集合 $K, h(K)$ 在 $[0, 2^w)$ 中均匀分布. 下面是两个键值为整数的通用哈希函数.

```
unsigned hash1(unsigned key)
{
    key += (key << 12);   key ^= (key >> 22);   key += (key << 4);
    key ^= (key >> 9);    key += (key << 10);   key ^= (key >> 2);
    key += (key << 7);    key ^= (key >> 12);
    return key;
}
unsigned hash2(unsigned key)
{
    enum { a = 2654435761; };
    return key * a;
}
```

这里假设 $w = 32$. 第一个哈希函数试图通过一些混杂操作将哈希值均匀分布在 $[0, 2^w)$ 上. 第二个哈希函数被称为乘法哈希函数, 其中的乘数 a 是经过精心选择的, 它使得原集合中的等差序列被哈希后在 $[0, 2^w)$ 上均匀分布. 下面是两个字符串的通用哈希函数.

```
unsigned hash1(char* s)
{
    unsigned long h = 0;
    while(*s) {
        h = (h<< 4) + *s++;
        unsigned long g = h & 0xf0000000L;
        if(g != 0)  h ^= g >> 24;
        h &= ~g;
    }
```

```
    return h;
}
unsigned hash2(char* s)
{
    unsigned long h = 0;
    while(*s) h = (h << 1) ^ *s++;
    return h;
}
```

通用哈希函数的值域通常是很大的区间 $[0, 2^w)$, 而哈希表长 M 通常对应于用于存放数据的数组长度, 称将 $[0, 2^w)$ 映射到 $[0, M)$ 的函数为位置函数. 常用的位置函数有两个, 它们是

$$L_1(h) = h \bmod M, \quad L_2(h) = \frac{h}{2^w} \times M \tag{6.2}$$

其中 M 为哈希表长. 计算 $L_1(h)$ 需要一次除法, 而计算 $L_2(h)$ 只需一次乘法. 在 32 位计算机上, $w = 32$, $L_2(h)$ 是 h 与 M 相乘的高 32 位. 在 Intel X86 系列 CPU 上, 两个 32 位整数相乘的结果为 64 位整数. 它们被放置在 EAX 和 EDX 两个寄存器中, EDX 存放高 32 位, EAX 存放低 32 位. C/C++ 编译器约定用 EAX 存放函数的返回值. 所以可以用下面的函数实现 $L_2(h)$:

```
unsigned high32(unsigned h, unsigned M)
{
    __asm
    {
        mov EAX h
        mul M
        mov EAX EDX
    }
}
```

可以证明, 如果 h 在 $[0, 2^w)$ 上均匀分布, 这两个位置函数的值在区间 $[0, M)$ 上也几乎是均匀分布的. 事实上:

$$|P(L_a(h) = i) - P(L_a(h) = j)| \leqslant 2^{-w}, \quad a = 1, 2; \quad i, j \in [0, M) \tag{6.3}$$

在理论上, 不存在一个通用的哈希函数 h, 使得对于任意的 $K \subset \Omega, h(K)$ 在 $[0, 2^w)$ 上都是均匀分布的. 好的通用哈希函数只能是对于实际问题中通常出现的集合 $K \subset \Omega, h(K)$ 在区间 $[0, 2^w)$ 上近似均匀分布. 设计通用哈希函数的另一种方法是构造一组哈希函数 $\{h_a : a \in A\}$. 对应具体的一个应用, 在这组哈希函数中等概率地随机选取一个.

定义 6.2 (通用哈希函数族) 称 $\mathcal{H} = \{h_a : \Omega \mapsto [0, M), a \in A\}$ 为通用哈希函数族, 如果对于任意给定的 $x, y \in \Omega$, 在 $\mathcal{H}$ 中有 $|\mathcal{H}|/M$ 个哈希函数 $h \in \mathcal{H}$, 使得 $h(x) = h(y)$.

如果 $\mathcal{H}$ 为通用哈希函数族, 则对于任意的两个不相同的元素 x, y, 在 $\mathcal{H}$ 中等概率随机选取一个哈希函数 $h \in \mathcal{H}$, 则 $h(x) = h(y)$ 的概率为 $1/M$. 下面介绍一个通用哈希函数族. 假设

$$\Omega = \{(k_1, \cdots, k_n) : k_i \in K_i \subset [0, M)\} \tag{6.4}$$

其中 M 为素数. 例如 IP 地址为 $(k_1, k_2, k_3, k_4) : k_i \in [0, 255] \subset [0, 257)$, 可以在这样的 Ω 上定义通用哈希函数族. 令

$$A = [0, M)^n = \{(a_1, \cdots, a_n) : a_i \in [0, M)\} \tag{6.5}$$

对于任意的 $\boldsymbol{a} = (a_1, \cdots, a_n) \in A$, 定义哈希函数 $h_a : \Omega \mapsto [0, M)$ 如下:

$$h_a(k) = (a_1 k_1 + \cdots + a_n k_n) \bmod M \tag{6.6}$$

可以证明, 这样定义的函数族是 Ω 上的一个通用哈希函数族. 具体证明留作习题.

哈希表长 M 也需要适当选取. 如果哈希函数设计得好, 例如找到一个完美哈希函数时, 哈希表长 M 的大小并不重要. 但是一个好的哈希函数并不容易得到. 而现实问题中出现的键值集合往往也不是随机的. 在研究 M 的选取时, 考虑一个最为省事的哈希函数

$$h(k) = k \bmod M$$

这时哈希表长 M 通常不应该为小的素因子. 例如对于键值集合 $K = \{k_1, \cdots, k_n\}$, 恰巧全部键值 k_i 均为偶数. 此时如果 M 为偶数, 则 $h(k)$ 也必然是偶数. 这样 $h(K)$ 显然不在 $[0, M)$ 上均匀分布. M 也不应该是 3 的倍数. 如果将短的字符串直接看作整数, 例如 $'abc' = a \times 256^2 + b \times 256 + c$, 则 $'abc' \equiv ' bca' \equiv ' cba' \equiv \cdots \equiv a + b + c \bmod 3$, 即原字符串排列模 3 同余. 实际问题通常与小的素数有关, 例如性别和 2 有关, 星期和 7 有关, 等等. 如果 M 是这些小素数的倍数, 则对于设计不好的哈希函数, $h(K)$ 将明显地不是均匀分布. 一般认为哈希表长 M 不能有小于 20 的素因子, 通常为素数.

哈希查找最为重要的内容是处理冲突. 所谓冲突是指两个不同的键值具有相同的哈希值, 称这样的键值为同义词. 解决冲突的方法有 4 种: ① 链表数组法; ② 线性探测; ③ 平方探测; ④ 双哈希探测. 所谓链表数组法解决冲突, 是指将哈希值相同的键值存放在一个链表中. 例如, 对于键值集合 $K = \{2, 3, 5, 7, 11, 13, 17\}$, 取哈希表长为 5, 定义哈希函数为 $h(k) = k \bmod 5$. 集合 K 的哈希查找见图 6.1.

在这样的表中查找是非常容易的. 如果要查找某个整数 $k = 7$ 是否在这个集合中, 首先计算其哈希值 $h(7) = 7 \bmod 5 = 2$, 只需要在 ht[2] 链表中去查找即可, 删除操作等同于在

链表中删除. 无条件添加键值 k 只需将 k 添加到链表 ht$[k \bmod 5]$ 的表头即可, 其复杂度为 $O(1)$. 排他性添加键值 k 需要遍历整个链表 ht$[k \bmod 5]$. 如果 k 不在链表中, 再将 k 添加进去.

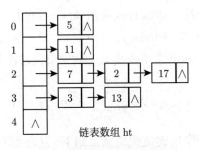

图 6.1   链表数组哈希表

考查这个哈希查找表的性能. 以图 6.1 为例, 用键值比较次数作为代价. 首先考虑成功查找. 查找不同键值的比较次数是不同的. 查找 $5, 11, 7, 3$ 需要一次键值比较; 查找 $2, 13$ 需要两次键值比较; 而查找 17 需要 3 次键值比较. 假设查找这些键值的概率是相同的, 均为 $1/7$, 则一次成功查找键值的平均比较次数为

$$C_{成功} = (1+1+1+1+2+2+3)/7 = 11/7 \tag{6.7}$$

假设键值 k 不在哈希表中, 对于一次不成功查找, 其键值比较次数与 k 的哈希值 $h(k)$ 有关. 例如, 查找 27 需要 3 次比较; 查找 19 甚至不需要键值比较. 假设 $h(k)$ 在 $[0, 5)$ 中均匀分布, 则一次不成功查找的平均键值比较次数为

$$C_{不成功} = (1+1+3+2+0)/5 = 7/5 \tag{6.8}$$

上面是对于具体给定的哈希表 (图 6.1) 的性能分析.

哈希表的性能与许多因素有关, 但是通常只对不同的冲突处理策略给出其性能分析, 而将其他因素作为随机因素. 例如, 任何哈希表的性能都和哈希函数以及成功查找集合 K 有关. 为了消除这个因素, 引入哈希函数值均匀分布假设, 即 $h(k)$ 在 $\{0, 1, 2, \cdots, M-1\}$ 中均匀分布或者

$$\forall\, k_1, k_2 \in K;\ k_1 \neq k_2 : P(h(k_1) = h(k_2)) = 1/M \tag{6.9}$$

如果键值集合元素有限, 则集合 $\{f : K \mapsto [0, M)\}$ 共有 $M^{|K|}$ 个函数. 如果哈希函数在这 $M^{|K|}$ 个函数中等概率随机选取, 这样选取的哈希函数满足哈希值均匀分布假设 (6.9). 在下面的分析中, 假定所使用的哈希函数都满足这个假设. 有下面的结论.

定理 6.3   对于用链表数组方式解决冲突的哈希表, 有

$$C_{不成功} = \alpha, \quad C_{成功} = 1 + \frac{\alpha}{2} - \frac{1}{2M}$$

其中, $C_{不成功}$ 是一次不成功查找键值的平均比较次数, $C_{成功}$ 为一次成功查找键值的平均比较次数, $\alpha = N/M$ 被称为哈希表的填充因子, 其中 N 为哈希表中键值个数, M 为哈希表长.

证明 先考虑不成功查找. 如欲查找键值 key, 而它并不在哈希表中, 合理的假设是 $H(\text{key})$ 在 $[0, M)$ 中均匀分布, 即 $P(h(\text{key}) = m) = 1/M$. 令 X_m 为哈希表 $\text{ht}[m]$ 中包含的键值个数. 如果 $H(\text{key}) = m$, 则不成功查找 key 的键值比较次数就是 X_m, 所以

$$C_{不成功} = \frac{1}{M} \sum_{m=0}^{M-1} X_i = \frac{N}{M} = \alpha$$

下面考虑成功查找. 将哈希表中的键值按照从上到下、从左到右的方式编号为 $K = \{k_1, \cdots, k_N\}$. 引入随机变量

$$Y_{i,j} = \begin{cases} 1, & \text{如果 } h(k_i) = h(k_j) \\ 0, & \text{如果 } h(k_i) \neq h(k_j) \end{cases}$$

根据均匀哈希函数假设, $P(Y_{i,j} = 1) = E(Y_{i,j}) = 1/M$. 这里 $E(X)$ 表示随机变量 X 的数学期望. 令 C_i 为查找 k_i 所需的键值比较次数, 则 $C_i = Y_{i,1} + \cdots + Y_{i,i-1} + 1$. 由于不能事先确定查找 k_i 的概率, 所以假定查找不同键值的概率是相同的, 为 $1/N$, 有

$$\begin{aligned} C_{成功} &= \frac{1}{N} \sum_{i=1}^{N} E(C_i) \\ &= \frac{1}{N} \sum_{i=1}^{N} \left(1 + \sum_{j=1}^{i-1} E(Y_{i,j}) \right) \\ &= \frac{1}{N} \sum_{i=1}^{N} \left(1 + \sum_{j=1}^{i-1} \frac{1}{M} \right) \\ &= 1 + \frac{\alpha}{2} - \frac{1}{2M} \end{aligned}$$

证毕.

线性探测法、平方探测法和双哈希探测法被统称为开放寻址解决冲突法. 在这些方法中, 哈希数组内直接存放键值. 长度为 M 的哈希表最多只能存放 $M - 1$ 个键值. 向这种哈希表中添加键值 key 时, 首先试图将键值存放在哈希表的第 $h_0 = H(\text{key})$ 个位置处. 如果此处已经被占用, 需要探测其他位置来存放键值 key. 根据探测的策略不同, 开放地址法分为线性探测、平方探测以及双哈希探测 3 种.

如果哈希表中 $h_0 = H(\text{key})$ 处已经被占用, 为了向哈希表中添加 (或者查找) 键值 key, 可能需要多次探测才能找到一个空的位置. 线性探测的第 i 次探测的地址为

$$h_i = (h_0 + i) \bmod M$$

如果哈希表中还有空位置, 经过多次线性探测, 总可以找到空位置. 还以键值 $K = \{2, 3, 5, 7, 11, 13, 17\}$ 为例. 取哈希表长为 10, 哈希函数为 $h(k) = k \bmod 10$. 图 6.2 就是从空的哈希表开始, 利用线性探测, 以 $\{17, 13, 11, 7, 5, 3, 2\}$ 为添加次序得到的哈希表.

0	1	2	3	4	5	6	7	8	9
	11	2	13	3	5		17	7	

图 6.2 线性探测哈希表

在线性探测的哈希表中查找键值 k, 需要从 $h_0 = h(k)$ 开始, 将键值与 $\mathrm{ht}[h_0], \mathrm{ht}[h_1], \mathrm{ht}[h_2], \cdots$ 依次进行比较, 直到 k 与其中的一个相等 (查找成功), 或者遇到 $\mathrm{ht}[h_i]$ 为空 (查找失败). 例如在图 6.2 哈希表中查找键值 21, 需要 5 次键值比较, 才能确定查找失败. 查找 $\{11, 2, 13, 5, 17\}$ 的键值比较次数为 1; 查找 $\{3, 7\}$ 的键值比较次数为 2. 所以一次成功查找的平均键值比较次数为

$$C_{成功} = (1 + 1 + 1 + 1 + 1 + 2 + 2)/7 = 9/7 \tag{6.10}$$

如果是不成功查找, 假设 $h(k)$ 在 $[0, 10)$ 内均匀分布, 一次不成功查找的平均键值比较次数为

$$C_{不成功} = (0 + 5 + 4 + 3 + 2 + 1 + 0 + 2 + 1 + 0)/10 = 18/10 \tag{6.11}$$

线性探测哈希表中键值的删除比较麻烦. 哈希表中的键值被空位置分割成若干簇. 还要将哈希表想象成环状, 即数组最后位置 $\mathrm{ht}[M-1]$ 和第一个位置 $\mathrm{ht}[0]$ 是相邻的. 例如在图 6.3 中欲删除键值 k_2, 同在一个簇中的 k_3, k_4, k_5, k_6 都可能需要向左移动.

6	7	8	9	0	1	2	3	4	5
	空	k_1	k_2	k_3	k_4	k_5	k_6	空	

图 6.3 哈希表的删除

另一种处理方法是将被删除的位置加上特别的标记. 这样哈希表中每一个位置都有 3 种状态: 空、占用、已删除. 线性探测哈希表的性能分析比较复杂, 这里仅给出结果.

$$C_{成功} \approx \frac{1}{2}\left(1 + \frac{1}{1-\alpha}\right), \quad C_{不成功} \approx \frac{1}{2}\left(1 + \frac{1}{(1-\alpha)^2}\right)$$

平方探测的顺序是

$$h_0 = h(k), \quad h_i = (h_0 + i^2) \bmod M \tag{6.12}$$

可以用 $h_0 = h(k)$, $h_{i+1} = (h_i + 2i + 1) \bmod M$ 计算, 以避免平方运算. 以键值 $\{27, 3, 5, 7, 11, 13, 17\}$ 为例, 取表长 $M = 10$, 哈希函数 $h(k) = k \bmod 10$. 用平方探测解决冲突, 从空的哈希表开始, 以 $\{17, 13, 11, 7, 5, 3, 27\}$ 次序添加, 得到的哈希表如图 6.4 所示.

0	1	2	3	4	5	6	7	8	9
	11		13	3	5	27	17	7	

图 6.4 平方探测哈希表例 1

在添加最后一个键值 27 时, $h_0 = h(27) = 7$ 处已经被键值 17 占用. 总共探测了

$$h_1 = 8, \quad h_2 = (7 + 2^2) \bmod 10 = 1, \quad h_3 = (7 + 3^2) \bmod 10 = 6$$

才找到空位置. 平方探测的一个问题是, 即使哈希表中还有空位置, 平方探测却有可能找不到这个空位置. 例如 $K = \{0, 1, 4, 6, 5, 9\}$, 用同样的表长和哈希函数得到如图 6.5 所示的哈希表.

0	1	2	3	4	5	6	7	8	9
0	1			4	5	6			9

图 6.5 平方探测哈希表例 2

在图 6.5 中再添加键值 10 将找不到添加的位置. 但是有下面的定理.

定理 6.4 如果 M 为奇素数, 则下面的 $\lceil M/2 \rceil$ 位置 $h_0, h_1, \cdots, h_{\lfloor M/2 \rfloor}$ 互不相同, 其中 $h_i = (h_0 + i^2) \bmod M$.

证明 用反证法. 假设 $h_i = h_j$, $i > j$, $0 \leqslant i, j \leqslant \lfloor M/2 \rfloor$, 则 $h_0 + i^2 \equiv h_0 + j^2 \bmod M$, 从而 M 整除 $(i + j)(i - j)$. 由于 M 为素数, 并且 $0 < i + j$, $i - j < M$, 所以 $i = j$. 证毕.

上面的定理说明, 只要 M 为奇素数, 平方探测至少可以遍历哈希表一半的位置. 所以只要哈希表的填充因子 $\alpha \leqslant 1/2$, 平方探测总可以找到空位置.

不论是线性探测还是平方探测, 对于两个不同的键值 k_1, k_2, 如果它们的哈希值 $H(k_1)$ 和 $H(k_2)$ 相同, 则它们的探测序列也是相同的, 这就是所谓的聚集现象. 为了避免这种现象, 可以引入第二个哈希函数 H_2, 原来的哈希函数叫 H_1, 目的是使得两次探测之间的距离为 $H_2(k)$, 即探测序列为

$$h_0 = H_1(k), \quad h_i = (h_0 + iH_2(k)) \bmod M, \quad i = 1, 2, \cdots$$

这就是所谓的双哈希探测. 此时需要探测序列 $\{h_1, h_2, \cdots\}$ 能够遍历整个表. 也就是说, 当哈希表中还有空位置时, 一定能找到一个空位置. 这一要求容易做到, 只需辅助哈希函数 H_2 满足 $H_2(k) \in [1, M)$ 并且与 M 互素即可. 当 M 本身就是素数时, 区间 $[1, M)$ 中的任何数都与 M 互素. 这时辅助哈希函数可以有以下几种选择:

$$H_2(k) = 1 + k \bmod (M - 1)$$

或者

$$H_2(k) = N - (k \bmod N)$$

其中 N 为小于 M 的素数. 由于 $M-1$ 一定为偶数, 也可以将上式中的 $M-1$ 换为 $M-2$. 当 $M-2,M$ 均为素数时称其为孪生素数. 这时的双哈希最为理想. 辅助哈希函数也可以与 H_1 相关. 例如

$$H_2(k) = \begin{cases} 1, & \text{如果 } H_1(k) = 0 \\ M - H_1(k), & \text{如果 } H_1(k) \neq 0 \end{cases}$$

从平方探测或者双哈希探测的哈希表中删除元素是非常困难的. 变通的方法是给欲删除的元素加上特殊的标记, 而不是真的将键值从哈希表中物理删除.

严格分析平方探测和双哈希探测哈希表查找的平均键值比较次数是非常困难的. 可以引入随机探测的概念来近似这两种探测. 随机探测是指探测序列

$$h_0 = H(\text{key}), h_1, h_2, \cdots$$

其中 $h_1, h_2, \cdots$ 在区间 $[0, M)$ 中等概率独立随机选取, 这样 $P(h_i = j) = 1/M$. 用随机探测近似平方探测有些勉强, 但的确是对双哈希探测很好的近似, 至少是对第一次探测 h_1 很好的近似. 更好的假设是 h_j 在集合

$$\{0, 1, \cdots, M-1\} - \{h_0, h_1, \cdots, h_{j-1}\}$$

中均匀分布, 这样可以保证 $h_0, h_1, h_2, \cdots$ 互不相等. 双哈希探测更加接近这个性质. 但这个假设会使得分析过程变得繁杂而最终结果相差不大.

定理 6.5　对于随机探测的哈希表, 有

$$C_{不成功} = \frac{\alpha}{1-\alpha}, \quad C_{成功} \approx \frac{-\ln(1-\alpha)}{\alpha}$$

证明　先考虑不成功查找. 假设在查找键值 key 时的探测序列为 $h_0, h_1, \cdots, h_j$. 哈希表的 h_j 位置为空. 在 $h_0, h_1, \cdots, h_{j-1}$ 位置上哈希表不是空. 此次查找的键值比较次数为 j. 令随机变量 X 为一次不成功查找所需的键值比较次数. 由于哈希表的填充因子为 α, 在一个位置上哈希表为空值的概率为 $1-\alpha$, 为非空值的概率为 α, 所以 $P(X=j) = \alpha^j(1-\alpha)$. 在概率论中, 这样的分布被称为几何分布, 有

$$C_{不成功} = E(X) = \sum_{j=0}^{\infty} j\alpha^j(1-\alpha) = \frac{\alpha}{1-\alpha}$$

下面考虑成功查找. 假定哈希表元素的添加顺序为 $\{k_1, \cdots, k_N\}$. 令随机变量 Y_j 是查找 k_j 时的键值比较次数, 而 X_j 为当哈希表中只包含 $\{k_1, \cdots, k_j\}$ 时一次不成功查找的键值比较次数 (注意这时哈希表的填充因子为 j/M), 则查找 k_{j+1} 的键值比较次数为 $Y_{j+1} = 1 + X_j$. 假定查找任意一个键值的概率为 $1/N$, 则一次成功查找的平均键值比较次数为

$$C_{成功} = \frac{1}{N}\sum_{j=1}^{N} E(Y_j) = \frac{1}{N}\sum_{j=0}^{N-1}(1 + E(X_j)) = \frac{1}{N}\sum_{j=0}^{N-1}\left(1 + \frac{j/M}{1 - j/M}\right) = \frac{1}{N}\sum_{j=0}^{N-1}\frac{1}{1 - j/M}$$

上式可近似为

$$\frac{1}{N}\sum_{j=0}^{N-1}\frac{1}{1-j/M}\approx\frac{1}{N}\int_0^N\frac{\mathrm{d}x}{1-x/M}=\frac{-\ln(1-\alpha)}{\alpha}$$

证毕.

需要说明的是, 在上面的分析中没有将判别一个位置是否为空作为一次键值比较, 也没有考虑哈希函数的工作量. 有研究表明当哈希表的填充因子 $\alpha<0.8$ 时, 开放地址法的性能相差无几, 只有当 α 非常接近 1 时, 线性探测哈希表的性能才会明显下降.

6.3 二 分 查 找

在顺序查找和哈希查找中, 仅假定键值与键值之间可以判断是否相等. 在下面介绍的查找结构中, 假定键值之间可以比较大小. 在默认的情况下, 使用小于号 ($<$) 来比较键值之间的大小. 并且约定当 $a<b$ 与 $b<a$ 均不成立时意味着 a 与 b 相等或者等价, 如果键值已经排序并且连续存放在内存中, 则可以进行所谓的二分查找. 其基本思想是首先将键值与数组的中间位置元素进行比较, 根据比较结果可以将查找范围缩小一半. 二分查找有不同的实现版本. 望文生义的实现是

```
bool binary_search1(T* first, T* last, T const& v)
{                                           //在 [first, last) 中查找 v
    while(first < last) {                   //当区间非空
        T* mid = first + (last - first)/2;
        if(v == *mid)        return true;   //成功查找
        else if (v < *mid) last = mid;      //v 只可能在 [first, mid) 中
        else               first = mid + 1; //v 只可能在 [mid+1, last) 中
    }
    return false;                           //不成功查找
}
```

二分查找对应于一棵绝对平衡二叉树. 以 $n=\mathrm{last}-\mathrm{first}=12$, $[\mathrm{first},\mathrm{last})=[a_0,a_1,\cdots,a_{11}]$ 为例, 它对应的二叉树如图 6.6 所示.

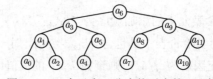

图 6.6   12 个元素二分查找对应的二叉树

查找不同位置的节点所需要的键值比较次数不尽相同. 查找根节点 (a_6) 只需要一次键值比较; 查找第二层节点 (a_3 和 a_9) 需要 3 次比较; 查找第 j 层节点需要 $2j-1$ 次键值比较. 以 12 个元素的数组查找为例, 不同键值所需的比较次数如图 6.7 所示. 其成功查找的平均键

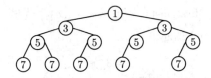

图 6.7　查找不同键值所需的比较次数

值比较次数为 $(1+2\times3+4\times5+5\times7)/12\approx5.17$. 一般而言, 成功查找的平均键值比较次数为 $(2E-n)/n$, 其中 n 为区间的键值个数, E 为二分查找对应的绝对平衡二叉树的层和. 为了进一步分析方便, 可假设键值个数 $n=\mathrm{last}-\mathrm{first}=2^k-1$, 此时二分查找对应的二叉树是一棵高度为 k 的满二叉树. 记 C_n 为将每个节点查找一次总的键值比较次数. 这棵二叉树的第 j 层上有 2^{j-1} 个节点, 查找第 j 层节点需要 $2j-1$ 次键值比较. 所以将所有键值查找一次总的键值比较次数为

$$T_k=\sum_{j=1}^{k}(2j-1)2^{j-1}=k2^{k+1}-3(2^k-1)$$

对于一般的 n, 令 $n=2^k+\delta$, $\delta\in[0,2^k)$, 则 binary_search1 将 n 个键值各查找一次所需的比较次数为

$$C_n=T_k+(2k+1)(\delta+1)=2kn-3n+4\delta+2k+4$$

函数 binary_search1 的平均键值比较次数是 $A_n=C_n/n\approx2\lfloor\log_2 n\rfloor-\delta$, 其中 $\delta\in[1,3]$. 函数 binary_search1 可以改进. 对于语句

```
if(c1) {...}
else if(c2) {...}
else {...}
```

减少其比较次数的方法是提高 c1 为真的概率. 在 binary_search1 中, 首次比较为 v == *mid. 在不成功查找时总为 false, 在成功查找时仅有一次为 true. 其为 true 的概率太小. 可以将 binary_search1 优化为

```
bool binary_search2(T* first, T* last, T const& v)
{
    while(first < last) {
        T* mid = first + (last - first)/2;
        if(v < *mid)        last = mid;          //v < *mid 成立的概率至少为0.5
        else if(*mid < v)   first = mid + 1;
        else                return true;
    }
    return false;
}
```

以 $n = \text{last} - \text{first} = 12$, $[\text{first}, \text{last}) = [a_0, a_1, \cdots, a_{11}]$ 为例, 函数 `binary_search2` 查找各节点的键值比较次数如图 6.8 所示.

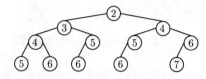

图 6.8 函数 `binary_search2` 查找各节点的键值比较次数

平均键值比较次数为 4.92. 考虑特殊情况 $n = \text{last} - \text{first} = 2^k - 1$. 令 T_k 是使用 `binary_search2` 将每个元素都查找一次总的键值比较次数, 有

$$T_{k+1} = T_k + 2^k - 1 + T_k + 2 \times (2^k - 1) + 2 = 2T_k + 3 \times 2^k - 1, \quad T_0 = 0$$

上式的封闭解是

$$T_k = \frac{3}{2}k2^k - 2^k + 1 = \frac{3}{2}k(n+1) - n$$

对于一般的 n, 令 $n = 2^k + \delta$, $\delta \in [0, 2^k)$, 则 `binary_search2` 将 n 个键值各查找一次所需的比较次数为

$$C_n = \frac{3}{2}k2^k - 2^k + 1 + (k+2)(\delta + 1) + \text{pop}(0) + \text{pop}(1) + \cdots + \text{pop}(\delta)$$

$$\leqslant \frac{3}{2}kn - n + 3\delta + \frac{3}{2}k + 3$$

函数 `binary_search2` 的平均键值比较次数是 $A_n = C_n / n \approx 1.5\lfloor \log_2 n \rfloor - \delta$, 其中 $\delta \in [-0.5, 1]$. 可以通过减少循环中键值比较次数来进一步优化二分查找算法. 下面的 `binary_search3` 在循环中不去测试中间元素是否等于键值, 而是快速将区间缩短.

```
bool binary_search3(T* first, T* last, T const& v)
{
    T* left = first;
    T* right = last;
    while(left < right) {
        T* mid = left + (right - left)/2;
        if(*mid < v) left = mid + 1;
        else         right = mid;
    }
    return left == last ? false : (*left == v);
}
```

`binary_search3` 中循环的不变量是:

① $[\text{first}, \text{left})$ 中元素严格小于 v;

② [right, last) 中元素都大于等于 v.

当循环结束时, left == right, 区间 [first, left) 中元素均严格小于 v; 区间 [left, last) 中元素均大于等于键值 v. 如果 v 存在, 则它一定是区间 [left, last) 中的最小元素 *left. 由此可以证明函数的正确性. binary_search3 工作量对被查找的键值的位置不敏感. 不管是成功查找, 还是不成功查找, 不管查找哪个键值, binary_search3 的键值比较次数是固定的, 要么是 $\lfloor \log_2 n \rfloor + 1$, 要么是 $\lfloor \log_2 n \rfloor + 2$, 所以 binary_search3 的性能相对好. 如果有多个键值相等的话, binary_search3 将和第一次出现的键值进行比较. 如果将 binary_search3 的返回语句修改为 return left, 则其行为与 C++ 标准模板库中函数 lower_bound 的相同.

6.4　排序二叉树

如果查找表中的元素变化较大, 并且元素之间可以比较大小, 则可以将元素存放在二叉树中, 称这样的二叉树为排序二叉树.

定义 6.6 (排序二叉树)　称二叉树 T 为排序二叉树, 如果:

① T 为空树, 称为空的排序二叉树;

② T 非空, T 的左子树和右子树都是排序二叉树, 并且 T 的左子树中的元素的值均小于等于 T 的根的值, 而 T 的根的值小于等于其右子树中元素的值.

图 6.9 是包含键值 {20, 30, 50, 70, 80} 的排序二叉树及其扩充二叉树.

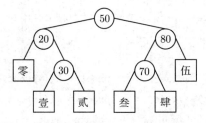

图 6.9　包含键值 {20, 30, 50, 70, 80} 的排序二叉树及其扩充二叉树

排序二叉树中每个子树都是排序二叉树. 树中的元素按中序序列是递增的. 在文献中排序二叉树也被称为查找二叉树. 对应排序二叉树的基本操作是查找、添加和删除元素. 假设排序二叉树是以二叉链表形式存储的. 其节点定义参见 4.2 节. 在一棵排序二叉树中查找的实现如下:

```
Bnode* find(Bnode* root, T v)
{
    while(root != 0) {
        if(v == root->value_)      break;              //找到了
        else if(v < root->value_)  root = root->lc_;   //到左子树查找
```

```
        else                        root = root->rc_;   //到右子树查找
    }
    return root;
}
```

其中 root 为排序二叉树的根节点指针，v 为要查找的值. 可以看出，排序二叉树的查找就是从根节点开始一路比较下来. 一次成功的查找会终止于那个内部节点，一次不成功的查找会终止于一个外部节点. 这个查找算法的复杂度和排序二叉树的高度有关.

排序二叉树的添加操作分为无条件添加和排他性添加. 当向排序二叉树中添加一个元素时，所谓无条件添加是指不论二叉树中是否有相同的键值存在，都将元素添加到二叉树中. 这样导致的结果是二叉树中可能有相同的键值.

```
void insert_equal(Bnode** proot, T v)     //无条件添加
{
    while(*proot != 0)
        if(v < (*proot)->value_) proot = &((*proot)->lc_);
        else                     proot = &((*proot)->rc_);
    *proot = new Bnode(v,0,0);
}
```

而排他性添加首先检查欲添加的元素是否已经在二叉树中，如果已经在二叉树中，则不再添加.

```
bool insert_unique(Bnode** proot, T v)     //排他性添加
{
    while(*proot != 0)
        if(v < (*proot)->value_)        proot = &((*proot)->lc_); //添加到左子树
        else if((*proot)->value_ < v)   proot = &((*proot)->rc_); //添加到右子树
        else                            return false;             //键值已在树中
    *proot = new Bnode(v,0,0);
    return true;
}
```

排序二叉树的删除略显复杂. 当被删节点为叶节点时，只需将这个节点从二叉树中剔除，即将指向此节点的指针设置为零. 剔除后的二叉树仍然是排序二叉树. 当被删节点只有一个孩子节点时，只需用这个孩子节点代替被删节点. 当欲删节点有两个孩子时，可以用欲删节点的前驱（或者是后继）来代替欲删节点，而将前驱节点删除. 容易证明，度为 2 的节点的前驱和后继节点最多只有一个孩子. 用前驱节点替换欲删节点的方法有两个. 其一是改变节点的指针域. 其二是将前驱节点的值复制到欲删节点中. 后一个办法实现起来容易. 具体实现如下：

```
bool remove(Bnode** proot, T v)
{
    while(*proot != 0) {                    //查找节点
        if(v < (*proot)->value_)      proot = &((*proot)->lc_);
        else if((*proot)->value_ < v) proot = &((*proot)->rc_);
        else                          break;
    }
    if(*proot == 0)  return false;          //没找到
    Bnode* temp = *proot;                   //temp 指向被删节点
    if(!temp->hasrc())      *proot = temp->lc_;
    else if(!temp->haslc()) *proot = temp->rc_;
    else {                                  //temp 有两个孩子，用前驱节点代替
        for(proot = &(temp->lc_); (*proot)->hasrc(); proot = &((*proot)->rc_))
            ;
        temp->value_ = (*proot)->value_;
        temp = *proot;
        *proot = temp->lc_;
    }
    delete temp;
    return true;
}
```

下面考虑排序二叉树查找算法 Bnode* find(Bnode*, T) 的性能. 先考虑成功查找. 最佳情形是查找根节点, 只需一次键值比较. 最差情形的键值比较次数与树的高度成正比. 所以排序二叉树查找的时间复杂度为 $O(H)$, 其中 H 为树的高度. 考虑查找的平均键值比较次数似乎更有意义. 查找节点 k 所需的键值比较次数为 $2\operatorname{level}(k) - 1$, 其中 $\operatorname{level}(k)$ 表示节点 k 在二叉树中所处的层数. 所以一次查找的平均键值比较次数为

$$C_{\text{成功}} = \sum_{k \in T} \frac{2\operatorname{level}(k) - 1}{n} = \frac{2L(T)}{n} - 1$$

其中, n 为排序二叉树 T 中节点的个数, $L(T)$ 为二叉树 T 各节点的层和. 不成功查找将终止于 $n+1$ 个外部节点其中的一个. 假定终止于任一外部节点的概率均为 $1/(n+1)$. 得到一次不成功查找的平均键值比较次数为

$$C_{\text{不成功}} = \sum_{k \text{ 为 } T \text{ 的扩充节点}} \frac{2p(k)}{n+1} = \frac{2E(T)}{n+1} \tag{6.13}$$

其中 $E(T)$ 为 T 的外部路径长度. 根据定理 4.11, 当排序二叉树的键值个数给定后, 次满二叉树不仅使得一次成功查找的平均键值比较次数达到最小, 同时也使得不成功查找的平均键

值比较次数达到最小. 元素个数为 n 的次满二叉树节点的平均层和 $L(T)/n > \lfloor \log_2 n \rfloor - 1$.

排序二叉树的形状由添加元素的次序决定. 由于不能事先确定元素的添加次序, 只好假设所有 $n!$ 个排列次序是等概率出现的. 在此假设下, 考虑一次查找的平均键值比较次数. 问题可以严格地叙述为: 在 n 个键值 $\{k_1, \cdots, k_n\}$ 的所有 $n!$ 个排列中等概率选取一个排列 $\{k_{i1}, \cdots, k_{in}\}$, 由此排列生成一棵排序二叉树 T. 在 $\{k_1, \cdots, k_n\}$ 中等概率选取一个元素 k. 求在 T 中查找键值 k 的键值比较次数的数学期望. 只考虑所有的键值互不相同的情形. 这时可以假设键值为 $\{1, 2, \cdots, n\}$. 设 $\{k_1, \cdots, k_n\}$ 为 $\{1, 2, \cdots, n\}$ 的一个排列. 假设 $k_1 = j$, 这样得到的排序二叉树必然如图 6.10 所示.

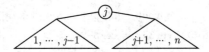

图 6.10　添加的第 1 个元素为 j 时得到的排序二叉树

如果记 L_n 为这 $n!$ 个排列所生成的所有排序二叉树的平均层和, 则当 $k_1 = j$ 时, 上面的排序二叉树的平均层和为

$$L_n^j = (L_{j-1} + j - 1) + 1 + (L_{n-j} + n - j) = L_{j-1} + L_{n-j} + n$$

而这样的排列在所有的排列中只占 $1/n$, 所以

$$L(n) = \frac{1}{n} \sum_{j=1}^{n} (L_{j-1} + L_{n-j} + n)$$

经过整理得到

$$L_n = n + \frac{2}{n} \sum_{j=1}^{n-1} L_j, \quad L_0 = 0, \quad L_1 = 1$$

这个序列在公式 (2.19) 中定义. 根据公式 (2.20) 有

$$L_n = 2(n+1)H_n - 3n \sim 2n \ln n - 1.864n$$

所以当 $n!$ 个排列等概率出现时, 随机生成的排序二叉树成功查找的平均键值比较次数为

$$C_{平均} = \frac{2L_n}{n} \approx 4 \ln n - 3.729 = 2.772 \log_2 n - 3.729 \tag{6.14}$$

当二叉树为次满树时, 成功查找的键值比较次数达到最优 (约为 $2\lfloor \log_2 n \rfloor - 1$). 所以随机生成的排序二叉树的平均性能比最优时只下降了约 39%.

排序二叉树基本操作的性能均与树的形状有关. 随机生成的排序二叉树的性能是最佳情形的 1.39 倍, 但这只是一个数学期望, 极端不利的情况还是有可能出现的. 下面介绍的 DSW 算法将排序二叉树转换为排序的完全二叉树. 先介绍变换排序二叉树的两个基本运算: 左旋和右旋. 左旋是指自左向右的顺时针旋转. 以节点 R 为根左旋如图 6.11 所示.

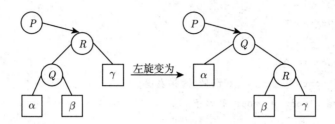

图 6.11　以节点 R 为根左旋

其实现可以是

```
void  l_rotate(Bnode** proot)
{
    Bnode* r = *proot;
    *proot = r->lc_;
    r->lc_ = (*proot)->rc_;
    (*proot)->rc_ = r;
}
```

右旋 (自右向左逆时针旋转) 要求: R 的右子非空. 以节点 R 为根右旋如图 6.12 所示.

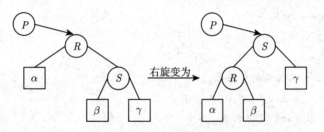

图 6.12　以节点 R 为根右旋

```
template<typename NT>
void r_rotate(NT** proot)
{
    NT* r = *proot;
    *proot = r->rc_;
    r->rc_ = (*proot)->lc_;
    (*proot)->lc_ = r;
}
```

利用左旋和右旋可以将排序二叉树变换为任意形状. DSW 算法就是利用左旋与右旋将排序二叉树变换为排序的完全二叉树. 此算法分为两大部分, 它首先将二叉树通过一系列的左旋, 转换为只有右子的单链. 这个变换逻辑上可以用下面的算法实现.

```
backbone(Bnode* root)
{
    while(root != 0)
        if( root 有左子)  以 root 为根左旋;
        else  root = root 的右子
}
```

DSW 算法的第二部分将单链通过一系列的右旋操作转换为完全二叉树. 假设二叉树中的元素个数为 n 并且 $n = (2^k - 1) + \delta$, $\delta \in [0, 2^k)$. 满二叉树包含 $2^k - 1$ 个节点. 需要将剩余的 δ 个节点先右旋.

```
pre_rotate(Bnode* root)
{   //n = (2^k − 1) + δ, δ ∈ [0, 2^k), n 等于二叉树 root 中的节点数目
    for(m = 2^k − 1; m < n; ++m)  {
        以 root 为根右旋;
        root = root 的右子;
    }
}
```

经过上面的旋转, 二叉树的右链上有 $2^k - 1$ 个节点. 通过下面的若干旋转, 将其转换为完全二叉树.

```
perfect(Bnode* root)
{
    for(m=2^k − 1; m > 1; m = m/2)  {
        root = 二叉树的根指针;
        for( j = m/2; j > 0; --j ) {
            以 root 为根右旋;
            root = root 的右子;
        }
    }
}
```

DSW 算法第一部分每做一次左旋, 二叉树的最右分支上就会多一个节点. 所以第一部分的左旋次数不超过 n, 第二部分的右旋次数为 $n - k$. 所以 DSW 算法的复杂度是 $O(n)$. 图 6.13 至图 6.17 是将包含 10 个键值的排序二叉树变换为完全二叉树 DSW 算法的示意图. 原排序二叉树如图 6.13 所示.

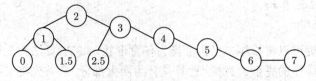

图 6.13　原排序二叉树

依次以节点 $2,1,2,3$ 为根做 4 次左旋, 将二叉树变为一根单链, 如图 6.14 所示.

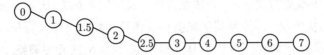

图 6.14　以节点 $2,1,2,3$ 为根做 4 次左旋, 形成单链

由于 $n = 10 = 7 + 3$, 需要分别以节点 $0,1.5,2.5$ 为根做 3 次右旋, 如图 6.15 所示.

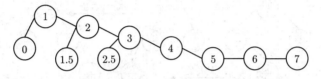

图 6.15　分别以节点 $0,1.5,2.5$ 为根做 3 次右旋

再以节点 $1,3,5$ 为根做 3 次右旋, 如图 6.16 所示.

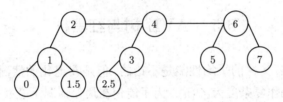

图 6.16　以节点 $1,3,5$ 为根做 3 次右旋

最后以节点 2 为根做 1 次右旋, 得到完全二叉树, 如图 6.17 所示.

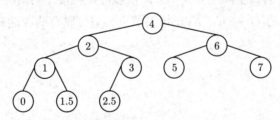

图 6.17　以节点 2 为根做 1 次右旋

　　下面介绍排序二叉堆. 随机生成的排序二叉树的性能是相当不错的, 具体结果参见公式 (6.14). 但这种排序二叉树的形状由元素的添加次序决定. 当添加的次序不是非常 "随机" 时, 二叉树的性能就会退化. 通常不能确定这种退化的情形在实际中出现的概率有多大. 为此本章研究了各种平衡二叉树. 为了维持二叉树的平衡性质, 在添加和删除操作中都要付出代价. 随机排序二叉树的平均性能只比最佳情形多出 39%. 人们会怀疑所付出的代价是否值得. 下面介绍一种排序二叉树, 它保证它的形状是随机的, 与元素添加的次序无关, 这就是**排序二叉堆**. 排序二叉堆节点中包括键值和优先级两部分内容. 按键值它是排序二叉树, 按优

先级它是一个极小堆, 简称堆树.

　　向排序二叉堆中添加节点 a 时, 先按照排序二叉树的添加方法, 将其添加为树的叶节点, 然后随机生成 a 的优先级, 再按照其优先级将其调整为堆. 调整只需左旋和右旋两种操作. 例如在图 6.18 中新添加的节点为 60, 其优先级为 0. 只需两次旋转调整. 由于优先级最小的节点一定是根节点, 而优先级是随机生成的, 所以不管输入的数据是否已经排序, 二叉树的根是随机的. 它相当于给输入数据再次随机化.

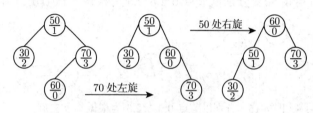

图 6.18　堆树的添加

6.5　AVL 树与红黑树

　　随机生成的排序二叉树的平均性能是不错的. 但是在退化的情况下, 排序二叉树成了线性表. 这时的查找操作复杂度为 $O(n)$. 为了能使在最差情况下查找操作的复杂度仍然为 $O(\log n)$, 必须对二叉树的形状做一定的平衡性要求. 1962 年苏联学者 Adelson-Velski 和 Landis 提出了一种平衡二叉树. 其定义见定义 4.6. 这里称平衡的排序二叉树为 AVL 树. 包含 n 个元素的 AVL 树的高度满足公式 (4.2). 所以即使在最差的情况下, 在排序的 AVL 树中查找, 其复杂度仍然为 $O(\log n)$. AVL 树的节点类型可以有两种选择. 其一是在节点中保存平衡因子:

```
struct Avlnode {
    Avlnode* lc_;
    Avlnode* rc_;
    T value_;
    int bf_;    //平衡因子等于左子高度减去右子高度,只能取-1,0,1 3个值
};
```

　　向 AVL 树中添加元素 a, 首先按照排序二叉树的添加那样将 a 添加为二叉树的叶节点. 这个新添加的叶节点只可能引起从节点 a 到根节点的路径上的节点的高度 (或者平衡因子) 改变. 所以需要从节点 a 逆流而上, 检查路径上的每个节点, 如果路径上有一个节点的平衡性被破坏, 就需要对这个节点进行调整. 调整分为甲乙两类情况.

　　甲: 参见图 6.19. 添加节点 a 后, 节点 B 的平衡性被破坏. 而新添加的节点在 B 左子的左子中. 这时需要做以节点 B 为根的左旋. 在图中子树 α, β, γ 的高度同为 h. B 节点的平衡因子原为 1, 在 B 节点的左子树的左子树中添加一个元素并且使 B 的左子树高度增加. 这时节点 B 的平衡性条件被破坏, 需要进行左旋调整. 经过左旋后, 平衡条件得到恢复并且仍然为排序二叉树.

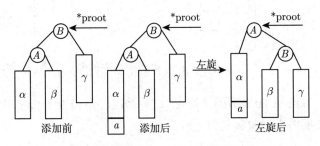

图 6.19　AVL 树的左单旋

乙: 参见图 6.20. 添加节点 a 或者 b 后, 节点 C 的平衡性被破坏. 新添加的节点在 C 的左子的右子中. 其中子树 α, δ 的高度为 h, 子树 β, γ 的高度为 $h-1$. C 节点的平衡因子原为 1. 在 C 节点的左子树的右子树中添加一个元素并且使 C 的左子树高度增加. 为了达到平衡, 需要首先以 A 为根右旋, 然后再以 B 为根左旋, 称这样的旋转为左右双旋. 经过左右双旋后, 平衡条件得到恢复并且仍然为排序二叉树.

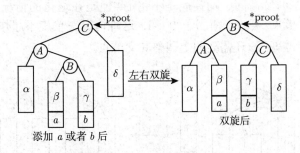

图 6.20　AVL 树的左右双旋

　右单旋、右左双旋的情况和左单旋、左右双旋的情况是对称的, 不在这里详述了. 注意经过旋转调整后的子树高度和添加元素之前的子树高度是相同的. 所以, 一旦进行了旋转调整, 就不必再向上调整其父节点, 添加操作完成.

　当从 AVL 树中删除的节点有两个孩子时, 需要用其前驱 (或者后继) 节点来代替, 而实际删除的是其前驱节点. 所以只需考虑删除度为 0 或者 1 的节点的情形. 当删除这样的节点 a 时, 会影响到从 a 的父节点到树的根节点路径 P 上的所有节点. 也要利用 4 种旋转来实现 AVL 树的再平衡. 考虑在某节点 B 的右子树中删除一个节点并且右子树的高度降低了. 具体可分为甲、乙、丙 3 种情况.

　甲: 见图 6.21. 节点 A 的平衡因子为 0. 在这种情况下, 需要一个左单旋, 而且旋转后不必再向上调整. 删除操作结束.

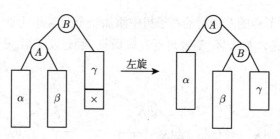

图 6.21　AVL 树的删除 (甲)

乙: 见图 6.22. 节点 A 的平衡因子为 1. 这种情况仍然需要一个左单旋, 但是旋转后树的高度减低了, 还需要向上调整其父节点.

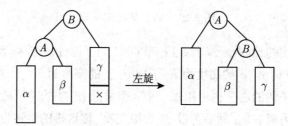

图 6.22　AVL 树的删除 (乙)

丙: 见图 6.23. 节点 A 的平衡因子为 -1. 这种情况左单旋不起作用, 需要进行左右双旋. 旋转后树的高度减低了, 还需要向上调整其父节点.

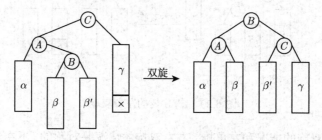

图 6.23　AVL 树的删除 (丙)

AVL 树的查找操作和一般排序二叉树的一样, 而添加和删除操作相对复杂. 可以用递归和非递归两种方式实现. 所有操作的复杂度均与树的高度成正比, 均是 $O(\log n)$. 添加和删除操作还需要额外的空间, 所需的额外空间也与树的高度成正比, 所以其空间复杂度也是 $O(\log n)$.

红黑树是 2-3-4 树的二叉树表示. 所谓的 2-3-4 树是 4 阶 B 树. B 树 (参见 6.8 节) 是为外部存储器设计的查找结构, 但是低阶的 B 树在内存中也有很好的表现. 由于节点可以有两个、3 个或者 4 个孩子, 所以 4 阶 B 树也叫 2-3-4 树. 红黑树的定义参见定义 4.8. 红黑树是一种平衡的二叉树 (参见定理 4.9). 本节介绍排序红黑树的添加和删除操作. 新添加的节点总是叶节点, 并且将其设置为红色. 这样红黑树的黑高是不变的. 破坏红黑树性质的情况只可能是出现连续的两个红节点. 自下而上的调整细分为 8 种类型. 由于对称性, 下面只详述 4 种. 在图 6.24 至图 6.27 中, 用圆圈表示黑节点, 用正方形表示红节点. 假设 X 为当前节点, P 为其父节点, G 为其祖父节点, S 为 P 的兄弟节点. 调整过程分为甲、乙、丙、丁 4 类.

甲: 此类的特征是 X 离 S 较远, S 是黑色节点, 如图 6.24 所示. 此时只需以 G 为根做左旋就可以将其调整为红黑树. 添加过程完成.

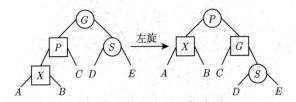

图 6.24　红黑树的添加 (甲)

乙: 此类的特征是 X 离 S 较近, S 是黑色节点, 如图 6.25 所示. 此时需对 G 做双旋就可以将其调整为红黑树. 添加过程完成.

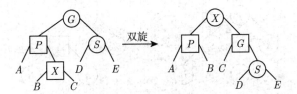

图 6.25　红黑树的添加 (乙)

丙: 此类的特征是 X 距离 S 较远, S 为红色节点, 如图 6.26 所示. 这时可以对 G 做左单旋. 由于根节点由原来的黑色节点变为红色节点, 所以还需要向上继续调整.

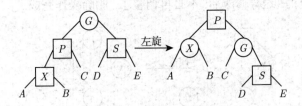

图 6.26　红黑树的添加 (丙)

丁: 此类的特征是 X 距离 S 较近, S 为红色节点, 如图 6.27 所示. 需要做双旋. 由于根节点由原来的黑色节点变为红色节点, 所以还需要向上继续调整.

当调整到根节点, 并且其颜色被调整为红色时, 只需将其颜色强制设置为黑色即可.

从红黑树中删除节点在许多情况下不需要太多的工作. 最为简单的情况是删除红色叶节点, 不需要作任何调整. 在红黑树中, 度为 1 的节点一定是黑色的. 其唯一的子一定是红色的. 当删除度为 1 的节点时, 只需用其子代替, 并且将其颜色改为黑色即可. 当删除度为 2 的节点时, 用其前驱或者后继代替. 唯一需要调整的是删除黑色的叶节点. 在图 6.28 至图 6.32 中, 假设以 X 为根的子树中的一个节点被删除并且导致其黑高降低了, 并且假定 X 为黑节点. 因为如果 X 为红节点, 只需将其颜色改变为黑色就满足红黑树的性质了. 调整操作可以分为 10 类. 由于对称性, 只详述其中的 5 类.

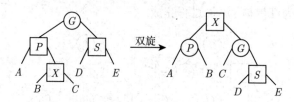

图 6.27　红黑树的添加 (丁)

甲: 在图 6.28 中所有的节点为黑色节点. 只需将 X 的兄弟节点改为红色节点, 这时树 P 的黑高降低了, 还需要向上继续调整. 这是唯一需要继续向上调整的情形.

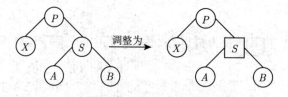

图 6.28　红黑树的删除 (甲)

乙: 在图 6.29 中 P 为红色节点, 其余节点均为黑色的. 只需将 X 的兄弟节点 S 改为红色的, 将 P 改为黑色的. 这样修改后, 不必再调整了. 删除操作完成.

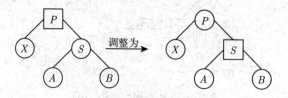

图 6.29　红黑树的删除 (乙)

丙: 在图 6.30 中 S 为黑色节点, S 的两个孩子颜色不同且其中距离 X 较近的为黑色. P 的颜色任意. 这时可以做一个右单旋, 旋转后 S 的颜色与原 P 的颜色相同. 这样修改后, 不必再调整了. 删除操作完成.

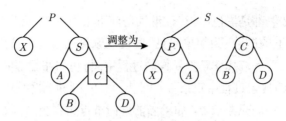

图 6.30　红黑树的删除 (丙)

丁: 图 6.31 中 X 的兄弟为黑色节点, 两个侄子颜色不同, 离 X 较近的为红色. P 的颜色任意. 这时可以做一个双旋. 这样修改后, 不必再调整了. 删除操作完成.

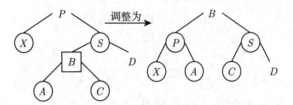

图 6.31　红黑树的删除 (丁)

戊: 图 6.32 中 X 的兄弟为红色. 这时可以做一个右旋. 右旋后 X 的兄弟节点 (A 节点) 为黑色, 父节点为红色. 将其转换为情形乙、丙、丁其中的一种. 这样再做一次调整, 就可以结束添加操作.

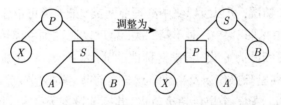

图 6.32　红黑树的删除 (戊)

上面介绍了红黑树自下而上的添加和删除操作, 先要自上而下查找, 然后自下而上调整, 需要两次遍历树的一条路径. 实现这些算法需要递归或者堆栈. 然而红黑树还可以自上而下一次遍历实现添加和删除操作, 并且还略微简单一些. 先考虑添加操作. 由于在黑节点下面添加一个红节点不会破坏红黑树的性质, 所以在自上而下查找添加新键值所处的位置过程中, 总是设法将当前访问节点变为黑色. 第一个访问的是根节点, 它一定是黑色. 假设当前访问节点为黑色, 而其两个孩子节点均为红色, 这时可以作图 6.33 所示的翻转变换. 再向下访问一定是黑色节点. 翻转变换可能导致 X 和其父节点都是红色的. 可以证明, X 的叔叔节点一定是黑色的. 属于添加操作中情形甲和情形乙. 只需作一次调整就可以还原红黑树的性质. 假设 X 的两个孩子颜色不同, 并且下一次将要访问到红色节点 R, 如果 R 为叶节点, 则已经找到新元素的添加位置, 只要作一次单旋或者双旋就可以完成添加工作; 如果 R 不是叶节点, 则其两个孩子必然都是黑色的, 可以继续访问下去.

下面介绍自上而下的删除. 为简单起见, 假设欲删除元素为叶节点. 由于删除红色叶节点最省事, 所以在自上而下查找欲删除元素的过程中, 将访问路径上的节点设法变为红色的. 在从根节点向叶节点的搜索过程中记录 3 个节点 X, P 和 S. 其中 X 为当前访问的节点, P 是 X 的父节点, S 是 X 的兄弟节点. 如果当前访问节点为红色节点, 则可以继续访问下去; 如果当前访问节点为黑色的, 可以将出现的情况限制为图 6.34 所示的 3 类情况.

图 6.33　自上而下的添加

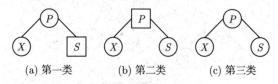

(a) 第一类　　　　(b) 第二类　　　　(c) 第三类

图 6.34　自上而下删除的 3 类情况

在第 3 类中 3 个节点都是黑色的, 没有可以被删除的元素, 需要避免这种情况的出现. 避免的方法是这样的. 当 P 为根节点时, 可以将 P 的颜色强行修改为红色, 使之变为第二类. 如果 P 不是根节点, 在 X 向下行进调整的过程中, 总将调整的结果限制在前两种类型中, 保证不出现第三类情况, 所以可以集中处理前两类. 第一类可以作一个以 P 为根的右单旋转换到第二类中 (参见图 6.32). 对于第二类, 总可以通过颜色翻转或者选择的方式将 X 变为红色. 具体操作可细分为 8 类. 考虑对称性, 实际为 4 类. 具体细节不在此介绍.

由于红黑树添加和删除操作涉及当前节点与当前节点的父节点, 甚至是祖父节点, 在具体实现红黑树时, 可以设置一个黑色超级节点, 其键值设置为 $-\infty$, 其右子指向真正的二叉树的根节点. 还可以设置一个黑色的空节点, 二叉树中所有的零指针被转指到空节点上. 设置这些虚拟节点, 在程序中会省去许多条件语句. 与 AVL 树相比, 红黑树的平衡条件略微差一些, 但是添加、删除时所需的旋转次数会少一些. AVL 树更适合查找操作.

6.6　最优排序二叉树

给定 n 个键值 $k_1, \cdots, k_n$, 可以构造许多个扩充的排序二叉树. 这些扩充的排序二叉树有 n 个内部节点、$n+1$ 个扩充节点. 假设查找这些键值的概率为 $p_1, \cdots, p_n$. 如果是不成功查找, 则查找过程会终止到 $n+1$ 个扩充节点. 设终止到这些节点上的概率为 $q_0, \cdots, q_n$, $\sum_{i=1}^{n} p_i + \sum_{i=0}^{n} q_i = 1$, 则一次查找键值比较次数的数学期望为

$$E(C) = \sum_{j=1}^{n} l(k_j)p_j + \sum_{i\text{ 为 } T \text{ 的扩充节点}} (l_i - 1)q_i$$

其中 $l(k_j)$ 为键值 k_j 在二叉树中所处的层数, l_i 为外部节点 i 在二叉树中所处的层数. 最优排序二叉树问题是对于给定的节点数目 n 和 $2n+1$ 个概率分布 $p_1, \cdots, p_n, q_0, \cdots, q_n$, 构造一棵 n 个内部节点, $n+1$ 个外部节点的二叉树使得 $E(C)$ 达到最小. 这里不详细介绍求最优排序二叉树的算法, 而仅举个例子.

例 6.7　百分制到五分制的转换程序. 规则如表 6.1 所示.

表 6.1　百分制到五分制的转换规则

百分制	0~59	60~69	70~79	80~89	90~100
五分制	F	P	C	B	A
比例	0.05	0.15	0.40	0.30	0.10

一个显然的程序如下:

```
char transfer(int score) {
  if(score < 60) return 'F';
  if(score < 70) return 'P';
  if(score < 80) return 'C';
  if(score < 90) return 'B';
  return 'A';
}
```

上面的程序对应图 6.35 所示的二叉树.

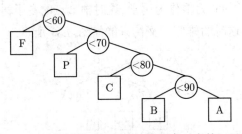

图 6.35　百分制到五分制的转换程序对应的二叉树

在这个排序二叉树中, 查找内部节点的概率均为零, 只有查找扩充节点的概率非零.

$$E(C) = 1 \times 0.05 + 2 \times 0.15 + 3 \times 0.40 + 4 \times 0.30 + 4 \times 0.10 = 3.15$$

即转换一次的键值比较次数的数学期望为 3.15. 这显然不是最优排序二叉树. 下面就来构造一棵包含 4 个内部节点 $60, 70, 80, 90$ 的最优排序二叉树. 最优排序二叉树有个特性, 就是整体最优必然是局部最优. 也就是说, 如果 T 为一个最优排序二叉树, 则它的任一子树均为最优排序二叉树. 这样第一步构造仅含有一个内部节点的最优排序二叉树, 如图 6.36 所示.

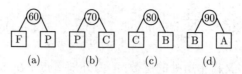

图 6.36　仅含有一个内部节点的最优排序二叉树

接下来构造包含节点 $\{60,70\}$，$\{70,80\}$ 和 $\{80,90\}$ 的 3 棵最优排序二叉树，如图 6.37 所示.

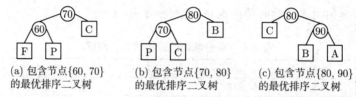

(a) 包含节点$\{60, 70\}$
的最优排序二叉树

(b) 包含节点$\{70, 80\}$
的最优排序二叉树

(c) 包含节点$\{80, 90\}$
的最优排序二叉树

图 6.37　包含节点 $\{60,70\}$，$\{70,80\}$ 和 $\{80,90\}$ 的 3 棵最优排序二叉树

接下来构造包含 $\{60,70,80\}$ 和 $\{70,80,90\}$ 的最优排序二叉树，如图 6.38 所示.

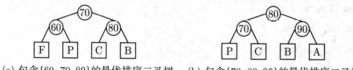

(a) 包含$\{60,70,80\}$的最优排序二叉树　　(b) 包含$\{70,80,90\}$的最优排序二叉树

图 6.38　包含 $\{60,70,80\}$ 和 $\{70,80,90\}$ 的最优排序二叉树

最后构造包含节点 $\{60,70,80,90\}$ 的最优排序二叉树，如图 6.39 所示. 其过程如下: 首先这个最优排序二叉树仅可能为 4 种情况中的一种: 要么以 60 为根，要么以 70 为根，要么以 80 为根，要么以 90 为根. 以 60 为根作为例子，这时根节点的右子树必然是由节点 $\{70,80,90\}$ 组成的最优排序二叉树. 这时的排序二叉树只能如图 6.39 所示.

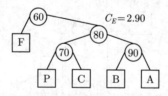

图 6.39　包含节点 $\{60,70,80,90\}$ 的候选最优排序二叉树

同理以 70 为根，以 80 为根，以 90 为根的排序二叉树如图 6.40 所示.

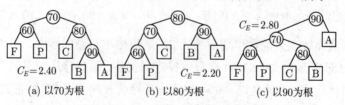

(a) 以70为根　　　　(b) 以80为根　　　　(c) 以90为根

图 6.40　分别以 70, 80, 90 为根的候选最优排序二叉树

显然以 80 为根的排序二叉树的 $E(C)$ 最小. 它就是最优排序二叉树. 根据这个最优排序二叉树得出的百分制到五分制的转换程序如下.

```c
char transfer(int score)
{
  if(score < 80)
    if(score < 70)
      if(score < 60) return 'F';
      else           return 'P';
    else             return 'C';
  else
    if(score < 90)   return 'B';
    else             return 'A';
}
```

使用这个程序, 一次转换的键值比较次数的数学期望值为 2.20.

6.7　Splay 树

当键值的查找概率分布不均匀时, 即使是最佳的次满二叉树, 其查找的键值比较次数的数学期望也不一定达到最优. 通常情况下键值的查找概率是极不均匀的. 如果能够事先得到键值的查找概率, 可以利用 6.6 节中的方法构造最优排序二叉树, 这是最为理想的情况. 但是在大多数情况下, 事先得不到键值查找的概率分布. 在 6.1 节中介绍了自适应的顺序查找. 对于排序二叉树, 也有类似的自适应方法, 这就是所谓的 Splay 树. 其添加、删除操作与一般的排序二叉树无异. 而查找操作有点像钓鱼, 要将所查找的节点上浮为根节点. 上浮的方法颇有讲究. 在理论上证明成功的方法是所谓的 Splay 运算. Splay 运算分为 6 种情况, 由于对称性, 下面只介绍其中 3 种. 假设查找的节点为 X, 用 P 表示 X 的父节点, 用 G 表示 X 的祖父节点. 3 种 Splay 运算如下.

甲: Zig-zig 旋转, 见图 6.41.

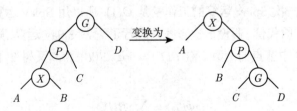

图 6.41　Zig-zig 旋转

乙: Zig-zag 旋转, 见图 6.42.

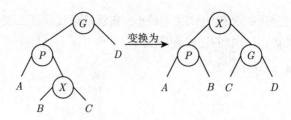

图 6.42　Zig-zag 旋转

丙: Zig 旋转, 见图 6.43. 其中 P 为根节点.

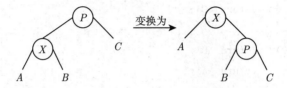

图 6.43　Zig 旋转

在一次查找操作中, Zig 旋转最多只用到一次. 前两种 Splay 运算都有压缩路径的功能, 见图 6.44. 查找节点 1 需要 3 次 Splay 运算将 1 上浮为根节点. 二叉树的高度几乎被压缩了一半. Splay 运算的压缩路径功能如图 6.44 所示.

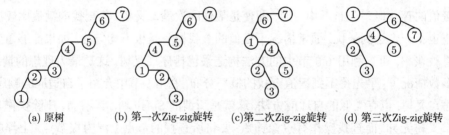

(a) 原树　　　(b) 第一次Zig-zig旋转　　(c)第二次Zig-zig旋转　　(d) 第三次Zig-zig旋转

图 6.44　查找键值 1, 将 1 上浮为根节点

下面对 Splay 树的查找操作进行平摊复杂度分析. 由于 Splay 树对二叉树的形状没有任何要求, 所以在最差的情况下, 一次查找的复杂度肯定是 $O(n)$. 假设二叉树中包含 n 个键值, 总共进行了 m 次 (成功) 查找操作. 下面来计算一次查找的分摊复杂度. 一次查找由若干个 Splay 运算组成. 一次 Splay 运算的工作量是 $O(1)$, 所以用 Splay 运算的工作量作为基本单位来统计查找操作的代价. 假设一次查找共进行了 k 次 Splay 运算, 则查找的代价就是 k. 令 $S(T)$ 为二叉树 T 中节点的个数. 称 $R(T) = \log_2 S(T)$ 为二叉树 T 的秩. 定义二叉树 T 的势函数如下:

$$\Phi(T) = \sum_{i \in T} R(i)$$

其中 $R(i)$ 表示二叉树 T 中以 i 为根节点的子树的秩. 关于势函数 Φ 有如下结论.

性质 6.8 假设二叉树 T 包含 n 个节点, 则 $\Phi(T) \leqslant \log_2(n!)$, 并且当 T 为退化二叉树时, 上式等号成立.

具体证明留给读者. 下面首先考虑单次 Splay 运算导致的势函数的变化. 用 $R_1(X)$ 表示在 Splay 之前 X 节点的秩; 用 $R_2(X)$ 表示 Splay 运算之后 X 节点的秩. 对于 Zig-zig 旋转和 Zig-zag 旋转 (参见图 6.41 和图 6.42), 都有 $\Delta\Phi = R_2(X) + R_2(P) + R_2(G) - R_1(X) - R_1(P) - R_1(G)$. 注意 $R_1(G) = R_2(X), R_1(P) > R_1(X)$, 有 $\Delta\Phi < R_2(P) + R_2(G) - 2R_1(X)$. 又 $S_2(P) + S_2(G) \leqslant S_2(X)$, 所以 $R_2(P) + R_2(G) \leqslant 2R_2(X) - 2$. 从而得到

$$\Delta\Phi \leqslant 2(R_2(X) - R_1(X)) - 2$$

对于 Zig 旋转 (参见图 6.43), 有

$$\Delta\Phi = R_2(X) + R_2(P) - R_1(X) - R_1(P)$$
$$\leqslant R_2(X) - R_1(X)$$
$$\leqslant 2(R_2(X) - R_1(X))$$

假设一次查找操作进行了 k 次 Splay 运算 (其中最多只有一次 Zig 旋转), 则这次查找操作导致的势函数的变化满足

$$\Delta\Phi \leqslant 2(R_{T'}(X) - R_T(X)) - 2(k-1)$$

其中 T' 为查找后的二叉树, T 为查找前的二叉树. 查找之后, X 一定为 T' 的根节点. 注意此次查找的代价 $C = k$, 有

$$C + \Delta\Phi \leqslant 2\log_2 n + 2$$

根据公式 (2.35), 如果进行了 m 次查找, 则一次查找的分摊工作量 A 满足

$$A \leqslant \frac{\Phi_0 - \Phi_m}{m} + 2\log_2 n + 2 \leqslant \frac{\log_2 n!}{m} + 2\log_2 n + 2 \leqslant \frac{n}{m}\log_2 n + 2\log_2 n + 2$$

在讨论分摊复杂度时, 可以假设操作的次数满足 $m = \Omega(n)$, 即存在常数 c 使得 $m \geqslant cn$, 从而有如下定理.

定理 6.9 在 Splay 树中, 一次查找的分摊复杂度为 $A = O(\log n)$.

更准确地说, 在 Splay 树中进行了 m 次查找, 则总的复杂度为 $O(m + (m+n)\log n)$. 假设键值 j 被查找的次数为 q_j, 总的查找次数为 $m = \sum\limits_{j=1}^{n} q_j$. 如果所有的 $q_j > 0$, 利用较为复杂的势函数可以得到, m 次查找总的复杂度为 $O\left(m + \sum\limits_{j=1}^{n} q_j \log(m/q_j)\right)$.

6.8 B 树、数字查找树

B 树是一种平衡的多路树, 初期是为外部存储器 (如磁盘) 设计的一种查找结构, 后来低阶的 B 树也被用在内存的查找结构中. 由于磁盘是机械运动, 所以其速度远低于内存的电子速度. 当内存从磁盘上读入数据时, 一次读入磁盘上的一个扇区, 其大小通常是几千字节. 它是 B 树节点的原型, 所以 B 树节点通常可以容纳多个键值.

定义 6.10 (m 阶 B 树) m 阶 B 树包含 3 种节点, 即根节点、内节点和叶节点, 并且满足:

① 根节点和内节点上如果包含 n 个键值, 则它必然包含 $n+1$ 个孩子;

② 根节点和内节点最多包含 m 个孩子;

③ 内节点至少包含 $\lceil m/2 \rceil$ 个孩子, 根节点至少包含 2 个孩子;

④ 叶节点不包含任何信息, 所有叶节点都处在同一层上.

则称这样的树为 m 阶 B 树. B 树的高度为叶节点所处的层数减 1.

图 6.45 是一棵高度为 3 的按键值排序的 4 阶 B 树.

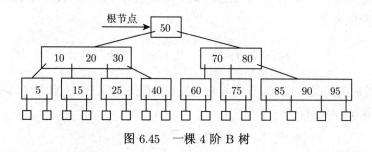

图 6.45 一棵 4 阶 B 树

不难证明, 高度为 h 的 m 阶 B 树满足

$$2\lceil m/2 \rceil^{h-1} - 1 \leqslant n \leqslant m^h - 1 \tag{6.15}$$

其中 n 为树中包含记录的个数. 所以给定树中记录的个数 n, 则 m 阶 B 树的高度 h 必满足

$$h \leqslant 1 + \log_{\lceil m/2 \rceil}\left(\frac{n+1}{2}\right)$$

B 树的定义保证了其平衡性. 下面可以看到, B 树所有操作的复杂度均为 $O(h)$. 如果 B 树节点存储在外部存储器上, 在查找操作中, 内存从外存读入数据的次数就是 h.

在排序的 B 树中查找从最高一层的根节点开始, 在一个节点中查找, 确定键值所处的下一层节点. 虽然 B 树节点中的键值是排序的, 但是其键值个数并不太多, 在 B 树节点内部查找多使用顺序查找. 向 B 树中添加元素, 首先将其添加到最底层的节点中. 如果添加后节点仍然满足 B 树的性质, 则操作完成, 否则就需要将节点分裂为两个节点, 外加一个溢出项, 再将溢出项添加到上层节点中. 所以 B 树的增高是由于底层节点增多, 由下而上发生的. 例如在图 6.45 中添加键值 100, 最底层节点如图 4.46 所示. 其包含 4 个键值、5 个孩子, 违反了 4 阶 B 树的条件. 将其分裂, 如图 6.47 所示. 然后将溢出项添加到其父节点即可. 如果其父节点在添加后又破坏了 4 阶 B 树规则, 还需要继续分裂, 直到生成新的根节点, 这时新的 B 树长高了. B 树的删除必须从最底层开始. 如果欲删键值不在最底层, 则需要用其前驱 (或者后继) 来代替. 可以证明其前驱和后继节点必然在最底层上. 例如在图 6.45 中删除键值 50, 必须将其前驱 40 复制到 50 处, 然后删除键值 40. 当删除键值导致节点 a 的 B 树性质被破坏时, 首先考虑从其同层的相邻节点 b 上借一些节点. 通常将键值在 a, b 两个节点上平分. 例如在图 6.45 中删除键值 75, 可以从其右边的节点上借一个键值, 借的过程需要移动这两个节点的父节点上的键值 80. 删除后如图 6.48 所示.

图 6.46　添加 100 后不再满足 4 阶 B 树条件

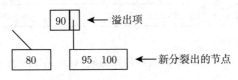

图 6.47　图 6.46 中节点分裂

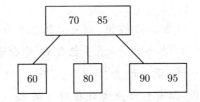

图 6.48　删除键值 75 后的 B 树节点

当节点 b 没有多余的键值可借时, 需要将节点 a, b 和其父节点上的键值 p 合并为一个节点. 例如在图 6.45 中删除键值 5, 需要将 10, 15 合并为一个节点, 然后在其父节点上删除一个键值. 注意, 底层上两个节点合并, 需要将其父节点上的一个键值下移, 然后在父节点上删除这个键值. 图 6.49 是在 5 阶 B 树中删除键值, 导致 B 树高度降低的例子.

B 树的空间利用率约为 1/2. 如果每个节点上容纳更多的键值, 不但空间利用率提高, B 树的高度也会降低. 在 B 树的添加过程中, 当节点过满时, 不是马上分裂节点, 而是将多余的节点推送到其同层相邻的节点上, 只有当两个节点同时满时, 才将这两个节点分裂为 3 个节点, 这样每个节点上至少有 $(2m-1)/3$ 个孩子. 这就是所谓的 B* 树.

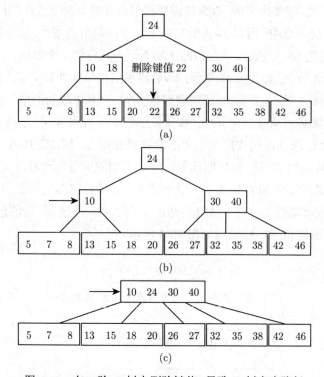

图 6.49   在 5 阶 B 树中删除键值, 导致 B 树高度降低

定义 6.11 (m 阶 B* 树) m 阶 B* 树包含 3 种节点, 即根节点、内节点和叶节点, 并且满足:

① 根节点和内节点上如果包含 n 个键值, 则它必然包含 $n+1$ 个孩子;

② 内节点至少包含 $(2m-1)/3$ 个孩子, 最多包含 m 个孩子;

③ 根节点至少包含 2 个孩子, 最多包含 $2\lfloor(2m-2)/3\rfloor + 1$ 个孩子;

④ 叶节点不包含任何信息, 所有叶节点都处在同一层上.

B* 树的空间利用率约为 2/3. 包含 n 个键值的 m 阶 B* 树的高度 h 满足

$$h \leqslant 1 + \log_{\lceil(2m-1)/3\rceil}\left(\frac{n+1}{2}\right)$$

但是其添加操作的工作量增加了. 因为这时节点上的键值都比较多, 节点分裂的情况会频繁出现. 需注意, 当 B 树的添加和删除操作频繁出现时, 空间利用率低的 B 树反而性能更好.

B 树的另一个变种是 B$^+$ 树. 它是实现动态索引的有效方法. 它的定义如下:

定义 6.12 (m 阶 B$^+$ 树)   一棵 m 阶 B$^+$ 树包含 3 种节点, 即根节点、内节点和叶节点. 叶节点上存储记录. 根节点和内节点上存储键值和指向孩子节点的指针. 如果还满足:

① 在根节点和内节点上如果包含 n 个键值, 它必然包含 n 个孩子;

② 根节点和内节点最多包含 m 个孩子;

③ 内节点至少包含 $\lceil m/2 \rceil$ 个孩子, 根节点至少包含 1 个孩子;

④ 所有叶节点都处在同一层上;

⑤ 叶节点上包含记录, 它至少也是半满的, 即如果一个叶节点上的容量是 k 个记录, 则它至少包含 $\lceil k/2 \rceil$ 个记录.

则称这样的树为 m 阶 B$^+$ 树.

图 6.50 为一个 B$^+$ 树的例子.

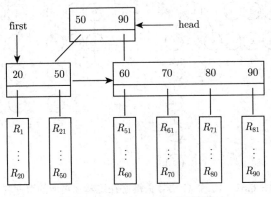

图 6.50　一个 B$^+$ 树的例子

事实上, B$^+$ 树的叶节点部分为索引结构的数据区, 根节点和内节点部分为索引区. 最底层的非叶节点通常用链表连接, 这样可以顺序访问数据. B$^+$ 树的添加和删除操作与 B 树的类似, 不再详述.

有时关键字是由若干个数字组成的串 $k = k_1 k_2 \cdots k_n$, 而每个 k_i 都属于较小的范围. 字符串就是典型的例子. 例如下面的 12 个 C 语言关键字:

auto   case   char   const   continue   if

int   short   sizeof   static   struct   switch

在逻辑上可以看成图 6.51 中的树, 称为键树或者数字查找树.

可以用孩子兄弟链表来表示键树, 称为双链树. 图 6.51 中的键树所对应的双链树见图 6.52.

在双链树中查找是容易的, 只需从字符串首字母开始, 在双链树中向下航行即可.

在实际应用中, 双链树 (包括 Trie 树) 常被用作索引结构. 作为关键字的字符串仅是记录中的一小部分信息. 例如日常使用的字典, 作为关键字的词条 (字符串) 和对词条的释义的总体构成一条记录. 由于记录的信息量大, 它们通常被存储在外部存储器中. 存储在内存中的双链树只用作索引. 此时, 成功查找必须给出记录在外部存储器中的地址. 可以在双链树的叶节点中存储外部存储器的地址. 这样区别一个地址到底是内存地址还是外部存储器地址和判别是否成功查找等价. 通常有两种做法. 一是在每个节点增加一个布尔域来标志节点是否为叶节点. 二是给每个字符串尾部添加一个特殊的字符 ∅. ∅ 小于 (或者大于) 正常的字符. 此时成功查找将终止于这个特殊字符 ∅.

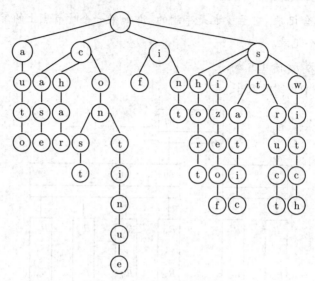

图 6.51　12 个 C 语言关键字在逻辑上对应的有序树

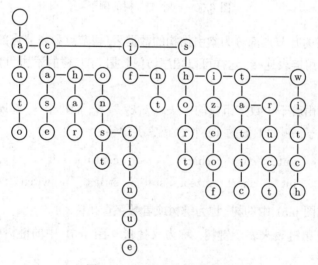

图 6.52　双链表实现的键树

也可以用多重链表来实现键树, 称为 Trie 树. 图 6.51 中的键树所对应的 Trie 树见图 6.53.

例如, 查找以字母 a 开头的字符串, 首先访问节点一, 发现是指向数据区的指针, 所以这个字符串只能是 auto, 否则就是不成功查找. 查找 static, 将顺序访问一、六、七 3 个节点. 可以用数组来存储图 6.53 中的 7 个节点, 而将所有的字符串另外存储. 这时的 Trie 树为索引.

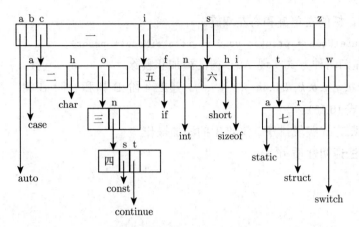

图 6.53　Trie 树实现的键树

6.9　习　题

1. 给顺序查找表添加两种自适应查找算法:

```
struct Sequential_list
{
  bool self_organizing_find1(T const& key);
  bool self_organizing_find2(T const& key);
};
```

它们分别实现自适应查找的第一种和第二种查找方案.

2. 证明序列 $h_0, h_1, \cdots, h_{\lfloor M/2 \rfloor}, h_{\lfloor M/2 \rfloor+1}$ 必有重复, 其中 $h_i = (h_0 + i^2) \bmod M$.

3. C 语言的 32 个保留字如下:

auto	break	case	char	const	continue	default	do
double	else	enum	extern	float	for	goto	if
int	long	register	return	short	signed	sizeof	static
struct	switch	typedef	union	unsigned	void	volatile	while

将这 32 个保留字看作字符串, 以 ASCII 码存放. 试对字符串设计一个哈希函数, 使得其对于这 32 个保留字的哈希值没有冲突, 并且要求哈希表长 $M \leqslant 256$.

4. 令 δ 为整数. 求证当 $\delta \in [0, 2^k)$ 时, $\mathrm{pop}(0) + \cdots + \mathrm{pop}(\delta) \leqslant k(\delta + 1)/2$.

5. 试编写程序, 判定一棵二叉树是否为平衡二叉树.

6. 试编写程序, 求一棵平衡二叉树的高度.

7. 试以下列的输入序列构造平衡排序二叉树: (甲)A, Z, B, Y, C, X; (乙) $A, V, L, T, R, E, E, I, S, O, K$.

8. 实现 AVL 树的右单旋和右左双旋.

 void r_rotate(Node** proot); void rl_rotate(Node** proot);

9. 用栈和递归两种方式实现 AVL 树的添加和删除.

10. 以键值 $a, g, f, b, k, d, h, m, j, e, s, i, r, x$ 建立 4 阶 B 树和 5 阶 B 树.

11. 证明公式 (6.15).

12. 用非递归方式实现排序二叉堆中的添加操作.

13. 用归纳法证明性质 (6.8).

第7章
排序

排序 (sort) 是计算机中最常用的算法之一. 设有 n 个记录 $R_1, R_2, \cdots, R_n$ 存放于内存或者外存中. 排序的任务是找到 $(1, 2, \cdots, n)$ 的一个排列 $(p_1, p_2, \cdots, p_n)$, 使得

$$\text{key}(R_{p_1}) \leqslant \text{key}(R_{p_2}) \leqslant \cdots \leqslant \text{key}(R_{p_n})$$

其中 $\text{key}(R)$ 表示记录 R 的关键字. 通常有两种方法呈现排序的结果.

① 将原待排序的 n 个记录重新整理为 $R_{p_1}, R_{p_2}, \cdots, R_{p_n}$, 这样记录被重新移动整理为按键值的递增序列, 此即通常说的直接排序.

② 待排序的 n 个记录的位置不变, 但是用额外空间存储排列 $(p_1, p_2, \cdots, p_n)$, 这也就是通常说的间接排序.

本章中的所有算法都遵循第一种约定, 即排序算法是指将记录移动整理, 使之按键值的递增序排列. 而本章中所谓的间接排序是指先对指向待排序的元素的指针进行排序, 从而得到排列 $p_1, p_2, \cdots, p_n$, 然后根据这个排列将原来的数据重新整理为递增的. 另外, 记录和记录中的键值可能是不同的. 例如, 表示图书的记录中可能包含作者、ISBN、价格、页数、出版社、出版日期等许多项数据, 这些数据均可以作为关键字来排序. 为了将注意力集中在排序算法上, 本章均假设记录和记录的关键字合二为一, 即 $R = \text{key}(R)$. 排序可以使用小于 $(<)$ 或者大于 $(>)$ 来比较键值之间的大小, 用户自定义的任何弱序泛函都可以用来进行排序. 在本章中总是使用小于 $(<)$ 比较两个键值之间的大小.

本章中所有的排序算法的界面均是 `void alg_name_sort(T* first,T* last)`, 其中 T 为数据类型. 函数参数中的两个指针规定了半开半闭区间 [first, last). first 指向待排序的第一个元素, last 指向待排序的最后一个元素的下一个元素, 也就是说实际待排序的元素区间为 [first, last−1]. 例如, 欲将数组 `int a[10]` 排序, 应该调用 "`alg_name_sort(a, a+10);`". last 只是边界, 它可能不指向任何元素, 只是作为判别区间元素是否被遍历完的一个手段. 排序算法还有稳定性的概念.

定义 7.1 称一个排序算法为稳定的, 如果它保持待排序记录中关键字等价的记录的相对位置.

假设待排序数据为 $R_1, R_2, \cdots, R_n$. 用某种排序算法得到的结果是 $\text{key}(R_{p_1}) \leqslant \text{key}(R_{p_2}) \leqslant \cdots \leqslant \text{key}(R_{p_n})$. 假设有两个相等的键值 $\text{key}(R_i) = \text{key}(R_j)$ 并且 R_i 排在 R_j 之前 (即 $i < j$). 在排序之后 R_i 被移动到 i' 位置 (即 $i = p_{i'}$), R_j 被移动到 j' 位置 (即 $j = p_{j'}$). 稳定的排序算法保证 $i' < j'$. 如果对数据的不同关键字做两次排序, 稳定排序算法保留了前一次排序的结果. 例如, 对一手 13 张扑克进行排序, 约定花色次序为 ♣ < ♢ < ♡ < ♠, 对扑克进行排序时花色优先, 相同花色中再按牌点进行排序, 可以先对这 13 张牌按照牌点进行排序, 然后再利用稳定排序算法对其按照花色进行排序. 在方便的情况下, 总是希望排序算法是稳定的, 但是许多快速的排序算法是不稳定的. 如果强行要求其稳定, 需要付出代价. 通常算法会牺牲稳定性而追求速度. 但在基数排序中, 排序的稳定性显得非常重要.

7.1 插入排序与 Shell 排序

插入排序的基本思想是将排序的区间逐渐扩大. 例如, 欲将由两迭代子确定的区间 [first, last) 排序, 最初假设只含有一个元素的区间 [first, first] 是排序的. 如果区间 [first, j) 已经排序, 需要将记录 $*j$ 插入到适当的位置, 使得区间 [first, j] 仍然是排序的, 这样排序区间就增大了. 例如在图 7.1 中, 区间 [f, j) 已经排序, 而元素 $*j$ 应当插入到 h 的前面.

位置	0	1	2	3	4	5	6	7	8	9
数组	05	10	20	40	50	60	90	30	80	70
	↑f			↑h				↑j		

图 7.1   区间 [f, j) 已排序, h 为 $*j$ 应插入的位置

将区间 [h, j) 中的数据集体向右边移动一个位置, 再将 $*j$ 插入 h 处, 如图 7.2 所示.

位置	0	1	2	3	4	5	6	7	8	9
数组	05	10	20	30	40	50	60	90	80	70
	↑f								↑j	

图 7.2   排序区间扩大了

这样排序区间 [f, j) 就增大了. 如何找到元素 $*j$ 应该插入的位置? 由于区间 [f, j) 中的元素已经排序, 可以使用二分查找算法. 但是二分查找会导致插入排序算法变成不稳定的排序算法. 简单的方法还是从 $j - 1$ 处开始, 向前逐个比较并且顺便移动数据. 下面的插入函数 `guarded_linear_insert` 就是这一思想的初步实现. 它假设区间 [first, j) 非空并且已经排序, 程序将 $*j$ 插入到适当的位置, 使得区间 [first, j] 还是排序的. 具体做法是从 $j - 1$ 开始, 向前寻找第一个满足条件 $*j \leqslant *j$ 的迭代子 j, 而后将区间 (j, j) 中的每个记录都向后移动一个位置, 最后将值 $*j$ 放置在 $j + 1$ 处. 由于迭代子需要向后移动, 所以需要双向迭代子.

```
void guarded_linear_insert(T* first, T* j)
{
    T const value = *j;
    for(; j != first && value < *(j-1); --j)  *j = *(j-1);
    *j = value;
}
```

由此, 简单插入排序程序的初步实现如下:

```
void guarded_insert_sort(T* first, T* last)
{
    if(first = last)  return;
    T* j = first;
    for(++j; j != last; ++j) guarded_linear_insert(first, j);
}
```

本章介绍的大部分算法都是以比较为基础的排序算法. 一切行动都根据比较的结果而定. 所以在分析排序算法的时间复杂度时, 首先统计其键值比较次数. 除此之外还统计记录的移动次数. 就简单插入排序而言, 在子区间 $[first, i)$ 上调用 guarded_linear_insert, 其中的键值比较次数最少为 1 次, 最多为 $k-1$ 次, 其中 k 为区间 $[first, i)$ 的长度. 移动的次数与比较的次数相等. 容易得到如表 7.1 所示的结果.

表 7.1   插入排序工作量

	最佳情形	最差情形	平 均
键值比较次数	$n-1$	$n(n-1)/2$	$n(n-1)/4$
键值移动次数	$n-1$	$n(n-1)/2$	$n(n-1)/4$

其中 n 为待排序区间 $[first, last)$ 的长度. 当统计算法的时间复杂度时, 只能考虑其最差情形. 所以简单排序的时间复杂度为 $O(n^2)$, 而空间复杂度为 $O(1)$, 即就地工作. 简单插入排序算法还有个很自然的特点, 即最佳情形出现在对已经排序的区间进行排序, 最差情形出现在对逆序的区间进行排序. 它是稳定的排序算法.

简单插入排序算法可以改进. 算法中有两重循环. 其内层循环为 guarded_linear_insert 函数中的代码 "for(; j != first & & value < *(j-1); --j) *j = *(j-1)", 这里的循环测试条件为 j != first && value < *(j-1); --j. 实际上要测试两个条件. 判别条件 j !=first 主要是为使迭代子不越界. 如果能够将这个内层循环的判别条件变为一个判断, 则会使整个程序变快不少. 下面首先给出不带边界保护的插入函数.

```
void unguarded_linear_insert(T* j)
{
    T value  = *j;
    for(; value < *(j-1); --j)  *j = *(j-1);
```

```
    *j = value;
}
```

由此得到不带边界保护的简单插入排序算法, 如下:

```
void unguarded_insert_sort(T* first, T* last)
{
    if(first == last) return;
    for(++first ; first != last; ++first) unguarded_linear_insert(first);
}
```

要使得上面的排序算法正确工作, *first 必须是区间 [first, last) 中的最小值, 唯有此才能保证插入函数中的迭代子不越界. 这个条件太苛刻了. 下面的解决方法似乎更可取. 在插入函数中, 首先判断要插入的元素 *j 是否比区间 [first, j) 的第一个元素 *first 还小. 用这个判断的代价取代内层循环中的判别条件. 其实现如下:

```
void linear_insert(T* first, T* j)
{
    T const value = *j;
    if(value < *first) {
        std::copy_backward(first, j, j + 1);
        *first = value;
    } else {
        T* prev = j;
        for(--prev; value < *prev; j = prev--)
            *j = *prev;
        *j = value;
    }
}
```

据称经过这样的优化后, 简单插入排序算法的速度最大可以提高 30%. 改进后的插入排序程序如下:

```
void insert_sort(T* first, T* last)
{
    if(first == last) return;
    Bitr j = first;
    for(++j; j != last; ++j)  linear_insert(first, j);
}
```

Shell 排序是对插入排序的改进. 首先介绍增量为 h 的插入排序. 对数组 $a[0, n)$ 作增量为 h 的插入排序, 简称 h-排序, 就是对图 7.3 中的每一行元素分别进行插入排序. 总共有 h 行.

1-排序就是普通的插入排序. 图 7.4 是对 $n = 10$ 的逆序数组 $[9, 8, 7, 6, 5, 4, 3, 2, 1, 0]$ 作 3-排序的例子.

$a[0]$	$a[h]$	$\cdots$	$a[ih]$	$\cdots$
$a[1]$	$a[h+1]$	$\cdots$	$a[ih+1]$	$\cdots$
$\cdots$	$\cdots$		$\cdots$	
$a[h-1]$	$a[2h-1]$	$\cdots$	$a[ih+h-1]$	$\cdots$

图 7.3　对数组的 h-排序

位置	0	1	2	3	4	5	6	7	8	9
数组	9	⑧	7	6	⑤	4	3	②	1	0
一	0	⑧	7	3	⑤	4	6	②	1	9
二	0	②	7	3	⑤	4	6	⑧	1	9
三	0	②	1	3	⑤	4	6	⑧	7	9

图 7.4　对数组 9, 8, 7, 6, 5, 4, 3, 2, 1, 0 进行 3-排序

3-排序后, 数组并没有正确排序, 但是已经大体排序. Shell 排序算法取单调增的增量序列 $(h_0, h_1, \cdots, h_k)$, 其中 $h_0 = 1$, $h_k < n$. 先对数组作 h_k 排序, 然后作 h_{k-1} 排序, 以此类推, 直到最后作一次 h_0 排序. 由于最后一次作的是 1-排序, 也就是普通的插入排序, 所以最终数组一定是排序的. 图 7.5 是对逆序数组 $90, 80, 70, 60, 50, 40, 30, 20, 10, 5$ 取增量序列 $(1, 3, 5)$ 的 Shell 排序过程.

位置	0	1	2	3	4	5	6	7	8	9
原数组	90	80	70	60	50	40	30	20	10	5
5-排序	40	30	20	10	5	90	80	70	60	50
3-排序	10	5	20	40	30	60	50	70	90	80
1-排序	5	10	20	30	40	50	60	70	80	90

图 7.5　增量为 (1,3,5) 的 Shell 排序

增量为 $(h_0, h_1, \cdots, h_k)$ 的 Shell 排序相当于对数组进行 $k + 1$ 次插入排序. 它的性能如何? 一次 h_j-排序是指对长度为 $\dfrac{n}{h_j}$ 的数组作一次插入排序. 其键值比较次数是 $C_j \leqslant (n/h_j)^2$. 因此 Shell 排序总的键值比较次数是

$$C \leqslant \sum_{j=1}^{\infty} h_i (n/h_i)^2 = n^2 \sum_{j=1}^{\infty} \frac{1}{h_j} \tag{7.1}$$

即只要增量序列 $(h_0, h_1, \cdots, h_k, \cdots)$ 增长得足够快, 使得 $\sum\limits_{j=1}^{\infty} h_j^{-1}$ 收敛, 则 Shell 排序的复杂度仍然为 $O(n^2)$. Shell 排序巧妙地融合了两个因素来改进插入排序的性能. 其一是插入排序

的自然性, 即当输入数据接近排序时, 插入排序的性能会更好. 对数组进行 h_j-排序虽然不能将数组正确排序, 却使得数组大体排序, 会使得 h_{j-1}-排序的性能更好. 其二是增大了数据移动的距离. 如果对 $(1, 2, \cdots, n)$ 的一个排列 $(p_1, p_2 \cdots, p_n)$ 进行排序, 在第 j 个位置上的元素为 p_j, 排序后, p_j 应该回到位置 p_j 处. 在插入排序中, 一次移动的距离为 1, p_j 需要移动 $|p_j - j|$ 次才能到达正确位置. 而数学分析表明 $E(|p_j - j|) = n/3$, 即平均移动距离为 $n/3$. 而 h-排序一次移动的距离为 h.

Shell 排序的性能和增量序列密切相关. Shell 提出这个排序算法时, 使用的增量序列为

$$(h_0, h_1, \cdots, h_k) = (1, \lfloor n/2^k \rfloor, \cdots, \lfloor n/2 \rfloor) \tag{7.2}$$

其在大部分情况下, 比插入排序要快. 但是当 n 的二进制表示中有过多的 0 时其性能下降. 事实上当 $n = 2^k$ 时, Shell 增量序列为 $(1, 2, 4, \cdots, 2^{k-1})$. 此时 Shell 排序的复杂度仍然为 $O(n^2)$. 例如当 $n = 16$ 时, 对图 7.6 所示的数组进行 Shell 排序.

位置	0	1	2	3	4	5	6	7	8	9	10	11	12	13	14	15
数组	0	8	1	9	2	10	3	11	4	12	5	13	6	14	7	15

图 7.6 Shell 排序复杂度为 $O(n^2)$ 的例子

对其 $8, 4, 2$ 进行排序均不改变数组. 而最后一次的 1-排序的工作量为 $O(n^2)$. 进一步可以证明, 当每一个增量是下一个增量的因子, 即 h_i 整除 h_{i+1} 时, Shell 排序的复杂度为 $\Theta(n^2)$. 理论结果最好的增量序列为 Pratt 序列:

$$(h_0, h_1, \cdots, h_i, \cdots) = (1, 2, 3, 4, 6, \cdots), \quad h_i = 2^p 3^q \tag{7.3}$$

它是由 $2^p 3^q$ 形式的整数按大小进行排序的. 可以证明, 使用 Pratt 增量序列的 Shell 排序的复杂度为 $O(n(\log n)^2)$. 但是实验表明其性能并不佳, 可能是因为其增长速度太慢所导致. 一个较好的增量序列为 Hibbard 增量序列:

$$(h_0, h_1, \cdots, h_j, \cdots) = (1, 3, 7, 15, 31, \cdots), \quad h_j = 2^{j+1} - 1 \tag{7.4}$$

可以证明, 其复杂度为 $O(n^{3/2})$, 平均复杂度为 $O(n^{5/4})$. 在实验中表现最好的增量序列为 Sedgewick 增量序列:

$$(h_0, h_1, \cdots, h_j, \cdots) = (1, 5, 9, 41, 109, \cdots)$$

其中 $h_j = 9(4^j - 2^j) + 1$ 或者 $h_j = 4^j - 3 \times 2^j + 1$. 可以证明, 其复杂度为 $O(n^{4/3})$, 平均复杂度为 $O(n^{7/6})$. 当 n 较小, 例如 $n < 1\,000$ 时, 许多简单的增量序列性能都不错. 例如

$$(h_0, h_1, \cdots, h_j, \cdots) = (1, 3, 5, 9, \cdots), \quad h_{j+1} = 2^j + 1$$
$$(h_0, h_1, \cdots, h_j, \cdots) = (1, 4, 13, 40, \cdots), \quad h_{j+1} = 3h_j + 1$$
$$(h_0, h_1, \cdots, h_j, \cdots) = (1, 3, 6, 13, \cdots), \quad h_{j+1} = \lfloor 2.25h_j \rfloor + 1$$

既然增量之间整除的序列不好, 选择素数也许不错. 下面是随机选择的一些素数, 后一个是前一个的 $2 \sim 3$ 倍.

```
unsigned int const primes [ ] =
{
    0,         1,         5,         13,        31,        73,
    199,       571,       1487,      3919,      8861,      30013,
    89899,     250051,    700079,    1999891,   5000111,   13055113,
    30000167,  89933143,  240000151, 600000019, 1204945031, (1<<31)-1
};
```

以这些素数为增量的 Shell 排序算法实现如下:

```
void shell_sort(T* first, T* last)
{
    int const n = last - first;
    int h = 2;
    for( ; primes[h] < n/3; ++h)
        ;
    for(int gap = primes[--h]; 0 < gap; gap = primes[--h])
        for(int i = gap; i < n; ++i)
            for(int j = i - gap; j >= 0; j -= gap)
                if(first[j+gap] < first[j])
                    std::swap(first[j], first[j+gap]);
                else
                    break;
}
```

Shell 排序适合中小型问题的排序, 例如 $n \leqslant 10\,000$. 而在实际问题中出现的数据可能不是太随机的. 有一部分已经排序, 这时最适合使用 Shell 排序. Shell 排序是不稳定的, 还没有好的方法使其稳定.

7.2　选择排序与堆排序

简单选择排序的基本思想是在待排序区间 `[first,last)` 中找到最小值, 将其交换到 `first` 位置. 然后对区间 `[first+1,last)` 做同样的处理. 一个简单的实现如下:

```
void min_first(Fitr first, Fitr last)  //前提: [first, last) 非空
{
    Fitr min = first;    Fitr i = first;
    for(++i; i != last; ++i)  if(*i < *min)  min = i;
```

```
    std::swap(*first, *min);
}
void select_sort(Fitr first, Fitr last)
{
    for( ; first != last; ++first)  min_first(first, last);
}
```

其中 `min_first` 是指将区间 [first, last) 中的最小值的位置找到, 并且将它和 `first` 的值进行交换. 如果 [first, last) 的长度为 n, 则在函数 `min_first` 中总共进行了 $n-1$ 次比较、1 次键值的交换. 在通常情况下, 一次交换相当于 3 次键值移动. 最佳与最差情形相同, 即其性能与待排序区间记录的初始状态无关. 具体工作量见表 7.2.

表 7.2　简单选择排序工作量

	最佳情形	最差情形
键值比较次数	$n(n-1)/2$	$n(n-1)/2$
键值交换次数	$n-1$	$n-1$

可见简单的选择排序算法的时间复杂度为 $O(n^2)$. 另外选择排序算法是不稳定的排序算法.

堆排序是对选择排序的改进. 在选择排序中, 为了在 n 个数中得到最小值, 需要进行 n 次比较. 下一次则在 $n-1$ 个元素中寻找最小值, 它需要 $n-1$ 次比较. 第一次的寻找对下一次寻找没有任何帮助. 事实上可以将数组 $a[1,n]$ 建成一个大顶堆, 这时 $a[1]$ 必然是最大值, 然后将其与 $a[n]$ 进行交换, 再将 $a[1,n-1]$ 重新调整为堆. 这相当于数组堆中的一个 pop 操作. 这样选择出最大值所需的代价为 $O(\log n)$. 为了适合排序算法, 需要略微改变原大顶堆的定义. 唯一的改变是可以将数组中的子段也称为大顶堆.

定义 7.2 (大顶堆)　称数组 $a[1,n]$ 的子段 $a[l,h]$ 为大顶堆, 如果对于满足 $l \leqslant \lfloor k/2 \rfloor < k \leqslant h$ 的 k 都有

$$a_{\lfloor k/2 \rfloor} \geqslant a_k$$

显然, 如果数组 $a[1,n]$ 为堆, 则它的任意子段均为堆. 如果将 $a[1,n]$ 看成完全二叉树, 则 $a[1,n]$ 为极大堆的充要条件为其对应的完全二叉树中任意节点的键值均大于等于其两子的键值. 大顶堆中的 pop 运算使用 Williams 下移算法, 在这里也可以修改为

```
void shift_down(T* a, int j, int n)  //Williams 下移
{
    for(int bc = 2*j; bc <= n; bc = 2*j)  {
        if(bc < n && a[bc] < a[bc+1])     bc = bc + 1;
        if(a[j] < a[bc]) {
            std::swap(a[j], a[bc]);
            j = bc;
```

```
        } else        break;
    }
}
```

其中假设数组子段 $a[j+1, n]$ 已经是堆, 上面的程序将 $a[j, n]$ 调整为堆.

建堆过程可以由空堆开始, 使用 push 操作将元素依次添加进去. 当数组 $a[1, n]$ 给定后, 有更好的方法将其建成堆. 对于任意数组, 令 $h = \lfloor n/2 \rfloor + 1$, 根据定义 7.2 子段 $a[h, n]$ 总是堆. 例如对如图 7.7 所示的 $n = 5$ 的数组, 不管 x, y 为何值, $a[3, 5]$ 一定是大顶堆. 因为子段大顶堆的约束条件为空. 所以建堆过程可以从 $h = \lfloor n/2 \rfloor$ 开始, 直到 $h = 1$, 用 Williams 下移算法将其调整为堆即可. 堆排序的实现如下:

```
void heap_sort(T* first, T* last)
{
    int const n = last - first;
    T*  const a = first - 1;
    int j = n/2;
    for( ; j > 0; --j)  shift_down(a, j, n); //建堆
    for(j = n; j > 1;) {                     //排序
        std::swap(a[1], a[j]);
        shift_down(a, 1, --j);
    }
}
```

位置	1	2	3	4	5
a 数组	x	y	60	90	70

(a)

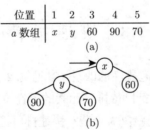

(b)

图 7.7　$n = 5$ 的数组子段 $a[3, 5]$ 一定是堆

下面分析 Williams 下移算法的工作量, 如图 7.8 所示, 25 为新根.

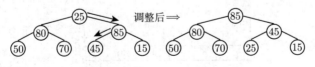

图 7.8　Williams 下移算法

显然在最佳的情况下, Williams 下移算法只需 2 次比较, 不需键值移动. 在最差的情况下需要 $C = 2(h-1)$ 次键值比较, 需要 $M = C/2 = h - 1$ 次键值交换, 其中 h 为树的高度.

令 T 为具有 n 个节点的完全二叉树, 令

$$H_n = \sum_{j \in T} (j \text{ 节点子树的高度} - 1) \tag{7.5}$$

显然, 将 n 个元素的数组建成为堆, 其键值比较次数小于等于 $2H_n$, 其键值交换次数小于等于 H_n. 根据例 4.5 中的结论, $H_n = n - \text{pop}(n)$. 所以建堆过程的键值比较次数不超过 $2(n - \text{pop}(n))$, 键值的交换次数不超过 $n - \text{pop}(n)$. 可以看出, 建堆过程的复杂度为 $O(n)$. 不难得出排序过程的键值比较次数不超过 $2C_n$, 键值交换次数不超过 $C_n + n$. 其中

$$C_n = \lfloor \log_2(n-1) \rfloor + \cdots + \lfloor \log_2 2 \rfloor \approx \log_2(n-1)! = \Theta(n \log n)$$

这表明, 堆排序算法的复杂度为 $O(n \log n)$. 还不清楚堆排序的最佳与最差情形何时出现. 上面只是给出了最差情形的一个上界估计. 分析堆排序的平均性能也是非常困难的. 借助于描述复杂度的概念, 有如下结论.

定理 7.3 如果 n 个键值互不相等, 并且 $n!$ 个排列等概率出现, 则堆排序的平均键值比较次数为 $2n \log_2 n - O(n)$, 平均键值交换次数为 $n \log_2 n + O(n)$.

堆排序的平均性能非常接近最差情况. 这可能是因为堆排序总是将堆尾部较小的键值交换到根的位置上, 所以在大部分情况下会下移到底部. 就平均性能而言, 下节介绍的快速排序的平均键值比较次数为 $2n \ln n \approx 1.386 n \log_2 n$, 平均键值交换次数为 $\frac{1}{3} n \ln n \approx 0.23 n \log_2 n$. 所以快速排序应该比堆排序要略微快一些. 堆排序算法是不稳定的.

7.3 快速排序

快速排序通常被认为是对冒泡排序的改进 (参见例 2.32). 在冒泡排序中每次都是相邻两个元素作交换. 但是数学分析表明, 待排序元素的所在位置与最终位置的距离的数学期望大约是 $n/3$. 如何使得每次交换的距离大一些? 快速排序选取一个元素作为划分元素〔又称为枢轴 (pivot)〕p, 将待排序数组划分为小于等于划分元素部分、大于等于划分元素部分以及划分元素自身 3 部分. 而划分操作中的元素交换尽量大一些. 快速排序的这种方法也符合分治法思想. 经过划分后的数组排序问题被分解为两个规模较小的排序问题, 如图 7.9 所示.

图 7.9 快速排序中的划分

经过划分后, 只需要对区间 [first, mid) 和区间 [mid+1, last) 进行排序就可以了. 实现划分的方法是让两个指针从数值两端开始向中间靠拢. 当左边 $*j$ 小于等于 p 时, 指针 j 可以

放心向右走, 直到 $*j$ 的值大于 p 时停下来; 当右边 $*k$ 大于等于 p 时, 指针 k 可以放心向左走, 直到 $*k$ 的值小于 p 时停下来, 这就是将 $*j$ 与 $*k$ 值进行交换, 如图 7.10 所示.

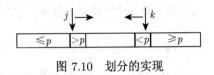

图 7.10 划分的实现

划分操作的工作量容易统计. 选定枢轴元素后, 剩余的 $n-1$ 个元素都需要与枢轴元素比较一次, 以便确定其位置. 所以划分操作的键值比较次数是 $n-1$, 其中 n 是待排序数组的长度.

快速排序的速度真的非常快吗? 初步的分析似乎不是这样的. 如果在排序过程中每次选取的枢轴元素均是数组中的最小值, 这样得到的是退化的划分结果, 即长度为零的子串、划分元素本身和长度为 $n-1$ 的子串. 令 C_n 是这种不幸情况下用快速排序对长度为 n 的数组进行排序所需的键值比较次数, 一次划分需要 $n-1$ 次键值比较, 所以 C_n 满足递归式 $C_n = n-1+C_{n-1}$, 易得 $C_n = n(n-1)/2$. 这样的结果显然不如堆排序的好, 但不必悲观. 在例 2.34 用概率论中的概念已经得出快速排序键值比较次数的平均值是 $2(n+1)H_n - 4n \approx 1.386\,3\,n\log_2 n$. 下面用比较初等的方法分析快速排序的平均性能. 不妨假设键值互不相等, 这样只需考虑 $\{1,\cdots,n\}$ 的排列 $\{p_1,\cdots,p_n\}$ 的排序问题即可. 假设这 $n!$ 个排列等概率出现并且枢轴元素等概率随机选取. 令 C_n 是在这些假设下快速排序算法的平均键值比较次数. 如果 j 被选作枢轴元素, 此时快速排序的键值比较次数见图 7.11. 令 C_n^j 是此种情况下快速排序的平均键值比较次数.

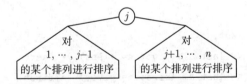

图 7.11 以 j 为枢轴快速排序的键值比较次数统计

所以有

$$C_n^j = C_{j-1} + C_{n-j} + n - 1$$

上式中的 $n-1$ 为此次划分的键值比较次数. 而 j 被选作枢轴元素的概率为 $1/n$. 所以

$$C_n = \sum_{j=1}^{n} \frac{C_{j-1} + C_{n-j} + n - 1}{n} = n - 1 + \frac{2}{n}\sum_{j=0}^{n-1} C_j, \quad C_0 = 0$$

参照例 2.24 的推导得出

$$C_n = 2(n+1)H_n - 4n \approx 1.386\,3\,n\log_2 n \tag{7.6}$$

上面的结果比堆排序的结果要好. 下面分析快速排序的平均键值交换次数. 每次划分的键值交换次数最佳情况下均为零, 最差情况下为 $n/2$, 其中 n 为待排序数组的长度. 还是考虑对 $\{1, \cdots, n\}$ 的一个排列 $p_1, \cdots, p_n$ 进行排序. 假设 j 是枢轴元素, 则键值交换次数 S 是

$$p_1, \cdots, p_{j-1} \text{ 中大于等于 } j \text{ 的整数个数}$$

随机数 S 的分布是不还原抽球问题的超几何分布. 其数学期望值是 $E(S) = j(n-j)/n$. 令 $S_n^j = j(n-j)/n$, S_n 为对 n 个元素进行快速排序的平均键值交换次数. 类似地得到

$$S_n = \sum_{j=1}^{n} \frac{S_{j-1} + S_{n-j} + S_n^j}{n} = \frac{2}{n} \sum_{j=0}^{n-1} S_j + \frac{n^2-1}{6n} , \quad S_0 = 0$$

参照例 2.24 的推导得出其封闭表达式为

$$S_n = \frac{n+1}{3} H_n - \frac{n}{2} \approx 0.231 \, n \log_2 n \tag{7.7}$$

可以看出, 虽然在最差的情况下, 快速排序的复杂度为 $O(n^2)$, 但是其平均性能是最好的, 甚至比堆排序的性能还要好. 这也使得其成为使用最为广泛的排序算法. 下面给出快速排序的初步实现. 先考虑划分函数的实现. 首先要在区间中随机选取一个元素. 如果输入数据是随机的, 则可以简单地选取区间中的第一个元素作为枢轴.

```
T* partition(T* first, T* last)
{   //返回指向pivot元素的指针, 选择*first作为枢轴元素
    T* ppivot = first;
    T  pivot = *first;
    for(;;) {
        ++first;  --last;
        while(first <= last &&  pivot <= *last) --last;
        while(first <= last && *first <= pivot) ++first;
        if(first < last)        std::swap(*first, *last);  //交换
        else {
            std::swap(*ppivot, *last);   //放置枢轴元素
            return last;
        }
    }
}
```

有了划分函数后, 快速排序算法的实现比较容易:

```
void quick_sort(T* first, T* last)
{
    if(last - first >1) {  //区间中至少还有两个元素
```

```
        T* mid = partition(first, last);
        quick_sort(first, mid);
        quick_sort(mid+1, last);
    }
}
```

由于快速排序的速度非常快, 它是最常用的排序算法之一, 所以对它的任何改进和优化都是有意义的. 主要有以下几个改进和优化.

- **枢轴元素的选择:** 最初的方案是取数组的第一个元素作为枢轴元素. 当待排序数组本身已经排序时, 枢轴元素是最小值, 这导致快速排序最差情况的出现. 选择中点 $\text{center} = (\text{first} + \text{last})/2$ 处的元素作为枢轴元素, 能有效防止快速排序在已排序数组上的性能降低. 更有效的方法是用小样本取其中的策略来选取枢轴元素. 最容易实现的是 "三者取其中" 方案, 即取 $\text{first}, \text{center}, \text{last}-1$ 处元素的中间元素作为枢轴元素, 这样可以大大地减小快速排序出现最差情况的概率.

- **与枢轴元素相同元素的处理:** 在划分函数中, 对于和枢轴元素相同的元素, 可以将其交换到对面, 也可以将其保留在原处. 将其保留在原处似乎可以减少键值交换的次数. 上面的 partition 中就是这样处理的. 但是当待排序数组中具有很多相同元素时, 想象一下极端的情形, 数组中的所有元素均相同. 在此情形下这种处理方式导致划分结果出现最差情形. 正确的做法是将其交换到对面. 这样处理在某些情况下确实增加了交换次数. 但是如果待排序数组的元素互不相同, 这样处理不增加任何工作量. 而当待排序数组中有许多相同元素时, 这样处理还能保证算法的速度.

- **内部循环判别条件处理:** 在 partition 函数的内部循环语句的判别条件中 `first <= last` 主要是为了防止指针越界. 取消这个判别条件可以提高效率. 如果枢轴元素使用 "三者取其中" 方案, 并且对和枢轴元素相同的元素也要交换到对面, 则可以将上述的判别条件取消.

- **尾递归处理:** quick_sort 函数中的尾递归可以用循环语句将其消除. 为了防止递归深度过大, 可以对较短的区间进行递归调用, 而将较长的区间留给循环去处理. 可以证明, 这样的处理使得快速排序的递归调用深度不超过 $\log_2 n$.

- **CUTOFF 值:** 实践表明, 当区间很短时, 简单的插入排序要比快速排序快一些. 可以设定一个阈值 CUTOFF, 当区间长度小于这个值时就不再处理, 而在最后一次调用简单插入排序算法时处理. 最优的 CUTOFF 值和许多因素有关, 通常取 $5 \leqslant \text{CUTOFF} \leqslant 30$.

- **自省排序 (introspective sort):** 快速排序在绝大多数情况下都是最快的, 但是退化的情况还是有可能出现的. 可以在快速排序中监视递归调用的深度, 一旦深度超过某个值, 就认为快速排序有出现退化情况的可能, 这时马上改用其他的排序方法进行排序. 通常备用的方法为堆排序. 判别退化的标准如何确定? 在最佳的情况下, 快速排序的递归深度为 $\lfloor \log_2 n \rfloor$. 实践中, 如果递归深度超过 $2\lfloor \log_2 n \rfloor$ 就算退化. 在绝大多数情况下, 自省排序与快速排序一样快. 在出现退化的情况时, 自省排序也可以利用堆排序的优点, 所以自省排序是非常值得推荐的排序程序. 自省排序可以实现如下:

```
enum{ CUTOFF = 10};
template<typename Ritr>
void intro_sort_aux(Ritr first, Ritr last, int depth_limit) {
  for(;;) {
    if(last - first < CUTOFF){ insert_sort(first, last); return;}
    if(depth_limit <= 0)    {   heap_sort(first, last); return;}
    Ritr mid = partition(first, last);
    intro_sort_aux(first, mid, --depth_limit);              //递归调用
    first = mid + 1;
  }
}
template<typename Ritr>
void intro_sort(Ritr first, Ritr last)
{ intro_sort_aux(first, last, 2*ilog2(last - first)); }
```

快速排序在何时达到最优? 何时出现最差情形? 设 C_n 是快速排序算法对某个长度为 n 的数组的某次运行中的键值比较次数. 划分函数将数组分成左边和右边两个子区间. 令这两个子区间的长度分别为 l, r, 有 $C_n = C_l + C_r + n - 1$, 而 $l + r = n - 1$. 参照例 4.13 的分析和第 2 章习题 9 得:

性质 7.4 一次快速排序的运行对应一棵二叉树 T, 而 C_n 是 T 的内部节点路径长度之和. 当 T 为次满二叉树时, C_n 达到最小值 $n\log_2 n + O(n)$. 当 T 为退化的树时 C_n 达到最大值 $n(n-1)/2$.

7.4 归并排序

长度为 n 的线性表 L 的归并排序可以用语言描述为

```
merge_sort(L, n)
{
  if(n <= 1) return;
  将L分解为长度为 j 的线性表L1和长度为 k 的线性表L2;     //j+k 等于 n
  merge_sort(L1, j);
  merge_sort(L2, k);
```

将L1与L2合并为一个大的有序表;

return;

}

可以看出, 归并排序的基本操作是将两个已经排序的子段归并为一个大的排序段. 下面是将两个已排序数组 $[a, b)$ 和 $[c, d)$ 归并到数组 $[r, r + n)$ 中的程序.

```
void merge(T* r, T* a, T* b, T* c, T* d)
{
    for(; (a != b) && (c != d); ++r)
        *r = *a < *c ? *a++ : *c++;
    if(a != b)  std::copy(a, b, r);
    else        std::copy(c, d, r);
}
```

从上面的代码中可以看出, 将两个长度分别为 m, n 的有序串归并为一个有序串, 其键值比较次数 C 满足 $C_{最佳} = \min(m, n) \leqslant C \leqslant m + n - 1 = C_{最差}$. 假设所有的键值互不相等并且对随机性做一些假设, 可以得出归并的平均键值比较次数为

$$C_{平均} = m + n - \left(\frac{m}{n + 1} + \frac{n}{m + 1} \right) \tag{7.8}$$

从后面的分析中可以看到, 我们总是希望将长度几乎相同的子段归并. 当待归并的长度 m, n 几乎相等时, $C_{平均} \approx m + n - 2 = C_{最差} - 1$. 所以在以后的分析中, 只分析在最差情况下归并排序的性能. 数组归并还进行了元素的移动操作. 从上面的代码中可以看出, 数组归并的键值移动次数严格为 $m + n$ 次. 在没有具体实现归并排序算法之前, 可以先分析一下归并排序的性能. 设 C_n 是将 n 个元素进行归并排序所需要的键值比较次数. C_n 满足

$$C_n \leqslant C_j + C_k + n - 1, \quad C_1 = 0, \quad j + k = n, j > 0, k > 0$$

根据例 4.13 中的公式 (4.10), $C_n \leqslant E(T) - n + 1$, 其中 $E(T)$ 是某个二叉树 T 的外部路径长度. 如果待排序线性表为数组, 则很容易将元素对半划分. 此时归并排序对应的二叉树 T 为绝对平衡二叉树, 从而使得归并排序的键值比较次数 C 达到最小. 数组归并排序的代码如下:

```
void merge_sort_aux(T* first, T* last, T* temp)
{
    int n = last - first;
    if(n < 2) return;
    T* mid = first + n/2;
    merge_sort_aux(first, mid, temp);
    merge_sort_aux(mid, last, temp);
```

```
        merge(temp, first, mid, mid, last);        //归并到temp中
        std::copy(temp, temp + n, first);          //复制到原数组位置
    }
    void merge_sort(T* first, T* last)
    {
        T* temp = new T[last - first];             //辅助空间
        merge_sort_aux(first, last, temp);
        delete[] temp;
    }
```

根据上面的分析, 数组归并排序的键值比较次数 C_n 满足 $C_n \leqslant E(T) - n + 1 \leqslant n\lfloor \log_2 n \rfloor$. 这也是迄今为止所能达到的在最差情况下最少的键值比较次数. 数组归并排序的键值移动次数 M_n 满足

$$M_n = M_j + M_k + 2n, \quad M_1 = 0 \quad (j + k = n, j > 0, k > 0)$$

根据例 4.13 中的公式 (4.10), 有 $M_n = 2E(T)$, 而 T 是绝对平衡二叉树, 所以有

$$2(n\lfloor \log_2 n \rfloor) \leqslant M_n = 2E(T) < 2(n\lfloor \log_2 n \rfloor + n)$$

上面的归并排序以自上而下递归的方式实现. 归并排序还可以用自下而上的非递归方式来实现. 假设数组已经被分成 p 个有序序串

$$r_1, r_2, \cdots, r_p$$

每个序串的长度为 d(只有最后一个序串 r_p 的长度在 $[d, 2d)$ 之间). 用下面的方法可以将数组归并为 $\lfloor p/2 \rfloor$ 个长度为 $2d$ 的序串. 如果 p 为偶数, 则将相邻的两个序串进行归并即可:

$$[r_1, r_2], [r_3, r_4], \cdots, [r_{p-1}, r_p]$$

如果 p 为奇数, 则先将前面 $p - 1$ 个序串按照上面的方式进行归并, 然后再将最后两个序串进行归并:

$$[r_1, r_2], [r_3, r_4], \cdots, [[r_{p-2}, r_{p-1}], r_p]$$

数组在没有排序之前 $d = 1$. 随着 d 的增大最终将整个数组进行排序. 下面的 merge_sort2 实现这一算法.

```
    void merge_sort2(T* first, T* last)
    {
        int n = last - first;    T* temp = new T[n];
        T* src = first;          T* dst = temp;
```

```
        for(int d = 1; 2*d <= n; d = 2*d)                //至少还有两个序串
    {
        T* scur = src;      T* dcur = dst;
        while(scur + 3*d <= last)                        //至少还有3个序串
        {
            merge(scur, scur+d, scur+d, scur+2*d, dcur)
            scur = scur + 2*d;      dcur = dcur + 2*d;
        }
        if(scur + 2*d <= last)                     //还剩下两个序串
            merge(scur, scur+d, scur+d, last, dcur);
        else                                       //还剩下一个序串
            merge_backwards(dcur-2*h, dcur, scur, last,  dst+n);
        std::swap(src, dst);
    } //~~for
    if(src == temp)
         std::copy(temp, temp + n, first);
}
```

其中 merge_backwards 将数组 $[a, b)$ 和 $[c, d)$ 归并到数组 $[a, \text{last})$ 中. 其实现如下:

```
void merge_backwards(T*a, T* b, T* c, T* d, T* last)
{
    --b; --d;
    while( (a<=b)&&(c<=d) )
        *(--last) = (*d) < (*b) ? (*b--) : (*d--);
    std::copy(c, (++d), a);
}
```

算法 merge_sort2 对应的归并二叉树 T 是次满的. 如果将每一个待排序元素赋予权值 1, 则使用 Huffman 算法得到的二叉树就是 T, 从而 merge_sort2 对应的归并二叉树是最佳的归并二叉树. 算法所需的键值比较次数和赋值次数均为 $n \log_2 n$.

归并排序需要长度与原来数组相同的辅助空间用于归并操作. 可以改进归并排序算法的实现, 使得其所需的辅助空间减少. 如果数组 $a[0, n)$ 的左右两部分 $a[0, m), a[m, n)$ 已经排序, 可以仅将其中的一部分 (例如较短的那部分) $a[0, m)$ 复制到缓冲区, 而另一部分 $a[m, n)$ 原地不动, 然后将其归并到数组 $a[0, n)$ 中. 这样的改进使得归并排序算法所需的辅助空间减少一半. 如果辅助空间一点也没有, 则可以进行所谓的原地归并.

假设数组的两个子段 $a[0, m)$ 与 $a[m, n)$ 已经排序. 欲将这两个子段原地归并为一个大段. 不妨假设子段 $a[0, m)$ 长度较大. 令 $j = \lfloor m/2 \rfloor$ 是 $a[0, m)$ 的中点, 并且令 $a[j] = x$. 在较短的子段 $a[m, n)$ 中找到一个划分点 k 使得 $a[m, k)$ 中的元素严格小于 x, 而后面子段 $a[k, n)$

中的元素大于等于 x, 数组 a 被分为 4 个子段: $\alpha, \beta, \gamma, \delta$. 每个子段都已经排序.

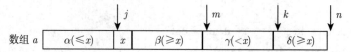

然后将子段 $a[j, k)$ 循环左移 $m - j$ 位, 使得数组变为如下形式:

$$\text{数组 } a \quad \boxed{\alpha(\leqslant x) \quad | \quad \gamma(<x) \quad | \quad x \quad | \quad \beta(\geqslant x) \quad | \quad \delta(\geqslant x)}$$

接下来通过递归调用分别将 α 段与 γ 段归并, 再将 β 段与 δ 段归并. 下面考虑原地归并的工作量. 令 C_n, M_n 为将总长度为 n 的两个数组原地进行归并所需的键值比较次数和键值移动次数. 令 α 段与 γ 段的总长为 l, β 段与 δ 段的总长为 r. 由于 j 是 $a[0, m)$ 与 $a[m, n)$ 两段中较长一段的中点, 所以 $l, r \geqslant \dfrac{n}{4}$. 在例 3.3 中介绍了数组循环左移的多种实现. 将长度为 p 的数组循环左移 q 位需要 $p + \gcd(p, q) \leqslant \dfrac{3}{2}p$ 次移动. 在这里 p 是 β 段与 γ 段的总长, 其值不超过 $\dfrac{3}{4}p$. 为了定位 k, 最多需要 $\lfloor n/2 \rfloor$ 次键值比较, 有

$$C_n \leqslant C_l + C_r + \frac{n}{2}, \quad M_n \leqslant M_l + M_r + \frac{9n}{8}, \quad l + r = n$$

根据定理 2.23 得到

$$C_n \leqslant 1.2n\log_2 n, \quad M_n \leqslant 2.7n\log_2 n \tag{7.9}$$

如果原地归并函数签名是 inplace_merge(T* first, T* mid, T* last), 则原地归并排序的实现为

```
void inplace_merge_sort(T* first, T* last)
{
    if(last-first < 2) return;
    T* mid = first + (last-first)/2;
    inplace_merge_sort(first, mid);
    inplace_merge_sort(mid, last);
    inplace_merge(first, mid, last);
}
```

令 $C(n), M(n)$ 为将长度为 n 的数组进行 inplace_merge_sort 所需要的键值比较次数和键值移动次数. 根据公式 (7.9), 有

$$C(n) \leqslant C(\lfloor n/2 \rfloor) + C(\lceil n/2 \rceil) + 1.2n\log_2 n, \quad M(n) \leqslant M(\lfloor n/2 \rfloor) + M(\lceil n/2 \rceil) + 2.7n\log_2 n$$

根据第 2 章习题 9 和第 4 章习题 6 有

$$C(n) \leqslant 1.2n(\log_2 n)^2, \quad M(n) \leqslant 2.7n(\log_2 n)^2$$

另外, 原地归并的递归深度也是 $O(\log n)$.

　　数组的归并需要辅助空间, 而链表的归并却不需要. 下面的程序将 a, b 两个已经排序的单链表归并为一个排序单链表. 程序返回指向新的排序单链表的第一个节点的指针.

```
struct Node { T value,  Node* next;};
Node* merge(Node* a, Node* b)          //前提: a != 0, b != 0
{
    if(b->value < a->value ) std::swap(a,b);
    Node* first = a;
    Node* tail = a;
    a = a->next;
    do{
        if(a == 0){ tail->next = b; return;  }
        else if( a->value <= b->value) {tail = a; a=a->next;}
        else { tail->next = b; tail = b; b= b->next; std::swap(a,b); }
    }
    return first;
}
```

　　单链表归并的键值比较次数与数组归并的是一样的, 只是不需要键值的移动. 下面是链表归并排序的一个实现.

```
Node* merge_sort3(Node* first)
{
    std::queue<Node*> que;
    Node* temp  = 0;
    while(first != 0) {
        temp = first->text;
        first->next = 0;
        que.push(first);
        first = temp;
     }
    if(!que.empty())
        do {
            temp = que.front();   que.pop();
            if(que.empty())        break;
            first = que.front();  que.pop();
            que.push(merge(temp, first));
        }while(true);
```

```
    return temp;
}
```

merge_sort3 对应的归并二叉树与 merge_sort2 对应的一样, 均为 Huffman 树, 所以它也是最佳的归并树. 但是它需要将所有的节点指针入队, 它的空间复杂度为 $O(n)$.

下面介绍被称为 2 幂归并的链表排序算法. 当单链表长度为 $n = 2^k$ 时, 还是可以使其归并树为满二叉树的. 例如当 $n = 8$ 时对应的满二叉归并树如图 7.12 所示.

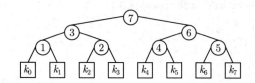

图 7.12　当 $n = 8$ 时 2 幂归并对应的满二叉归并树

图 7.12 中内部节点中的数字表示归并的次序. 这里需要一个栈来保存待归并的单链表指针. 当关键字 k_j 到达时, 需要确定归并的次数, 实际上归并次数就是 i 的奇度 od(j). 对于一般的 n, 令 $n = 2^k + \delta$, $\quad 0 \leqslant \delta < 2^k$, 先将前面 2^k 个元素归并成一个有序段, 对后面的 δ 个元素作相同的处理. 例如 $n = 11 = 8 + 2 + 1$ 的情形, 其归并树如图 7.13 所示.

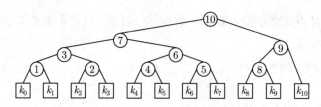

图 7.13　$n = 11$ 时 2 幂归并对应的二叉树的归并树

下面分析上面归并树的外部路径长度. 假设

$$n = 2^{d_1} + 2^{d_2} + \cdots + 2^{d_s}$$

其中 $d_1 > d_2 > \cdots > d_s \geqslant 0$ $(s \geqslant 1)$. 这时先将这 n 个元素归并为 s 个满二叉树. 然后再将这 s 个排序子段从短的开始, 归并为一个大序串. 所以这个归并树的外部路径长度为

$$E(T) = \sum_{j=1}^{s} d_j 2^{d_j} + \sum_{j=1}^{s-1} j 2^{d_j} + (s-1) 2^{d_s} < \sum_{j=1}^{s} (d_j + j) 2^{d_j} \tag{7.10}$$

由于 d_j 严格单调降, 所以 $d_j + j \leqslant d_1 + 1$, 这样有

$$E(T) < (d_1 + 1)n = n \lfloor \log_2 n \rfloor + n$$

所以同样有

$$C_n \leqslant E(T) - n + 1 \leqslant n \lfloor \log_2 n \rfloor$$

即 2 幂归并树的外部路径长度与最佳归并树的外部路径长度相差无几. 程序实现如下.

```
Node* merge_sort4(Node* first) {
    std::stack<Node*> stack;
    Node* nh = 0;
    for(int j = 0; first != 0; ++j) {
        stack.push(first);
        nh = first->next_;   first->next_ = 0;   first = nh;
        for(int mc = od(j); mc > 0; --mc) {      //od(j): j 的奇度
            nh = stack.top();   stack.pop();
            stack.top() = merge(stack.top(), nh);
        }
    }
    nh = stack.top();   stack.pop();
    for(; !stack.empty(); stack.pop())
        nh = merge(stack.top(), nh);
    return nh;
}
```

虽然 2 幂归并排序的归并树与最佳归并树的外部路径长度相差很小, 但是它仍然不是最佳归并树. 当链表中包含的元素个数已知时, 可以使归并树成为完全二叉树, 称这种排序为单链表的完全二叉树归并排序. 完全二叉树也是次满树, 所以是最佳归并树. 令 $n = 2^k + \delta$, 以 $n = 5 = 4 + 1$ 为例.

如图 7.14 所示, 只需在计算前面的 2δ 个元素 k_j 的奇度时使用 $\text{od}(j)$, 而在计算后面的 $n - 2\delta$ 个元素 k_j 的奇度时使用 $\text{od}(j - \delta)$ 即可. 下面的 merge_sort5 实现了这一想法. 它将单链表的前 n 个元素进行排序. 它对应的归并树是具有 n 个节点的完全二叉树. 当链表元素个数超过 n 时, merge_sort5 将链表的前 n 个元素进行排序, 后面的元素不动, 还附在链表的尾部. 如需要对整个链表进行排序, 但又不知道链表元素个数, 可使用其默认参数 $2^{32} - 1$, 其实际效果是对链表进行 2 幂归并排序.

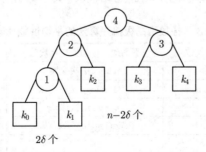

图 7.14 $n = 5$ 的完全二叉树归并排序

```
Node* merge_sort5(Node* first, unsigned n = 0Xffffffff)
{     //n >= 2
    int const delta = n - (1<<ilog2(n));
    int const delta2 = 2*delta;
    std::stack<Node*> stk;
    Node* temp = 0;
    for(int j = 0; (first != 0) && (j < n); ++j) {
        stk.push(first);
        temp = first->next;  first->next = 0;  first = temp;

        int mc = j < delta2 ? od(j) : od(j - delta);
        while(--mc >= 0) {
            temp = stk.top();  stk.pop();
            stk.top() = merge(stk.top(), temp);
        }
    }
    if(first != 0) {
        while(temp->next != 0)   temp = temp->next;
        temp->next = first;
    }
    temp = stk.top();   stk.pop();
    for(; !stk.empty(); stk.pop())
        temp = merge(stk.top(), temp);
    return temp;
}
```

只要在归并操作中稍加注意就可以保证归并排序的稳定性. 还没有方法来保证堆排序的稳定性. 要获得快速排序的稳定性需要付出的代价似乎太大. 稳定性是归并排序的优点. 表 7.3 是 n 种数组高级排序算法的平均性能比较表, 其中归并排序统计的是最差情形.

表 7.3　各数组高级排序算法的平均性能比较表

	平均键值比较次数	平均键值移动或交换次数	辅助空间	稳定否
堆排序	$2n\log_2 n$	$n\log_2 n$ 次交换	$O(1)$	不稳定
快速排序	$1.386n\log_2 n$	$0.231n\log_2 n$ 次交换	$O(\log n)$	不稳定
归并排序	$n\log_2 n$	$n\log_2 n$ 次移动	$O(n)$	稳定
原地归并	$1.2n(\log_2 n)^2$	$2.7n(\log_2 n)^2$ 次移动	$O(\log n)$	稳定
链表归并	$n\log_2 n$	0	$O(\log n)$	稳定

7.5　基数排序与计数排序

本章已经介绍了多种排序算法, 这些算法都是基于键值比较的. 它们的复杂度有些是 $O(n^2)$, 有些是 $O(n \log n)$. 是否存在复杂度更好的排序算法? 任何一个基于比较的排序算法都对应一棵二叉树, 称为决策树. 例如对数组 $\{a, b, c\}$ 进行插入排序对应的决策树如图 7.15 所示.

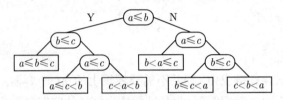

图 7.15　3 个元素的插入排序对应的决策树

排序算法对应的决策树是一棵具有 $n!$ 个外部节点的扩充二叉树, 其中 n 是待排序数据的元素个数. 这个决策树的高度就是在最不利情况下, 排序算法的键值比较次数. 所以算法的时间复杂度为其对应的决策树的高度. 当决策树为次满二叉树时, 其高度达到最小. 这时决策树的高度为

$$h = \lceil \log_2 n! \rceil > \log_2 n + \log_2 (n-1) + \cdots + \log_2 \frac{n}{2} > \frac{n}{2} \log_2 \frac{n}{2} = O(n \log n)$$

所以任何基于比较的排序算法, 其时间复杂度都不会低于 $O(n \log n)$. 它是基于比较的排序算法的算法复杂度的下界.

为了得到复杂度更好的排序算法, 需要做额外的假设. 常见的假设是对待排序元素的大小做限制. 极端一些, 如果待排序数组只包含 $0, 1$, 基数排序的做法是设置两个容器, 记为 C_0, C_1. 先遍历待排序元素, 将 0 分配到 C_0 中, 将 1 分配到 C_1 中. 然后从 C_0 中将 0 收集起来, 再将 C_1 中的元素收集起来就可以了. 元素仅是 $0, 1$ 显然限制太大. 放宽一些, 假设待排序元素均属于 $[0, M)$, 基数排序需要 M 个容器来保存全部的待排序元素, 其空间复杂度是 $O(n + M)$. 下面的伪代码将待排序数组分配到 M 个队列中.

```
int const M = 250;              //假设待排序元素均属于[0,M)
typedef std::queue<unsigned> QT;
void distribute(QT q[ ], unsigned* first, unsigned* last)
{
    将 M 个队列 q[0], q[1],…, q[M-1] 清空;
    for(; first != last; ++first)
        q[*first].push(*first);
}
```

使用上面的分配函数, 基数排序算法的实现比较容易:

```
void radix_sort(unsigned* first, unsigned* last)
{
    QT queues[M];
    distribution(queues, first, last);
    for(int k = 0; k < M; ++k)      //收集
        while(!queues[k].empty()) {
            *first++ = queues[k].front();
            queues[k].pop();
        }
}
```

如果待排序元素保存在链表中, 则并不需要逻辑上的 M 个容器, 只要将待排序的链表节点分配到 M 个链表之中就可以了. 此时基数排序算法的空间复杂度降为 $O(M)$. 容易得出其时间复杂度为 $O(n+M)$.

假设待排序数组只包含 $0,1,2$. 计数排序首先遍历待排序元素, 分别统计 $0,1,2$ 出现的次数. 设它们出现的次数分别为 c_0, c_1, c_2, 则排序后第一个 0、第一个 1 和第一个 2 在数组中的位置就知道了. 待排序元素中第一个 0 应该在数组的第 0 个位置, 第一个 1 应该在数组的 c_0 位置上, 第一个 2 应该出现在数组的 c_0+c_1 位置上. 只要再次遍历待排序元素, 将它们放在正确的位置上即可. 假设元素仅是 $0,1,2$ 显然限制太大. 放宽一些, 假设待排序元素均属于 $[0,M)$, 计数排序需要 M 个整数来统计元素的出现次数, 还需要一个数组用于按照次序分配待排序元素. 计数排序实现起来也非常容易:

```
int const M = 250;                              //假设待排序元素均属于[0,M)
void counter_sort(unsigned* first, unsigned* last)
{
    int here[M+1];
    std::fill(here, here + M, 0);               //初始化为 0
    unsigned* cur = first;
    for(unsigned* counter = here+1, cur != last; ++cur) //统计次数
        ++counter[*cur];
    for(int k = 2; k < M; ++k)                  //累计
        here[k] += here[k-1];
    int n  = last - first;
    unsigned* temp = new unsigned[n];
    for(cur = first; cur != last; ++cur)        //各就各位
        temp[here[*cur]++) = *cur;
    std::copy(temp, temp + n; first);           //将依据排序数组复制回去
```

```
        delete[] temp;
    }
```

容易得出计数排序的时间复杂度和空间复杂度都是 $O(n + M)$.

基数排序与计数排序都对待排序元素的取值做了限制, 而 M 也不宜太大. 假设键值可以表示为 $\text{key} = k_{p-1} \cdots k_1 k_0$, 而每个 k_j 均属于 $[0, M)$. 这样键值的取值范围可以扩大为 $[0, M^p)$. 对于这样的键值, 习惯上先以最高位 k_{p-1} 作为键值排序, 将待排序元素划分为若干小段, 在每个小段中再使用 k_{p-2} 作为键值进行排序, 直到最后用 k_0 进行排序. 这样的做法需要记录这些小段的长度范围, 这是很费事的. 而且有许多小段都是空的, 会造成浪费. 更好的做法是先用最低位 k_0 作为键值进行排序, 然后再用 k_1 作为键值重新做排序, 直到最后用最高位 k_{p-1} 作为键值进行排序. 只要每一次的排序算法是稳定的, 最后的结果就是正确的. 而基数排序和计数排序都是稳定的. 在第 3 章例 3.9 中给出了对于数组的基数排序算法的实现. 对于数组, 基数排序与计数排序的空间复杂度是 $O(n + M)$, 时间复杂度是 $O(pn + M)$.

7.6　磁盘文件排序

当待排序的元素个数太多, 计算机内存不能存放所有的待排序元素时, 排序就是所谓的外部排序. 假设待排序的数据存储在磁盘的某个文件之中, 排序后的数据也将被存放在磁盘某个文件之中, 称这样的外部排序为磁盘文件排序. 它分为两个阶段: 一是 *初始序串生成*, 在此阶段将原始的待排序数据文件变为若干个已排序的小文件, 称这些临时的小排序文件为序串; 二是归并阶段, 此阶段将所有的序串归并为一个大的排序文件.

生成初始序串的自然思想是在内存中开辟一个工作区, 从待排序的文件中将部分数据读入到工作区, 然后将工作区中的数据排序后输出到磁盘文件中. 假设在内存中可以开辟存放 c 个键值的工作区 $\text{wa}[1..c]$, 则这样生成的序串长度也是 c. 我们可以做得更好. 将内存中的工作区看成两个堆. 令 $\text{wa}[1..mid]$ 为当前序串堆, $\text{wa}[mid + 1..c]$ 为下一序串堆. 初始状态为 $mid = c$, 即当前序串堆占满整个工作区, 而下一序串堆为空. 每次只在当前序串堆中求出最小值, 将这个最小值输出. 然后从待排序文件中读入下一个键值, 如果这个键值大于等于刚刚输出的键值, 则新读入的键值还可以与刚刚输出的键值属于同一个序串, 这样只需将新键值插入当前序串堆. 这时两个堆的大小不变. 否则, 如果新读入的键值小于刚刚输出的键值, 则新读入的键值就只能属于下一个序串堆. 此时需要将新键值插入到下一序串堆中, 当前序串堆收缩, 下一序串堆扩张. 如果当前序串堆收缩到空, 则当前序串结束, 需要生成下一序串. 用这种方法, 可以生成长度大于内存工作区大小的序串.

在图 7.16 中内存工作区的大小为 5, 被分成两个堆. 当前序串堆中包含键值 $\{70, 80, 90\}$; 下一序串堆中包含键值 $\{10, 20\}$. 当前序串中已经生成了 $\{30, 40, 50, 60\}$ 4 个键值. 接下来从原始带排序文件中读入键值 15, 而当前序串堆中的最小值为 70, 输出 70 后键值 15 只能添加在下一序串堆中. 需要从当前序串堆中删除 70 并且将其重新调整为堆; 将 15 添加到下一序串堆并且将其重新调整为堆. 调整后工作区数组状态为 $\{80, 90, 15, 10, 20\}$. 最终生成的第一个序串是 $30, 40, 50, 60, 70, 80, 85, 90$. 其长度为 8.

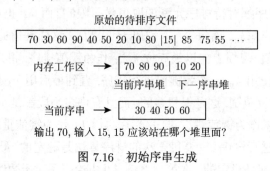

原始的待排序文件

| 70 30 60 90 40 50 20 10 80 |15| 85 75 55 ⋯ |

内存工作区 ➡ | 70 80 90 | 10 20 |

当前序串堆　下一序串堆

当前序串 ➡ | 30 40 50 60 |

输出 70, 输入 15, 15 应该站在哪个堆里面?

图 7.16　初始序串生成

用上面的方法生成的序串长度是随机的. 通过下面的铲雪车类比可以得出在初始文件均匀随机分布的情况下序串长度的数学期望. 假设一个铲雪车在一个环形跑道上不知疲倦地铲雪. 每转一圈将铲到的雪卸载, 马上继续铲雪. 假设: ① 铲雪量等于下雪量; ② 下雪是均匀的. 可以用铲雪车每一圈的铲雪量来类比生成序串的长度, 而用跑道上初始的雪量来类比内存工作区的大小. 最后假设经过无穷长时间的铲雪后, 铲雪车的速度到达一个稳定的状态. 这样铲雪车前面雪的高度是不变的. 如果在铲雪前初始状态时跑道上的积雪量为 c(将 c 类比为工作区大小), 则铲雪车一圈的铲雪量为 $2c$. 参见图 7.17.

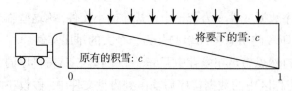

将要下的雪: c

原有的积雪: c

图 7.17　初始序串长度的扫雪车

上文我们使用双堆实现了初始序串生成, 也可以用 5.2 节中介绍的败者树方法来实现初始序串生成, 而且可能是更好的实现, 参见本章习题 14.

磁盘文件排序的第二阶段是将许多序串归并为一个大文件. 在 7.4 节介绍的内存归并排序算法中用到的都是两路归并. 对于磁盘文件排序来说, 每一次归并都意味着键值先从文件被读入内存, 然后从内存被放回到文件, 即每一次归并都意味着键值经历了内存与外存之间的一进一出. 相对于键值在内存中的移动, 键值内外存之间的交换是非常慢的. 为了减少这种内外存交换次数, 可以一次将多个序串归并为一个大序串. k 路归并就是一次将 k 个序串归并为一个大文件. k 路归并需要在 k 个键值中选择最小值. 普通的做法需要 $k-1$ 次键值比较. 如果将这 k 个元素建成堆, 假设使用 Williams 下移算法调整堆, 则键值比较次数 $C \leqslant 2\log_2 k$. 如果用 5.2 节中介绍的败者树来实现 k 路归并, 则只需要 $C = \log_2 k$ 次键值比较. 为此需要在内存中开辟工作区 wa$[0..k)$ 来存放来自 k 个序串的当前值. 而败者树 ls$[0, k)$

为整数数组. 在逻辑上, wa 和 ls 组成如图 7.18 所示的完全扩充二叉树.

图 7.18 中败者树的节点 ls[i] 的值代表序串的编号, 也是工作区偏移量或者叫下标. 编号为 ls[0] 的序串一定是最小值. 每棵二叉树的内部节点 ls[1], ls[2], ls[3],ls[4] 都代表一次比较, 并且记录下此次比较的败者, 而赢者被送到其父节点进行比较 (如果 $a \leqslant b$, 则 b 算败者). ls[0] 中记录最后一次比较 (对应于根节点 ls[1] 的那次比较) 的赢者, 也就是最终的赢者, 是最小值. 每个节点对应的比较都是在其左、右子节点对应的比较的赢者之间进行. 例如 ls[2] 对应的那次比较应该是在 10 与 20 之间进行的. 其败者为 20 (编号为 0), 而赢者 10 的标号为 4, 被送到 ls[2] 的父节点 ls[1] 处进行比较.

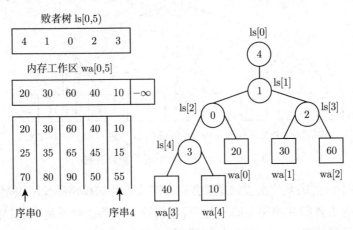

图 7.18　用败者树生成初始序串

假设最小值所在序串的编号为 ls[0] = win, 从这个序串中读入新的键值存放在 wa[win] 处. 下面的程序将败者树进行更新, 使之重新成为一棵败者树.

```
void adjust(int winner)
{
    for(int p = (k + winner) / 2; p > 0; p /= 2)
        if(wa[ls[p]] < wa[winner]) swap(winner, ls[p]);
    ls[0] = winner;
}
```

由于败者树不能为空, 所以其初始化工作需要特别考虑. 可以使用一个特殊的键值 "$-\infty$" 来建立败者树. 需要将工作区增大一个, 用于放置 "$-\infty$", 当建立败者树时, 先从 k 个序串中读入其第一个键值放置在内存工作区相应的位置, 将工作区填满. 而将败者树初始化为 ls[i] = k, $i \in [0, k)$, 这时败者树中的所有指针均指向工作区中的 "$-\infty$". 然后依次调用 adjust(i), $i = 0, 1, \cdots, k-1$. 由于原来败者树中的键值均为 "$-\infty$", 向其中添加 k 个数, 把 k 个 "$-\infty$" 全部置换出来, 这时的败者树才真正地被初始化. 当某个序串的键值已经全部被归并时, 需要给对应的内存工作区放置 "$+\infty$" 以保证正常工作. 这样当败者树的最小值输出

为 "$+\infty$" 时, 说明所有的序串元素均被归并. 归并工作完成.

外部排序最为费时的工作为键值的内外存交换. 它是机械速度, 所以在考虑 k 归并的性能时, 主要统计键值内外存交换的次数. 归并排序将键值从外存读入内存, 然后又将其输出到外存, 称这样的工作为键值进城一次. 进城一次实际上是两次数据的内外存交换. 当外存中有许多序串时, 对于不同的归并策略, 键值进城的次数是不同的. 图 7.19 为 9 个序串的平衡 3 路归并树, 其中方形节点代表原始的序串, 节点中的数字为序串的长度, 圆形节点代表归并产生的序串.

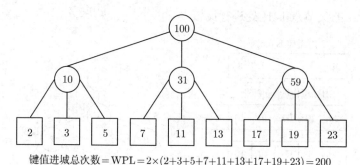

键值进城总次数＝WPL＝$2\times(2+3+5+7+11+13+17+19+23)=200$

图 7.19　9 个序串的平衡 3 路归并树

在归并排序中键值进城的次数就是归并树方形节点的加权路径长度. 权值就是序串的长度. 如果已知所有需要归并的序串的长度, 可以构造一个最佳归并树, 使其键值的进城总次数达到最小. 具体做法和 Huffman 树的相同. 每次总是将最短 k 个序串归并为一个序串. 图 7.19 中 9 个序串的最佳 3 路归并树见图 7.20.

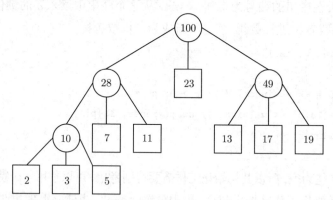

键值进城总次数＝WPL＝$3\times(2+3+5)+2\times(7+11+13+17+19)+23=187$

图 7.20　9 个序串的最佳 3 路归并树

最佳归并树有时需要附加上一些长度为零的虚拟序串. 例如对 8 个序串的最佳 3 路归并树, 如果每次都选择最短的 3 个序串进行归并, 则最后一次归并只有两个序串. 如果事先添加上长度为零的虚拟序串, 则可以尽早将虚拟序串归并掉. 假设总共有 M 个待归并的序串, 每次都作 k 路归并, 每次归并都将序串减少 $k-1$ 条. 如果做了 α 次 k 路归并, 而最后只剩余一个序串, 则 $M - \alpha(k-1) = 1$, 即 $k-1$ 整除 $M-1$. 所以当 $k-1$ 不能整除 $M-1$ 时需要添加 $k - 1 - (M-1) \bmod (k-1)$ 个长度为零的虚拟序串, 也就是说第一次归并只是将最短的 $1 + (M-1) \bmod (k-1)$ 个序串进行归并.

7.7　习　　题

1. 实现 7.1 节中提到的所有增量序列的 Shell 排序. 自己设计一个增量序列, 随机生成各种大小的数组, 统计 Shell 排序的运行时间, 从中比较出最好的增量序列.

2. 证明在 Williams 下移算法中, 键值比较的次数一定是偶数. 如果 Williams 下移算法进行了 $2C$ 次键值比较, 则一定至少做了 $C-1$ 次键值交换, 最多做了 C 次键值交换.

3. 在 Williams 下移算法中, 使用了交换 std::swap. 试修改之, 用键值的移动 (即赋值) 代替键值的交换.

4. 假设数组 a 的前面一部分 $a[1, n-1]$ 已经为堆, 给出算法, 它将 $a[1, n]$ 调整为堆: void shift_up(T* a, int n).

5. 实现函数 void partial_sort(T* first, T* middle, T* last), 它将区间 [first, last) 部分排序. 最终结果是区间 [first, middle) 为排序的, 并且区间 [middle, last) 中的任意元素都大于等于区间 [first, middle) 中的元素.

6. 给出单链表快速排序算法的实现: Node* quick_sort(Node* first). 其中 Node 为单链表节点类型. 函数返回排序后单链表的第一个节点的指针.

7. 修改 partition 算法, 使用键值的移动 (赋值) 而不是交换 (swap). 要求仅使用 $2n+1$ 次键值的移动, 其中 n 是基于交换的划分所需要的键值交换次数.

8. 快速排序算法是不稳定的. 但是只要划分算法是稳定的, 就能保证快速排序算法是稳定的. 试给出一个稳定的划分算法. 要求算法的工作量是 $O(n)$, 可以使用一些额外的辅助空间, 并由此给出稳定的快速排序算法的实现.

9. 修改程序 merge_sort5, 使得当输入参数 n 大于链表的长度时也能正常地将整个链表进行排序.

10. 给出单链表的归并排序算法, 使得其归并树为绝对平衡二叉树.

11. 分别取 radix = 8, 16, 32, 64, 128, 256. 给出单链表的基数排序的快速实现.

12. 假设跑道上的初始雪量为 c, 用铲雪车类比证明, 第一圈的铲雪量为 $(e-1)c \approx 1.718c$, 第二圈的铲雪量为 $(e^2 - 2e)c \approx 1.953c$.

13. 假设经过无数圈的铲雪后, 铲雪车的速度已经为常数, 这时突然雪停了. 证明倒数第二圈的铲雪量的平均值为 $5c/3$, 最后一圈的铲雪量的平均值为 $c/3$.

14. 用败者树实现初始序串生成.

第8章
图

8.1 图的定义与存储

图是一种非常重要和复杂的数据结构. 现实中的许多问题都可以归结为图结构. 图论中还有许多重要的算法, 这些算法也是"算法与数据结构"课程的重要内容. 许多教科书将图简化为数据集合 D 上的一个任意关系. 考虑现实世界问题的多样性, 本书采用更加一般的定义.

定义 8.1 (图、有向图、无向图) 图 G 由两个有限的集合 V, E 组成, 记为 $G = (V, E)$, 称 V 为图 G 的顶点集合, 称 V 中的元素为顶点, 简称点; 称 E 为图 G 的弧边集合, 称 E 中的元素为弧边, 简称边或者弧.

- 称图 $G = (V, E)$ 为有向图, 如果任何一个弧边 $e \in E$, 都包含一个有序对 (u, v), 其中 $u \in V, v \in V$. 称 u 为 e 的弧尾或者起点, 记为 tail(e) 或者 $t(e)$; 称 v 为 e 的弧头或者终点, 记为 head(e) 或者 $h(e)$. 如果需要特别指明弧边 e 的两个顶点, 用符号 $u \xrightarrow{e} v$ 表示. 这时称 u 为 $(v$ 的) 前驱顶点, 称 v 为 $(u$ 的) 后继顶点.

- 称图 $G = (V, E)$ 为无向图, 如果任何一个弧边 $e \in E$, 都包含一个无序对 $< u, v >$, 其中 $u \in V, v \in V$, 称 u, v 为弧边 e 的两个顶点, 分别记为 $v1(e)$ 和 $v2(e)$. 如果需要特别指明弧边的两个顶点, 用符号 $u \xleftrightarrow{e} v$ 表示. 这时称顶点 u, v 互为相邻顶点.

图 8.1 和图 8.2 分别是无向图与有向图的示意图. 其中无向图有 4 个顶点、5 个弧边, 有向图有 5 个顶点、6 个弧边.

有向图和无向图的区别在弧边上. 如果弧边是有方向的, 其所具有的两个顶点, 一个为起点, 另一个为终点, 则为有向图. 如果弧边是没有方向的, 其所具有的两个顶点平等, 都是顶点, 则为无向图. 如果存在两个弧边具有相同的起点和终点, 称这样的弧边为多重边, 称这样的图为多重图, 否则就称图 G 为单重图.

定义 8.2〔路径、简单路径、圈 (circle)、连通图、强连通图〕 如果图 G 中存在顶点和弧边交替序列 $v_0 e_1 v_1, \cdots, v_{n-1} e_n v_n$, 其中 e_i 的弧尾为 v_{i-1}, 弧头为 v_i (如果是无向图, 则

e_i 的两个顶点为 $\{v_{i-1}, v_i\}$), 称这个交替的序列为从 v_0 到 v_n 的一条路径. 称 n 为路径长度. 称 $\{v_0, v_n\}$ 为路径的顶点, 称其他顶点为内部顶点. 如果路径的内部顶点互不相同, 则称为简单路径. 如果 $v_0 = v_n$, 则称为一个圈. 如果存在从 u 到 v 的路径, 则称从 u 到 v 可达. 如果图中任意两个顶点都可达, 则称其为连通的 (如果 G 为无向图) 或者为强连通的 (如果 G 为有向图).

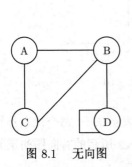

图 8.1　无向图

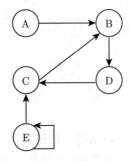

图 8.2　有向图

图是由顶点与弧边组成的. 每个顶点和弧边上都可以带有信息. 通常将顶点上带有的信息称为顶点的值, 将弧边上带有的信息称为弧边的权 (值). 在本书介绍的所有的图存储方法中, 都是将顶点的值连续存放在内存之中, 这样就可以用区间 $[0, n)$ 中的整数来索引和代表一个顶点了. 而按照弧边集的存储方法的不同, 图的存储表示可以有以下几种.

下面介绍单重图的邻接矩阵表示法. 设 $G = (V, E)$ 为单重图. 如果 G 是有向图, 则 $|E| \leqslant |V|^2$. 如果 G 是无向图, 则 $|E| \leqslant |V|(|V| + 1)/2$. 可以用一个矩阵 $\boldsymbol{A}$ 来存储弧边集的权值. 令

$$A_{uv} = \text{弧边 } u \to v \text{ 的权值} \tag{8.1}$$

需要一个奇异值来表示不存在的弧边 $u \to v$. 奇异值的选择没有一定的标准, 如果权值的类型为实数, 则奇异值可以是 $0, \infty, -\infty$, 还可以是 NaN. 当然也可以用另加标志位的方法来表示不存在的某个弧边. 如果弧边不带权值, A_{uv} 的值可以为布尔量. $A_{uv} = 1$ 表示 E 中存在边 $u \to v$. $A_{uv} = 0$ 表示 E 中不存在边 $u \to v$. 对于无向图, 可以用一个下三角矩阵来表示弧边集的权值. 图 8.3 和图 8.4 就是图 8.1 和图 8.2 的邻接矩阵表示示意图.

	A	B	C	D

Ⓐ	0			
Ⓑ	1	0		
Ⓒ	1	1	0	
Ⓓ	0	1	0	1

图 8.3　无向图邻接矩阵表示

A	B	C	D	E	
0	1	0	0	0	Ⓐ
0	0	0	1	0	Ⓑ
0	1	0	0	0	Ⓒ
0	0	1	0	0	Ⓓ
0	0	0	1	1	Ⓔ

图 8.4　有向图邻接矩阵表示

对于有向图可以使用邻接表表示法, 不管是单重的或者是多重的, 都可以用所谓的邻接表表示法存储. 在这种表示法中, 每个顶点都维护一个所有从它出发的弧边的集合. 这个集合通常用单链表存储. 图 8.2 所示的有向图的邻接表表示法的示意图如图 8.5 所示.

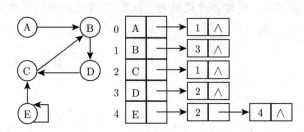

图 8.5　有向图的邻接表表示法示意图

有向图也可以用所谓的逆邻接表表示法存储. 在这种表示法下, 每个顶点都维护一个到达它的所有弧边的集合. 这个集合通常用单链表存储. 图 8.2 所示的有向图的逆邻接表表示法如图 8.6 所示.

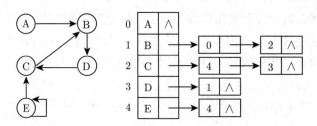

图 8.6　有向图的逆邻接表表示法示意图

有向图的十字链表表示法类似于稀疏矩阵的十字链表存储. 在这种表示法中, 每个弧边都对应一个节点. 每个弧边节点均处在两个链表之中. 弧边节点的内部结构如下:

u	u link	weight	v	v link

其中 u 为弧边的起点, v 为弧边的终点; weight 为弧边的权值; u link 为指针域, 指向起点为 u 的下一个弧边节点; v link 指向终点为 v 的下一个弧边节点. 顶点节点有两个指针域, 分别指向从顶点出发的第一个弧边和到达顶点的第一个弧边节点. 这种表示法既方便遍历从顶点出发的弧边, 也容易遍历到达某个顶点的弧边. 图 8.2 所示的有向图及其多重邻接表表示示意图如图 8.7 所示.

无向图的存储比较麻烦. 下面介绍其多重邻接表表示. 在这种表示法中, 每个弧边都对应一个节点. 每个弧边节点均处在两个链表之中. 这个对象的内部示意图如下:

u	u link	weight	v	v link

其中 u,v 分别是弧边的两个顶点;weight 为弧边的权值; u link 为指针域, 指向下一个弧边节点, 这个被指的弧边节点也有一个顶点, 为 u; 类似地, v link 为指针域, 指向另一个以 v 为顶点的弧边节点. 图 8.1 所示的无向图及其多重邻接表表示示意图如图 8.8 所示.

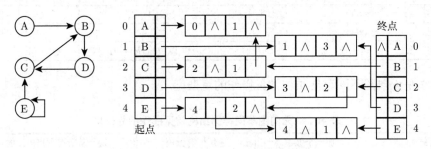

图 8.7　有向图的十字链表表示示意图

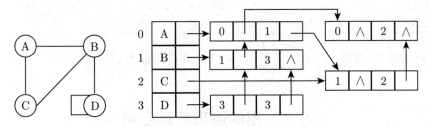

图 8.8　无向图的多重邻接表表示示意图

　　图还有所谓的边集数组表示法. 这种表示法平等对待顶点和弧边, 均用数组存储, 有利于遍历弧边, 不仅可以存储有向图, 也可以存储无向图.

　　对于有向图, 根据不同需要, 弧边数组可以按照起点优先排序, 也可以按照终点优先排序. 在图 8.9 中是按照起点优先排序的. 对于无向图, 弧边数组排序没有太大意义.

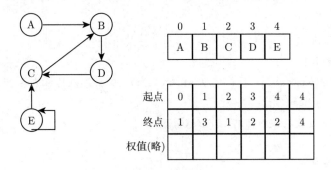

图 8.9　图的边集数组表示法

　　需要根据施加在图上的操作来选择图的存储结构. 表 8.1 列出了有向图不同存储结构常见操作的复杂度.

表 8.1 有向图不同存储结构常见操作的复杂度

存储结构	添加一个弧边	遍历所有弧边	遍历所有顶点的出边	遍历所有顶点的入边
邻接矩阵	$O(1)$	$O(|V|^2)$	$O(|V|^2)$	$O(|V|^2)$
邻接表	$O(1)$	$O(|V|+|E|)$	$O(|V|+|E|)$	$O(|V||E|)$
逆邻接表	$O(1)$	$O(|V|+|E|)$	$O(|V||E|)$	$O(|V|+|E|)$
十字链表	$O(1)$	$O(|V|+|E|)$	$O(|V|+|En|)$	$O(|V|+|E|)$
边集数组	$O(|E|)$	$O(|E|)$	$O(|V|\log|E|+|E|)$	$O(|V|\log|E|+|E|)$

表 8.2 是无向图不同存储结构常见操作的复杂度.

表 8.2 无向图不同存储结构常见操作的复杂度

存储结构	添加一个弧边	遍历所有弧边	遍历从所有顶点出发的弧边
邻接矩阵	$O(1)$	$O(|V|^2)$	$O(|V|^2)$
多重邻接表	$O(1)$	$O(|V|+|E|)$	$O(|V|+|E|)$
边集数组	$O(1)$	$O(|E|)$	$O(|V||E|)$

在实际问题中, 通常 $|V| \leqslant |E|$. $O(|V|+|E|)$ 常被简记为 $O(|E|)$.

8.2 图的遍历及其应用

图的遍历是指用某种次序访问所有的顶点. 图的遍历可分为两种方式, 即深度优先遍历 (depth first traverse) 与宽度优先遍历 (breadth first traverse). 由于图的顶点没有次序, 所以其遍历需要指定一个出发的顶点, 称这个顶点为根. 以 v 为根的深度优先遍历图 G 的算法可以描述为

```
dfs(G, u)
{
    先根序访问 u;
    将 u 加标识;
    for( e ∈ out_arc(u) ) {    //out_arc(u):以 0 为起点的弧边集合
        v = e.head();
        if(v 还没有被加标识)    dfs(G, v);
    }
    后根序访问 u;
}
```

其中 out_arc(u) 为从 u 出发的弧边集合. 在深度优先遍历中有两种访问顶点的次序, 即先根序访问和后根序访问. 在有些应用中只需要用其中的一种次序访问顶点即可, 但是在一些复杂的应用中需要用这两种次序访问顶点. 从上面的算法可以看出, 一个顶点被加标识的

充要条件是此顶点已经被先根序访问过. 深度优先遍历顶点的次序不是唯一的, 而且从某个顶点出发并不一定能访问到所有的顶点. 但是有如下定理.

定理 8.3 (深度优先遍历基本定理) 　 设图 G 中的两个顶点 u,v 可达 (在有向图中记为 $u \rightsquigarrow v$, 在无向图中记为 $u \longleftrightarrow v$). 在某次深度优先遍历图 G 的过程中, 如果先访问到 u, 则从 u 出发 (即以 u 为根) 一定可以访问到 v. 也就是说, 在此次深度优先遍历对应的森林过程中, v 一定处于以 u 为根的子树中.

为了能够访问到所有顶点, 可以在还没有被访问过的顶点中任意选取一个作为根, 再次深度优先遍历图, 直到所有的顶点都被访问过. 也可以事先约定寻根的次序, 然后再做深度优先遍历. 一般的情况下我们并不在乎哪个顶点被选中作为根, 所以深度优先遍历的递归程序可以描述为

```
dfs(G)
{    //假设 G 的顶点均没有被加标识
     for( u ∈ V(G))
         if(u 没有被加标识)  dfs(G, u);
}
```

其中 $V(G)$ 为图 G 的所有顶点的集合. 给定寻根次序, 深度优先遍历图得到一个森林, 称为深度优先遍历的生成森林. 图 8.10 是一个有向图及以寻根序 0(A), 1(B), 2(C), 3(D), 4(E), 5(F) 深度优先遍历它所得到的生成森林. 其中 pr 数组为此次遍历的顶点的先根序编码. pr(A) = 0 表示在先根序访问中最先访问的是顶点 A. ir 为此次遍历的后根序编码. ir(E) = 5 表示后根序访问中最后访问的顶点是 E.

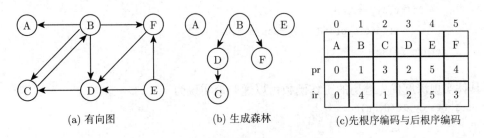

	0	1	2	3	4	5
	A	B	C	D	E	F
pr	0	1	3	2	5	4
ir	0	4	1	2	5	3

(a) 有向图　　　　　(b) 生成森林　　　　(c)先根序编码与后根序编码

图 8.10 　 深度优先遍历有向图

根据深度优先遍历的生成森林, 可以将弧边分为以下几类.

- **树边:** 在深度优先遍历时走过的弧边. 在图 8.10(a) 中的弧边 B→D, B→F, D→C 均为树边.
- **返回边:** 弧边 $u \rightarrow v$ 为返回边, 如果它不是树边; 但是 u,v 同在一棵树中, 并且 v 为 u 的祖先. 在图 8.10(a) 中 C→B 为返回边.
- **朝下边:** 弧边 $u \rightarrow v$ 为朝下边, 如果它不是树边; 但是 u,v 同在一棵树中, 并且 v 为

u 的子孙. 在图 8.10(a) 中 B→C 为朝下边.

- **跨越边**: 不属于以上 3 类的弧边为跨越边. 在图 8.10(a) 中, B→A, F→D, E→F, E→D 均为跨越边. 跨越边在生成森林中的方向一定是自右向左的. 可以用顶点的先根序编码与后根序编码来判别弧边的类型. 有如下定理.

定理 8.4 设 $u \xrightarrow{e} v$, $u \neq v$ 为图 G 的一个弧边. 在深度优先遍历中:

① e 为跨越边的充要条件是pr$(u) >$ pr(v), ir$(u) >$ ir(v);

② e 为返回边的充要条件是pr$(u) >$ pr(v), ir$(u) <$ ir(v);

③ 如果 e 不是树边, 其为朝下边的充要条件是pr$(u) <$ pr(v), ir$(u) >$ ir(v).

在深度优先遍历图的过程中, 通过判别弧边的类型可以得出图的某些性质.

定理 8.5 有向图 G 中存在圈的充要条件是在其深度优先遍历中存在返回边.

假设图 G 有 n 个顶点. 为算法描述方便, 不妨假设图 G 的顶点集合 $V(G) = \{0, 1, \cdots, n-1\}$. 需要用数组 pr$[0,n)$ 来记录顶点的先根序编码, 用数组 ir$[0,n)$ 来记录顶点的后根序编码. 使用深度优先遍历探测图是否存在圈的算法可描述为

```
//假设图 G 的 n 个顶点为 V(G)= {0, 1, · · · , n − 1}
int pr[n]; int prct;    //pr[n]:先根序编码. prct:先根序计数器
int ir[n]; int irct;    //ir[n]:后根序编码. irct:后根序计数器
bool dfs_cycle(G)
{
      pr[0,n) = [∞,··· ,∞];   prct = -1;
      ir[0,n) = [∞,··· ,∞];   irct = -1;
      for(u ∈ V(G) )  //V(G) = {0, 1, · · · , n − 1} 代表所有的顶点
          if(pr[u] == ∞)
                if(dfs_cycle(G,u)) return true;
      return false;
}
```

具体实现深度优先遍历的工作函数可以递归地实现为

```
bool bfs_cycle(G, u)
{
    pr[u] = ++prct;
    for( e ∈ out_arc(u) )   {
        v = e.head();
        if( (pr[v] < pr[u])&&(ir[v] == ∞) )   //u→v 是返回边
            return true;
        if(pr[v] == ∞)   //u→v 是树边
            if( bfs_cycle(G, v) ) return true;
    }
```

```
    ir[u] = ++irct

    return false;

}
```

注意深度优先遍历需访问到所有的顶点和弧边. 每次访问只需固定的工作量, 所有深度优先遍历的时间复杂度为 $O(|V| + |E|)$. 其空间复杂度正比于程序递归的深度 (或者堆栈的深度). 在最不利的情况下, 递归深度可以达到 $|V|$, 其空间复杂度为 $O(|V|)$. 所以图的遍历在具体的实现中最好避免使用递归, 应使用堆栈代替之.

定义 8.6　(强连通分量)　称有向图 G 的一个子图 G' 为 G 的强连通分量, 如果 G' 本身是强连通的, 并且 G 的包含 G' 的子图均不是强连通的, 即 G' 是 G 的极大强连通子图.

20 世纪 80 年代, Kosaraju 给出了一个方法求图的强连通分量. 这个方法用一种特殊的寻根次序去深度优先遍历图, 使得遍历的生成森林中的每一棵树都对应于图中的一个强连通分量.

定理 8.7　(Kosaraju)　假设图 G 为有向图, R 为 G 的转置图. 如果用 R 的某次深度优先遍历的后根序序列的倒序作为寻根次序深度优先遍历 G, 则遍历的生成森林中的每一棵树都代表 G 的一个强连通分量. G 中两个顶点 u,v 属于同一个强连通分量的充要条件是 u,v 在生成森林的同一棵树中.

所谓有向图 G 的转置图是同一组顶点上的另一个有向图, 其中所有弧边都与 G 中相应弧边的方向相反. 即如果 G 包含弧边 $u \to v$, 则 G 的转置图必包含方向反转的弧边 $v \to u$, 反之亦然.

证明　由于 G 与 R 具有相同的强连通分量, 下面证明用 G 的后根序序列的倒序作为寻根序深度优先遍历 R, 其生成森林中的一棵树对应于 G 的一个强连通分量. 设 T 为 R 生成森林中的一棵树, u,v 为 T 中的两个顶点, t 为 T 的根节点, 参见图 8.11. 欲证明 T 中两顶点 u,v 在 G 中相互可达, 只需证明任意 T 的顶点 u 均和 T 的根节点 t 在 G 中相互可达即可. 由于在 R 中存在自 t 到 u 的路径, 所以在 G 中存在自 u 到 t 的路径. 根据遍历 R 时的寻根序可知: 这个路径上的所有顶点 (除 t 外) 的后根序编码 ir 的值均小于 $\mathrm{ir}(t)$. 记这个路径为 $u \to' t$.

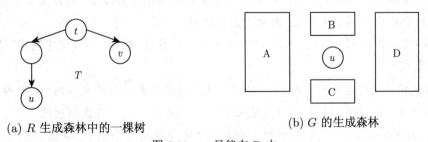

(a) R 生成森林中的一棵树　　　　(b) G 的生成森林

图 8.11　t 只能在 B 中

现在考虑 G 的生成森林. 按照顶点 u 所处的位置, 将其分为 4 个部分. B 中的顶点为

u 的祖先顶点, C 中的顶点为 u 的子孙顶点, A 中的顶点处在 u 的左边, D 中的顶点处在 u 的右边. 由于 $\mathrm{ir}(t) > \mathrm{ir}(u)$, 所以在 G 的生成森林中, 顶点 t 只能处在 B, D 中. 如果 t 处在区域 D 中, 则有 $\mathrm{pr}(t) > \mathrm{pr}(u)$. 记 x 为路径 $u \to t$ 上先序编码最小的顶点. 这样存在自 x 到 t 的路径 $x \to t$, 而且在访问 x 时, 这个路径上的所有顶点均没有被访问到. 根据深度优先遍历基本定理, $t \in T_x$, 所以 $\mathrm{ir}(t) < \mathrm{ir}(x)$. 矛盾. 所以顶点 t 只能处在区域 B 中. 也就是说在 G 的生成森林中, t 为 u 的祖先顶点, 即在 G 中必然存在自 t 到 u 的路径. 以上就证明了 R 生成森林的一棵树中的顶点必然属于同一个强连通分量. 不难证明, 同一个强连通分量中的顶点必然属于同一棵树. 证毕.

Kosaraju 算法的实现留给读者. 无向图也可以进行深度优先遍历, 并且其算法的描述与有向图的基本相同. 以图 8.12 所示的连通图为例. 以 $\{0(A),1(B),2(C),3(D),4(E), 5(F),6(G)\}$ 为寻根序深度优先遍历得到生成树. 对无向图的深度优先遍历也有对应的生成森林. 生成森林中的一棵树对应原无向图中的一个连通分量. 根据生成森林也可以将原图中的弧边进行分类, 但是不存在跨越边. 由于无向图的弧边不存在方向, 不好区分返回边和朝下边, 所以, 在无向图中只存在树边和非树边, 其中弧边 (E, A), (F, A) 为非树边, 其他为树边. 利用对无向图的深度优先遍历可以求图的关节点.

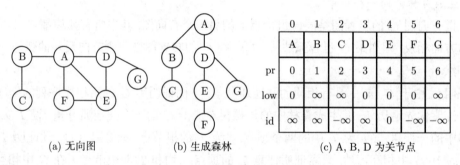

(a) 无向图　　　(b) 生成森林　　　(c) A, B, D 为关节点

图 8.12　无向图的深度优先遍历

定义 8.8〔**关节点 (articulation point)、重连通图**〕　假设无向图 $G = (V, E)$ 为连通的. 如果删除其中的一个顶点 $v \in V$ 以及所附属的弧边后不再连通, 则称顶点 v 为图 G 的关节点. 如果图 G 不存在关节点, 则称为重连通图.

重连通图的任意两个顶点之间至少存在两条 (不同的) 路径. 深度优先遍历可以求出图的所有关节点.

定理 8.9　假设连通无向图 $G = (V, E)$ 某次深度优先遍历的生成树为 F. 令 T_u 为 F 中以 u 为根节点的子树. 对于 $u \in V$, 定义 $\mathrm{low}(u) = \min\{\mathrm{pr}(w) : 存在非树边 (v, w) \in E, v \in T_u\}$, 则 F 的根顶点 u 为 G 的关节的充要条件是 u 至少有两个孩子. 其他顶点 u 为关节点的充要条件是存在 $v \in T_u, v \neq u$, 使得 $\mathrm{low}(v) \geqslant \mathrm{pr}(u)$.

这里约定, 空集的最小值为正无穷大; 空集的最大值为负无穷大. 如用语言描述, $\mathrm{low}(u)$

是从 T_u 中顶点出发, 经过非树边所能到达的最早被访问的顶点的先根序编码. 在图 8.12
中, A 为关节点, 因为 A 为生成树 F 的根节点并且有两棵子树. 顶点 B 为关节点, 因为
在 T_B 中存在顶点 C 使得 $\text{low}(C) \geqslant \text{pr}(B)$. E 不是关节点, 因为 T_E 中有唯一的顶点 F, 而
$\text{low}(F) = 0 < \text{pr}(E)$. D 是关节点, 因为 $G \in T_D$, 而 $\text{low}(G) \geqslant \text{pr}(D)$. 而 C,F,G 不是关节点,
因为它们在生成树中均为叶节点. 以它们为根的子树除它们自身外不存在其他节点.

定理的证明: 当 u 为 F 的根节点时定理显然成立. 下面令 r 为生成树的根节点, 而 u 不
是根节点. 如果 u 是关节点, 则将 u 删除后原图至少生成两个连通分量. 记包含根节点的那
个连通分量为 R, 则 u 的所有祖先节点均属于 R. 由于 u 是关节点, 所以 $v \in T_u$ 并且 $v \notin R$.
如果 $\text{low}(u) < \text{pr}(u)$, 即存在一个非树边 (x, y), $x \in T_v$ 而 $\text{pr}(y) < \text{pr}(u)$. 这时 y 一定是 u 的
祖先节点. 在删除 u 的图中存在 v 到根节点 r 的路径:

$$P = v \cdots xy \cdots r$$

其中路径前一段 $v \cdots x$ 和后一段 $y \cdots r$ 上的弧边为树边; (x, y) 为非树边. 它越过顶点 u, 这
与 $v \notin R$ 矛盾, 所以 $\text{low}(v) \geqslant \text{pr}(u)$. 反之假设在 T_u 中存在顶点 $v \neq u$, 使得 $\text{low}(v) \geqslant \text{pr}(u)$,
则容易证明删除顶点 u 后 T_v 中所有顶点均与根节点 r 不连通. 证毕.

如果定义 $\text{id}(u) = \max \{\text{low}(v) : v \in T_u, v \neq u\}$, 则 u 为关节点的充要条件是 $\text{id}(u) \geqslant$
$\text{pr}(u)$. 下面讨论求关节点算法的具体实现. 无向图深度优先遍历的具体实现要比有向图的
复杂. 首先无向图的每一个弧边均被访问两次. 第一次访问非树边类似于访问有向图的返回
边, 第二次访问非树边类似于访问有向图的朝下边. 对于树边, 需要加标识才能区别是第一
次访问还是第二次访问. 为方便描述算法, 不妨假设图 G 是有 n 个顶点的简单连通图, 并且
假设 G 的顶点就是 $V(G) = \{0, 1, \cdots, n-1\}$. 使用数组 bool arti[n] 来表示某个顶点是否为
关节点. 下面是算法中需要使用的数据以及它们的初始值.

```
bool arti[n] = {false, ···, false};   //arti[u] == true 表示 u 是关节点
int prct = -1;    //先根序编码计数器
int pr[n] = {∞,···,∞};   //顶点的先根序编码
int low[n] = {∞,···,∞};  //顶点的 low 数组
int id[n] = {-∞,···,-∞};  //顶点的 id 数组
```

由于假设 G 为连通图, 所以只需要从一个顶点出发就可以遍历图的所有顶点.

```
dfs_anti(G)
{
    dfs_anti(G,0);
    for(int v = 0; v < n; ++v)
        anti[v] = ( id[v]≥pr[v] );
}
```

这里 0 是生成树的根, 它是否为关节点需要另做判断.

```
dfs_anti(G, u)
{
    pr[u] = ++prct;
    for( v∈N(u) )
        if( pr[v] == ∞ ) {   //(u,v) 是树边
            dfs_anti(G, v);
            low[u] = min(low[u],low[v]);
            id[u] = max(id[u], low[v]);
        } else if( (u,v) 是树边的第二次访问 ) {
            continue;
        } else if( pr[v] < pr[u] )   //非树边 (u,v) 的第一次访问
            low[u] = min(low[u], pr[v]);
}
```

下面介绍图的宽度优先遍历. 以图的某个顶点 u 为根节点的宽度优先遍历图的访问次序是首先访问顶点 u, 接下来访问 u 的所有邻接点 A, 然后访问 A 中顶点的邻接点 B, 接下来访问 B 中顶点的邻接点······直到所有的顶点都被访问完. 具体实现宽度优先遍历需要一个队列.

```
bfs(G, u)
{
    q.push(u);   //q 原本为空队列
    while( q 非空) {
        v = q.front();   q.pop();
        访问 v;
        将 v 打标识;
        for( w∈ N(v) )
            if( w 没有被打标识)  q.push(w);
    }
}
```

从 u 出发宽度优先遍历只能访问到从 u 可达的顶点, 并不一定能够访问到所有的顶点.

```
bfs(G)
{
    //假设 G 的所有节点都没有被打标识.  V(G): G 的顶点集合
    for( u∈ V(G) ) if( u 没有被打标识) bfs(G,u);
}
```

宽度优先遍历也得到图的一个生成森林, 称为宽度优先遍历的生成森林. 图 8.13(a) 与图 8.13(b) 分别是一个有向图及以寻根序 0(A), 1(B), 2(C), 3(D), 4(E), 5(F) 宽度优先遍历它所得到的生成森林.

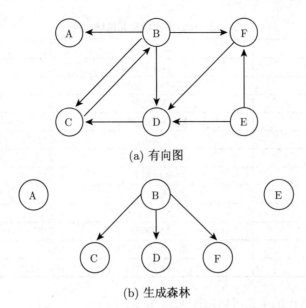

(a) 有向图

(b) 生成森林

图 8.13　一个有向图及其宽度优先遍历的生成森林

如果图 G 是连通图, 宽度优先遍历得到的生成树是从根节点到其他顶点的最短路径.

8.3　有向无圈图

定义 8.10 (入度、出度、源点、汇点、s-t 图、有向无圈图)　设 G 为有向图, 而 v 为其一个顶点. 定义 v 的出度为 G 中以 v 为弧尾的弧边的个数. 定义 v 的入度为 G 中以 v 为弧头的弧边的个数. 称入度为零的顶点为源点, 出度为零的顶点为汇点. 如果 G 中只有一个源点、一个汇点, 则称为 s-t 图. 如果 G 中不存在圈, 则称为有向无圈图 (DAG).

有向无圈图至少有一个源点和一个汇点. 诸如任务调度等问题都可以归结为有向无圈图问题.

定义 8.11 (拓扑序列、逆拓扑序列)　有向无圈图 $G = (V, E)$ 拓扑排序是指将顶点集合 V 重新排序为 $V = \{v_1, \cdots, v_n\}$, 使得对 E 中所有的弧边 $v_i \xrightarrow{e} v_j$, 都有 $i < j$. 这时称序列 $\{v_1, \cdots, v_n\}$ 为图 G 的拓扑序列, 称 $\{v_n, \cdots, v_1\}$ 为图 G 的逆拓扑序列.

有向无圈图都是可以拓扑排序的. 用偏序的语言表述就是任何有限偏序集都有线性扩展. 调度问题可以转换为拓扑排序问题. 将任务看成图的顶点, 任务与任务之间的次序关系看作弧边. 举个例子.

例 8.12　排课表问题.

某大学学制四年, 每学年 3 个学期. 一个学生每个学期只能选修一门课程. 该大学计算机学院的 12 门课程及其选修次序见表 8.3.

表 8.3　12 门课程及其选修次序

课程编号	课程名称	先修课程
子	高等数学	无
丑	C/C++ 语言	无
寅	离散数学	无
卯	算法与数据结构	子, 丑, 寅
辰	汇编语言	丑
巳	操作系统	卯, 午
午	组成原理	辰, 酉
未	数据库	卯, 寅
申	计算机网络	午
酉	大学物理	无
戌	数值与符号计算	子
亥	编译原理	寅, 卯

12 门课程及其次序的关系可以用图 8.14 表示.

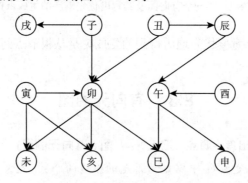

图 8.14　12 门课程及其次序的关系

为完成学业, 每位学生都要给出图 8.14 的一个拓扑排序. 下面是求有向无圈图的拓扑排序算法.

```
topological_sort(G)
{
    while( G 中还有顶点) {
        令 u 为 G 中入度为零的一个顶点;
        将 u 以及附属的弧边从 G 中删除;
        输出 u;
    }
}
```

上面算法的输出就是图 G 顶点的拓扑排序序列. 在具体实现上述算法时不必真的删除图中的顶点和弧边. 可以先遍历一次图的所有弧边, 计算出所有顶点的入度, 并且用一个数组来记录这些顶点的入度. 用更新顶点的入度数组来模拟顶点和弧边的删除. 为了避免查找入度为零的顶点的麻烦, 可以将入度为零的顶点存放在一个容器中. 这个容器可以是向量、链表、堆栈或者队列.

在任务调度问题中, 还可以将任务看作图的弧边. 如果任务 $s_1, \cdots, s_k$ 完成以后, 任务 $t_1, \cdots, t_l$ 才能开始, 则在图中添加一个顶点 v. 即在图中, 顶点 v 代表任务 $s_1, \cdots, s_k$ 已经完成, 任务 $t_1, \cdots, t_l$ 可以开始的状态. 每个弧边都可以带有权值, 权值的含义可以是完成该任务所需的时间. 称这种以弧边代表任务的带权的图为 AOE(Aactivity On Edge)网. 容易证明, AOE 网一定是有向无圈图. 图 8.15 是一个 AOE 网.

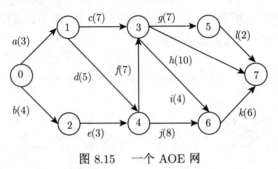

图 8.15　一个 AOE 网

在图 8.15 中弧边 $a(3)$ 表示完成任务 a 需要 3.0 小时, 顶点 3 表示任务 c, f 已经完成, 任务 g, h, i 可以开始的状态.

在 AOE 网中, 顶点之间的加权最长路径的长度有着明显的实际意义. 它是从一个状态到达另一个状态所需要的最少时间. 从源点到汇点的加权最长路径的长度就是完成整个工程所需的最少时间. 当人力、物力充沛, 任务之间可以任意程度地并行时, 整个工程的确可以在最短时间内完成.

在考虑 AOE 网中的最长路径时, 可以假设图中只有一个源点、一个汇点, 称这样的图为 s-t 网. 如果原图中有多个源点, 可以在源点之间添加权值为零的弧边, 使得其只剩下一个源点. 同理, 也可以在两个汇点之间添加权值为零的弧边, 使得其只剩下一个汇点. 以下只考虑 s-t 图. 这样的图从源点到其他顶点均可达. 任何一个顶点都可以到达汇点.

定义 8.13 (关键路径)　称 AOE 网中从源点到汇点的加权最长路径为关键路径.

注意关键路径可以有多条. 在极端的情况下, 所有从源点到汇点的路径都为关键路径. 所以所有关键路径构成的图还是一个有向无圈图. 为了使得问题表示简单, 可以求出所有在关键路径上的顶点. 这个问题可以用下面几个定义解决.

定义 8.14 (状态的最早发生时间、最迟发生时间, 工期)　设 v 为 AOE 网中的顶点, 定义 v 的最早发生时间为从源点到 v 的最长加权路径的长度, 记为 $e(v)$. 定义源点的最早发生时间为零, 即 $e(源点) = 0$. 定义工期为源点到汇点的加权最长路径长度, 即工期 $= e(汇点)$. 定义汇点的最迟发生时间为工期, 即 $l(汇点) = e(汇点)$. 定义其他顶点 v 的最迟发

生时间为 $l(v) = $ 工期 $- v$ 到汇点的最长加权路径长度.

定理 8.15 AOE 网中顶点 v 处在某个关键路径上的充要条件是 $e(v) = l(v)$.

证明留给读者. $e(v)$ 可以按照图的拓扑序列依次求出. $l(v)$ 可以按照图的逆拓扑序列依次求出. 如图 8.16(a) 所示, 以 v 为终点的弧边有 3 个. 所以从源点到 v 的路径只能有 3 种情况, 要么经过 a, 要么经过 b, 要么经过 c. 而 a, b, c 的拓扑排序应该在 v 之前. 如果 $e(a), e(b), e(c)$ 已经得到, 则

$$e(v) = \max\{e(a) + w(a, v), \ e(b) + w(b, v), \ e(c) + w(c, v)\}$$

其中 (a, v) 表示从 a 到达 v 的弧边, $w(a, v)$ 为弧边的权值. 求 $l(v)$ 的方法类似. 在图 8.16(b) 中, 以 v 为起点的弧边有 3 个. 类似地得到

$$l(v) = \min\{l(x) - w(v, x), \ l(y) - w(v, y), \ l(z) - w(v, z)\}$$

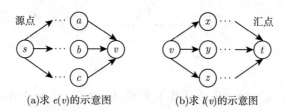

(a)求 $e(v)$ 的示意图   (b)求 $l(v)$ 的示意图

图 8.16   求 $e(v)$ 和 $l(v)$ 的示意图

下面是该算法的描述.

```
critical_path(G) ⟶ 关键路径上的顶点
{   //G 是有向无圈图.G = (V,E), V = n
    将 G 的顶点拓扑排序为 v₀, v₁, ⋯, vₙ₋₁;
    double e[n]= {-∞, ⋯, -∞};    //顶点的最早发生时间
    e[0] = 0;
    for(int j = 1; j < n; ++j)    //求 e[j]
        for( vₖ ∈ {vⱼ 的前驱点} )    e[j] = max {e[j], e[k] + w(vₖ, vⱼ)};
    double l[n]= {∞, ⋯, ∞};    //顶点的最迟发生时间
    l[n-1] = e[n-1];
    for(int j = n-2; j >= 0; --j)    //求 l[j]
        for( vₖ ∈ {vⱼ 的后继点} )    l[j] = min {l[j], l[k] - w(vⱼ, vₖ)};
    for(int j = 0; j < n; ++j)
        if(e[j] == l[j])   输出 vⱼ
}
```

算法遍历了所有的弧边两次. 其复杂度是 $O(|E|)$.

8.4　无向图的最小代价生成树

定义 8.16 (生成树)　假设无向图 $G = (V, E)$ 为连通的, 称图 $T = (V, A)$ 为 G 的生成树, 如果 T 为 G 的极小连通子图, 即 $A \subseteq E$, T 是连通的并且对任何 A 的子集 A', 图 $T' = (V, A')$ 不再连通.

关于生成树有如下结论.

定理 8.17　假设图 $T = (V, A)$ 为 $G = (V, E)$ 的子图, 则以下结论等价.

① T 是 G 的生成树.

② T 是连通的并且 $|A| = |V| - 1$.

③ T 是连通的并且 T 中没有圈.

④ T 是连通的并且删除 T 中的任意一个弧边, 剩余的图不再连通.

⑤ T 是连通的, 并且给 T 中添加一个弧边, 生成的图中就存在圈.

⑥ $|A| = |V| - 1$ 并且 T 中没有圈.

定义 8.18 (最小代价生成树)　假设图 G 的每一个弧边均带有权值, 记 $W(G) = \sum_{e \in E} w(e)$, 其中 $w(e)$ 为弧边 e 的权值. 称 G 的某棵生成树 T 为 G 的最小代价生成树, 如果 $W(T) = \min \{W(S) : S$ 为 G 的生成树$\}$. 如果 T 为 G 的最小代价生成树, 记 $\mathrm{MST}(G) = W(T)$.

所谓最小代价生成树就是指权值之和最小的那棵生成树, 连通图的生成树一定是存在并且有限的, 所以最小代价生成树一定是存在的. 下面是求最小代价生成树的 Kruskal 算法.

```
kruskal( G ) ⟶ G 的最小代价生成树
{  //设 G = (V,E)
    A = ∅;
    T = (V, A);
    将 E 中弧边按照权值从小到大排序为 e₀,e₁,···,eₘ₋₁;
    for(int j = 0; j < m; ++j){
        B = A ∪ {eⱼ};
        if(图 G'= (V,B) 中没有圈) A = B;
    }
    return T;
}
```

图 8.17 是 Kruskal 算法的示例图.

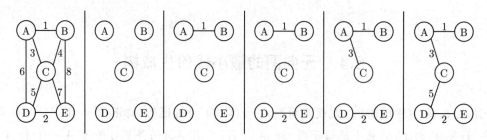

图 8.17　Kruskal 算法的示例图

定理 8.19　设输入图 $G = (V, E)$ 是连通的加权无向图, 则 Kruskal 算法的输出图是 G 的最小代价生成树.

证明　容易证明 Kruskal 算法的输出 T 是 G 的生成树. 如果 $|V| = n$, 并且假设按照算法中的添加次序, T 中的弧边是 $a_1, a_2, \cdots, a_{n-1}$. 对于 G 的最小代价生成树 S, 定义 S 与 T 的重合指数如下. 如果 S 包含弧边 $a_1, \cdots, a_k$, 但不包含 a_{k+1}, 则称 S 与 T 的重合指数为 k, 记为 $\text{ind}(S) = k$.

令 S 是重合指数最大的最小代价生成树. 如果 $\text{ind}(S) = n - 1$, 则 $T = S$, 从而 T 是最小代价生成树. 否则不妨设 $k = \text{ind}(S) < n - 1$. 将 a_{k+1} 添加到 S 中形成一个圈. 由于 $a_1, \cdots, a_{k+1}$ 并不形成圈, 所以这个圈必然包含另一个弧边 e 以及 a_{k+1}. 根据算法, 容易证明 $w(e) \geqslant w(a_{k+1})$. 将 e 从 S 中删去, 再向 S 中添加 a_{k+1}, 得到的树 S' 还是最小代价生成树, 但是 $\text{ind}(S') = k + 1$. 这与 S 的重合指数最大性质矛盾. 证毕.

具体实现 Kruskal 算法时, 不必将 E 中的弧边事先排序. 可以在循环体内部使用第 5 章中介绍的堆结构来选择最小权值弧边. 判别 $G' = (V, B)$ 是否存在圈可以使用 4.5 节中的并查集来实现. 使用这些技术, Kruskal 算法的复杂度可以达到 $O(|E| \log |E|)$.

下面介绍求最小代价生成树的 Prim 算法. 设 $G = (V, E)$, 将 V 划分为两个互不相交的集合之并: $V = V_1 \cup V_2$. 如果弧边 e 的两个端点分别属于 V_1 与 V_2, 则称 e 为关于划分 $V_1 \cup V_2$ 的跨越边. Prim 算法可以描述为

```
prim(G) —→ G 的最小代价生成树
{    //G = (V,E); V = n
    U = {V 中任意一个顶点};
    F = ∅;
    for(int j = 1; j < n; ++j) {
        在划分 V = U∪(V − U) 的跨越边中寻找权值最小的弧边 e;
        设 e = (a,b), a∈U, b∈V − U;
        U = U ∪ {b};
        F = F ∪ {e};
    }
}
```

```
return T = (U, F);
}
```

图 8.18 是 Prim 算法的示例图, 其中初始顶点为 A.

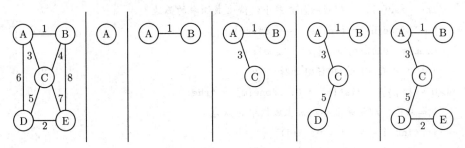

图 8.18 　Prim 算法的示意图

定理 8.20 　设输入的图 $G = (V, E)$ 是连通的加权无向图, 则 Prim 算法的输出图是 G 的最小代价生成树.

定理 8.20 的证明过程与定理 8.19 的证明过程几乎完全相同, 此处省略. 下面考虑 Prim 算法的实现. Prim 算法需要遍历所有的跨越边, 从中找出权值最小的弧边. 如果直接在图 G 的弧边 E 中搜索, 其复杂度是 $O(|E|)$, 这样算下来 Prim 算法的复杂度为 $O(|V||E|)$. 通常情况是 $O(|E|) = O(|V|^2)$, 这导致 Prim 算法的复杂度达到 $O(|V|^3)$. 连通图弧边的个数几乎都会超过顶点的个数. 将图的顶点进行编号 $V = \{v_0, \cdots, v_{n-1}\}$, 可以维护数组 dist$[0, n)$, 称为距离数组. 当 $v_j \in V - U$ 时, dist$[j]$ 保存 v_j 到 U 的"距离", 即

$$\text{dist}[j] = \min \ \{w(v_j, v) \mid v \in U\}$$

搜索最小权值的跨越边就简化为在 dist 数组的部分元素中寻找最小值了, 其复杂度为 $O(|V|)$. 找到权值最小的跨越边后, 需要更新 U, 同时需要更新 dist 数组. 在图 8.19 中, Prim 算法选定 e 作为权值最小的跨越边.

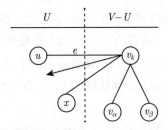

图 8.19 　Prim 算法选定 e 作为权值最小的跨越边

Prim 算法将 v_k 添加到 U 中, 这时需要更新 dist$[\alpha]$ 与 dist$[\beta]$ 的值. 仅当 v_α 与 v_k 相邻时才需要更新 dist$[\alpha]$. 其更新公式为

$$\text{dist}[\alpha] = \min \{\text{dist}[\alpha], w(v_\alpha, v_k)\}$$

由此得到细化的 Prim 算法.

```
prim(G) —→ G 的最小代价生成树
{    //G = (V,E); V = {v₀,···, vₙ₋₁}
     int peer[n];    //帮助计算最小代价生成树中的弧边
     bool done[n] = {false, ···, false}
     double  dist[n] = {∞,···,∞};
     int m = 在 [0,n) 中任意选择;
     U = {vₘ};    dist[m] = 0;   done[m] = true;
     F = ∅;    //记录最小代价生成树中的弧边
     for(int j = 1; j < n; ++j) {
         N = {vₘ 的邻接点};    //更新 dist 数组
         for( vₐ ∈ N )
             if( (done[α] == false) 并且  (w(vₐ, vₖ) < dist[α]) )
             {   peer[α] = m;    dist[α] = w(vₐ, vₖ);   }
         m = 0;    //求极小顶点
         for(int k = 1, k < n; ++k)
             if( (done[k] == false) 并且 (disk[k] < dist[m]) )
                 m = k;
         done[m] = true;    U = U ∪ {vₘ};
         int p = peer[m];    F = F ∪ {(p,m)};
     }
     return T = (U, F);
}
```

统计上面算法的工作量. 更新 dist 数组总的工作量需要遍历所有的弧边, 其复杂度是 $O(|E|)$. 最小顶点的工作量是 $O(|V|^2)$, 所以算法的时间复杂度是 $O(|E|+|V|^2) = O(|V|^2)$. 上面的算法还可以继续改进. 如果使用堆结构从 dist 数组中选取最小值, 则这个堆结构需要支持减码操作. Fibonacci 堆满足这个条件. 在 Prim 算法中, 减码操作 (decrease_key) 最多做了 $|E|$ 次. 一次减码操作的分摊复杂度为 $O(1)$. $|E|$ 次减码操作总的工作量为 $O(|E|)$. 一次 pop 运算的分摊复杂度为 $O(\log(|V|))$. Prim 算法总共做了 $|V|-1$ 次 pop 操作, 其总的工作量为 $O(|V|\log(|V|))$. 所以使用 Fibonacci 堆实现的 Prim 算法的复杂度为 $O(|E|+|V|\log(|V|))$.

8.5　加权最短路径

图的最短路径问题也是实际中经常出现的一类重要问题. 假设图的弧边带有权值. 加权最短路径问题就是求顶点之间权值之和最小的那条路径.

定义 8.21 （路径的权值、加权最短路径）　假设 $G = (V, E)$ 为弧边带权值的图,

$w: E \mapsto R$ 为权值映射, $P = v_0, e_1, v_1, \cdots, e_k, v_k$ 为 G 中的一条路径, 称

$$w(P) = \sum_{i=1}^{k} w(e_i)$$

为路径 P 的权值和, 简称 P 的权值, 也称为路径 P 的 (加权) 长度. 假设 u, v 为图 G 中的两个顶点. P 为从 u 到 v 的一条路径. 如果

$$w(P) = \min \ \{w(Q) : Q \text{ 为 } G \text{ 中的路径, 其起点为 } u, \text{ 终点为 } v\}$$

则称 P 为从 u 到 v 的加权最短路径.

在不引起混淆的情况下, 本节简称加权最短路径为最短路径. 有向图和无向图均有最短路径问题. 本节只针对有向图进行讨论. 如果求顶点 u 到 v 的最短路径, 可以枚举 u 到 v 的所有路径, 从中找出最短的那一条. 但是 u 到 v 的路径条数通常是组合数组, 非常巨大. 求某个源点到其他所有顶点的最短路径却有高效的算法. 这就是所谓的单源点最短路径问题, 即固定图中一个顶点 s, 求 s 到所有其他顶点的最短路径问题. 还没有直接求两个顶点之间最短路径的高效算法. 根据权值非负还是可正可负, 单源点最短路径问题分为两大类. Dijkstra 算法处理权值非负的单源点最短路径问题; 其他算法处理权值可正可负图的单源点最短路径问题. 假设所有弧边的权值为正. Dijkstra 算法求某个顶点 (称为源点) 到其他顶点的所有最短路径.

在图 8.20 中从源点 s 出发有 5 条最短路径. Dijkstra 算法依次求出它们, 即首先求出的是最短的那一条最短路径 (子), 然后再求出次短的最短路径 (丑), 等等. Dijkstra 算法基于下面的定理.

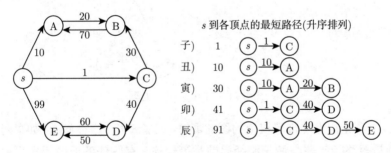

图 8.20   Dijkstra 算法示意图

定理 8.22   假设图 $G = (V, E)$ 的弧边权值均为正. 从源点 s 到达其他顶点的最短 m 条最短路径分别是从源点 s 到达顶点 $U = \{v_1, v_2, \cdots, v_m\}$ 的最短路径, 则第 $m+1$ 短的最短路径 $s \rightsquigarrow v_{m+1}$, 如果中间经过别的顶点, 则只能经过 U 中的顶点.

证明   假设第 $m+1$ 短的最短路径 P_{m+1} 中间经过顶点 w, 即 $P_{m+1} = s \rightsquigarrow w \rightsquigarrow v_{m+1}$, 由于弧边的权值均为正, 所以 $w(s \rightsquigarrow w) < w(P_{m+1})$. 显然有 $w \in \{v_1, v_2, \cdots, v_m\}$. 证毕.

为实现 Dijkstra 算法, 引入 dist 数组. 对于 $v_\alpha \in V - U$, dist[α] 保存从源点 s 出发, 中间最多经过 U 中顶点到达 v_α 的最短路径长度. 根据上述定理, 下一条最短路径, 即第 $m+1$ 短的最短路径的端点只需要在 $V - U$ 中搜索 dist 值最小的顶点即可. 初始时 U 是空集, dist 数组的初始值容易确定. 下面考虑 dist 数组的更新. 假设已经得到前面 m 条最短路径. 不妨假设这些最短路径的终点为 $U = \{v_1, \cdots, v_m\}$. Dijkstra 算法选定的第 $m+1$ 条最短路径的顶点为 v_{m+1}. 令 $U' = U \cup \{v_{m+1}\}$. 理论上 $V - U'$ 中顶点的 dist 值都需要更新.

令 $v \in V - U'$, 从源点 s 出发中间只经过 U' 中的顶点到达 v 的最短路径只可分为两种: 一是不经过 v_{m+1}, 只经过 U 中顶点到达 v, 其长度是 dist[v]; 二是从 s 出发, 经过 U 中顶点先到达 v_{m+1}, 而 v_{m+1} 与 v 之间存在弧边, 即 $s \rightsquigarrow v_{m+1} \to v$, 此条路径的长度为 dist[$v_{k+1}$] $+ w(v_{m+1} \to v)$. 从而得到 dist[v] 的更新公式:

$$\text{dist}[v] = \min\{\text{dist}[v], \ \text{dist}[v_{k+1}] + w(v_{k+1} \to v)\}$$

这个公式也限制了需要更新的顶点范围, 即只需要更新 $V - U'$ 中 v_{k+1} 的邻接点即可. 在图 8.21 中意味着只有 dist[α], dist[β] 的值需要更新. Dijkstra 算法与 Prim 算法非常类似, 只是 dist 数组的更新方式不同. 如果用简单的遍历整个 dist 数组的方法求最小值, Dijkstra 算法的复杂度是 $O(|E| + |V|^2)$. 如果使用堆结构求 dist 数组中的最小值, 其复杂度是 $O(|E| + |V| \log |V|)$.

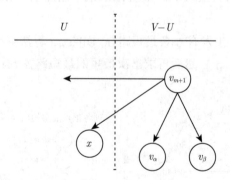

图 8.21　dist 数组的更新

实际问题中会经常出现带负权值的图的最短 (或者最长) 路径问题. 如果对权值的正负没有限制, 则最短路径问题与最长路径问题是等价的. 有些任务调度问题可以转换为无正圈的单源点最长路径问题. 假设有若干任务 $\{A, B, \cdots, Z\}$, 完成这些任务所需的时间分别为 $\{d_A, d_B, \cdots, d_Z\}$. 任务与任务之间有先后顺序问题. 需要给出每个任务的最早开始时间 $\{x_A, x_B, \ldots, x_Z\}$. 这类问题可以转换为有向图的最长路径问题. 这里图 $G = (V, E)$ 的顶点 $V = \{A, B, \cdots, Z\}$, 即顶点代表任务. 有两类约束.

- 第一类约束: 任务之间的先后次序约束. 任务 B 必须在任务 A 完成之后才能开始, 记为 $A \prec B$, 即 $x_B \geqslant x_A + d_A$. 对于这类约束, 给图 G 添加弧边及其权值:

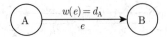

- 第二类约束: 最后期限约束. 任务 B 必须在任务 A 完成后的 δ_{AB} 时间之内开始, 即 $x_B \leqslant x_A + d_A + \delta_{AB}$ ($x_A \geqslant x_B - d_A - \delta_{AB}$). 对于这类约束, 给图 G 添加弧边及其权值:

$$B \xrightarrow[e]{w(e) = -d_A - \delta_{AB}} A$$

这时问题的解 $\{x_A, x_B, \cdots, x_Z\}$ 可以转换为图 G 的单源点最长路径问题. 举个例子. 三间国国王要出巡, 在出巡之前国王需要品茶或者用膳 (民间也叫吃饭). 如果国王愿意, 可以既品茶又用膳. 国王的品茶、用膳是大事, 需要提前准备. 具体的任务及其所需时间如表 8.4 所示.

表 **8.4**　国王出巡任务及其所需时间

任务代码	S	W	B	M	C	D	E	T
任务名称	掘井	净菜	沸水	沏茶	烹饪	品茶	用膳	起驾
所需时间	100	5	4	3	24	1	2	国王自定

表 8.4 中所需时间的单位为小时. 国王可能既品茶又用膳, 茶和食物必须都准备. 任务之间的第一类约束为

$$S \prec B,\ B \prec M,\ M \prec D,\ D \prec T; S \prec W,\ W \prec C,\ C \prec E,\ E \prec T$$

第二类约束如表 8.5 所示.

表 **8.5**　国王出巡任务间的第二类约束

编　号	约　束	原　因
1	沸水后一小时之内必须沏茶	否则水就凉了
2	沏茶后一小时之内必须品茶	否则茶就凉了
3	用膳与品茶之间不超过一小时	国王的特殊习惯

根据这些约束得到的加权有向图如图 8.22 所示. 在图 8.22 中没有正圈. 假设掘井的开始时间为 0, 则其他任务的最早开始时间为 S 到其顶点的最长路径长度. 图 8.23 为国王出巡问题的解. 从解中可以看出, 国王出巡至少要提前 131 个小时开始准备. $x_B = 118$ 表明沸水最早在掘井完成后再等待 18 小时开始. 如果沸水工作启动过早, 会导致用膳还没结束茶已经凉了. 有一类线性规划问题可以转换为有向图的单源点最长 (最短) 路径问题. 而这里的弧边权值可正可负. 参见本章习题 20 和 21.

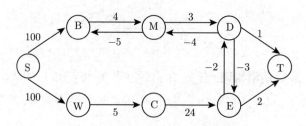

图 8.22   根据约束得到的加权有向图

x_S	x_W	x_C	x_E	x_D	x_M	x_B	x_T
0	100	105	129	127	123	118	131

图 8.23   国王出巡问题的解

下面介绍 Peter 算法. 它被用来求解没有负圈图的单源点最短路径问题. 假设图 $G = (V, E)$ 没有负圈, 则两点间的最短路径上不能有圈. 所以两点之间的最短路径除去起点和终点外, 中间最多经过 $|V| - 2$ 个顶点. 令 $d^k(v)$ 是从顶点 s 中间最多经过 k 个顶点到达 v 的最短路径长度. 初值 $d^0(v)$ 容易求得. 如果 $d^k(v)$ 都已知, 如何求出 $d^{k+1}(v)$ 呢? 在图 8.24 中 s 是源点.

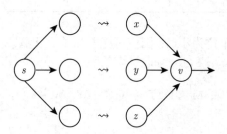

图 8.24   Peter 算法中 $d^k(v)$ 的更新

如图 8.24 所示, 从 s 出发, 中间最多经过 $k+1$ 个顶点到达 v 的最短路径有 4 种可能. 首先这个最短路径可能不需要经过 $k+1$ 个顶点, 这样的路径长度等于 $d^k(v)$, 其余的可能从 s 出发, 中间最多经过 k 个顶点到达 x(或者 y, z), 然后到达 v. 所以得出

$$d^{k+1}(v) = \min \left\{ d^k(v),\ d^k(x) + w(x, v),\ d^k(y) + w(y, v),\ d^k(z) + w(z, v) \right\}$$

而 $d^{n-2}(v)$ 就是所要的结果. 由此 Peter 算法描述如下:

```
peter(G, s) ⟶ s 到其他顶点的最短路径长度
{    //G = (V,E), V= {v₀,v₁,···,vₙ₋₁}, 不妨假设源点 s = v₀
    double d⁽⁻¹⁾[n] = {∞,···,∞};    d⁽⁻¹⁾[0] = 0.0;
    for(int k = 0; k < n-1; ++k)
        for(j = 1, j < n; ++j) {
```

```
        d^(k)[j] = d^(k-1)[j];
        N = v_j 的前驱顶点集合;
        for( v_p ∈ N )  d^(k)[j] = min { d^(k)[j], d^(k-1)[p] + w(v_p, v_j) };
    }
    return d^(n-2);
}
```

当输入的图没有负圈时, Peter 算法的正确性是容易验证的. 其复杂度也是容易分析的. 最里层的两层循环遍历了所有的弧边, 所以 Peter 算法的时间复杂度为 $O(|V||E|)$.

定义 8.23 (松弛运算) 令 $G = (V, E)$ 为有向图, $d : V \mapsto R$ 为图 G 的顶点集到实数上的一个函数, 弧边 $u \xrightarrow{e} v \in E$. 改变函数 d 在 v 处的值:

$$d(v) = \min\{d(v), \ d(u) + w(e)\}$$

称上面的运算为函数 d 在弧边 e 上的松弛运算, 其中 $w(e)$ 为弧边 e 的权值.

Bellman-Ford 算法也是求单源点到其他顶点的最短路径. 其基本操作是上面所说的松弛运算. 简单地说, Bellman-Ford 算法就是对所有的弧边作 $n - 1$ 次松弛运算. 它的描述非常简单:

```
bellman_ford(G, s) ⟶ s 到其他顶点的最短路径长度
{   //G =(V,E), V= {v_0,···,v_{n-1}}, 源点 s = v_0
    double d[n] = {∞,···,∞};  d[0] = 0;
    for(int k = 1; k < n; ++k)
        for( e ∈ E ) {
            v_α = e 的起点;    v_β = e 的终点;
            d[β] = min {d[β], d[α] + w(e)};
        }
    return d;
}
```

显然 Bellman-Ford 算法的时间复杂度是 $O(|V||E|)$. 其正确性可由下面的定理得出.

定理 8.24 图 $G = (V, E)$ 中无负圈. 如果源点 s 到 v 的最短路径上经过了 k 条弧边, 则 Bellman-Ford 算法中的外层循环执行 k 次后, $d[v]$ 就等于 s 到 v 的最短路径长度了.

关于定理的证明只需对 k 用归纳法即可. 根据此定理, Bellman-Ford 算法中执行了许多次无效的松弛运算. 可以证明, 最少只需要 $|V| - 1$ 次松弛运算就可以得出结果. 而 Bellman-Ford 算法中执行了 $|V||E|$ 次松弛运算.

定义 8.25 给定图 $G = (V, E)$ 和数组 $d[0, n)$, 其中 $V = \{v_0, \cdots, v_{n-1}\}$, 弧边 $v_\alpha \xrightarrow{e} v_\beta \in E$. 如果

$$d[\beta] > d[\alpha] + w(e)$$

则称 $v_\alpha \xrightarrow{e} v_\beta$ 为有效松弛边.

只有在有效松弛边上实施松弛运算才改变 $d[v]$ 的值. 可以证明存在一种松弛次序, 使得只需要做 $n-1$ 次松弛操作就可以解决单源点的最短路径问题 (参见本章习题 23). 而上面实现的 Bellman-Ford 算法做了 $|V||E|$ 次松弛运算, 所以其中许多是无效的. 只有当 $d[u]$ 的值改变之后, 弧边 $u \xrightarrow{e} u$ 才有可能成为有效松弛边. 可以用一个集合 $d[u]$ 记录改变的顶点 u, 从而减少无效松弛运算的次数. 下面是优化的 Bellman-Ford 算法:

```
bellman_ford2(G, s) ──→ s 到其他顶点的最短路径长度
{   //G =(V,E), G 中无负圈; V= {v₀,···,v_{n-1}}; 源点 s = v₀
    double d[n] = {∞,···,∞};  d[0] = 0.0;
    A = {0};
    while( A 非空) {
        设 vₐ ∈ A;
        A = A - {vₐ};
        N = vₐ 的后继顶点集合;
        for( v_β ∈ E )
            if( d[β] > d[α] + w(vₐ, v_β) ) {
                d[β] = d[α] + w(vₐ, v_β);
                A = A ∪ {v_β};
            }
    }
    return d;
}
```

上面算法中的集合 A 可以用队列实现. 但是要求输入的图 G 不能有负圈, 否则会导致无穷循环. 在大多数情况下, 优化实现都是比较快的. 但是其复杂度仍然是 $O(|V||E|)$.

Floyd 算法求所有顶点之间的最短路径. 其基本思想更为直接. 对于图 $G = (V, E)$, 令 $V = \{v_1, \cdots, v_n\}$. 定义 $d^{(k)}[i,j]$ 为从顶点 v_i 出发, 中间最多只经过 $\{v_1, \cdots, v_k\}$ 中的顶点, 到达 v_j 的最短路径长度. 则矩阵 $d^{(k)}$ 到 $d^{(k+1)}$ 有如下递推公式:

$$d^{(k+1)}[i,j] = \min(d^{(k)}[i,j],\ d^{(k)}[i,k+1] + d^{(k)}[k+1,j]) \tag{8.2}$$

定理 8.26 假设图 $G = (V, E)$ 没有负圈, $n = |V|$, 则 $d^{(n)}[i,j]$ 等于从 v_i 到 v_j 的最短路径长度.

证明是容易的, 留给读者. 其实现也不复杂. 下面的结论使得 Floyd 算法的实现更为简单.

$$d^{(k+1)}[i,j] = \min(d^{(k)}[i,j],\ d^{(\alpha)}[i,k+1] + d^{(\beta)}[k+1,j]) \tag{8.3}$$

其中 $\alpha, \beta \in [k, k+1]$. 这个结论使得程序可以只在一个矩阵上进行更新.

本章介绍了 3 种加权最短路径问题. 有向无圈图的最短 (最长) 路径问题是最为容易解决的. 其复杂度为线性的 $O(|V| + |E|)$. 权值非负图的最短路径问题可以用 Dijkstra 算法解

决, 其复杂度为 $O(|E| + |V| \log |V|)$. 当权值可正可负时, 最短路径问题和最长路径问题是等价的. 无负圈的最短路径 (或者无正圈的最长路径) 问题可以使用 Bellman-Ford 算法解决, 其复杂度为 $O(|V||E|)$. 还有一类最短 (或者最长) 路径问题. 在这类问题中图的权值可正可负, 可以有正圈或者负圈, 但是求两顶点之间最短 (或者最长) 的简单路径. 所谓简单路径是指路径上的顶点不能重复. 由于顶点间的简单路径总是有限的, 所以最短 (或者最长) 路径总是存在的. 已经证明这类问题是 NP 完全的, 是非常复杂、难以解决的问题. 这类问题超出本书的范围, 有兴趣的读者可以查阅相关资料.

负圈探测在理论和实际中都很重要. 举个外汇投机的例子. 三间银行经营美元 (A)、英镑 (B)、人民币 (C)、欧元 (E) 4 种货币的相互兑换业务. 具体汇率见图 8.25. 在图中

C $\xrightarrow[10]{0.097}$ B 表示 1 元人民币兑换 0.097 英镑, 1 英镑兑换 10 元人民币. 细心的读者会发现图 8.25 中的一个圈如下:

C $\xrightarrow{0.097}$ B $\xrightarrow{1.7}$ A $\xrightarrow{6.6}$ C

将这个圈上的汇率相乘: $0.097 \times 1.7 \times 6.6 \approx 1.088$. 这意味着用一元人民币可兑换 0.097 英镑, 然后其可以兑换 0.097×1.7 美元, 最后将其兑换为人民币, 将获得 1.088 元人民币. 利润为 0.088 元. 称该圈为获利圈. 投机者的获利圈必然是银行的亏损圈. 如果将图中弧边的权值定义为

$$w(e) = -\log(e \text{ 的汇率})$$

则寻找获利圈问题等价地转换为图的负圈探测问题. 图 8.25 是人为的例子, 正常情况下银行汇率不存在投机者的获利圈. 上面介绍的 Peter , Bellman-Ford 和 Floyd 3 个算法对没有负圈的图成立. 但是给出一个图, 事先并不知道其是否存在负圈. 下面的定理给出了负圈判别的一个标准.

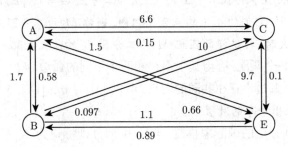

图 8.25　三间银行 4 种货币的兑换汇率

定理 8.27　假设图 $G = (V, E)$,

$$v_1 \xrightarrow{e_1} v_2 \xrightarrow{e_2} \cdots \xrightarrow{e_{k-1}} v_k \xrightarrow{e_k} v_1$$

为 G 中的一个负圈, 则对任意一个 V 上的函数 $d : V \mapsto R$, 必然存在一个弧边 $e_j = v_j \xrightarrow{e_j}$

v_{j+1}, 使得

$$d(v_{j+1}) > d(v_j) + w(e_j) \tag{8.4}$$

证明 用反证法. 如果对所有的弧边 $e_j = v_j \xrightarrow{e_j} v_{j+1}$ 都有 $d(v_{j+1}) \leqslant d(v_j) + w(e_j)$, 则有

$$d(v_2) \leqslant d(v_1) + w(e_1)$$
$$\vdots$$
$$d(v_k) \leqslant d(v_{k-1}) + w(e_{k-1})$$
$$d(v_1) \leqslant d(v_k) + w(e_k)$$

上面 k 个不等式相加得到 $\sum_{j=1}^{k} w(e_j) \geqslant 0$. 这与负圈矛盾. 证毕.

根据此定理, 欲判别图是否存在负圈, 只需在 3 个算法的输出中判别是否存在满足公式 (8.4) 的弧边即可.

8.6 二 分 图

定义 8.28 称单重无向图 $G = (V, E)$ 为二分图, 如果存在 V 的一个划分 $V = X \cup Y, X \cap Y = \varnothing$, 使得对于任意的弧边 $e \in E$, 其两个顶点一个属于 X, 另一个属于 Y.

二分图通常记为 $G = (X, E, Y)$. 如果二分图 G 的弧边 $e \in E$ 的两个端点为 u, v, 则 $\{u, v\} \cap X$, $\{u, v\} \cap Y$ 都非空. 由于只考虑单重图, 本节中用 (x, y) 来表示一条弧边.

定义 8.29 (匹配、最大匹配) 设 $M \subset E$ 为二分图 $G = (X, E, Y)$ 的弧边子集. 如果 M 中任意两个弧边 e, e', 它们的 4 个端点互不相同, 则称 M 为二分图 G 的一个匹配. 当 M 中的弧边条数达到最大时, 称这样的匹配 M 为二分图 G 的最大匹配.

单边集 $\{e\}$ 一定是个匹配, 因为其中不存在两个不同的弧边. $M = \varnothing$ 也是一个匹配. 由于匹配 M 中任意两个弧边不存在共同的端点, 所以 $|M| \leqslant \min\{|X|, |Y|\}$.

例 8.30 国际象棋中车的放置.

图 8.26 是一个 4×6 的国际象棋盘. 4 行 6 列分别标记为 $X = \{x_1, x_2, x_3, x_4\}$ 以及 $Y = \{y_1, y_2, y_3, y_4, y_5, y_6\}$, 其中带 "×" 标识的方格不得放置棋子.

问题是在棋盘上最多可以放置多少个互不攻击的车? 这个问题可以转化为二分图的最大匹配问题. 定义二分图 $G = (X, E, Y)$, 其中 $(x_i, y_j) \in E$ 的充要条件是棋盘中方格 (x_i, y_j) 处没有禁入标识 "×". G 的一个匹配对应于互不攻击的车的放置方法. G 的最大匹配就是问题的解.

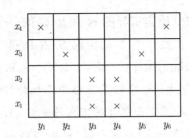

图 8.26　　带禁入位的 4×6 国际象棋盘

定义 8.31 **(增量路径)**　　M 为 $G = (X, E, Y)$ 的匹配, 记 $\overline{M} = E - M$. 如果 G 中存在简单路径

$$P = y_1 x_1 y_2 x_2 \cdots y_p x_p$$

其中, $x_i \in X$, $y_i \in Y$, P 的两个端点 y_1, x_p 不是 M 中弧边的端点, 弧边 $(y_i, x_i) \in \overline{M}$, $(x_i, y_{i+1}) \in M$, 则称 P 为相对于匹配 M 的增量路径.

如果存在关于 M 的增量路径 P, 令

$$M_P = \{(x_i, y_{i+1}) : (i = 1, 2, \cdots, p-1)\}$$

$$\overline{M}_P = \{(y_j, x_j) : (j = 1, 2, \cdots, p)\}$$

这时 $M' = (M - M_P) \cup \overline{M}_P$ 仍然是原图的匹配. 注意 M_P 有 $p-1$ 条边, $\overline{M}_P$ 有 p 条边, 所以 $|M'| = |M| + 1$, 从而 M 不是最大匹配. 由此得到结论: 如果存在关于 M 的增量路径, 则 M 不是最大匹配. 如相反则结论也成立. 即如果不存在关于 M 的增量路径, 则 M 为最大匹配. 可以枚举图的所有简单路径, 如果其中不存在关于 M 的增量路径, 据此可以证明 M 为最大匹配. 但是简单路径的数目通常是组合数字, 这种方法效率太低. 下面给出判别最大匹配的另一个充分条件.

定义 8.32 **(覆盖、最小覆盖)**　　令 $S \subset X \cup Y$ 为二分图 $G = (X, E, Y)$ 的顶点子集. 如果对任意的 $e \in E$, e 的两个端点中至少有一个属于 S, 则称 S 为 G 的一个覆盖. 如果覆盖 S 在所有的覆盖中使得 $|S|$ 达到最小, 则称 S 为最小覆盖.

$S = X$ 或者 $S = Y$ 都是图的覆盖. 当然 $S = X \cup Y$ 也是覆盖. 这里关心最小覆盖.

定理 8.33　　设 M 为二分图 G 的匹配, S 为 G 的一个覆盖, 则 $|M| \leqslant |S|$.

证明　　设 $M = \{e_1, e_2, \cdots, e_p\}$ 为任意一个弧边集合, 令 $S = \{s_1, s_2, \cdots, s_q\}$ 为图的一个覆盖. 将 S 的 q 个顶点想象为 q 个抽屉. 对任意的 $e \in M$, 由于 S 是覆盖, 所以 e 的两个端点中必有一个属于 S. 不妨假设 e 的一个端点是 s_i, 则将 e 放入第 i 个抽屉. 如果 $p > q$, 根据抽屉原理, 至少有两个弧边属于同一个抽屉, 所以这两个弧边有共同的端点. 从而 M 不可能为匹配. 证毕.

由此得到下面的结论: 如果找到匹配 M 和覆盖 S 并且 $|M| = |S|$, 则 M 为最大匹配, S

为最小覆盖. 下面介绍标识算法. 给定二分图 G 以及 G 的一个匹配 M, 标识算法要么找到一个关于 M 的增量路径, 要么找到一个 G 的覆盖 S, 并且 $|M| = |S|$.

定义 8.34 (可标识对、加标识操作) 设 M 为 $G = (X, E, Y)$ 的一个匹配, X_L 和 Y_L 分别是 X, Y 的子集, 我们将 X_L 和 Y_L 中的顶点称为已加标识的顶点. 在下面两种情况下称弧边 (x, y) 为可标识弧边, 并且按照下面叙述的方式给弧边 (x, y) 中的端点 x 或者 y 加标识.

① $x \in X_L$, $y \notin Y_L$, 并且弧边 $(x, y) \in E - M$. 此时给顶点 y 实施加标识操作, 即将 y 标识为 $y(x)$.

② $x \notin X_L$, $y \in Y_L$, 并且弧边 $(x, y) \in M$. 此时给顶点 x 实施加标识操作, 即将 x 标识为 $x(y)$.

标识算法可以描述为

```
label(G, M) ⟶ 根据匹配 M 给 G 中顶点加标识
{      //G = (X, E, Y) 为二分图; M 为 G 的匹配
    将 X 中不是 M 中弧边端点的顶点加标记, 变为 x(*);   //称 * 为终止标识
    while( G 中存在可标识弧边 (x,y) ) {
        给 (x,y) 的端点加标识;
    }
}
```

图 8.27 是标识算法执行的实例, 其中粗线弧边 $(x_3, y_3), (x_4, y_4), (x_5, y_5), (x_7, y_7)$ 为匹配 M, 即 $M = \{(x_3, y_3), (x_4, y_4), (x_5, y_5), (x_7, y_7)\}$. 标识上方的数字表示加标识的次序.

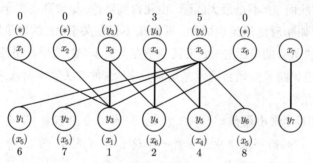

图 8.27   最大匹配问题的标识算法

标识算法结束后, 将 X 中被加标记的顶点集合记为 X_L, 将 Y 中被加标记的顶点集合记为 Y_L. 在上面的例子中, $X_L = \{x_1, \cdots, x_6\}$, 而 $Y_L = \{y_1, \cdots, y_6\}$.

定义 8.35 当标识算法结束后, 如果顶点 $y \in Y_L$ 并且 y 不是匹配 M 中的端点, 则称 y 为突破点.

在图 8.27 所示的例子中 y_1, y_2, y_6 都是突破点. 注意下面的事实. 即如果 $y \in Y$ 被加标识 $y(x)$, 则表明 x 也是被加标记的并且弧边 $(y, x) \in \overline{M}$. 当 $x \in X$ 被加标识 $x(\delta)$ 时, 如果 δ 不是终止标识 $*$, 则 $\delta \in Y$, 也是加标识顶点, 弧边 $(x, \delta) \in M$. 记 Y_L 为 Y 中所有加标识顶

点. 从 $y \in Y_L$ 出发, 沿标识回溯到顶点 x, 而 x 的标识为终止标识 $*$; 也就得到了从 y 出发到达 x 的一条路径, 在这条路径上, M 中的弧边和 $\overline{M}$ 中的弧边交替出现. 当加标识算法结束后存在突破点, 就可以沿着突破点回溯得到一条增量路径. 在上面的例子中 y_1 是突破点, 以 y_1 为出发点沿着标识上溯得到路径 $P = y_1 x_5 y_5 x_4 y_4 x_6$. 由于 x_6 的标识为终止标识 $(*)$, 所以 x_6 不是匹配 M 中弧边的端点. 于是 P 为关于 M 的增量路径. 用 (y_1, x_5), (y_5, x_4), (y_4, x_6) 代替 (x_5, y_5), (x_4, y_4) 得到新的更大的匹配

$$M' = \{(x_3, y_3), (y_1, x_5), (y_5, x_4), (y_4, x_6), (x_7, y_7)\}$$

由此得出结论: 如果加标志算法结束后存在突破点, 则 M 不是最大匹配.

定理 8.36　加标识算法 $\mathtt{label}(G, M)$ 结束后, $S = (X - X_L) \cup Y_L$ 为图 G 的一个覆盖. 如果标识算法结束后没有突破点, 则 $|M| = |S|$, 从而 M 为最大匹配, S 为最小覆盖.

证明　欲证明 S 为覆盖, 只需证明二分图 $G = (X, E, Y)$ 中不存在 $x \in X_L, y \notin Y_L$ 的弧边 (x, y). 用反证法. 假设存在弧边 $(x, y) \in E$ 满足 $x \in X_L$, $y \notin Y_L$. 如果 $(x, y) \in E - M$, 则 (x, y) 为可标识弧边, 标识算法 $\mathtt{label}(G, M)$ 就不会结束, 所以只能是 $(x, y) \in M$, 即 x 是 M 中弧边的端点, x 还被加标识, 其标识不是结束标识 $(*)$. 假设 x 的标识为 $x(y')$, 根据算法 y' 已经被加标识并且 $(x, y') \in M$, 加上的标识不会被取消, 所以 $y' \in Y_L$. 由于 M 为匹配, 以 x 为端点的 M 中的弧边唯一, 所以 $y' = y$. 而 $y \notin Y_L$. 矛盾. 这说明不存在 $x \in X_L, y \notin Y_L$ 的弧边 (x, y). 从而 S 为覆盖.

由于 X 中不是 M 中弧边端点的顶点 x 都被加上了标记 $x(*)$. 如果 $x \in X - X_L$, 则必有一条弧边 $(x, y) \in M$. 而这里的 y 一定没有被加标记, 否则 (x, y) 为可标识对, x 需要被加标识 $x(y)$, 算法不应该结束. 即对于任意的 $x \in X - X_L$ 对应一条 M 中的弧边 (x, y), 而 $y \in Y - Y_L$. 由于没有突破点, 即对任意的 $y \in Y_L$, 对应于 M 中的一条弧边 (x, y), 而这些弧边与集合 $X - X_L$ 对应的弧边不相同, 所以 $|M| \geq |(X - X_L) \cup Y_L| = |S|$. 上面已经说明 S 为覆盖, 而 M 为匹配, 所以 $|M| = |S|$. 即有 M 为最大匹配, S 为最小覆盖. 证毕.

根据上面的结论得到二分图的最大匹配算法, 如下:

```
max_match(G)  ⟶  G 在最大匹配
{   // G = (X, E, Y) 为二分图
    随机选取 G 的一个匹配 M;    //M 仅有一条弧边或者 M 为空集均可
    while( true ) {
        label(G, M);
        if ( G 中无突破点) break ;
        设 y 是 G 的突破点;
        从 y 出发根据标识回溯得到 M 的增量路径 P;
        根据 P 修改 M;
    }
```

```
    return M ;
}
```

例 8.37 唯一代表问题.

设有 m 个人大代表 $X = \{x_1, \cdots, x_m\}$. $A_j \subset X(j = 1, \cdots, n)$ 是人大中的 n 个专门委员会. 欲在每个专门委员会中选出一个主席, 要求一个人大代表最多只能担任一个专门委员会的主席. 问在何种情况下所有的专门委员会都能选出自己的主席? 这就是唯一代表问题. 此问题有一个充要条件, 即唯一代表问题有解的充要条件是对任意的 $1 \leqslant i_1 < i_2 < \cdots < i_p \leqslant n$ 都有

$$|A_{i_1} \cup A_{i_2} \cup \cdots \cup A_{i_p}| \geqslant p$$

直接验证上面的条件是非常繁琐费时的. 但是此问题可以转化为一个二分图的最大匹配问题. 定义 $G = (X, E, Y)$, 其中 $Y = \{A_1, \cdots, A_n\}$. 弧边 $(x_i, A_j) \in E$ 的充要条件是 $x_i \in A_j$. 唯一代表问题有解的充要条件是 G 的最大匹配 $|M| = n$.

例 8.38 稳定婚姻问题.

在 3.3 节中介绍过稳定婚姻问题. 当时使用回溯法得到问题的所有解. 但是回溯法通常是非常低效的. 1962 年 Gale 和 Shapley 提出了一个稳定婚姻匹配算法, 其复杂度是多项式的. 在这个算法中, 男生主动向女生求婚. 女生只能接受或者拒绝求婚, 但是采取 "延迟认可策略" (毁约的委婉说法). 假设有男女生各 n 名. 令 S 为已订婚集合.

```
gale_shapley(M, W) ⟶ 稳定的婚姻匹配
{    //M: 男士选择矩阵.W: 女士选择矩阵
    S = ∅;
    while(存在还没有订婚的男生 m ) {
        设 m 的选择向量为 (w₁, w₂, ⋯, wₙ);    //w₁ 是 m 最心仪的女生
                                            //n: 女士和男士的人数
        for( w∈(w₁, w₂, ⋯, wₙ) ) {    //w 先取值 w₁, 最后取值 wₙ
            m 向 w 求婚;
            if( w 还没有订婚) {
                S = S ∪ {(w,m)};    //w 接受 m 的求婚
                break;    //m 求婚成功, 跳出 for 循环
            } else {    //w 已经订婚
                假设 w 已经和 y 订婚;
                if( 在 w 的选择向量中 m 排在 y 之前) { //在 w 心中 m 优于 y
                    S = S - {(w,y)};    //删除已订婚对 (w,y); (w 毁约)
                    S = S ∪ {(w,m)};    //w 接受 m 的求婚
                    break;    //m 求婚成功, 跳出 for 循环
                } else {    //w 拒绝 m 的求婚
```

```
            continue;    //找下一位女士求婚吧
        }
      }
    }// for
  }// while
  return S;
}
```

定理 8.39　Gale-Shapley 算法中的 while 循环执行次数不超过 n^2, 并且输出的配对 S 为稳定匹配.

证明　对于给定的已订婚集合 S, 定义女士 w 的抱怨指数 $c(w)$ 如下. 如果女生 w 还没有订婚, 其抱怨指数为 $c(w) = n$, 如果 w 已经订婚, 假设 w 的选择向量为 $(m_0, m_1, \cdots, m_i, \cdots, m_{n-1})$ 并且 w 与 m_i 已订婚, 则定义 w 的抱怨指数为 $c(w) = i$. 对于 S 定义势函数 $\Phi(S)$ 等于全体女生的抱怨指数之和. 在进入 while 之前, 所有女生都没有订婚, $S = \varnothing$, 从而 $\Phi(S) = n^2$. while 循环每执行一次, 都会使得某个女生的抱怨指数降低, 而其他女生的抱怨指数不变, 即 while 循环的执行都会使得势函数 $\Phi(S)$ 严格减少. 但无论如何 $\Phi(S) \geqslant 0$, 所以 while 循环的执行次数不超过 n^2. 容易证明 Gale-Shapley 算法中, 在已订婚集合 S 中不存在不稳定对 (详细证明留给读者). 算法结束后, 所有的男生、女生都已经订婚, 而且 S 中不存在不稳定对. 从而 S 是稳定婚姻配对. 证毕.

定理 8.39 也证明了稳定婚姻的存在性.

8.7　最　大　流

在生产者和消费者网络中, 有些顶点为生产者, 他们生产某种物资. 有些顶点是消费者, 他们消费这种物资. 物资需通过图中的弧边运送到消费顶点. 假设生产顶点的产能和消费顶点的需求已知. 将弧边的权值解释为其运送能力. 我们需要知道网络的最大运输能力. 类似这样的问题就是本节介绍的最大流问题. 在这类问题中, 弧边的权值被想象为某种能力. 弧边承载的值不超过弧边的权值. 为使得问题简单化, 假设图为有向图, 并且只有一个源点、一个汇点, 即假设图为 *s-t* 网, 并且其弧边的权值均大于零.

定义 8.40　假设 $G = (V, E)$ 为 *s-t* 图, 映射 $f : E \mapsto R$. 如果 f 满足如下两个条件, 则称 f 为图 G 的一个流. $f(e)$ 称为弧边 e 上的流量.

①对应任意的弧边有 $0 \leqslant f(e) \leqslant w(e)$, 其中 $w(e)$ 为弧边 e 的权值.

②对于任意的顶点 $u \in G$, 如果 u 不是源点 s, 也不是汇点 t, 则流入 u 的流量等于流出 u 的流量, 即

$$\sum_{e \in E,\ t(e)=u} f(e) = \sum_{e \in E,\ h(e)=u} f(e)$$

称第一个要求为相容条件, 第二个要求为守恒条件或平衡条件. 流量的概念可以扩展到顶点的子集上. 对于任意的 $U \subset V$ 定义流出顶点集合 U 的流量为

$$\text{out}(U) = \sum_{t(e) \in U,\ h(e) \in V-U} f(e)$$

流入顶点集合 U 的流量为

$$\text{in}(U) = \sum_{t(e) \in V-U,\ h(e) \in U} f(e)$$

网络流的守恒条件可推广到任意的 V 的内部顶点集合 U 上, 即如果顶点集合 U 不包含源点和汇点, 则 $\text{out}(U) = \text{in}(U)$. 如果取 U 为所有的内部顶点, 则 U 的流入量就是从源点 s 流出的量, U 的流出量就是流入汇点 t 的量.

如果 $U \subset V$ 并且 $s \in U, t \in V-U$, 则称 $(U, V-U)$ 为顶点集合 V 的一个分割. 给定图上的流 f, 有

$$\text{out}(U) = \text{in}(V-U), \quad \text{in}(U) = \text{out}(V-U), \quad |f| = \text{out}(U) - \text{in}(U)$$

称

$$c(U, V-U) = \sum_{t(e) \in U,\ h(e) \in V-U} w(e)$$

为分割 $(U, V-U)$ 的容量. 显然对任意的分割, 任意的流都有

$$|f| \leqslant c(U, V-U) \tag{8.5}$$

即图上任何一个流的流量不超过图的任何一个分割的容量.

定义 8.41 设 f 为网络 $G = (V, E)$ 上的一个流, 称从源点 s 流出的流量为 f 的流量, 记为 $|f|$. 如果存在 G 的一个流 f^* 使得其流量 $|f^*|$ 达到最大, 即

$$|f^*| = \max \{|f| : f \text{ 为 } G \text{ 上的流}\}$$

则称 f^* 为 G 的最大流.

图 8.28 是一个流量为 3 的 s-t 有向图.

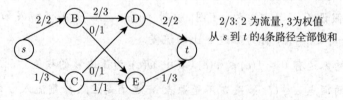

图 8.28　一个 s-t 加权有向图及其上的一个流

为求最大流, 在有向图中引入广义路径的概念. 设 G 为有向图, 将 G 中弧边的方向删去, 将 G 看作无向图 G', 则称无向图 G' 中的路径为有向图 G 中的广义路径. 在图 8.28 中

$$P = s \to \mathrm{C} \to \mathrm{D} \leftarrow \mathrm{B} \to \mathrm{E} \to t$$

是从 s 出发到达 t 的广义路径. 在这个广义路径上弧边 $\mathrm{B} \to \mathrm{D}$ 与广义路径的前进方向相反, 称为反向边. 在这个广义路径上只有这一个反向边, 其余的弧边均是正向边. 给定图上的流 f, 可以给广义路径上的弧边 e 定义剩余流量 $\delta(e)$, 如下:

$$\delta(e) = \begin{cases} w(e) - f(e), & \text{如果 } e \text{ 为正向边} \\ f(e), & \text{如果 } e \text{ 为反向边} \end{cases} \tag{8.6}$$

P 的剩余流量为

$$P = s \xrightarrow{2} \mathrm{C} \xrightarrow{1} \mathrm{D} \xleftarrow{2} \mathrm{B} \xrightarrow{1} \mathrm{E} \xrightarrow{2} t$$

在广义路径 P 上定义 $\Delta_f(P)$ 为 P 上弧边剩余流量的最小值, 称 $\Delta_f(P)$ 为 P 的增量. 如果 $\Delta_f(P) = 0$, 则称 P 是饱和的, 否则就称 P 是不饱和的. 在图 8.28 中的广义路径 P 是不饱和的, 其增量为 1.

定理 8.42   假设 f 为 s-t 图 $G = (V, E)$ 的一个流, 则 f 为最大流的充要条件为从源点 s 到达汇点 t 的所有广义路径均是饱和的.

证明   如果存在从源点 s 到达汇点 t 的不饱和广义路径 P, 可定义一个新流 f', 如下:

$$f'(e) = \begin{cases} f(e) + \Delta_f(P), & \text{如果 } e \in P \text{ 为正向边} \\ f(e) - \Delta_f(P), & \text{如果 } e \in P \text{ 为反向边} \\ f(e), & \text{其他} \end{cases} \tag{8.7}$$

容易得到 $|f'| = |f| + \Delta_f(P)$, 即流 f' 的流量要大于流 f 的流量, 从而得到必要条件. 反之, 假设所有从 s 到 t 的广义路径都是饱和的. 令

$$U' = \{v \in V : \text{存在从源点 } s \text{ 到 } v \text{ 的不饱和广义路径}\}$$

令 $U = U' \cup \{s\}$, 显然汇点 $t \in V - U$, 所以 $(U, V - U)$ 构成 G 的一个分割. 对于任意一个从 U 出发的跨越边 $u \xrightarrow{e} v : u \in U, v \in V - U$, 显然 $f(e) = w(e)$, 否则就存在从 s 到 u, 然后通过弧边 e 到达 v 的不饱和广义路径. 同样, 对于任意一个从 $V - U$ 出发的跨越边 $v \xrightarrow{e} u : u \in U, v \in V - U$, 有 $f(e) = 0$, 否则就存在从 s 到 u, 然后通过反向边 e 到达 v 的不饱和广义路径, 从而

$$|f| = \mathrm{out}(U) - \mathrm{in}(U) = \mathrm{out}(U) = c(U, V - U)$$

根据公式 (8.5) 知 f 为最大流. 证毕.

图 8.28 是一个流量为 3 的流, 它不是最大流, 广义路径 P 是不饱和的. 根据公式 (8.7) 修正后的流见图 8.29. 这个流为最大流, 因为从 s 出发的广义路径中只有 s 到 C 是不饱和的. 令 $U = \{s, C\}$, 分割 $(U, V - U)$ 的容量是 4. U 的容量与流相同, 根据式 (8.5) 它是最大流.

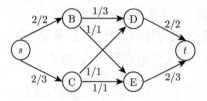

图 8.29   根据公式 (8.7) 修正后的流

如何找到从源点出发到达汇点的不饱和广义路径? 需要引入剩余图的概念.

定义 8.43 (剩余图) 假设 $G = (V, E)$ 为 s-t 网络, f 为其上的一个流. 定义其剩余图 $G_f = (V, E')$ 也是一个加权有向图. 其具体实现如下. 对于 E 中的一个弧边 $u \xrightarrow{e} v$, 在剩余图 E' 中存在一个或者两个弧边与之对应. 如果 $f(e) < w(e)$, 则在 E' 中添加弧边 $u \xrightarrow{e} v$, 并且令其权值为 $w(e) - f(e)$. 如果 $f(e) > 0$, 则在 E' 中再添加弧边 $v \xrightarrow{e'} u$, 并且令其权值为 $f(e)$. 剩余图弧边 e 的权值记为 $r(e)$.

图 8.28 中流对应的剩余图见图 8.30.

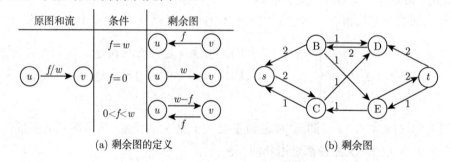

(a) 剩余图的定义   (b) 剩余图

图 8.30   图 8.28 中流对应的剩余图

可以这样理解剩余图, 如果原图中有一个弧边 $u \xrightarrow{e} v$, 其权值为 $w(e)$, 流量为 $f(e)$, 则在剩余图中有两个弧边与之对应; 一是 $u \xrightarrow{e} v$, 其权值为 $w(e) - f(e)$; 二是 $v \xrightarrow{e^T} u$, 其权值为 $f(e)$. 但是要将这两个弧边中权值为零的弧边删去. 在剩余图中弧边 $u \xrightarrow{w} v$ 和 $u \xrightarrow{w-f} v$ 对应广义路径中的正向边, 而 $v \xrightarrow{f} u$ 是广义路径中的反向边. 图 G 上流 f 的不饱和广义路径转换到剩余图 G_f 中就是普通路径. 由此得到求最大流的广义路径法, 也称 Ford-Fulkerson 算法.

```
ford_fulkerson(G=(V,E)) ⟶ G 的最大流
{
    for( e ∈ E ) f(e) = 0.0;    //将所有弧边上的流量设置为 0
```

```
while(true) {
    构造剩余图 Gf;
    if(Gf 中不存在从源点到汇点的路径)
        return f;
    在 Gf 中选择一条从源点到汇点的路径 P;
    根据 P 和公式 (8.7) 修正流 f;
}
return f;
}
```

只要上面算法中的循环可以有限次结束, 这个算法就是正确的. 可是当权值出现无理数时, 可以给出反例, 使得上面算法中的循环是无穷循环, 并且 $|f|$ 也不收敛到最大流. 数学家已经证明, 如果每次在 G_f 中选择增量最大的路径 P, 或者最短 (不带权值) 的路径 P 的话, Ford-Fulkerson 算法中的循环有限次结束. 这也证明了任意图的最大流是存在的. 还有一种特殊情况, 当所有弧边权值均为整数时 (从而可以推广到有理数), 所有的运算结果都是整数, 从而每一次循环都会使得 f 的流量 $|f|$ 至少增加 1. 图 G 的最大流的流量一定是有限的, 从而 Ford-Fulkerson 算法中的循环一定在有限次内结束. 寻找增量最大的路径是比较困难的, 而寻找最短路径 (不带权值) 只需要宽度优先遍历就可以了. 这样实现的 Ford-Fulkerson 算法又叫 Edmonds-Karp 算法.

8.8 最小费用流

网络中还有最小费用流问题. 给网络中的每一条弧边都增加一个属性, 即单位流量的费用, 从而每个流都有一个费用.

定义 8.44 (流的费用) 给定 s-t 网 $G = (V, E)$. 函数 $\mathrm{cost} : E \mapsto R$ 为弧边的单位流量费用, $f : E \mapsto R$ 为 G 上的一个流. 定义 f 的费用为

$$C(f) = \sum_{e \in E} \mathrm{cost}(e) f(e)$$

最小费用流问题是: 已知网络的一个流 f, 求网络中与 f 的流量相同的流中费用最小的那个流. 给定 G 上的流 f 后, 现考虑 G 中的广义圈:

$$P = v_1 \xrightarrow{e_1} v_2 \xrightarrow{e_2} v_3 \to \cdots \to v_n \xrightarrow{e_n} v_1 \tag{8.8}$$

广义圈上弧边的权值按照公式 (8.6) 定义, 如果 P 上的增量 $\Delta_f(P) > 0$, 则可以根据 P 得出

一个新流 f'. 定义如下:

$$f'(e) = \begin{cases} f(e) + \Delta_f(P), & \text{如果 } e \text{ 在 } P \text{ 中为正向边} \\ f(e) - \Delta_f(P), & \text{如果 } e \text{ 在 } P \text{ 中为反向边} \\ f(e), & \text{如果 } e \text{ 不在 } P \text{ 中} \end{cases} \tag{8.9}$$

容易证明 f' 为流并且与 f 的流量相同. 流 f 与 f' 的代价满足关系:

$$C(f') = C(f) + \Delta_f(P)\left(\sum_{e \in P+} \text{cost}(e) - \sum_{e \in P-} \text{cost}(e)\right)$$

其中 P^+ 为 P 上正向边的集合, P^- 为 P 上反向边的集合. 记

$$C(P) = \sum_{e \in P+} \text{cost}(e) - \sum_{e \in P-} \text{cost}(e)$$

称 $C(P)$ 为广义圈 P 的代价. 如果 $C(P) < 0$, 则更新后的流 f' 的代价更小. 有下面的结论.

定理 8.45 G 上流 f 为同流量中最小费用流的充要条件是对于任意增量大于零的广义圈 P, 其上的代价 $C(P) \geqslant 0$.

由此得到最小费用流的广义负圈法. 它是由 Klein 于 1967 年提出的.

```
Klein(G, f) ⟶ 与 f 流量相同的最小费用流
{
    while(true) {
        构造剩余图 G_f = (G, E);
        while( e∈ E ) e 的代价 = (e 是正向边?  cost(e)  :  -cost(e)) ;
        if( G_f 中没有以代价作为权值的负圈)   break;
        设 P 是这样的负圈;
        根据公式 (8.9) 更新流 f;
    }
    return f;
}
```

图 8.31 是一个流量为 3 的流的权值与代价.

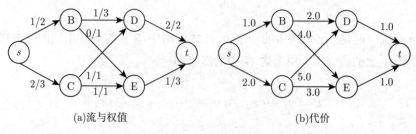

(a)流与权值　　　　　　　　(b)代价

图 8.31　一个流量为 3 的流的权值与代价

图 8.31 中流的代价是 18.0. 此流的剩余图及其代价见图 8.32.

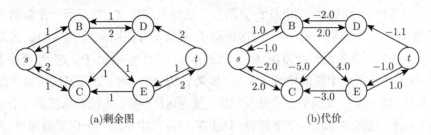

(a)剩余图　　　　　　　　　　(b)代价

图 8.32　　剩余图及其代价

图 8.32(b) 中有一个负圈: $s \xrightarrow{1.0} B \xrightarrow{2.0} D \xrightarrow{-5.0} C \xrightarrow{-2.0} s$. 根据这个负圈更新后的流就是图 8.28 中的流, 其代价为 14. 当弧边的权值和代价为一般的实数时, 还不能证明 Klein 算法中的循环可以在有限次终止. 但当 G 的权值、代价以及流 f 均为整数时, 则在 Klein 算法中, 一次循环至少将流 f 的代价降低 1. 由于流的代价总是有限数, 所以 Klein 算法中循环一定在有限次终止. Klein 算法的主要工作量是判别 G_f 中是否存在负圈, 通常会调用 Bellman-Ford 算法, 但是其复杂度较高.

　　下面介绍求最小费用流的**网络单纯形法**. 这个方法试图先找到一个代价负圈, 然后检测这个圈的增量是否大于零. 设 $G = (V, E)$ 上的一个流为 f, 如果 $f(e) = 0$, 称 $e \in E$ 为关于 f 的空边; 如果 $f(e) = w(e)$, 则称 e 为满边; 如果 $0 < f(e) < w(e)$, 则称 e 为中庸边. 网络单纯形法依赖于下面的结论: 在最小费用流中一般不存在全部由中庸边组成的圈. 假设存在这样的一个圈:

$$P = v_1 \xrightarrow{e_1} v_2 \xrightarrow{e_2} v_3 \to \cdots \to v_n \xrightarrow{e_n} v_1$$

则 P 本身就是一个广义圈, 而且 P 上的所有弧边均是正向边. P 的增量 $\Delta_f(P) > 0$. 再反方向考察 P:

$$P' = v_1 \xleftarrow{e_n} v_n \xleftarrow{e_{n-1}} v_{n-1} \leftarrow \cdots \leftarrow v_2 \xleftarrow{e_1} v_1$$

P' 也是广义圈并且所有弧边均是反向边, P' 的增量也大于零, 但是 $C(P') = -C(P)$. 如果 $C(P)$ 不为零, 则 $C(P)$ 与 $C(P')$ 之中总有一个是负的, 即一定存在代价为负的广义增量圈, 所以 f 一定不是最小费用流. 如果所有弧边的单价 $\text{cost}(e)$ 均为正, 则 $C(P) > 0$. 如果允许 $\text{cost}(e)$ 为负, 则 $C(P) = 0$ 可能出现但是极为少见. 由此引入候选流的概念. 而最小费用流通常可以在候选流中找到.

　　定义 8.46 (候选流)　设 f 为 G 上的一个流, 如果 G 中不存在完全由关于 f 的中庸边组成的圈, 则称 f 为最小费用流的候选流.

　　定义 8.47 (有向图的生成树、候选流 f 的正规生成树)　设 $G = (V, E)$ 为有向图, $T = (V, E')$, $E' \subset E$. 如果将 G, T 均看成无向图 G', T' 时 T' 为 G' 的生成树, 则称 T 为 G 的生成树. 称 E' 中的弧边为树边; $E - E'$ 中的弧边为非树边. 假设 f 为 G 上的一个候选流, 如果 T 中包含所有关于 f 的中庸边, 则称 T 为关于 f 的正规生成树.

已知 G 上的一个候选流 f 和关于 f 的一个正规生成树 T. 将任何一个非树边 e 添加到 T 中后将生成一个无向图圈. 一个无向图圈 P 对应于有向图的两个广义圈, 想象一个为顺时针方向 P', 另一个为反时针方向 P'', $C(P') = -C(P'')$, 所以 P', P'' 中至少有一个是代价负圈. 我们还希望这个圈的增量大于零. 如果 e 是空边, 则 e 在广义圈中必须是正向边; 如果 e 是满边, 则 e 在广义圈中必须是反向边. 只有这样, 在 e 上的剩余流量才有可能大于零. 所以向正规生成树中添加一个非树边, 只需在 P', P'' 中考虑一个广义圈即可, 称这个广义圈为添加非树边 e 生成的广义圈. 如果这个广义圈是代价负圈并且增量还大于零, 则可以在这个圈上对流 f 进行修正.

定义 8.48 假设 f 为 s-t 网 G 的候选流, T 为关于 f 的正规生成树, e 是非树边. 如果向 T 中添加 e 形成的广义圈的代价为负, 则称 e 为关于 T 的候选边.

下面的定理是网络单纯形法的理论基础.

定理 8.49 假设 f 为 s-t 网 G 的候选流, T 为关于 f 的正规生成树. 如果 G 中不存在关于 T 的增量大于零的候选边, 则 f 为最小费用流.

由此得到网络单纯形法的大致描述, 如下:

```
network_simplex(G, f) ⟶ 与 f 流量相同的最小费用流
{
        将 f 变换为候选流;
        构造关于 f 的正规生成树 T;
        for( e ∈ T 的非树边集合) {
            P = 将 e 添加到 T 中形成的广义圈;
            if( P 的代价大于等于零)  continue;    //e 不是候选边
            if( P 的增量等于零)  continue;
            根据 P 和公式 (8.7) 修正 f ;
            更新 f 的正规生成树 T;
        }
        return f;
}
```

可以非常容易地构造出候选流. 构造候选流的正规生成树也是比较容易的. 从空集开始, 先将中庸边添加到集合中, 然后利用并查集 (参见 4.5 节) 将空边或者满边添加到集合中, 直到集合形成一棵树即可. 网络单纯形法还要解决下面 3 个问题:

① 生成树的更新问题;

② 需要证明候选流更新后仍然是候选流;

③ 向正规生成树中添加一条弧边后, 如何找到由此产生的圈.

第一个问题, 如果向生成树 T 中添加一条弧边 e, 产生一个代价为负的增量广义圈 P, 将流按照 P 更新后的新流为 f', 则 f' 在 P 上至少有一个空边或者满边, 记为 e'. 将 e' 从 T 中删除后 T 仍然是一棵树并且包含新流 f' 的所有中庸边, 也就是新流的正规生成树. 这也证明了更新后的流 f' 仍然为候选流. 第三个问题, 向生成树 T 中添加一个弧边将产生一个唯一的简单圈. 如何找到这个圈呢? 设新添加弧边的两个端点为 u,v. 在 T 中指定任意一个顶点为根节点, 将 T 看作带根的树. 在带根的树中 u,v 的最近公共祖先 (least common ancestor) 为 r, 则从 v 到 r 的树边加上从 r 到 u 的树边, 连同新添加的弧边组成简单圈, 即可以用寻找最近公共祖先算法找到所求的圈. 寻找最近公共祖先算法比较容易, 在此不再介绍. 既然找到这个圈, 就可以根据添加的弧边是满边还是空边确定新添加弧边所生成的广义圈的方向, 进一步可以求出这个广义圈的代价和增量.

数学家还发明了一种方法, 用于快速判别一个非树边是否为候选边. 需要对网络 G 做一定的简化. 假设 G 为单重图, 并且 G 中不存在如图 8.33 所示的一对弧边. 称这样的图为无对称边的单重有向图. 下面的讨论均假设这个前提成立.

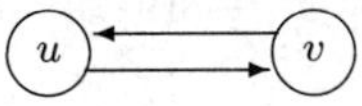

图 8.33　　一对弧边

定义 8.50　给定 $s\text{-}t$ 网 $G = (V, E)$ 上的一个候选流 f, T 是 G 的关于 f 的正规生成树, 在 T 中任选一个顶点作为树的根节点, 记这个根节点为 r. 定义函数 $\Phi: V \mapsto R$ 如下:

$$\Phi(v) = T\text{中从}v\text{到}r\text{的广义路径上弧边的代价之和}$$

称 Φ 为流 f 关于正规生成树 T 的势函数.

定理 8.51　给定 $s\text{-}t$ 网 $G = (V, E)$ 上的一个候选流 f, T 是 G 的关于 f 的正规生成树, $\Phi: V \mapsto R$ 为 T 上的势函数, 有:

①如果非树边 $u \to v$ 是空边, 则它添加到 T 中形成的广义圈的代价是

$$\text{cost}(u \to v) - (\Phi(u) - \Phi(v))$$

所以空边 $u \to v$ 是候选边的充要条件是 $\text{cost}(u \to v) < \Phi(u) - \Phi(v)$.

②如果非树边 $u \to v$ 是满边, 则它添加到 T 中形成的广义圈的代价是

$$-[\text{cost}(u \to v) - (\Phi(u) - \Phi(v))]$$

所以满边 $u \to v$ 是候选边的充要条件是 $\text{cost}(u \to v) > \Phi(u) - \Phi(v)$.

图 8.31 中的流有 4 个中庸边: $s \xrightarrow{1/2} \text{B}$, $s \xrightarrow{2/3} \text{C}$, $\text{B} \xrightarrow{1/3} \text{D}$, $\text{E} \xrightarrow{1/3} t$. 添加 $\text{D} \to t$ 形成的正规二叉树 T, 在 T 中选定 s 为根节点, 得到的势函数见图 8.34.

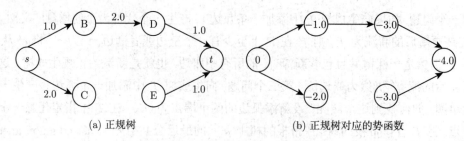

(a) 正规树　　　　　　　　　　　　(b) 正规树对应的势函数

图 8.34　图 8.31 中流对应的势函数

剩下的 3 个非树边是 B → E, C → E, C → D. 添加空边 B → E 形成的广义圈及其代价是

$$B \xrightarrow{4.0} E \xrightarrow{1.0} t \xrightarrow{-1.0} D \xleftarrow{-2.0} B$$

此广义圈的代价是 $\text{cost}(B \to E) - (\Phi(B) - \Phi(E)) = 2$, 即 B → E 不是候选边. 添加满边 C → E 形成的广义圈是

$$E \xleftarrow{-3.0} C \xleftarrow{-2.0} s \xrightarrow{1.0} B \xrightarrow{2.0} D \xrightarrow{1.0} t \xrightarrow{-1.0} E$$

此广义圈的代价是 $-[\text{cost}(C \to E) - (\Phi(C) - \Phi(E))] = -2$, 即 C → E 是候选边. 但是此广义圈的增量为 0. 添加满边 C → D 形成的广义圈是

$$D \xleftarrow{-5.0} C \xleftarrow{-2.0} s \xrightarrow{1.0} B \xrightarrow{2.0} D$$

此广义圈的代价是 $-[\text{cost}(C \to D) - (\Phi(C) - \Phi(D))] = -4$, 即 C → D 是候选边, 并且此广义圈的增量为 1. 据此更新得到的新流就是图 8.28 中的流. 用势函数来确定候选边工作量较小并且势函数的更新也比较容易. 具体算法不再介绍.

网络流问题的最佳形式是求最大流量的最小费用流. 逻辑上可以先调用最大流算法得出一个最大流, 然后再调用最小流算法将最大流调整为最小费用最大流. 但事实上可以不必求出最大流, 而直接求出最小费用最大流. 假设原图的源点和汇点分别为 s, t. 如图 8.35 所示, 给原图添加一条从源点 s 到汇点 t 的弧边 e. 令 e 的单位代价充分大, 大于其他弧边单位代价绝对值的总和. 令 e 的权值也充分大, 设置 e 的流量 $f(e)$ 严格大于原图的最大流, 再将原图所有弧边的流量设置为零, 则在这个新图上直接调用本节所述的算法. 由于新添的弧边代价非常大, 这个弧边上的流量一定尽可能地被分流到原图上, 这样就得到原图的最小费用最大流. 注意新图中只有新添的弧边为中庸边, 其他弧边均为空边. 中庸边不会形成圈, 所以它还是候选流. 可以直接调用网络单纯形法. 现实中常出现的问题是给定流量但是并没有给出具体的流, 求给定流量的最小费用流. 假设给定的流量为 x, 可以在图 8.35 中将 $f(e)$ 设置为 x, 将原图中弧边的流量均设置为零. 在这个新图上调用最小费用流算法就可以解决给定流量的最小费用流问题.

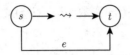

图 8.35　添加一个从 s 到 t 的人为弧边

8.9　习　　题

1. 对图的各种实现, 设计一种方式将图的所有数据以二进制形式保存在文件中.

2. 设计一种统一的方式, 将图以人类容易阅读和输入的方式保存到文件中.

3. 修改深度优先遍历的非递归程序, 求生成森林中的树. 设图 $G = (V, E), V = \{v_0, \cdots, v_{n-1}\}$. 程序返回一个数组 tr, 而 v_j 与 v_k 同属于一棵树的充分必要条件是 $\mathrm{tr}[j] = \mathrm{tr}[k]$.

4. 修改深度优先遍历非递归控制流程, 求顶点的先序编码. 设图 $G = (V, E), V = \{v_0, \cdots, v_{n-1}\}$. 程序返回一个数组 pr, 而 $\mathrm{pr}[j]$ 中保存顶点 v_j 的先序编码.

5. 修改深度优先遍历的非递归程序, 判别一个有向图是否为有向无圈图.

6. 证明在深度优先遍历有向图时, 强连通分量中的所有顶点必然同属于某一棵子树.

7. 证明定理 8.5, 即有向图中存在圈的充要条件是在深度优先遍历中存在返回边.

8. 证明在无向图的深度优先遍历的生成森林中不存在跨越边.

9. 用宽度优先遍历求图的单源点到其他顶点的最短路径 (不加权) 长度.

10. 用宽度优先遍历求图的所有顶点之间的最短路径 (不加权) 长度.

11. 设 $G = (V, E)$ 为有向图, 在 V 上定义关系 $\prec$, 如下: $v \prec w$ 的充要条件是在 G 中存在自 v 到 w 的路径. 证明: $\prec$ 为偏序关系的充要条件是 G 为有向无圈图.

12. 求证有向无圈图至少存在一个源点、一个汇点.

13. 证明有向图 G 可以拓扑排序的充要条件是 G 为有向无圈图.

14. 求证偏序关系对应的有向图是无圈的.

15. 设 u, v 为有向无圈图 G 中的两个入度为零的顶点, 证明在 G 中添加弧边 $u \to v$ 后生成的图仍然是无圈图. 证明对于出度为零的两个顶点也有同样的结论.

16. 证明深度优先遍历有向无圈图的中序序列为图的逆拓扑序列.

17. 在 Dijkstra 算法中假设权值为正. 求证当权值出现零时 Dijkstra 算法也正常工作.

18. 对无向图实现 Dijkstra 算法.

19. 问题 P: 给定集合 $R \subset I \times I$ 和实数 $\{d_{ij}, (i,j) \in R\}$, 求一组实数 $(x_1, x_2, \cdots, x_n)$ 满足

$$x_i \leqslant x_j + d_{ij}, \quad (i, j) \in R$$

其中 $I = \{1, 2, \cdots, n\}$. 证明问题 P 可以转换为有向图的单源点最短路径问题.

20. 问题 Q: 给定集合 $R \subset I \times I$ 和实数 $\{d_{ij}, (i,j) \in R\}$, 求一组实数 $(x_1, x_2, \cdots, x_n)$ 满足

①$x_i \geqslant 0$ $(i \in I)$, ②$x_i \geqslant x_j + d_{ij}$ $((i,j) \in R)$, ③$\min(x_1 + x_2 + \cdots + x_n)$

其中 $I = \{1, 2, \cdots, n\}$. 证明问题 Q 可以等价地转换为有向图的单源点最长路径问题.

21. 在本章介绍的加权最短路径问题中, 只介绍了如何求最短路径的长度. 试扩充 Dijkstra, Peter 和 Bellman-Ford 算法, 求单源点到其他顶点的最短路径树, 这个最短路径树可以用根节点表示法存储.

22. 假设图 $G = (V, E)$ 无负圈. 给定源点 s, 求证存在弧边序列 $e_1, \cdots, e_{n-1}$, 使得依次在这 $n - 1$ 个弧边上做松弛运算, 就可以得到 s 到各顶点的最短路径, 其中 n 为 G 的顶点个数.

23. 证明最小费用最大流和给定流量的最小费用流两个问题是等价的, 一个问题的算法可以用来解决另外一个问题.

24. 在最小费用流问题中, 令 T 为候选流的正规生成树. 如果函数 $\Phi: V \mapsto R$ 对于 T 中任意弧边 $u \to v$, 都有 $\Phi(u) - \Phi(v) = \mathrm{cost}(u \to v)$, 则称 Φ 为流 f 关于正规生成树 T 的势函数. 求证:

① 设 Φ, ϕ 为两个势函数, 则对 G 中的任意两个顶点 u, v, $\Phi(u) - \Phi(v) = \phi(u) - \phi(v)$, 即 $\Phi - \phi = $ 常数.

② 任选一个顶点作为树的根节点, 记这个根节点为 r. 定义函数 $\Phi: V \mapsto R$ 如下:

$$\Phi(v) = T 中从 v 到 r 的广义路径上弧边的代价之和$$

则 Φ 为流 f 关于正规生成树 T 的势函数.

25. 求证定理 8.51.

第9章
模式匹配算法

模式匹配算法是常用的算法, 在计算机病毒侦测、现代遗传学等许多领域都有着非常重要的应用. 本章介绍一些高效的模式匹配算法.

9.1 字符集与字符串

不同的自然语言有着不同的字符集. 汉语有汉语的字符集; 英语有英语的字符集. 根据字符集的大小, 在计算机中用一字节来表示较小的字符集, 用两字节来表示像汉语这样较大的字符集. 字符集通常用 Σ 来表示. 称字符集中的元素为字符. 现代计算机中有以下表示字符集的方法.

ASCII 编码. ASCII(American Standard Code for Information Interchange) 编码用 0 ~ 127 之间的整数来表示字符, 总共可以表示 128 个字符, 在计算机中通常用一字节表示. 其中 0 ~ 31 以及 127 为控制字符. 例如, 0 代表一个空字符; 7 表示计算机的一个蜂鸣声音; 10 代表新行的开始; 13 是回车符; 27 为 Esc 键; 127 为 Delete 键. 32 ~ 126 为可显示字符, 其中 32 为空格符, 在默认的情况下不打印任何字符. ASCII 编码如表 9.1 与表 9.2 所示.

SBCS (Single Byte Character Set, 单字节字符集) 编码. 它用 0 ~ 255 之间的整数来表示字符, 总共可以表示 256 个字符, 在计算机中占用一字节. 通常前 128 个字符与 ASCII 编码相同, 后面的 128 个字符自定义.

MBCS (Multibyte Character Set, 多字节字符集) 编码. 一个字符可以由一或者两字节表示. 通常一字节表示的字符与 ASCII 编码相同. 当两字节组合起来表示一个字符时, 第一个字节被称为前导字节, 第二个字节叫做尾字节. 通常前导字节与尾字节分属不同的集合. 例如, 可以约定前导字节属于区间 $[128, 191]$, 尾字节属于区间 $[192, 255]$. 这时最多可以表示 4 000 多个符号.

GBK 编码. 它是我国在 1995 年制定的中文编码国家标准. 中文操作系统的计算机一般支持此编码. GBK 编码用两字节表示一个汉字字符, 约定第一个字节大于等于 128(=0x80),

表 9.1　前 64 个 ASCII 编码

十进制	十六进制	字符	十进制	十六进制	字符	十进制	十六进制	字符	十进制	十六进制	字符
0	00	NUL	16	10	DLE	32	20	空格	48	30	0
1	01	SOH	17	11	DC1	33	21	!	49	31	1
2	02	STX	18	12	DC2	34	22	"	50	32	2
3	03	ETX	19	13	DC3	35	23	#	51	33	3
4	04	EOT	20	14	DC4	36	24	$	52	34	4
5	05	ENQ	21	15	NAK	37	25	%	53	35	5
6	06	ACK	22	16	SYN	38	26	&	54	36	6
7	07	BEL	23	17	ETB	39	27	'	55	37	7
8	08	BS	24	18	CAN	40	28	(	56	38	8
9	09	HT	25	19	EM	41	29	)	57	39	9
10	0A	LF	26	1A	SUB	42	2A	*	58	3A	:
11	0B	VT	27	1B	ESC	43	2B	+	59	3B	;
12	0C	FF	28	1C	FS	44	2C	,	60	3C	<
13	0D	CR	29	1D	GS	45	2D	-	61	3D	=
14	0E	SO	30	1E	RS	46	2E	.	62	3E	>
15	0F	SI	31	1F	US	47	2F	/	63	3F	?

表 9.2　64~127 代表的字符

十进制	十六进制	字符	十进制	十六进制	字符	十进制	十六进制	字符	十进制	十六进制	字符
64	40	@	80	50	P	96	60	`	112	70	p
65	41	A	81	51	Q	97	61	a	113	71	q
66	42	B	82	52	R	98	62	b	114	72	r
67	43	C	83	53	S	99	63	c	115	73	s
68	44	D	84	54	T	100	64	d	116	74	t
69	45	E	85	55	U	101	65	e	117	75	u
70	46	F	86	56	V	102	66	f	118	76	v
71	47	G	87	57	W	103	67	g	119	77	w
72	48	H	88	58	X	104	68	h	120	78	x
73	49	I	89	59	Y	105	69	i	121	79	y
74	4A	J	90	5A	Z	106	6A	j	122	7A	z
75	4B	K	91	5B	[	107	6B	k	123	7B	{
76	4C	L	92	5C	\	108	6C	l	124	7C		
77	4D	M	93	5D	]	109	6D	m	125	7D	}
78	4E	N	94	5E	^	110	6E	n	126	7E	~
79	4F	O	95	5F	_	111	6F	o	127	7F	DEL

在理论上最多可以表示 $2^{15}=32\ 768$ 个符号. "算法" 这两个汉字的 GBK 编码如图 9.1 所示.
GBK 编码包含简体、繁体中文, 数字, 英文字母, 希腊字母, 俄文字母, 日文平假名、片假名

等, 不包含朝鲜文. GBK 编码中还包含 ASCII 编码中所有可打印字符, 这两种编码有非常简单的对应关系. 所有的 ASCII 编码可打印字符在 GBK 编码中的第一个字节均为 163; 第二个字节为 128 加上原字符的 ASCII 编码. 例如, 逗号 ","的 ASCII 编码为 44, 在 GBK 编码中也有逗号, 其表示为 | 163 | 172 |.

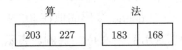

图 9.1　"算法"这两个汉字的 GBK 编码

随着计算机在全球的普及, 国际上有两个组织致力于字符编码的标准化工作: 国际标准化组织 (ISO) 和统一码联盟. 两个组织都致力于将世界上曾经或者将要出现的字符和符号给出统一的编码. 1991 年, 两个组织都意识到, 世界上不需要两个不相容的字符集. 所以他们协同工作使得两个组织推出的标准基本相同, 差异很少. 只是由于统一码联盟名字比较响亮, 所以流传普遍. 国际标准化组织推出的标准为 ISO-10646; Unicode 联盟推出的标准叫 Unicode. ISO-10646 试图用区间 $[0, 2^{31})$ 中的整数为字符进行编码, 而 Unicode 作为 ISO-10646 的子集, 用 $[0, 2^{20} + 2^{16})$ 之间的整数表示世界上出现的所有文字与符号. 用 $[0, 2^{16})$ 之间的整数来表示最常用的符号, 称 $[0, 2^{16})$ 之间的 Unicode 为基本多文种平面 (BMP). Unicode 中包含 ASCII 中的所有字符, 也包含中文的简体字和繁体字. 例如 "算法与 data 結搆"对应的 Unicode 编码如表 9.3 所示.

表 **9.3**　"算法与 data 結搆"对应的 Unicode 编码

	算	法	与	d	a	t	a	結	搆
十进制	31639	27861	19982	100	97	116	97	32080	27083
十六进制	7B97	6CD5	4E0E	0064	0061	0074	0061	7D50	6406

表 9.4 列出了部分字符和符号的 Unicode 编码分布. 在 Unicode 资料中常用十六进制来表示整数. 表 9.4 中的整数均是十六进制.

Unicode 不仅规定了整数和字符的对应关系, 还制定了 UTF32, UTF16, UTF8 3 个标准来规定整数的具体表示方法. UTF32 标准规定用一个 32 位二进制整数的值表示 Unicode 编码. 32 位整数超过了 Unicode 的编码范围. 这个标准最为简单, 直接用 32 位整数的值来表示 Unicode 编码. UTF16 规定如何用一个或者两个 16 位二进制整数来表示一个 Unicode 编码. 如果用一个 16 位整数代表一个 Unicode 编码, 则它们两个的值是相同的. 如果用两个 16 位整数来表示一个 Unicode 编码, 称第一个整数为高 16 位 (记为 H), 第二个整数为低 16 位 (记为 L). 这时的 H 和 L 均是替代字符. H 位于区间 [D800, DBFF], L 位于区间 [DC00, DFFF]. 如果 H = (110110wwwwyyyyyy)$_2$, L = (110111xxxxxxxxxx)$_2$, 则所代表的 Unicode

编码的值为 $(000uuuuuyyyyyyxxxxxxxxxx)_2$, 其中 $(uuuuu)_2 = (wwww)_2 + 1$. 用两个 16 位二进制整数来表示的 Unicode 编码一定属于区间 $[10000, 10FFFF]$. UTF16 是计算机内存和磁盘保存 Unicode 文件最常用的格式. 使用 UTF16 编码的文件的前两个字节通常为 FFFE 或者 FEFF. 文件是以字节为单位的. 而一个 16 位整数需要两字节表示. FFFE 表示低位在前 (little-endian); FEFF 表示高位在前 (big-endian). UTF8 规定如何用 1~4 个 8 位二进制整数表示一个 Unicode 编码. 当 Unicode 编码的值在 $[0, 7F]$ 时用一个 8 位二进制数表示. 当 Unicode 编码的值在 $[80, 7FF]$ 时用两个 8 位二进制数表示. 当 Unicode 编码的值在 $[800,$ FFFF] 时用 3 个 8 位二进制数表示. 当 Unicode 编码的值在 $[10000, 10FFFF]$ 时用 4 个 8 位二进制数表示. 具体对应如表 9.5 所示.

表 9.4 部分字符和符号的 Unicode 编码分布

Unicode 值的范围	代表的字符	Unicode 值的范围	代表的字符
$[0, 7F]$	ASCII 字符	$[D800, DFFF]$	替代 (为 UTF16 预留)
$[80, 1FFF]$	一般字母	$[E000, EFFF]$	私有区域
$[2000, 209F]$	一般符号	FFFE, FFFF	非法 Unicode 字符
$[20A0, 20CF]$	货币符号	$[1F0A0, 1F0FF]$	纸牌符号
$[2200, 22FF]$	数学符号	$[1F600, 1F64F]$	表情符号
$[2800, 28FF]$	盲文符号	$[20000, 2F82B]$	中日韩文字扩展
$[2E80, 9FFF]$	中日韩文字	$[FFF80, FFFFF]$	私有区域
$[A000, A4CF]$	彝文	$[10FF80, 10FFFF]$	私有区域

表 9.5 UFT8 编码规则

Unicode 编码的二进制	所需字节数	第一字节	第二字节	第三字节	第四字节
$(0xxxxxxx)_2$	1	0xxxxxxx			
$(00000yyy\ yyxxxxxx)_2$	2	110yyyyy	10xxxxxx		
$(zzzzyyyy\ yyxxxxxx)_2$	3	1110zzzz	10yyyyyy	10xxxxxx	
$(000uuuuu\ zzzzyyyy\ yyxxxxxx)_2$	4	11110uuu	10uuzzzz	10yyyyyy	10xxxxxx

由于计算机存储的基本单位为字节, 它刚好有 8 个二进制位, 所以 UTF8 最为常用. 许多网页的编码均使用 UTF8. 在 UTF8 标准中常用汉字需要 3 字节来表示.

用 Σ 来表示一个字符集, 而字符串则是 Σ 上的线性表. 各种编码的字符集是不同的. 例如 ASCII 编码的字符集 Σ 是区间 $[0, 127]$ 中的整数. 而在 GBK 编码中, 字符集 Σ 为两字节. 但是由于计算机内存与外存的基本存储单元为字节, 所以在具体计算机实现上, 为了追求字符串处理的效率, 大多将字符串实现为字节数组. 例如, 在 Pascal 语言中, 字符串为长度不超过 256 的字符数组. 用数组的第一个字节存储字符串的长度, 所以 Pascal 语言中字符串的长度不超过 255. Basic 语言用数组的前 4 字节存储字符串的长度. 在 C 语言中以零结尾的字符数组表示字符串. C 语言中的字符串不保存字符串的长度. 例如 ASCII 字符串 "Hello world!" 在 C 语言中的表示为

```
char s[] = "Hello world!";
```

这里, s 的长度为 13 字节. 其值如图 9.2 所示.

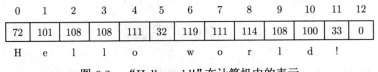

图 9.2　"Helloworld!" 在计算机中的表示

其他字符集的字符串在计算机中也可以实现为字节数组, 并且和 ASCII 字符串可以混用. 例如 GBK 编码字符串: 算法与 data 结搆. 其中 data 为 ASCII 编码. 在 C 语言中实现为

```
char s[] = "算法与data結搆";
```

这里 s 的长度为 15 字节. 其值如图 9.3 所示.

0	1	2	3	4	5	6	7	8	9	10	11	12	13	14
203	227	183	168	211	235	100	97	116	97	189	89	152	139	0
算		法		与		d	a	t	a	結		搆		

图 9.3　"算法与 data 結搆" 在计算机中的表示

为了处理较大的字符集, C/C++ 语言中引入了一个新的关键字: `wchar_t`. 在 Windows 系统中 `wchar_t` 被实现为一个 16 位无符号整数, 占用两字节; 而在 Unix 系统的编译器中 `wchar_t` 为 32 位整数, 占用 4 字节. Unicode 字符串在 C/C++ 中仍然可以表示为以零结尾的 `wchar_t` 数组. 在 C/C++ 语言中可以用下述的方法声明一个 Unicode 字符和 Unicode 字符串.

```
wchat_t c = L'算';
wchar_t msg[] = L"算法与data結搆";
```

这里 c 的值为 31 639, `msg` 的长度为 10 个 `wchar_t` (在 Windows 系统中占用 20 字节, 在 Unix 系统中为 40 字节). 用宽字符 `wchar_t` 表示"算法与 data 結搆"如图 9.4 所示.

0	1	2	3	4	5	6	7	8	9
31639	27861	19982	100	97	116	97	32080	27083	0
算	法	与	d	a	t	a	結	搆	

图 9.4　用宽字符 `wchar_t` 表示"算法与 data 結搆"

称编码在区间 $[10000, 10\text{FFFF}]$ 中的字符为非基本多文种平面字符. 最新的 Unicode 标准定义了 16 个非基本多文种平面. 这些平面中的 Unicode 字符需要两个 16 位整数来表示. 由于在 Windows 系统中 `wchar_t` 是 16 位整数, 所以不能正确表示这些 Unicode 字符的编码值, 但是可以表示由这些字符组成的字符串. Windows 系统实现的 Unicode 字符串遵从 UTF16 标准.

从 C/C++ 语言角度看, 字符串可以简单地理解为元素为 char 或者 wchar_t 的数组.
本章主要介绍字符串的模式匹配算法, 为介绍算法方便起见, 假设字符串为 char 数组.

9.2　单模式串匹配

所谓模式匹配是指在目标字符串 T 中找出模式字符串 P 出现的位置. 在本节中我们考虑只有一个模式串的匹配算法. 首先介绍一个最为简单的模式匹配算法, 此算法又被称为蛮力搜索法. 记目标字符串为

$$T = t_0 t_1 \cdots t_{m-1}$$

记模式字符串为

$$P = p_0 p_1 \cdots p_{n-1}$$

下面是使用 C 语言的字符串约定, 用 C 实现的简单模式匹配算法.

```
char* brute_force_find(char const* t, char const* p)
{   //蛮力搜索
    char const* t_head = t;
    char const* const p_head = p;
    while(*t && *p)
        if(*t == *p){ ++t;  ++p; }
        else        { t = ++t_head; p = p_head; }
    if(*p)      return 0;
    else        return t_head;
}
```

这个程序在找到模式串时返回目标串中模式串出现的位置, 在没有找到模式串时返回 0.
下面是蛮力搜索的例子. 其中目标串为 $T = abcdeabcdefab$, 模式串为 $P = abcdef$. 简单模式匹配算法的前面几步如图 9.5 所示.

a	b	c	b	e	a	b	c	d	e	f	a	b
=	=	=	=	=	≠							
a	b	c	d	e	f							

a	b	c	b	e	a	b	c	d	e	f	a	b
	≠											
a	b	c	d	e	f							

图 9.5　简单模式匹配算法的前面 7 步

目标串 $T = aaaaaaaaaaaaaaaaaaaaaab$, 模式串 $S = aaaaaaab$, 这种情况是对简单模式匹配算法最为不利的极端例子. 它需要 $(m-n+1)n$ 次字符比较, 其中 m, n 分别为目标串和

模式串的长度. 所以简单模式匹配算法的时间复杂度为 $O(mn)$. 当模式串和目标串中的字符都是在 Σ 中等概率随机选取时, 可以证明一次简单模式匹配算法的平均字符比较次数为

$$C_{平均} = m\frac{1 - d^{-n}}{1 - d^{-1}} \leqslant 2m$$

其中 $d = |\Sigma|$ 为字符集大小. 统计表明一次简单模式匹配的字符比较次数 C 满足

$$1.1m \leqslant C \leqslant 1.2m$$

KMP 算法是由 D.E.Knuth, J.H.Morris, V.R.Pratt 3 人发明的. 这个算法通过研究模式串自身的结构, 使得目标串中的比较点不再回溯. 在图 9.6 中, 设模式字符串为 $P = p_0p_1\cdots p_{n-1}$, 目标字符串为 $T = t_0t_1\cdots t_{m-1}$. 当目标字符串中比较到 i 处时, $t_i \neq p_j$, 而在这之前, $t_{i-j}\cdots t_{i-1} = p_0\cdots p_{j-1}$. KMP 算法不像简单模式匹配算法那样将目标字符串中的比较头向后折返, 而是将模式字符串向前移动 $j - q$ 个位置, 而目标串字符中的比较头不动. 也就是说, 下一次比较应该比较 t_i 与 p_q 是否相等. 问题是如何确定 q 的值.

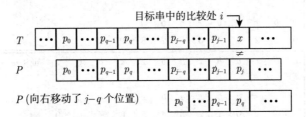

图 9.6　p_i 与目标串中字符不相等, 模式串向右移动

对于给定的字符串 $P = p_0p_1\cdots p_{n-1}$, 对所有的 $0 < j < n$ 定义集合 A_j:

$$A_j = \{k : 0 \leqslant i < j, \quad p_0p_1\cdots p_{k-1} = p_{j-k}\cdots p_{j-1}\}$$

显然, q 应该属于 A_j. 在下面的例子中 $P = abcde$, $A_4 = \{0\}$ 只有一个元素, 所以 $q = 0$. KMP 算法中移动距离的确定如图 9.7 所示

T	w	w	a	b	c	d	a	b	c	d	e	w	w
						$\neq$							
P			a	b	c	d	e						
j			0	1	2	3	4						
t_i	w	w	a	b	c	d	a	b	c	d	e	w	w
							=	=	=	=	=		
p_j							a	b	c	d	e		
j							0	1	2	3	4		

图 9.7　KMP 算法中移动距离的确定

再举个例子. $P = abxabxabyz$, 对于这个模式串, $A_8 = \{0, 2, 5\}$. 这时 q 可有 3 个选择, 哪一个是正确的? 如果取 $q = 2$, 则匹配过程如图 9.8 所示.

T	a	b	x	a	b	x	a	b	x	a	b	y	z	w	w	w
									$\neq$							
P	a	b	x	a	b	x	a	b	y	z						
j	0	1	2	3	4	5	6	7	8	9						

T	a	b	x	a	b	x	a	b	x	a	b	y	z	w	w	w
								$=$	$=$	$=$	$\neq$					
P						a	b	x	a	b	x	a	b	y	z	
j						0	1	2	3	4	5	6	7	8	9	

图 9.8 $q = 2$ 时的匹配过程

可以看出匹配不成功, 这显然不是正确的结果. 如果取 $q = 5$, 则匹配过程如图 9.9 所示.

T	a	b	x	a	b	x	a	b	x	a	b	y	z	w	w	w
									$\neq$							
P	a	b	x	a	b	x	a	b	y	z						
j	0	1	2	3	4	5	6	7	8	9						

T	a	b	x	a	b	x	a	b	x	a	b	y	z	w	w	w
									$=$	$=$	$=$	$=$	$=$			
P									a	b	x	a	b	y	z	
j									0	1	2	3	4	5	6	7

图 9.9 $q = 5$ 时的匹配过程

这才是正确的结果. 由此给出正式的定义.

定义 9.1   对于给定的模式串 $P = p_0 p_1 \cdots p_{n-1}$, 对所有的 $0 < j < n$, 令

$$A_j = \{k : 0 \leqslant i < j, \quad p_0 p_1 \cdots p_{k-1} = p_{j-k} \cdots p_{j-1}\}$$

定义函数 π 如下:

$$\pi(j) = \begin{cases} -1, & \text{当 } j = 0 \text{ 时} \\ \max A_j, & \text{当 } 0 < j < n \text{ 时} \end{cases}$$

$\pi(j)$ 的物理意义是明确的. 图 9.10 所示是几个例子.

为了给出 $\pi(j)$ 的高效率算法, 需要给出集合 A_j 的构造. 当 $0 < j < n$ 时, 显然有 $0 \leqslant \pi(j) < j$. 如果约定

$$\pi^{(0)}(j) = j$$
$$\pi^{(1)}(j) = \pi(j)$$
$$\pi^{(2)}(j) = \pi(\pi^{(1)}(j))$$
$$\pi^{(u)}(j) = \pi(\pi^{(u-1)}(j))$$

当 $0 < j < n$ 时，注意序列 $\pi^{(1)}(j), \pi^{(2)}(j), \cdots$ 是严格单调降的.

j	0	1	2	3	4	5	6	7
p_j	a	b	a	a	b	c	a	c
$\pi(j)$	-1	0	0	1	1	2	0	1

(a) 例子 1

j	0	1	2	3	4	5	6	7	8	9	10
p_j	a	b	c	a	b	c	a	b	b	a	c
$\pi(j)$	-1	0	0	0	1	2	3	4	5	0	1

(b) 例子 2

j	0	1	2	3	4
p_j	a	a	a	a	b
$\pi(j)$	-1	0	1	2	3

(c) 例子 3

图 9.10　$\pi(j)$ 的几个例子

定理 9.2　对于模式串 $P = p_0 \cdots p_{n-1}$，当 $0 < j < n$ 时，有

$$A_j = \pi^*(j) = \left\{ \pi(j), \pi^{(2)}(j), \cdots, \pi^{(t)}(j) \right\}$$

其中 $t > 0$ 为一个整数，满足 $\pi^{(t)}(j) = 0$.

　　证明　首先证明 $\pi^*(j) \subseteq A_j$. 根据定义，$\max A_j = \pi(j) \in A_j$，即 $\pi^*(j)$ 的第一个元素是属于 A_j 的. 下面使用归纳法，设 $\pi^{(u)}(j) = q \in A_j$. 如果 $q = 0$，则 $q = 0$ 为 $\pi^*(j)$ 中的最后一个元素. 所以不妨假设 $q > 0$，令 $q' = \pi^{(u+1)}(j) = \pi(q)$. 所以有 $0 \leqslant q' < q < j$，并且

$$p_0 \cdots p_{q'-1} = p_{q-q'} \cdots p_{q-1}$$

根据归纳假设 $q \in A_j$ 有

$$p_0 \cdots p_{q-q'} \cdots p_{q-1} = p_{j-q} \cdots p_{j-q'} \cdots p_{j-1}$$

所以有

$$p_0 \cdots p_{q'-1} = p_{q-q'} \cdots p_{q-1} = p_{j-q'} \cdots p_{j-1}$$

也就是 $q' \in A_j$. 至此得 $\pi^*(j) \subseteq A_j$.

　　反之，欲证明 $A_j \subseteq \pi^*(j)$，假设 $q \in A_j$. 用反正法，假设 $q \notin \pi^*(j)$. 首先有

$$0 < q < \max A_j = \pi(j) \in \pi^*(j)$$

不妨假设

$$\pi^{(u)}(j) > q > \pi^{(u+1)}(j)$$

为方便起见, 令 $q' = \pi^{(u)}(j), q'' = \pi^{(u+1)}(j) = \pi(q')$. 得到

$$q' > q > q'' \geqslant 0; \quad q'', q, q' \in A_j$$

由 $q \in A_j$ 得到

$$p_0 \cdots p_{q-1} = p_{j-q} \cdots p_{j-1}$$

由 $q' \in A_j$ 得到

$$p_0 \cdots p_{q'-q} \cdots p_{q'-1} = p_{j-q'} \cdots p_{j-q} \cdots p_{j-1}$$

所以有

$$p_0 \cdots p_{q-1} = p_{q'-q} \cdots p_{q'-1}$$

上式说明 $q \in A_{q'}$. 所以 $q'' = \pi(q') = \max A_{q'} \geqslant q$, 这与假设 $q'' < q$ 矛盾, 从而得到 $A_j \subseteq \pi^*(j)$. 证毕.

定理 9.3 如果 $\pi(j+1) > 0$, 则 $\pi(j+1) - 1 \in \pi^*(j)$.

证明 令 $q = \pi(j+1)$, 根据定义有 $p_0 \cdots p_{q-1} = p_{j+1-q} \cdots p_j$. 再令 $k = q - 1$, 删去等式 $p_0 \cdots p_{q-1} = p_{j+1-q} \cdots p_j$ 两端最后一个字符得到 $p_0 \cdots p_{k-1} = p_{j-k} \cdots p_{j-1}$, 所以 $q - 1 = k \in A_j = \pi^*(j)$. 证毕.

上面的定理是高效计算 $\pi(j)$ 的基础. 如果 $\pi(0), \cdots, \pi(j)$ 已经得到, 这时欲求 $\pi(j+1)$. 上面的定理将 $\pi(j+1)$ 的候选对象缩减到一个较小的集合 $A_j + 1$ 之中. 不仅如此, 如果 $q \in A_j = \pi^*(j)$, 这时欲判断 $q + 1$ 是否等于 $\pi(j+1)$, 也就是欲判断

$$p_0 \cdots p_q = p_{j-q} \cdots p_j$$

是否成立, 只要判断 $p_q = p_j$ 是否成立即可. 因为 $p_0 \cdots p_{q-1} = p_{j-q} \cdots p_{j-1}$, 由此得到计算 $\pi(j)$ 的高效算法. 在下面的程序中, 用 next[0..n] 数组来存储函数 $\pi(j)$ 的值, 而且 q 总是等于 $\pi(j)$, 称为循环不变量.

```
void next_array(int* next, char const* p, int len)
{
    int j = 0;
    int q = next[0] = -1;              //q == next[j]
    --len;
    while(j < len)                     //此循环计算 next[j+1]
        if(q == -1 || p[q] == p[j])    //得到 next[j+1] = q+1
```

```
            next[++j] = ++q;          //q == next[j]
        else                           //没有找到 next[j+1]，继续尝试
            q = next[q];
}
```

有了 next 数组后，KMP 模式匹配算法可以实现如下:

```
char* kmp_find(char const* t, int tlen, char const* p, int plen,int const* next)
{
    int i = -1;
    int j = -1;
    while( (i < tlen) && (j < plen))
        if(( j == -1) || (t[i] == p[j])) { ++i; ++j;}
        else    j = next[j];
    return j == plen ? (char*)t + i - plen : 0;
}
```

在上面的程序中，t 和 p 分别是目标串和模式串，`tlen` 和 `plen` 分别为目标串和模式串的长度，`next` 为模式串 p 的 next 数组. KMP 模式匹配算法可以保证字符比较次数不超过 $2m$，其中 m 为目标串的长度，参见本章习题 2. 统计表明，一次 KMP 匹配的字符比较次数 C 满足 $1.1m \leqslant C \leqslant 1.2m$. 所以 KMP 算法的性能和简单匹配算法相差不大.

KMP 算法还有改进的余地，请看下例. 目标串 $T = waaaaxaaaaaw$，模式串 $P = aaaaa$. 模式串 P 的 $\pi(j)$ 值如图 9.11 所示. 对于此处的 T 与 P，KMP 算法匹配的全过程如图 9.12 所示. 在这个例子中，当程序第一次发现 $x \neq a$ 时，$j = 4$，而 $\pi(4) = 3$. 注意 $p_4 = p_3 = p_{\pi(4)} = a$. 既然已经知道 $x \neq p_4$，那么下一次再去判别 $x = p_3$ 似乎就没有必要了. 可以使 KMP 算法更"聪明"一些. 对于 $p_j = p_{\pi(j)}$ 的情形可以做一些改进. 对于给定的模式串 P，令

$$B_j = \{i \in A_j,\ p_i \neq p_j\} = \{i \in \pi^*(j),\ p_i \neq p_j\}$$

由于 B_j 可能是空集，约定空集的最大值为 -1. 定义

$$\delta(j) = \begin{cases} -1, & j = 0 \text{或者} B_j = \varnothing \\ \max B_j, & 0 < j < n \text{ 并且 } B_j \neq \varnothing \end{cases}$$

上例中模式的 δ 函数的值如图 9.13 所示.

j	0	1	2	3	4
p_j	a	a	a	a	a
$\pi(j)$	-1	0	1	2	3

图 9.11　模式串 P 的 $\pi(j)$ 值

T	w	a	a	a	a	x	a	a	a	a	w
						$\neq$					
P		a	a	a	a						
j		0	1	2	3	4					

T	w	a	a	a	a	x	a	a	a	a	w
						$\neq$					
P			a	a	a	a					
j			0	1	2	3	4				

T	w	a	a	a	a	x	a	a	a	a	w
						$\neq$					
P			a	a	a	a					
j			0	1	2	3	4				

T	w	a	a	a	a	x	a	a	a	a	w
						$\neq$					
P			a	a	a	a					
j			0	1	2	3	4				

T	w	a	a	a	a	x	a	a	a	a	w
						$\neq$					
P			a	a	a	a					
j			0	1	2	3	4				

T	w	a	a	a	a	x	a	a	a	a	w
						$=$	$=$	$=$	$=$	$=$	
P							a	a	a	a	a
j							0	1	2	3	4

图 9.12　KMP 算法匹配的全过程

j	0	1	2	3	4
p_j	a	a	a	a	a
$\pi(j)$	-1	0	1	2	3
$\delta(j)$	-1	-1	-1	-1	-1

图 9.13　上例中模式的 δ 函数的值

如果已知模式串的 π 函数, 则 δ 函数容易求出. 有如下定理.

定理 9.4

$$\delta(j) = \begin{cases} -1, & \text{如果 } j = 0 \\ \pi(j), & \text{如果 } p_j \neq p_{\pi(j)} \\ \delta(\pi(j)) & \text{如果 } p_j = p_{\pi(j)} \end{cases} \tag{9.1}$$

证明   只需要讨论 $p_j = p_{\pi(j)}$ 的情形. 令 $q = \pi(j)$, 这时有 $p_q = p_j$.

$$
\begin{aligned}
\delta(j) &= \max\left\{i \in \pi^*(j), p_i \neq p_j\right\} \\
&= \max\left\{i \in \left\{\pi(j), \cdots, \pi^{(t)}(j)\right\}, p_i \neq p_j\right\} \\
&= \max\left\{i \in \left\{q, \pi(q), \cdots, \pi^{(t-1)}(q)\right\}, p_i \neq p_j\right\} \\
&= \max\left\{i \in \left\{\pi(q), \cdots, \pi^{(t-1)}(q)\right\}, p_i \neq p_j\right\} \\
&= \max\left\{i \in \pi^*(q), p_i \neq p_q\right\} \\
&= \delta(q)
\end{aligned}
$$

证毕.

定理 9.5   如果 $\delta(j) \neq -1$, 则 $\delta(j) = \pi^{(u)}(j)$, 其中 $u > 0$ 为某个整数, 并且满足

$$
p_j = p_{\pi^{(1)}(j)} = \cdots = p_{\pi^{(u-1)}(j)} \neq p_{\pi^{(u)}(j)}
$$

证明比较容易, 故略去. 有了上面两个定理以后, 可以得到高效计算模式串 δ 函数的程序. 在程序设计中, 将 $\delta(j)$ 存放在 nextval 数组中. nextval[j] 中存放 $\delta(j)$. 程序中的循环不变量仍然是 $q == \mathrm{next}[j]$.

```
void nextval_array(int* nextval, char const* p, int len)
{
    int j = 0;
    int q = nextval[0] = -1;        //q == next[j]
    --len;
    while(j < len)                  //此循环计算 nextval[j+1]
        if(q == -1 || p[j] == p[q]) //找到 next[j+1], 计算 nextval[j+1]
            if(p[++j] != p[++q])    //q == next[j]
                nextval[j] = q;
            else
                nextval[j] = nextval[q];
        else                        //没有找到 next[j+1], 继续尝试
            q = nextval[q];         //本该是 q = next[q]
}
```

改进的 KMP 算法对于随机选取的字符串的效果不大. 统计表明, 其字符比较次数仍然在 $1.1m$ 和 $1.2m$ 之间.

下面介绍 Boyer-Moore 模式匹配算法 (BM 算法). 在模式匹配算法中需要比较字符. 两个字符相等的概率远远小于不等的概率. BM 算法利用这一点, 它从模式串的末端向前比较,

见图 9.14.

i	0	1	2	3	4	5	6	7	8
T	z	z	z	z	z	z	z	z	z
			$\neq$						
P	a	b	c						

i	0	1	2	3	4	5	6	7	8
T	z	z	z	z	z	z	z	z	z
						$\neq$			
P				a	b	c			

i	0	1	2	3	4	5	6	7	8
T	z	z	z	z	z	z	z	z	z
									$\neq$
P							a	b	c

图 9.14　BM 算法从模式串的末端向前比较

第一次比较发现目标串字符 z 根本不在模式串中, 可以将整个模式串向后移动 3 个位置. 整个匹配过程只需 3 次字符比较.

再举个例子, 如图 9.15 所示, 当第一次比较不等, 并且目标字符 'm' 出现在模式串中时, 需要将模式串向右移动适当的距离, 使得模式串中的最后一次出现的 'm' 和刚才的比较头对齐. 实际中, 失配的概率大于匹配的概率, 字符不等的概率大于相等的概率. 从后向前匹配能够加大模式串的移动速度. 在上例中, 如果从模式串的前端向后匹配, 第一次比较发现目标串字符 a 不在模式串中, 则模式串也只能向右移动一个位置.

i	0	1	2	3	4	5	6	7	8	9	10	11
T	a	b	c	m	e	m	m	e	m	o	r	y
					$\neq$							
P	m	e	m	o	r	y						

i	0	1	2	3	4	5	6	7	8	9	10	11
T	a	b	c	m	e	m	m	e	m	o	r	y
								$\neq$				
P			m	e	m	o	r	y				

i	0	1	2	3	4	5	6	7	8	9	10	11
T	a	b	c	m	e	m	m	e	m	o	r	y
							=	=	=	=	=	=
P							m	e	m	o	r	y

图 9.15　BM 算法例子

给定模式串 P, 需要对字符集中的每一个字符计算出模式串向右移动的距离. 为此对给

定的模式串 $P = p_0 \cdots p_{n-1} \in \Sigma^*$, 任意的 $x \in \Sigma$, 令

$$A(x) = \{i : 0 \leqslant i < n,\ p_i = x\}$$

约定空集的最大值为 -1. 定义

$$\mathrm{ll}(x) = \max A(x)$$

$\mathrm{ll}(x)$ 为 x 在 P 中最后一次出现的位置. 当从模式串末端向前匹配发现 $t_i \neq p_j$ 时, 将模式串 P 向右移动的距离可以分为两种情形.

情形 1: $j > \mathrm{ll}(t_i)$. 见图 9.16.

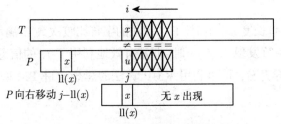

图 9.16 模式串 P 向右移动的距离 (情形 1)

情形 2: $j < \mathrm{ll}(t_i)$. 见图 9.17.

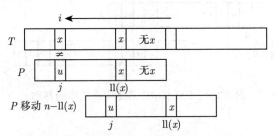

图 9.17 模式串 P 向右移动的距离 (情形 2)

综上所述, 安全移动的距离为

$$d(t_i) = \begin{cases} n - \mathrm{ll}(t_i), & \text{如果 } j < \mathrm{ll}(t_i) \\ j - \mathrm{ll}(t_i), & \text{如果 } j > \mathrm{ll}(t_i) \end{cases} \tag{9.2}$$

由此得到 BM 算法如下:

```cpp
void ll_array(int ll[256], char const *p, int len)
{
    std::fill_n(ll, 256, -1);  //假设 char 的值域为 [0, 256)
    for(int i = 0; i < len; ++i)  ll[p[i]] = i;
}
char* bm_find(char const* t, int tlen, char const* p, int plen, int const ll[256])
{
```

```
char const* const last = t + tlen;
int i = plen -1;
while(i >= 0 && t + plen <= last)
    if(t[i] == p[i])  --i;
    else {
        t += (i > ll[t[i]] ? i : plen ) - ll[t[i]];
        i = plen - 1;
    }
return i == -1 ? const_cast<char*>(t) : 0;
}
```

统计表明, 当模式串长度 $n > 5$ 时, BM 算法的字符比较次数 C 满足 $0.24m \leqslant C \leqslant 0.3m$.

BM 算法在比较字符发现 $t_i \neq p_j$ 时, 非常有效地利用了 t_i 的信息, 但是对模式 P 的利用没有 KMP 算法那样充分. 可以利用 KMP 算法的思想改进 BM 算法. 当 $t_i \neq p_j$ 时, 见图 9.18.

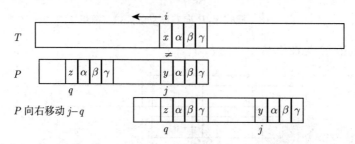

图 9.18   BM-KMP 算法中模式串的移动

令
$$B_j = \{k : 0 \leqslant k < j : p_{j+1} \cdots p_{n-1} = p_{k+1} \cdots p_{n-k-j-1}, \; p_j \neq p_k\}$$
约定空集的最大值为 -1, 则
$$q = \delta'(j) \triangleq \max B_j$$
再考虑 BM 算法的移动距离, 所以模式串向右移动的总距离为
$$d = \max \{d(t_i), \; j - \delta'(j)\}$$
其中 $d(t_i)$ 的定义见公式 (9.2). 称这种算法为 BM-KMP 算法. 具体 $\delta'(j)$ 的计算以及 BM-KMP 算法的实现留给读者.

Horspool 于 1980 年首次对 Boyer-Moore 算法提出了改进. 当模式串与目标串出现不匹配时, Horspool 考虑目标串中与模式串最后一位对齐的值, 即这个值在目标串中的最后出现位置, 见图 9.19.

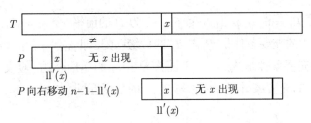

图 9.19　Horspool 算法中模式串的右移

对给定的模式串 $P = p_0 \cdots p_{n-1} \in \Sigma^*$, 对任意的 $x \in \Sigma$, 令

$$B(x) = \{i : 0 \leqslant i < n-1,\ p_i = x\}$$

约定空集的最大值为 -1. 定义

$$\mathrm{ll}'(x) = \max B(x)$$

$\mathrm{ll}'(x)$ 为 x 在 $P_{n-1} = p_0 \cdots p_{n-2}$ 中最后一次出现的位置. Horspool 算法的安全移动距离为

$$d(x) = n - 1 - \mathrm{ll}'(x)$$

1990 年 Daniel Sunday 又对 Horspool 算法做了一点修改, 当出现不匹配的情况时, Sunday 算法考虑目标串中与模式串对齐的后面一个字符的值, 考虑这个值在模式串中的最后出现位置, 见图 9.20.

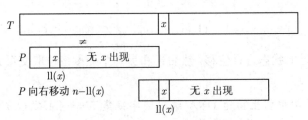

图 9.20　Sunday 算法中模式串的右移

Sunday 算法的安全移动距离为 $d(x) = n - \mathrm{ll}(x)$. 具体实现留作习题.

Horspool 算法与 Sunday 算法并不在乎模式串与目标串进行字符比较的方向, 但是在具体实现时, 总是从模式的尾部开始向左朝着字符串的头部进行字符串比较. 对于随机选取的目标串和模式串, Sunday 算法和 Horspool 算法是两个最快的模式匹配算法. 直觉显示, Sunday 算法的移动距离要比 Horspool 算法大, 似乎 Sunday 算法要比 Horspool 算法快一些. 但是优化实现的 Horspool 算法, 其内存与寄存器之间的数据交换次数少, 所以还是 Horspool 算法略微快一些.

当模式串比较短, 例如模式串的长度小于等于计算机的字长时, 下面介绍的 Shift-and 算法也比较快. 令目标串为 $T = t_0 \cdots t_{m-1}$, 模式串为 $P = p_0 \cdots p_{n-1}$. 再令 $T_i = t_0 \cdots t_{i-1}$ ($0 \leqslant$

$i \leqslant m$) 为 T 的前缀, $P_j = p_0 \cdots p_{j-1}$ $(0 \leqslant j \leqslant n)$ 为 P 的前缀. 令 $s_i = (b_1, \cdots, b_n)$, 其中 b_j 等于 0 或者 1. 而 $b_j = 1$ 的充要条件是 P_j 与 T_i 的后缀匹配, 即 $p_0 \cdots p_{j-1} = t_{i-j} \cdots t_{i-1}$. 这样 P 与 T_i 的后缀匹配的充要条件是 $b_n = 1$. 下面推导出 s_i 的递推公式. 假设 $s_{i+1} = (c_1, \cdots, c_n)$. 根据定义, $c_{j+1} = 1$ 的充要条件是 P_{j+1} 与 T_{i+1} 的后缀匹配, 即 $p_0 \cdots p_j = t_{i-j} \cdots t_i$. 从而

$$
\begin{cases}
c_{j+1} = b_j \ \wedge \ (p_j = t_i), \ j = 1, \cdots, n-1 \\
c_1 = (p_0 = t_i)
\end{cases}
\tag{9.3}
$$

上式中的 $\wedge$ 为逻辑交. 如果模式串的长度 n 小于等于计算机的字长, 可以用一个整型变量记录状态 s_i. 为了处理判断条件 $(p_j = t_i)$, 对应给定的模式串 $P = p_0 \cdots p_{n-1}$, 引入函数 $\mathrm{loc} : \Sigma \mapsto \{0, 1\}^n$, 如下:

$$
\mathrm{loc}(x) = (q_0, \cdots, q_{n-1}), \quad q_j = \begin{cases}
0, & \text{如果 } x \neq p_j \\
1, & \text{如果 } x = p_j
\end{cases}
\tag{9.4}
$$

如果令 $\mathrm{loc}(t_i) = (q_0, \cdots, q_{n-1})$, 则公式 (9.3) 可以表示为

$$
\begin{cases}
c_{j+1} = b_j \ \wedge \ q_j, \ j = 1, \cdots, n-1 \\
c_1 = q_0
\end{cases}
$$

即

$$
(c_1, \cdots, c_n) = (1, b_1, \cdots, b_{n-1}) \ \wedge \ (q_0, \cdots, q_{n-1})
\tag{9.5}
$$

从而新状态可以通过旧状态进行位移, 然后再和另一个变量按位取交得到. 函数 loc 可以用一个整数数组实现.

例 9.6 在遗传学中将生物的 DNA 编码为字符集 $\Sigma = \{A, C, G, T\}$ 上的字符串. 人类的 DNA 长度约为 30 亿. 下面构造 DNA 片段 $P = AATGTA$ 的 loc 函数.

根据公式 (9.4), 可以得到 loc 数组, 如表 9.6 所示.

表 9.6 $P = AATGTA$ **loc 数组**

字 符	loc	loc 的整数值
A	(110001)	49 (或者 35)
C	(000000)	0
G	(000100)	4 (或者 8)
T	(001010)	10(或者 20)

在计算机中, 字符串为字符集 $\Sigma = \{0, 1, \cdots, 255\}$ 上的数组. 假定计算机的字长为 32, 计算模式串 loc 数组的函数可以实现如下:

```
// 前提: 0 < len <= 32
void get_loc(char const* p, int len, unsigned loc[256]) {
    std::fill(loc, loc + 256, 0);
    for(unsigned bit = 1; --len >= 0; bit <<= 1) //对字符串从后向前遍历
        loc[(unsigned char)(p[len])] |= bit;
}
```

其中: 参数 p 为模式串; len 为模式串长度; loc 为输出数组, 存放模式串的 loc 值. Shift-and 算法可以实现如下:

```
// 前提: 0 < plen <= 32
char* shift_and(char const* t, int tlen, char const* p, int plen,
                unsigned const loc[256])
{
    char const* const LAST = t + tlen;
    unsigned int const HB = (1<<(plen -1)); //最高位
    for(unsigned state = 0; t < LAST; ++t) {
        state = (state>>1) | HB;
        state &= loc[(unsigned char)(*t)];
        if(state & 1)    break;
    }
    return t < LAST ? const_cast<char*>(t+1-plen) : 0;
}
```

其中参数 t 为目标串; tlen 为目标串长度; p 为模式串; plen 为模式串长度; loc 为模式串的 loc 数组. 注意 Shift-and 算法不需要字符的比较操作.

9.3　多模式串匹配

在许多时候需要在目标串中查找多个模式, 即多模式查找. 例如有多种病毒模式, 在目标串中查找出所有的病毒就需要多模式查找. 如果使用单模式匹配将导致多次遍历目标串. 多模式串的匹配算法需要引入有限状态自动机. 所谓有限状态自动机 M 是一个五元组 $M = (Q, q_0, A, \Sigma, \delta)$, 其中 Q 为有限状态集合, $q_0 \in Q$ 为初始状态, $A \subset Q$ 为接受状态, Σ 为字符集, $\delta : \Sigma \times Q \mapsto Q$ 为状态转移函数. M 以 Σ 上的有限长度字符串作为输入. 它从输入字符串中从左到右依次读入字符, 再根据自己的当前状态, 和当前读入字符调用状态转移函数, 将自己设置为新的状态. 当自动机处于接收状态时或者输入数据已经读取完时, 自动机就停机. 通常用一个矩阵来实现状态转移函数, 所以状态转移函数又被称为状态转移矩阵. 下面是一个有限状态自动机的例子:

$$Q = \{0,1,2\}, \ q_0 = 0, \ A = \{2\}, \ \Sigma = \{a,b\}$$

状态转移矩阵如图 9.21 所示.

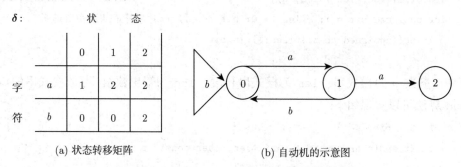

(a) 状态转移矩阵　　　　　　　　　(b) 自动机的示意图

图 9.21　模式串 aa 的有限状态自动机

图 9.21(b) 所示的自动机进入接受状态 2 的充要条件为它读到连续的两个 a. 它是字符串 aa 的模式匹配自动机. 给定一个模式串, 可以设计一个有限状态自动机来实现模式匹配.

定义 9.7 (σ 函数)　设模式串 $P = p_0 p_1 \cdots p_{n-1}$. 令 $P_k = p_0 p_1 \cdots p_{k-1}$ 为 P 的前缀, 其长度为 k. 定义函数 $\sigma : \Sigma^* \mapsto \{0, 1, \cdots, n\}$ 如下:

$$\sigma(x) = \max \{k : 0 \leqslant k \leqslant n, \ P_k \text{ 为 } x \text{ 的后缀}\}$$

若令 $x = t_0 t_1 \cdots t_{m-1}$, 则

$$\sigma(x) = \max \{k : 0 \leqslant k \leqslant n, \ p_0 \cdots p_{k-1} = t_{m-k} \cdots t_{m-1}\}$$

例如 $P = ababc$, 则 $\sigma(\epsilon) = 0$, $\sigma(ab) = 2$, $\sigma(abab) = 4$, $\sigma(dababc) = 5$, 其中 ϵ 为空串. 事实上, $\sigma(x)$ 等于字符串 x 从末端算起, 与模式串 P 的最长匹配长度.

对于给定模式串 $P = p_0 p_1 \cdots p_{n-1} \in \Sigma^*$, 定义有限状态自动机如下. 状态集 $Q = \{0, 1, \cdots, n\}$, 初始状态 $q_0 = 0$, 接受状态集 $A = \{n\}$. 而定义状态转移函数的基本思想是, 如果输入串为目标串 $T = t_0 t_1 \cdots t_{m-1}$, 而自动机已经读取了目标串前面的 k 个字符 $T_k = t_0 t_1 \cdots t_{k-1}$, 则自动机应该处于状态 $\sigma(T_k)$. 这样一旦自动机进入可接受状态就表明匹配成功.

引理 9.8　给定模式串 $P = p_0 p_1 \cdots p_{n-1}$, $x \in \Sigma^*$, 如果 $\sigma(x) = q$, 并且 $0 \leqslant q < n$, 而 $a \in \Sigma$ 为一个字符, 则 $\sigma(xa) = \sigma(P_q a)$.

证明　令 $r = \sigma(xa)$, 当 $r = 0$ 时, 显然有 $r \leqslant q + 1$. 当 $r > 0$ 时, 由于 P_r 为 xa 的后缀, 所以 P_{r-1} 为 x 的后缀, 从而 $r - 1 \leqslant q$, 有 $\sigma(xa) \leqslant \sigma(x) + 1$. 由于 $P_q a$, P_r 均是 xa 的后缀, 并且字符串 $P_q a$ 比 P_r 长, 所以 P_r 为 $P_q a$ 的后缀, 从而 $r \leqslant \sigma(P_q a)$. 又由于 $P_q a$ 为 xa 的后缀, 所以 $\sigma(P_q a) \leqslant \sigma(xa) = r$. 最后得到 $\sigma(P_q a) = \sigma(xa)$. 证毕.

这个定理表明, 状态转移函数完全可以由模式串 P、当前状态 q 以及当前读入字符 a 决定. 事实上

$$\delta(a, q) = \sigma(P_q a) \tag{9.6}$$

这样模式匹配有限状态自动机就完全定义了.

例 9.9　构造 DNA 片段 $P = AATGTA$ 的模式匹配自动机.

注意字符集 $\Sigma = \{A, C, G, T\}$, 状态集 $Q = \{0, 1, 2, 3, 4, 5, 6\}$, 初始状态 $q_0 = 0$, 接受状态集 $A = \{6\}$. 根据公式 (9.6) 得到的状态转移矩阵 δ 如图 9.22 所示.

	0	1	2	3	4	5	6
A	1	2	2	1	1	6	2
C	0	0	0	0	0	0	0
G	0	0	0	4	0	0	0
T	0	0	3	0	5	0	0

图 9.22　模式串 $AATGTA$ 的状态转移矩阵

模式匹配有限状态自动机顺序读入输入字符串, 每个字符只处理一次, 可以认为其字符比较次数严格为 m 次, 但是状态转移矩阵需要 $(n+1) \times |\Sigma|$ 个内存空间. 如果简单按照公式 (9.6) 来直接计算状态转移矩阵, 则其复杂度为 $O(n^3|\Sigma|)$. 可以利用 KMP 算法的思想改进, 使其复杂度为 $O(n|\Sigma|)$, 参见本章习题 3.

Aho 和 Corasick 于 1975 年构造出多模式匹配的有限状态自动机. 设需要匹配的模式集合为 $\mathcal{P} = \{P_1, \cdots, P_n\}$. Aho-Corasick 自动机的状态集合为 $\{0, 1, \cdots, S\}$; 初始状态为 0; 状态个数 $S \leqslant |P_1| + \cdots + |P_n|$, 其中 $|P_k|$ 为模式 P_k 的长度. 举个例子. 假设 $\mathcal{P} = \{\text{sting}, \text{tint}, \text{stin}, \text{inch}, \text{int}, \text{in}, \text{no}\}$. $\mathcal{P}$ 对应的数字查找树见图 9.23, 记这个数字查找树为 T, 则模式串集合 $\mathcal{P}$ 对应的自动机有 $0 \sim 16$ 共 17 个状态. 引入 output 函数, 对于给定的状态 s, output(s) 是在状态 s 下匹配的字符串的集合. 在本例中, output(s) 集合如表 9.7 所示.

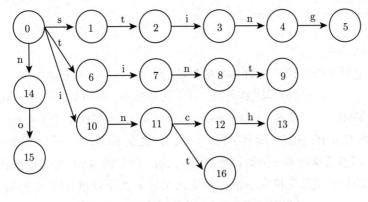

图 9.23　模式串集合 $\mathcal{P}$ 对应的数字查找树

表 9.7 output(s) 集合

状 态	4	5	8	9	11	13	15	16	其他
output 集合	{stin, in}	{sting}	{in}	{int, tint}	{in}	{inch}	{no}	{int}	∅

Aho-Corasick 算法可以描述为

```
void aho_Corasick(char* t)  // t 为目标串
{
    int state = 0;
    while(*t != 0) {
        state = transfer(state, *t);
        ++t;
         output(state);
    }
}
```

其中 `int transfer(int state, char c)` 为状态转移函数, 具体实现是

```
int transfer(int state, char c)
{
    while(go2(state, c) == FAIL)
        state = failure(state)
    return go2(state, c);
}
```

其中涉及两个函数, 即 go2 函数和 failure 函数. go2 函数完全由模式串集合 $\mathcal{P}$ 对应的数字查找树 T 决定. 该函数在逻辑上可以描述为

```
int go2(int s, char c)
{
    // T 为数字查找树，弧边的权值是字符
    if(T 中存在弧边 s —c→ t)   return t;
    else if(s == 0)  return 0;
    else   return FAIL;
}
```

从图 9.23 中可以得出状态 0 的 go2 函数是: go 2(0,'s') = 1; go2(0,'t') = 6; go2(0,'i') = 10; go2(0,'n') = 14; go2(0, 其他) = 0. 对于其他状态, 例如状态 1 有: go2(1, 't') = 2; go2(1, 其他) = FAIL. 对于状态 11 有: go2(11, 'c') = 12, go2(11, 't') = 16; go2(11, 其他) = FAIL. 对于状态 5 有: go2(5, 所有字符) = FAIL. 这里 FAIL 为一个特殊标记. 当 go2 函数返回 FAIL 时, 需要特殊处理. 例如目标串为 stinch, 参见图 9.24, 当自动机读入字符 n 后, 处于状态 4, 自动机希望匹配模式 sting. 再读入字符 c 而不是希望的 g, 此时 go2(4,c) 返回 FAIL.

	s	t	i	n	↓c	h	
...	s	t	i	n	c	h	...
	s	t	i	n	g		
		t	i	n	n	t		转到状态 8
			i	n	n	t	c		转到状态 11
			i	n	n	c	h	转到状态 11
				n	n	o		转到状态 14

图 9.24　failure 函数依次将状态转换到 8, 11, 14

go2(4, c) 返回 FAIL 只说明不可能匹配 sting, 但是还存在着匹配 tint, inch, int, no 4 种可能. 到底转向哪个状态, 就本例而言应该转到状态 12 去匹配 inch, 但是这样需要给 T 添加诸如 $4 \xrightarrow{c} 12, 4 \xrightarrow{o} 15, 4 \xrightarrow{t} 9, 4 \xrightarrow{t} 16$ 的弧边, 这会导致 T 不再是树. 另外当读入的字符为 t 时, 还需要判别到底转向 9 还是 16. Aho-Corasick 算法引入 failure 函数使得状态依次转到 8, 11, 14, 如图 9.24 所示, 在这几个状态下调用 go2 函数依次去试, 但是试的次序是非常重要的. 不难看出, 状态 4 的 failure 函数应该转移的已知的最长匹配状态, 即 failure(4) = 8. 假设在模式串集合对应的数字查找树中有如图 9.25 所示的两个分支. 并且满足最长匹配性质: ① $d_1 d_2 \cdots d_{j-1} d_j = c_{i-j+1} c_{i-j+2} \cdots c_{i-1} c_i$; ② j 是满足上面性质的最大值. 则定义

$$t_j = \text{failure}(s_i)$$

根据此定义, 本例题的 failure 函数值如表 9.8 所示.

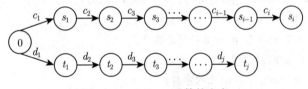

图 9.25　failure 函数的定义

表 9.8　failure 函数值

状 态	0	1	2	3	4	5	6	7	8	9	10	11	12	13	14	15	16
failure 值	无	0	6	7	8	0	0	10	11	16	0	14	0	0	0	0	6

构造输出集合 output(s) 需要两个步骤. 第一步, 在由模式串集合 $\mathcal{P}$ 构造数字查找树 T 的过程中可以得到 output 集合的初始值. 在本例中其初值如表 9.9 所示.

表 9.9　output 集合的初始值

状 态	4	5	9	11	13	15	16	其 他
output 集合初值	{stin}	{sting}	{tint}	{in}	{inch}	{no}	{int}	∅

第二步在计算 failure 函数的过程中得到 output 集合的最终值. 注意与根节点 (状态 0) 相邻的状态的 failure 函数值均为 0. 如果 t = failure(s), 则 t 在数字查找树中一定在 s 的上

层. 这两条性质决定了可以广度优先遍历数字查找树来求 failure 函数. 在图 9.26 中假设状态 s 的 failure 值已经得到. 欲求状态 u 的 failure 值.

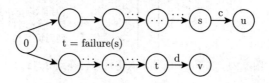

图 9.26　广度优先遍历求 failure 函数

令 t = failure(s), 如果 d = c, 则可以得到 failure(u) = v, 否则需要令 t = failure(t) 继续试. 还需注意如果 t = failure(s), 则 output(t) ⊂ output(s). output 集合可以根据这个性质求出. 下面的算法根据模式串的数字查找树求 failure 函数以及 output 集合:

```
build_failure_and_output( ) —→ failure 数组和 output 集合
{    //输入: ①模式串集合 P 对应的数字查找树 T; ② output 集合初值
    std::queue<int> que;
    N(0) = T 中状态 0 的后继状态集合;
    for( s ∈ N(0) ) { failure[s] = 0; que.push(s); }
    while( !que.empty() ) {
        s =que.front(); que.pop(); t = failure[s];
        output[s] = output[s] ∪ oupput[t];
        N(s) = T 中状态 s 的后继节点集合;
        for( u ∈ N(s) ) {
            c = 弧边 s → u 上的字符;
            while( go2(t, c) == FAIL ) t = failure(t);
            failure[u] = go2(t,c);
            que.push(u);
        }//~ for
    }
    return failure 数组与 output 数组;
}
```

下面的算法从模式串集合 P 构造数字查找树并且得到 output 集合的初值.

```
build_tree( P ) —→ P 对应的数字查找树和 output 集合初值
{
    V = {0}; E = ∅; T = (V, E);
    output[0] = ∅;
    cur_state = 0;
```

```
for( P∈ 𝒫 ) {
    假设模式串 P = p₀p₁⋯pₙ₋₁;
    int s = 0; int j = 0;
    while( j < n ) {
        temp = go2(s, pⱼ);
        if( (temp == 0) || (temp == FAIL) ) break;
        s = temp; ++j;
    }
    for(; j < n; ++j) {
        int t = ++cur_state;
        V = V ∪ {t}; E = E ∪ {s ─pⱼ→ t};
        output[t] = ∅;
        s = t;
    }
    output[s] = {P} ;
}
return T 和 output 数组;
}
```

在具体实现 Aho-Corasick 算法时, 数字查找树的存储形式如图 9.27 所示.

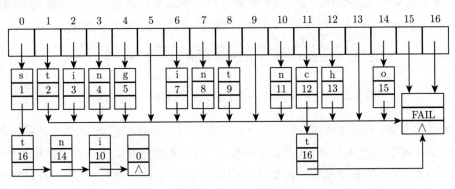

图 9.27　数字查找树 T 的存储形式

在这种存储形式下, go2(s, c) 函数只需在状态 s 对应的链表中查找字符 c 即可. 当模式串集合较大时, 状态 0 的链表可能会过长, 可以将状态 0 的链表存储为数组. 在此例子中, 状态 0 的链表可以转换为如图 9.28 所示的数组.

⋯	i	⋯	n	⋯	s	t	⋯
0	10	0	14	0	1	6	0

图 9.28　状态 0 的链表转换为的数组

output 集合可以按照图 9.29 所示的形式存储. 其他的实现细节留作习题.

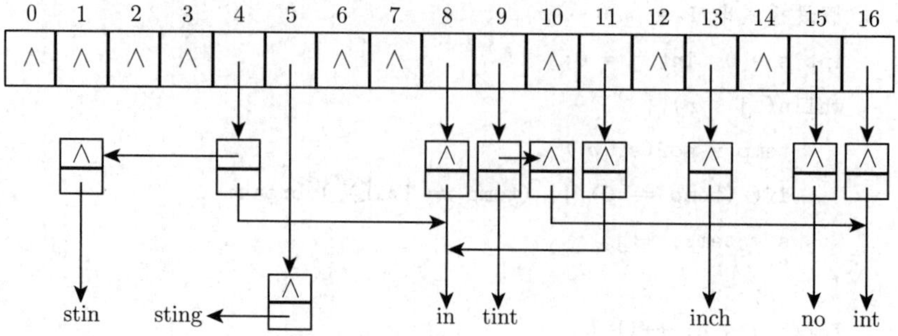

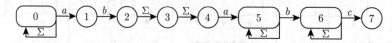

图 9.29　output 的储存

9.4　带通配符的模式匹配

在许多时候, 不能完全确定模式串中的所有字符, 例如在基因序列中可能不知道某些位置的基因. 本节在模式串中引入两个常用的通配符 ? 和 *. 问号 ? 代表任意一个字符, 即可以匹配任意一个字符; 而星号 * 匹配任意长度的字符串 (包括长度为零的字符串). 模式串 dat? 匹配所有长度为 4, 前 3 个字符为 dat 的字符串. 带通配符的模式串是 $\Sigma' = \Sigma \cup \{?, *\}$ 上的字符串, 其中通配符 $?, *$ 不属于 Σ. 一个带通配符的模式串对应于一个不确定的有限状态自动机, 例如 $P = ab??a*b*c$ 对应的不确定有限状态自动机如图 9.30 所示.

图 9.30　$P = ab??a*b*c$ 对应的不确定有限状态自动机

这个自动机有一个初始状态 (0)、一个接受状态 (7). 带有权值 Σ 的弧边表示读入 Σ 中任意字符都转向下一个状态, 相当于 $|\Sigma|$ 条弧边. 所谓不确定有限状态自动机是指当读入一个字符时, 可以转入的多个状态. 例如当自动机处于状态 5 时读入字符 b 可以转向状态 5 和 6.

用于模式匹配的不确定有限状态自动机在运行时维持一个状态的集合. 初始的状态集仅包含状态 0. 自动机根据读入的字符, 将一个状态集合转换到另一个状态集合. 假设 $Q = \{0, 1, \cdots, s\}$ 为所有状态的集合, 而 2^Q 为 Q 的所有子集构成的幂集. 自动机的状态转移函数是 $\mathrm{transfer} : 2^Q \times \Sigma \mapsto 2^Q$. 其具体定义是

$$\mathrm{transfer}(S, c) = \left\{ t \in Q : \text{在自动机中存在弧边 } s \xrightarrow{c} t, \text{其中 } s \in S \right\}$$

当接受状态属于某个状态集时就表明存在一个匹配. 在这里自动机为一个带自环弧边的有

向图. 根据模式串构造自动机是比较容易的. 有了自动机后, 匹配算法可以描述如下:

```
find(char* t, 自动机 A) ⟶ bool
{   // 输入: ① t, 目标串; ② A, 模式串 P 对应的自动机
    S = {0};
    int final = A 的接受状态;
    while(*t != 0) {
        S = transfer(S, *t++);
        if(final ∈ S) return true;    //匹配成功
    }
    return false;    //匹配失败
}
```

此算法的工作量主要在 $\text{transfer}(S, c)$ 函数的工作量. 假设其工作量是 $O(|S|)$. 如果模式串 P 的长度为 m, 则自动机的状态数目不超过 m, 所以算法的复杂度为 $O(mn)$, 其中 n 为目标串的长度.

当自动机的状态个数不超过计算机的字长时, 可以用整数来表示状态集合, 从而得到复杂度为 $O(n)$ 的匹配算法. 以 $P = ab??a * b * c$ 对应的自动机为例, 状态集合 $\{0,5,6,7\}$ 可以表示为整数 $(10000111)_2 = 135$, 初始状态集合 $\{0\}$ 对应的整数为 $(10000000)_2 = 128$. 判别接受状态是否属于状态集合只需判别整数是否为奇数即可. 还需要一个整数 F 来记录带有自环 Σ 弧边的状态. 在本例中 $A = \{0,5,6\}$, 所以 $F = (10000110)_2 = 134$, 称 F 为 P 对应的自动机的 Σ 自环弧边标记. 假设模式串 P 对应的自动机的状态个数为 q. 定义位置标记函数 $\text{loc} : \Sigma \mapsto \{0,1\}^q$ 如下:

$$\text{loc}(x) = (b_0 b_1 \cdots b_{q-1})$$

$b_j = 1$ 的充要条件是在状态机中存在权值为 x 的弧边 $j \xrightarrow{x} (j+1)$

将模式串 P 中的通配符 $*$ 删除字符串记为 P'. $\text{loc}(x)$ 就是 x 在 P' 中的位置. 在本例中 $P' = ab??abc$. 模式串 P 对应的 loc 函数如图 9.31 所示.

P'	a	b	$?$	$?$	a	b	c	
$\text{loc}(x)$	b_0	b_1	b_2	b_3	b_4	b_5	b_6	b_7	整数值
$x = a$	1	0	1	1	1	0	0	0	184
$x = b$	0	1	1	1	0	1	0	0	116
$x = c$	0	0	1	1	0	0	1	0	50
$x = $其他	0	0	1	1	0	0	0	0	48

图 9.31　$ab??abc$ 对应的 loc 函数

下面来推导自动机的状态转移函数 transfer. 设自动机的状态集合为 $Q = \{0, 1, \cdots,$

$q-1\}$, 当前状态集合是 $S = (\alpha_0\alpha_1\cdots\alpha_{q-1})$. 这时从输入上读入的字符为 x, 而 $T = \text{transfer}(S,x)$. 假设 $T = (\beta_0\beta_1\cdots\beta_{q-1})$. 首先 $\beta_0 = 1$, 因为状态 0 总是属于当前状态集合. 只有两种情况导致 $\beta_{j+1} = 1$.

① 状态 j 属于当前状态集合并且自动机中存在权值为 x 的从状态 j 出发的弧边 $j \xrightarrow{x} (j+1)$, 即 $(\alpha_j = 1) \wedge (b_j = 1)$, 其中 $\text{loc}(x) = (b_0b_1\cdots b_{q-1})$.

② 状态 $j+1$ 属于当前状态集合并且状态 $j+1$ 本身带有 Σ 自环, 即 $(\alpha_{j+1} = 1) \wedge (f_{j+1} = 1)$, 其中 $F = (f_0f_1\cdots f_{q-1})$ 为自动机的自环 Σ 状态标记.

从而得到

$$(\beta_0\beta_1\cdots\beta_{q-1}) = [(1\alpha_0\cdots\alpha_{q-2}) \wedge (1b_0\cdots b_{q-2})] \vee [(\alpha_0\alpha_1\cdots\alpha_{q-1}) \wedge (f_0f_1\cdots f_{q-1})]$$

即

$$T = [(S >> 1)\&(\text{loc}(x) >> 1)] \mid [S\&F] \mid 10...0$$

上式就是自动机的状态转移函数. 如果自动机的状态个数不超过计算机的字长, 其复杂度为 $O(1)$. loc 函数和自环标识 F 的求法留作习题.

9.5 正则表达式匹配

正则表达式是描述多个模式的有效方法. 本节介绍最为基本的正则表达式以及经典的正则表达式匹配算法. 假设字符集为 Σ, 正则表达式是定义在 $\Sigma_R = \Sigma \cup \{(,),*,\mid\}$ 上的字符串, 称字符 $(,),*,\mid$ 为元字符. 元字符不属于字符集 Σ. 正则表达式定义了字符集 Σ 上的字符串集合, 称为与正则表达式匹配的字符串集合. 如果 α 为一个正则表达式, 记与其匹配的字符串集合为 $L[\alpha] \subset \Sigma^*$. 其递归定义如下.

① 字符集 Σ 中的所有字符均为正则表达式, 即如果 $c \in \Sigma$, 则 c 本身就是正则表达式, 并且 $L[c] = \{c\}$.

② 如果 α 为正则表达式, 则 (α) 也是正则表达式, 并且 $L[(\alpha)] = L[\alpha]$.

③ 如果 α 为正则表达式, 则 $\alpha*$ 也是正则表达式, 称 $*$ 为 Kleene 闭包符号, 它表示 α 的零次或者多次拼接, 即 $L[\alpha*] = \{\epsilon, p_1, p_2p_3, p_4p_5p_6, p_7p_8p_9p_{10}, \cdots\}$, 其中 ϵ 为空串, $p_i \in L[\alpha]$.

④ 如果 α, β 为正则表达式, 则 $\alpha\beta$ 也是正则表达式, 称为 α 与 β 的拼接, 即 $L[\alpha\beta] = \{pq\}$, 其中 $p \in L[\alpha], q \in L[\beta]$.

⑤ 如果 α, β 为正则表达式, 则 $\alpha\mid\beta$ 也是正则表达式. 称 $\mid$ 为逻辑或符号. $L[\alpha\mid\beta] = L[\alpha] \cup L[\beta]$.

元字符作为运算符也有优先级. 括号 $(,)$ 的优先级最高, Kleene 符号次之, 接下来是拼接, 逻辑或符号的优先级最低. 1968 年, Thompson 提出了正则表达式的模式匹配算法. 这个算法将正则表达式转换为带 ϵ 转移的有限状态自动机. Thompson 自动机为一个有向图, 有一个初始状态、一个接受状态. 为方便起见, 记正则表达式 α 对应的 Thompson 自动机为 $(s) \overset{\alpha}{\dashrightarrow} (t)$, 其中 s 为自动机的初始状态, t 为接受状态.

Thompson 自动机的顶点为状态, 弧边的权值为 Σ 中的字符或者为 ϵ, 称这里的 ϵ 为空字符. 如果弧边的权值为普通字符 c, 则有限状态自动机中对应的符号是 $(s) \overset{c}{\rightarrow} (t)$. 它表示当读入字符 c 时可以从状态 s 转移到 t. 如果弧边的权值为空符 ϵ, 则有限状态自动机中对应的符号是 $(s) \overset{\epsilon}{\rightarrow} (t)$. 它表示从状态 s 可以在不读入任何字符的情况下随意转移到状态 t. 正则表达式对应的 Thompson 自动机可以递归定义如下.

① 单一字符 $c \in \Sigma$ 对应的 Thompson 自动机为 $(s) \overset{c}{\rightarrow} (t)$, 其中 s 为初始状态, t 为接受状态.

② 正则表达式 (α) 对应的 Thompson 自动机与 α 对应的相同.

③ $\alpha*$ 对应的自动机为 $(u) \overset{\epsilon}{\rightarrow} (s) \overset{\alpha}{\dashrightarrow} (t) \overset{\epsilon}{\rightarrow} (v)$, u 为新自动机的初始状态, v 为新自动机的接受状态.

④ $\alpha\beta$ 对应的 Thompson 自动机为 $(s) \overset{\alpha}{\dashrightarrow} (t) \overset{\epsilon}{\rightarrow} (u) \overset{\beta}{\dashrightarrow} (v)$, s 为新自动机的初始状态, v 为新自动机的接受状态.

⑤ $\alpha|\beta$ 对应的 Thompson 自动机如图 9.32 所示, w 为新自动机的初始状态, x 为新自动机的接受状态.

例如正则表达式 $(a|bc)*d$ 对应的 Thompson 自动机如图 9.33 所示, 8 为初始状态, 11 为接受状态.

Thompson 自动机初始状态的入度为零, 接受状态的出度为零. 其他节点的出度和入度只能为 1 或 2. 还容易证明, 在 Thompson 自动机中不存在全部由 ϵ 边组成的环. 最为重要的是下面的定理.

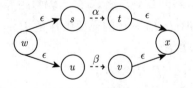

图 9.32　$\alpha|\beta$ 对应的 Thompson 自动机

定理 9.10　令 α 为正则表达式, $L[\alpha]$ 为与之匹配的字符串集合, $T[\alpha]$ 为 α 对应的 Thompson 有限状态自动机, 则 $p \in L[\alpha]$ 的充要条件是: 在 $T[\alpha]$ 中存在从初始状态到接受状态的路径 P, 将 P 上的 ϵ 边去掉后, P 等于 p.

从正则表达式建立 Thompson 自动机的过程类似于简单算术表达式求值. 具体细节不在

此介绍.

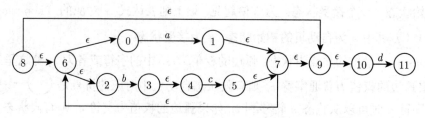

图 9.33　正则表达式 $(a|bc)*d$ 对应的 Thompson 自动机

9.6　近似匹配

在许多时候并不能准确地确定模式串. 例如即使是直系亲属的 DNA 片段也会有一些不同. 这就需要容许有一定误差的模式匹配. Levenshtein 于 1965 年引入了两个字符串之间的编辑距离概念, 两个字符串的编辑距离是指将一个字符串修改为另一个字符串所需的最少编辑动作. Levenshtein 第一编辑距离容许的编辑操作有两个: 插入和删除.

定义 9.11 (Levenshtein 第一编辑距离)　通过插入和删除操作将字符串 P 编辑为 T 所需的最少编辑操作次数, 称为 P 与 T 的 Levenshtein 第一编辑距离, 记为 $\mathrm{ed}1(P,T)$.

例如 $P =$ "accompanied", $T =$ "unaccomplished", 编辑过程如图 9.34 所示.

$$
\begin{array}{cccccccccccccc}
\_ & \_ & a & c & c & o & m & p & a & \_ & n & i & \_ & \_ & e & d \\
\hline
u & n & a & c & c & o & m & p & \_ & l & \_ & i & s & h & e & d \\
\hline
1\,2 & & & & & 3 & 4\,5 & & & 6 & 7 & & &
\end{array}
$$

图 9.34　从 P 到 T 的编辑过程

图 9.34 中上面一行中的下划线代表插入操作, 插入下面一行中对应的字符, 例如 1,2,4,6,7. 下面一行中的下划线代表删除操作, 删除下弧线对应的上面一行的字符, 例如 3, 5. 经过这 7 个编辑操作后, 字符串 P 就变为 T, 所以 $\mathrm{ed}1(P,T) \leqslant 7$. 将图 9.34 中第一行与第二行互换, 就得出将 T 变换为 P 的编辑操作. Levenshtein 第一编辑距离满足如下性质.

非负性: $\mathrm{ed}1(P,T) \geqslant 0$, $\mathrm{ed}1(P,T) = 0$ 的充要条件是 $P = T$.

对称性: $\mathrm{ed}1(P,T) = \mathrm{ed}1(T,P)$.

三角不等式: $\mathrm{ed}1(P,T) \leqslant \mathrm{ed}1(P,R) + \mathrm{ed}1(R,T)$.

一个简单的事实是 $\mathrm{ed}1(\epsilon, P) = |P|$, 其中 ϵ 为空串. Levenshtein 第一编辑距离与最长公共子序列有非常密切的关系.

定义 9.12 (字符串的公共子序列)　假设 $T = t_0 t_1 \cdots t_{m-1}$, $P = p_0 p_1 \cdots p_{n-1}$, 如果存在序列 $0 \leqslant i_1 < i_2 < \cdots < i_q < m$ 以及 $0 \leqslant j_1 < j_2 < \cdots < j_q < n$, 使得 $t_{i_1} t_{i_2} \cdots t_{i_q} = p_{j_1} p_{j_2} \cdots p_{j_q}$, 则称 $p_{j_1} p_{j_2} \cdots p_{j_q}$ 和 $t_{i_1} t_{i_2} \cdots t_{i_q}$ 是 P 和 T 的长度为 q 的公共子序列. P 与 T 的最长公共子序列的长度记为 $\mathrm{lcs}(P,T)$.

例如 "accompied" 是 "accompanied" 和 "unaccomplished" 的公共子序列. 事实上它也是最长的公共子序列. 有下面的结论.

定理 9.13　设 P, T 为两个字符串, $|P|$, $|T|$ 分别为它们的长度, $\mathrm{lcs}(P,T)$ 为它们的最长公共子序列的长度, 则

$$\mathrm{ed1}(P,T) = |P| + |T| - 2\mathrm{lcs}(P,T)$$

如果找到两个字符串的最长公共子序列, 则同时也找到了最佳的编辑方法. 下面介绍 Hunt 和 Szymanski 于 1977 年提出的求最长公共子序列的算法. 长度为 q 的公共子序列通常不是唯一的. 若 $t_{i_1} t_{i_2} \cdots t_{i_q} = p_{j_1} p_{j_2} \cdots p_{j_q}$ 为 T 与 P 的长度为 q 的公共子序列, 称使得 j_q 达到最小值的那个公共子序列为 P 中最左边的长度为 q 的公共子序列, j_q 的最小值记为 k_q. 若 $q = \mathrm{lcs}(P,T)$, 则称为最左最长公共子序列. Hunt-Szymanski 算法找到 P 中这样的最左最长公共子序列.

令 $T_i = t_0 t_1 \cdots t_{i-1}$, 而 $q = \mathrm{lcs}(P, T_i)$, 则 P 与 T_i 之间分别存在着长度为 $1, 2, \cdots, q$ 的公共子序列, 从而存在着这些长度的最左公共子序列, 即存在 $k_1 < k_2 < \cdots < k_q$. 现考虑 P 与 $T_{i+1} = T_i t_i = t_0 t_1 \cdots t_{i-1} t_i$ 的最左公共子序列, 参见图 9.35.

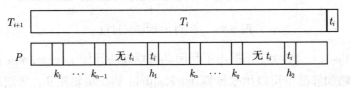

图 9.35　由 $\mathrm{lcs}(P, T_i)$ 求 $\mathrm{lcs}(P, T_{i+1})$

如果 t_i 在 P 的区间 $[k_q + 1, n-1]$ 中出现, 则 $\mathrm{lcs}(P, T_{i+1}) = q + 1$, 并且 $k'_{q+1} = h_2$. 如果 t_i 不在此区间中出现, 则 $\mathrm{lcs}(P, T_{i+1}) = q$. 如果 t_i 还出现在 P 的 $[k_{\alpha-1} + 1, k_\alpha - 1]$ 区间中, 则 $k'_\alpha = h_1$. 这里 k'_α 是 P 与 T_{i+1} 的长度为 α 的最左公共序列的最后字符的位置. 由此得到 Hunt-Szymanski 算法如下:

```
hunt_szymanski(T, P) ⟶ lcs(P,T)
{    // T=t₀t₁···t_{m-1}, P = p₀p₁···p_{n-1}
    std::vector<int> K;
    K.resize(n, n); //K 的长度为 n, 初始值为 n
    for(int i = 0; i < m; ++i) {
        假设 t[i] 在模式串 p 中出现的位置从小到大依次为 h[0],..., h[w-1];
        for(int j = w-1; j >= 0; --j) {
            auto q = std::upper_bound(K.begin(), K.end(), h[j]);
            *q = h[j]
        }
    }
}
```

```
        while(!K.empty() && K.back() == n) K.pop_back();
        return K.size();
    }
```

Hunt-Szymanski 算法的具体实现留作习题. Levenshtein 还提出了另一种编辑距离, 它容许的编辑操作有 3 个: 插入、删除和替换.

定义 9.14 (Levenshtein 第二编辑距离) 通过插入、删除和替换操作将字符串 P 编辑为 T 所需的最少编辑操作次数, 称为 P 与 T 的 Levenshtein 第二编辑距离, 记为 $\mathrm{ed2}(P,T)$.

类似于 Levenshtein 第一编辑距离, 有 $\mathrm{ed2}(\epsilon, P) = |P|$, 其中 ϵ 为空串, $|P|$ 为字符串 P 的长度. 对于字符串 $P = $ "accompanied", $T = $ "unaccomplished", 编辑过程如图 9.36 所示, 其中 1,2,5,6 为插入操作, 分别插入 u,n,s,h; 3 为删除操作 (删除字符 a); 4 为替换操作 (将 n 替换为 l). 通过这 6 个编辑操作就将 P 变换为 T, 从而有 $\mathrm{ed2}(P,T) \leqslant 6$. Levenshtein 第二编辑距离也满足距离的 3 个基本性质, 即非负性、对称性和三角不等式, 并且还有 $\mathrm{ed2}(P, T) \leqslant \mathrm{ed1}(P,T)$.

```
_  _  a  c  c  o  m  p  a  n  i  _  _  e  d
u  n  a  c  c  o  m  p  _  l  i  s  h  e  d
1  2                    3  4        5  6
```

图 9.36 P 到 T 的编辑过程

Wagner 和 Fischer 于 1974 年提出了利用动态规划法计算 Levenshtein 第二编辑距离的算法. 这个算法略加修改也可以用来计算 Levenshtein 第一编辑距离. 所谓动态规划法有两个方面的特性. 一方面动态规划法是一种递归算法, 将规模大的问题分解为规模较小的问题; 另一方面动态规划法对应一个有向无环图, 图的顶点对应于不同规模的问题. 顶点 V 的前驱顶点解决问题 V 所需要预先解决的问题. 入度为零的顶点对应的问题的解答非常容易得到. 出度为零的顶点为最终需要解决的问题. 动态规划法不是利用递归调用, 而是找出有向无环图的一个拓扑排序, 按照这个拓扑排序依次解决各个子问题, 最终得到问题的解.

假设 $T = t_0 t_1 \cdots t_{m-1}$, $P = p_0 p_1 \cdots p_{n-1}$. 欲求 $\mathrm{ed2}(P,T)$. 令 $T_i = t_0 t_1 \cdots t_{i-1}$, $P_j = p_0 p_1 \cdots p_{j-1}$ 分别为 T 与 P 的长度为 i 和 j 的前缀. 引入 $(m+1) \times (n+1)$ 矩阵 $\boldsymbol{E} = [e_{i,j}]$, $i = 0, \cdots, m$; $j = 0, \cdots, n$. 令 $e_{i,j} = \mathrm{ed2}(T_i, P_j)$, 则 $e_{m,n} = \mathrm{ed2}(T, P)$ 为所求. 称矩阵 $\boldsymbol{E}$ 为字符串 P 与 T 的编辑表.

矩阵 $\boldsymbol{E}$ 的第零行与第零列的值是容易得到的. $e_{0,j} = \mathrm{ed2}(T_0, P_j) = \mathrm{ed2}(\epsilon, P_j) = j$. 同理 $e_{i,0} = i$. 下面考虑 $e_{i+1,j+1}$ 的计算. $T_{i+1} = T_i t_i$ 与 $P_{j+1} = P_j p_j$ 最后的对齐方式只有如图 9.37 所示的 3 种可能:

第 (1) 种情况代表一个删除操作, 第 (2) 种情况需要一个插入操作, 第 (3) 种情况可能需要一个替换. 所以有

$$e_{i+1,j+1} = \min\{1 + e_{i+1,j},\ 1 + e_{i,j+1},\ \delta(p_j, t_i) + e_{i,j}\}, \quad i \in [0, m),\ j \in [0, n) \tag{9.7}$$

当 $t_i = p_j$ 时 $\delta(p_j, t_i) = 0$; 否则为 1. 字符串 $T = $ "unaccomplished", $P = $ "accompanied". 根据公式 (9.7) 计算出的编辑表如图 9.38 所示.

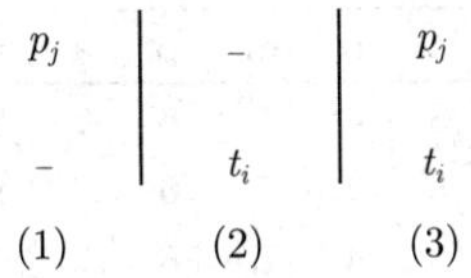

$$
\begin{array}{c|c|c}
p_j & - & p_j \\
- & t_i & t_i \\
(1) & (2) & (3)
\end{array}
$$

图 9.37　$T_{i+1} = T_i t_i$ 与 $P_{j+1} = P_j p_j$ 的 3 种对齐方式

		a	c	c	o	m	p	a	n	i	e	d
	0	1	2	3	4	5	6	7	8	9	10	11
u	1	1	2	3	4	5	6	7	8	9	10	11
n	2	2	2	3	4	5	6	7	7	8	9	10
a	3	2	3	3	4	5	6	6	7	8	9	10
c	4	3	2	3	4	5	6	7	7	8	9	10
c	5	4	3	2	3	4	5	6	7	8	9	10
o	6	5	4	3	2	3	4	5	6	7	8	9
m	7	6	5	4	3	2	3	4	5	6	7	8
p	8	7	6	5	4	3	2	3	4	5	6	7
l	9	8	7	6	5	4	3	3	4	5	6	7
i	10	9	8	7	6	5	4	4	4	4	5	6
s	11	10	9	8	7	6	5	5	5	5	5	6
h	12	11	10	9	8	7	6	6	6	6	6	6
e	13	12	11	10	9	8	7	7	7	7	6	7
d	14	13	12	11	10	9	8	8	8	8	7	6

图 9.38　根据公式 (9.7) 计算出的编辑表

由此得到 $ed2(P, T) = e_{14,11} = 6$. 编辑表的计算次序是先将第零行与第零列赋值; 然后自上而下、自左而右依次计算各元素的值. 具体的实现留作习题.

近似匹配是指在目标串 T 中查找与模式串 P 的编辑距离不超过 k 的子串, 称 k 为误差. 在下面的讨论中假设字符串的编辑距离为 Levenshtein 第二编辑距离. 这个问题类似于计算两个字符串的编辑距离, 不同的是需要测试 T 的所有子串. 可以对 Wagner-Fischer 算法略加修改来解决近似匹配问题, 还是引入一个 $(m+1) \times (n+1)$ 的矩阵 $\boldsymbol{E} = [e_{i,j}]$. 定义

$$e_{i,j} = T_i \text{所有后缀中与} P_j \text{的 Levenshtein第二编辑距离的最小值} \tag{9.8}$$

$e_{i,j}$ 同样满足公式 (9.7). 但是 $\boldsymbol{E}$ 的第零行和第零列的值有所变化. 由于 T_0 为空串 ϵ, T_0 的所有后缀均为空串, 所以 $\boldsymbol{E}$ 的第零行 $e_{0,j} = j$. 又由于空串 ϵ 为所有 T_i 的后缀, 而 P_0 为空串, 空串与空串的编辑距离为零, 所以 $\boldsymbol{E}$ 的第零列 $e_{i,0} = 0$. 对于 $T = $ "unaccomplished", $P = $ "accompanied", 根据这样的初始化得到的编辑表如图 9.39 所示.

图 9.39 所示矩阵的最后一列的最小值就是 T 的子串中与 P 的 Levenshtein 第二编辑距离的最小值. Wanger-Fischer 算法的复杂度是 $O(mn)$, 具体实现留作习题.

		a	c	c	o	m	p	a	n	i	e	d
	0	1	2	3	4	5	6	7	8	9	10	11
u	0	1	2	3	4	5	6	7	8	9	10	11
n	0	1	2	3	4	5	6	7	7	8	9	10
a	0	0	1	2	3	4	5	6	7	8	9	10
c	0	1	0	1	2	3	4	5	6	7	8	9
c	0	1	1	0	1	2	3	4	5	6	7	8
o	0	1	2	1	0	1	2	3	4	5	6	7
m	0	1	2	2	1	0	1	2	3	4	5	6
p	0	1	2	3	2	1	0	1	2	3	4	5
l	0	1	2	3	3	2	1	1	2	3	4	5
i	0	1	2	3	4	3	2	2	2	2	3	4
s	0	1	2	3	4	4	3	3	3	3	3	4
h	0	1	2	3	4	5	4	4	4	4	4	4
e	0	1	2	3	4	5	5	5	5	5	4	5
d	0	1	2	3	4	5	6	6	6	6	5	4

图 9.39　根据公式 (9.8) 得出的矩阵 $\boldsymbol{E}$

在近似匹配中, 误差应该小于模式串的长度. 通常 $k < n/2$, 一般情况下误差 k 都比较小. 下面介绍由 Wu 和 Manber 于 1992 年提出的一个算法, 当模式串的长度不超过计算机字长时, 可以将近似匹配的时间复杂度降为 $O(km)$. Wu-Manber 算法引入了 $(k+1) \times n$ 模式的匹配状态矩阵 $\boldsymbol{S}$, 如下:

$$\boldsymbol{S} = \begin{pmatrix} s_{0,1} & s_{0,2} & \cdots & s_{0,n} \\ s_{1,1} & s_{1,2} & \cdots & s_{1,n} \\ \vdots & \vdots & & \vdots \\ s_{k,1} & s_{k,2} & \cdots & s_{k,n} \end{pmatrix}$$

其中 n 为模式串 P 的长度, k 为误差. 定义

$$s_{i,j} = \begin{cases} 1, & \text{如果存在 } T \text{ 的某个后缀与 } P_j \text{ 的 Levenshtein 第二编辑距离小于等于 } i \\ 0, & \text{其他} \end{cases}$$

称矩阵 $\boldsymbol{S}$ 为字符串 T 与模式串 P 的匹配状态矩阵. 在 T 中存在与模式串 P 的 Levenshtein 第二编辑距离小于等于 k 的子串的充要条件是匹配状态矩阵的右下角元素 $s_{k,n} = 1$. 现假设 $T_l = t_0 t_1 \cdots t_{l-1}$ 与 P 的匹配状态矩阵 $\boldsymbol{S} = [s_{i,j}]$ 已知, 求 $T_{l+1} = T_l t_l$ 与 P 的匹配状态矩阵 $\boldsymbol{S}' = [s'_{i,j}]$. 状态矩阵的更新如图 9.40 所示.

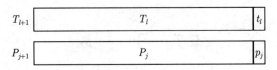

图 9.40　状态矩阵的更新

细分起来使 $s'_{i,j+1} = 1$ 仅有以下 4 种情况:

① $s_{i,j} = 1$ 并且 $t_l = p_j$;

② $s_{i-1,j} = 1$;

③ $s'_{i-1,j} = 1$;

④ $s_{i-1,j+1} = 1$.

$s_{i,1}$ $(i = 1, \cdots, k)$ 总是等于 1. 现在假设模式串 P 的长度 n 小于等于计算机的字长, 这样可以用一个整数表示匹配状态矩阵的一行. 令 $\boldsymbol{S}'_i$ 为矩阵 $\boldsymbol{S}'$ 的第 i 行. 第零行意味着严格匹配. 所以

$$\boldsymbol{S}'_0 = [(\boldsymbol{S}_0 >> 1) \vee (1, 0, \cdots, 0)] \wedge \mathrm{loc}(t_l)$$

参见公式 (9.4) 和公式 (9.5). 对于其他行 $\boldsymbol{S}'_i$ $(i = 1, \cdots, k)$ 有:

$$\begin{aligned}
\boldsymbol{S}'_i = &\ (\boldsymbol{S}_i >> 1) \wedge \mathrm{loc}(t_l) \\
&\vee (\boldsymbol{S}_{i-1} >> 1) \\
&\vee \boldsymbol{S}'_{i-1} >> 1 \\
&\vee \boldsymbol{S}_{i-1} \\
&\vee (1, 0, \cdots, 0)
\end{aligned}$$

选取 T_0 (等于空串 ϵ) 与模式串 P 的匹配状态矩阵作为初始值. 此时矩阵元素 $s_{i,j} = (\mathrm{ed2}(\epsilon, P_j) \leqslant i)$, 而 $\mathrm{ed2}(\epsilon, P_j) = j$, 所以 $s_{i,j} = (j \leqslant i)$. 由此得到这个初始矩阵是

$$\boldsymbol{S} = \begin{pmatrix}
0 & 0 & 0 & \cdots & 0 & 0 & \cdots & 0 \\
1 & 0 & 0 & \cdots & 0 & 0 & \cdots & 0 \\
1 & 1 & 0 & \cdots & 0 & 0 & \cdots & 0 \\
1 & 1 & 1 & \cdots & 0 & 0 & \cdots & 0 \\
\vdots & \vdots & \vdots & & \vdots & \vdots & & \vdots \\
1 & 1 & 1 & \cdots & 1 & 0 & \cdots & 0
\end{pmatrix}$$

由此矩阵出发, 读入目标串中的字符, 更新矩阵; 检测矩阵的右下角元素是否为 1. 这就是 Wu-Manber 算法的主要过程. 其具体实现留作习题.

9.7 习　　题

1. 求下列字符串的 next 数组和 nextval 数组.

① *aaab*; ② *abaabaab*; ③ *abcabcabbac*; ④ *aabaacaababab*.

2. 假设目标串 T 的长度为 m. 证明 KMP 算法的字符比较次数不超过 $2m$.

3. 假设 M 为由模式串 P 决定的有限状态自动机. 证明: 如果 $q = n$ 或者 $p_q \neq a$, 则

$$\delta(q, a) = \delta(\pi(q), a)$$

由此得出计算 M 状态转移矩阵的高效算法.

4. 实现 BM-KMP 算法、Sunday 算法以及 Horspool 算法.

5. 在 Shift-and 类算法的循环体内有一个语句 "states=(states>>1)|HB;". states >>1 在最高位引入零, 所以还需要一个按位或操作将最高位设置为 1. 事实上按位或操作是可以取消的. 试修改 Shift-and 算法使得实现中不需要额外的按位或操作. 修改后的算法被称为 Shift-or 算法. 试修改本章所有的 Shift-and 类算法为 Shift-or 算法.

6. 在本章的 Shift-and 类算法中, 01 串 $b_0 b_1 \cdots b_n$ 被看作整数 $b_0 2^n + b_1 2^{n-1} + \cdots + b_{n-1} 2 + b_n$. 这样的做法比较直观. 事实上 $b_0 b_1 \cdots b_n$ 还可以对应整数 $b_0 + b_1 2 + \cdots + b_{n-1} 2^{n-1} + b_n 2^n$. 试用这种约定修改本章的 Shift-and 类算法. 看看这样的约定是否能带来好处.

7. 实现 Aho-Corasick 算法. 对其做最少的修改, 使其对 Unicode 字符串也可以使用.

8. 假设 $\Sigma = [0, 256) - \{?, *\}$. 编写程序求带通配符的模式串 P 的 loc 函数和 Σ 自环标识 F.

9. 证明: Thompson 自动机初始状态的入度为零, 接受状态的出度为零. 其他节点的出度和入度只能为 1 或 2.

10. 在 Thompson 自动机中不存在全部由 ϵ 边组成的环.

11. 证明定理 9.10 和定理 9.13.

12. 细化 Hunt-Szymanski 函数, 求出两个字符的最长公共子序列.

13. 实现 Wagner-Fischer 算法.

14. 扩展 Wagner-Fischer 算法, 打印字符串 P 到 T 的最佳编辑动作.

15. 修改 Wagner-Fischer 算法, 使之返回 Levenshtein 第一编辑距离.

16. 实现 Wu-Manber 算法.

参 考 文 献

[1] 严蔚敏, 吴伟民. 数据结构 (C 语言版). 北京: 清华大学出版社, 1997.

[2] 许卓群, 张乃孝, 杨冬青, 等. 数据结构. 北京: 高等教育出版社, 1987.

[3] 许卓群, 杨冬青, 唐世渭, 等. 数据结构与算法. 北京: 高等教育出版社, 2004.

[4] 张铭, 赵海燕, 王腾蛟. 数据结构与算法——学习指导与习题解析. 北京: 高等教育出版社, 2005.

[5] 张乃孝, 裘宗燕. 数据结构——面向对象的途径. 北京: 高等教育出版社, 1998.

[6] 傅清祥, 王晓东. 算法与数据结构. 北京: 电子工业出版社, 1998.

[7] 张益新, 沈雁. 算法引论. 北京: 国防科技出版社, 1995.

[8] 殷剑宏, 吴开亚. 图论及其算法. 合肥: 中国科学技术大学出版社, 2006.

[9] 仲萃豪, 冯友琳, 陈友君. 程序设计方法学. 北京: 北京科学技术出版社, 1985.

[10] 王梓坤. 概率论基础及其应用. 北京: 北京师范大学出版社, 1995.

[11] 李明, 威塔涅. 描述复杂性. 北京: 科学出版社, 1998.

[12] Knuth. 计算机程序设计艺术 第 1 卷: 基本算法. 苏运霖, 译. 3 版. 北京: 国防工业出版社, 2002.

[13] Knuth. 计算机程序设计艺术 第 2 卷: 半数值算法. 管记文, 苏运霖, 译. 北京: 国防工业出版社, 1992.

[14] Knuth. 计算机程序设计艺术 第三卷: 排序和查找. 苏运霖, 译. 2 版. 北京: 国防工业出版社, 2002.

[15] Shaffer. 数据结构与算法分析. 张铭, 刘晓丹, 译. 北京: 电子工业出版社, 1998.

[16] 沃思. 算法 + 数据结构 = 程序. 曹德和, 刘椿年, 译. 北京: 科学出版社, 1984.

[17] 霍罗维茨, 萨尼, 梅坦. 用 C++ 描述数据结构. 周维真, 张海藩, 译. 北京: 国防工业出版社, 1997.

[18] Horowitz, Sahni, Rajasekaran. 计算机算法 (C++ 版). 冯博琴, 叶茂, 高海昌, 等, 译. 北京: 机械工业出版社, 2006.

[19] Drozdek. 数据结构与算法——C++ 版. 郑岩, 战晓苏, 译. 3 版. 北京: 清华大学出版社, 2006.

[20] Weiss. Data Structures and Algorithm Analysis in C++. 2nd ed. 清华大学出版社, 2002.

[21] Collins. Data Structures and the Standard Template Library. 北京: 机械工业出版社, 2003.

[22] Baase, Gelder. Computer Algorithms: Introduction to Design and Analysis. Beijing: Higher Education Press, 2001.

[23] Sedgewick. Algorithms in C Parts 1-4: Fundamentals, Data Structures, Sorting, Searching. 3rd ed. 北京: 中国电力出版社, 2003.

[24] Sedgewick. Algorithms in C Parts 5: Graph Algorithm. 3rd ed. 北京: 机械工业出版社, 2006.

[25] Sahni. Data Structures, Algorithms, and Applications in C++. 北京: 机械工业出版社, 2008.

[26] Graham, Knuth, Patashnik. Concrete Mathematics. 2nd ed. 北京: 机械工业出版社, 2002.

索　引